DIE
MECHANISCHE WEBEREI

LEHRBUCH

zum Gebrauch an technischen und gewerblichen Schulen sowie zum Selbstunterricht

Von

PROFESSOR H. REPENNING

Vierte verbesserte Auflage

Mit 487 Figuren im Text

1942

M. KRAYN, TECHNISCHER VERLAG BERLIN W 35

Printed in Germany
Druck von Walter de Gruyter & Co., Berlin W 35

Vorwort zur ersten Auflage

Das vorliegende Lehrbuch über mechanische Weberei ist für den Unterricht an Textilschulen und zum Selbstunterricht für Anfänger, Textiltechniker und Meister bestimmt. Es soll einem Bedürfnis nach einem Unterrichtsbuche abhelfen, das auch die neuesten Fortschritte auf dem Gebiete der Weberei berücksichtigt. Bei der Bearbeitung habe ich mich von meinen langjährigen Erfahrungen im Unterricht über mechanische Webstühle leiten lassen. Überall dort, wo es zweckmäßig ist, habe ich an Stelle der Schnittzeichnungen und Skizzen perspektivische Abbildungen gesetzt, weil dadurch das Verständnis und Interesse gefördert wird. Das Ganze ist so gehalten, daß auch dem Anfänger das Studium erleichtert und er systematisch in den Bau und die Arbeitsvorgänge der mechanischen Webstühle eingeführt wird. An die allgemeine Übersicht über die Arbeitsorgane schließen sich deshalb die charakteristischen Typen, die Bauarten der verschiedenen Webstühle an, ohne zu früh in die dem Anfänger noch unverständlichen Details einzugehen, wobei die Ausgangspunkte aller Bewegungen für die später zu besprechenden Arbeitsleistungen des mechanischen Webstuhles übersichtlich behandelt sind. Naturgemäß muß hierauf der Antrieb und die Berechnung der Tourenzahl an Hand der einfachen Buchstabenrechnung besprochen werden, so daß dadurch zugleich eine Einleitung für die später folgenden Berechnungen gegeben ist. Bei dem außerordentlich reichhaltigen Material, das zur Bearbeitung vorlag, habe ich eine sorgfältige Auswahl getroffen und nur das unbedingt Notwendige und das, was sich in der Praxis bewährt hat, besprochen. Überall ist auf die Einordnung der einzelnen Mechanismen in das Ganze, d. h. auf ihre Verbindung mit andern Teilen des Webstuhles und ihre Zugehörigkeit zu den verschiedenen Webstuhlarten hingewiesen worden.

Aachen, im April 1911.

H. Repenning.

Vorwort zur zweiten Auflage

Die zweite Auflage meines Lehrbuches übergebe ich der Öffentlichkeit mit einigen Verbesserungen und Ergänzungen. Von wesentlichen Änderungen in der Anordnung des Lehrstoffes habe ich Abstand genommen, weil viele Zuschriften der Anerkennung von hervorragenden Fachleuten bekundeten, daß ich das Richtige getroffen habe.

Anregungen zu Verbesserungen auch in der vorliegenden zweiten Auflage würde ich dankbar begrüßen.

Aachen, im April 1921.

H. Repenning.

Vorwort zur dritten Auflage

Die dritte Auflage meines Lehrbuches ist in der bewährten Form geblieben und nur im Anhang ergänzt worden. Dadurch ist eine kurze Wiederholung des Lehrstoffes und eine Übersicht über die wesentlichsten Fortschritte im Webstuhlbau gegeben.

Aachen, im März 1926.

H. Repenning.

Vorwort zur vierten Auflage

Auch die vierte Auflage meines Lehrbuches ist in der alten Form geblieben. Durch Ergänzungen in gedrängter Form habe ich eine kleine Erweiterung hinzugefügt. Es lag der Versuch nahe, alle bisher erschienenen Patente oder Neuerungen zu besprechen. Bei näherer Prüfung bin ich aber hiervon abgekommen, da die Grundlagen im vorliegenden Lehrbuch schon enthalten sind.

Aachen, im August 1941.

H. Repenning.

Inhaltsverzeichnis

Einleitung . . . . 1—5

1. Teil.

Das Gestell und die Hauptwelle (Kurbelwelle, Exzenterwelle) mit dem Antrieb   6

    Das erste Stuhlsystem. Webstühle mit zwei Wellen von ungleicher Tourenzahl und der Antrieb a) durch Fest- und Losscheibe, b) durch Friktion . . . . 6—14

    Das zweite Stuhlsystem. Webstühle mit einer Welle und der Antrieb a) durch Fest- und Losscheibe, b) durch Friktion . . . . 14—23

    Das dritte Stuhlsystem. Webstühle mit zwei Wellen und gleicher Tourenzahl und der Antrieb a) durch Fest- und Losscheibe, b) durch Friktion . . . . 23—24

    Das vierte Stuhlsystem. Webstühle mit einer seitlich am Gestell gelagerten Welle und der Schloßradantrieb . . . . 24—26

    Der Antrieb mechanischer Webstühle insbesondere durch Elektromotoren. . . . . 26—37

    Die Berechnung der Tourenzahl mechanischer Webstühle 37—39

2. Teil.

Die Bewegungen der Kette und Ware in der Längsrichtung . . . . 40—45

    Die Kett- oder Garnbäume . . . . 45—49

    Die Kettbaumbremsen . . . . 49—51

        a) Seilbremsen . . . . 51—54

        b) Kettenbremsen . . . . 54—55

        c) Backenbremsen 55

        d) Bandbremsen 56

        e) Mulden- mit Bandbremsen, Strickbremsen und Kettenbremsen 56—59

        f) Bremsen und Kettfädenspannvorrichtungen für Band-, Sammet- und Plüschwebereien usw. . . . . 59—61

    Die Kettbaumbremsen mit selbsttätiger Regulierung . . . . 61—64

    Die negativen Kettbaumregulatoren . . . . 64—69

    Die positiven Kettbaumregulatoren . . . . 69—71

Die Warenbaumregulatoren . . . . 71—75
   1. Die negativen Warenbaumregulatoren . . . . 75—78
   2. Die positiven Warenbaumregulatoren . . . . 78—87
   3. Die Kompensationsregulatoren . . . . 87—90
Die Verbindung eines positiven Kettbaumregulators mit einem positiven Warenbaumregulator und die Anwendung mehrerer Kettbäume 90
Die Einrichtungen zur Unterstützung der Bewegung von Kette und Ware in der Längsrichtung 91
   a) Die Streichbäume . . . . 91—94
   b) Die Brustbäume . . . . 94—96
   c) Die Breithalter . . . . 96—100

3. Teil.

Die Bewegungen der Kette für die Fachbildung . . . . 101—110
Die Schaftweberei . . . . 110—114
   a) Geschirrbewegung durch Exzenter . . . . 114—122
      1. Geschirrbewegung durch Innentritte . . . . 122—132
      2. Geschirrbewegung mit Außentritten . . . . 132—138
      3. Geschirrbewegung mit vertikalen Tritten . . . . 138—140
      4. Geschirrbewegung durch Exzentertrommel und Tritthebel . . 140—141
      5. Geschirrbewegung durch Exzenterketten . . . . 141—142
   b) Geschirrbewegung durch Schaftmaschinen 142
      1. Hochfachschaftmaschinen . . . . 143—145
      2. Tieffachschaftmaschinen 146
      3. Hoch- und Tieffachschaftmaschinen (Geschlossen- oder Klappfachschaftmaschinen) . . . . 146—162
      4. Offenfachschaftmaschinen . . . . 163—180
Vorrichtungen an Schaftmaschinen für Ersparnisse an Karten . . . . 180—185
Die Jacquard- oder Harnischweberei 185
   Harnischeinrichtungen . . . . 185—194
   Die Doppelhub-Jacquardmaschinen 194
   Die Verdolmaschine . . . . 195—196
   Jacquard- und Verdolmaschinen mit Vorrichtungen für Kartenersparnisse . . . . 196—200
   Die Aufstellung und der Antrieb der Jacquardmaschinen . . . 201—206
   Antrieb der Jacquardmaschinen für die Schrägfachbildung . . 206—208
Die Teilruten- und Kettfadenwächter . . . . 208—212

4. Teil.

Die Bewegungen des Schusses 213

A. Die gewöhnlichen oder glatten Gewebe . . . . 213—216
   Die Lade und Ladenbewegung 216
      a) Ladenbewegung durch Kurbeln . . . . 217—218
      b) Ladenbewegung durch Kurbeln mit doppeltem Anschlag. . . 219
      c) Ladenbewegung durch Kurbeln mit zwei Anschlagstellungen . . 219—220
      d) Ladenbewegung mit Exzenterantrieb . . . . 220—211
      f) Freifallende Laden 221
   Die Schützenbewegung . . . . 221—225
     Die Konstruktion der Schlagorgane und Schützenkasten 225
       I. Oberschlagwebstühle . . . . 225—228
         a) Der Oberschlag an Wechselstühlen mit Steigkasten . . . 229—230
         b) Der Oberschlag für Revolverwechsel . . . . 230—231
         c) Losblatteinrichtung (Blattflieger) 231
       II. Unterschlagwebstühle 232
         a) Exzenterschlag mit Rollenkurbel 232
         b) Exzenterschlag mit Schlagmuschel 233
         c) Exzenterschlag an Buckskinstühlen . . . . 233—236
         d) Exzenterschlag an Seidenwebstühlen und Northropstühlen 237—238
         e) Exzenterschlag durch Schlagdaumen . . . . 238—239
         f) Der Kurbelschlag . . . . 239—241
         g) Der Federschlag . . . . 241—242
   Der Schützenschlag mit Mittelschlägern 242
   Die Schußfadenwächter . . . . 242—247
   Vorrichtungen zur Entlastung der Schützen vom Bremsdruck der Kastenklappen . . . . 247—248
   Steuerungen für den Schützenschlag und Sicherheitsvorrichtungen gegen Bruch am Schlagzeug . . . . 248—236
   Der Schützenwechsel 256
   1. Der Schützenwechsel mit Steiglade . . . . 256—257
      I. Die negative oder freifallende Kastenbewegung 257
      II. Die positive Schützenkastenbewegung 257
        a) Wechselvorrichtungen mit verschiedenartigen Karten für gleiche Kastenstellungen . . . . 258—259
        b) Wechselvorrichtungen mit gleichen Karten für gleiche Kastenstellungen . . . . 259—267
     Sicherheitsvorrichtungen gegen Bruch an Steigkasten 267
     Die Ausführung des Schützenwechsels an Steigladen . . . . . 267—269
     Beispiele für die Anfertigung von Schützen-Wechselkarten . . . 269—271

2. Der Schützenwechsel mit Revolverladen. 271
   a) Revolverwechsel der Reihe nach . . . . 272—273
   b) Der beliebige Revolverwechsel oder Überspringer . . . . . 273—275
Die selbsttätige oder automatische Schützen- und Spulauswechslung . . . . 275—277
   I. Webstühle mit automatischer Schützenauswechselung . . . 277—280
   II. Webstühle mit automatischer Spulenauswechselung . . . 280—291
   III. Die Spulenauswechselung für Buntwebereien . . . . 291—296
   IV. Die halbautomatischen Webstühle 296
B. Die Bewegungen des Schusses bei broschierten Geweben
   a) Kreisladen, b) Schiebeladen . . . . 296—301
C. Gewebebildung durch Eintragnadeln und Greiferschützen 301—305
D. Die Bewegungen des Schusses an Rutenwebstühlen . . . 305—308
E. Die Bewegungen des Schusses an Bandwebstühlen
   a) Bogenschläger, b) gerade Schläger . . . . 308—313

5. Teil.

Allgemeines. 314
   1. Die Schnitt- oder Mittelleistenapparate und die hiermit verwandten Einrichtungen zur Herstellung besonderer Gewebe . . . . 314—322
   2. Die Tourenzahl und der Kraftverbrauch mech. Webstühle. . . . . 322—325
   3. Unfallverhütung 325

6. Teil.

Zusammenfassung 327
   Erstes Webstuhlsystem. . . . . 327—332
   Zweites Webstuhlsystem, der Buckskinstuhl . . . . 332—334
   Die Karten für verschiedene Schaftmaschinen . . . . . 334—342
   Verbesserte elektrische Antriebsarten . . . . 342—348

7. Teil.

Wiederholung Abb. I—XV. . . . . 349—358

Einleitung

Der mechanische Webstuhl ist eine Zusammenstellung zahlreicher Mechanismen. In der Verbindung dieser Mechanismen unter sich und in ihrer Bewegung oder ihrem Antriebe von einer Zentralstelle aus liegt das bezeichnende Merkmal des mechanischen Betriebes. Der Antrieb kann nun durch die Muskelkraft des Webers oder durch motorische Kraft geschehen. Man bezeichnet die Webstühle der ersten Art als mechanische Hand- oder Fußtrittwebstühle. Hierzu gehören die bereits gegen Ende des 16. Jahrhunderts bekanntgewordenen Bandmühlen, auf denen 20 und mehr Bänder zugleich gewebt werden konnten. Ende des 19. Jahrhunderts versuchte man mehrfach vergebens, die mechanischen Hand- oder Fußtrittwebstühle zu verbessern und für die Industrie gewinnbringend zu gestalten.

Die eigentlichen mechanischen Webstühle oder Kraftwebstühle, die durch motorische Kraft in Betrieb gesetzt werden, sind seit dem ersten Entwurf im Jahre 1678 von De Genne in London und den Versuchen von Vaucanson im Jahre 1745 außerordentlich vervollkommnet. Cartwright war der erste, der im Jahre 1787 durch seinen erbauten Webstuhl öffentliche Anerkennung fand. Wirkliche Bedeutung erlangten die mechanischen Webstühle jedoch erst im Jahre 1813 durch Horrocks und noch mehr 1822 durch Roberts.

Der mechanische Betrieb entwickelte sich naturgemäß aus der Handweberei. Als älteste Form des Handwebstuhles sieht man die senkrechte Anordnung der Kette an. Man bezeichnet sie als Hautelisseweberei. Später entstand der Webstuhl mit horizontal gelagerter Kette, die Basselisseweberei. Im Bau der mechanischen Webstühle hat man beide Arten berücksichtigt. Der Hautelissewebstuhl ist über allgemeine Versuche nicht hinausgekommen. Auch der Rundwebstuhl, von Gebr. Herold in Brünn, bei dem die Kette ebenfalls senkrecht angeordnet war, hat sich keinen dauernden Erfolg zu erringen vermocht. Jabuley hat sich im Rundstuhlbau neuerdings versucht. Die Kettfäden machen eine runde Bewegung, und die Schützen stehen still. Im Rundlauf der Kettefäden sind 4 einzelne Kettbäume angebracht, die einzeln gebremst werden können; und in einem Rundlauf werden mehrere Schüsse eingetragen. Es ist demnach ein Hautelissewebstuhl. In den Kreis der Besprechung gehört demnach nur der Webstuhl mit horizontal gelagerter Kette, die Basselissemanier.

Eine allgemeine Übersicht über die Gewebebildung und die Organe eines mechanischen Webstuhls gibt die schematische Abbildung Fig. 1. Zum besseren Verständnis der späteren Besprechungen sollen zunächst über die

Gewebebildung einige Bemerkungen gemacht werden. Der 1. Kettfaden ist stets links und der letzte rechts; in vorliegender Abbildung sind es 14 Kettfäden. Eingetragen sind bisher 8 Schußfäden; der 9. liegt in der Fachöffnung, die auch Kehle genannt wird. Demnach ist der Warenanfang beim 1. und das Warenende beim 8. oder 9. Schußfaden. Diese Anordnung der Fäden stimmt auch mit der bildlichen Darstellung eines Gewebes,

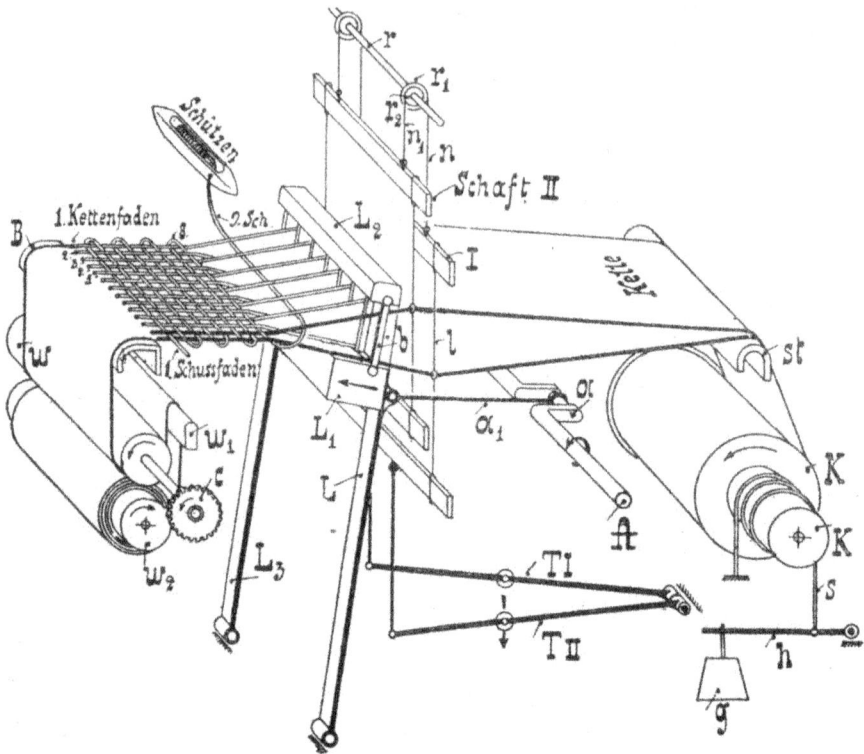

Fig. 1. Schematische Abbildung eines mechanischen Webstuhles.

mit der Bindung oder Patrone von Fig. 2 überein; sie ist in der Höhe und Breite von 8 Fäden gezeichnet. Diese Kreuzungsart wiederholt sich nach 2 Kett- und Schußfäden. Eine solche Wiederholung bezeichnet man als Rapport. In Fig. 1 bestehen somit in der Breite des Gewebes $14:2 = 7$ Rapporte und in der Schußfolge $8:2 = 4$ Rapporte. Bei Besprechung der Schaftweberei und des Jacquardwebstuhls soll auf weitere Bindungen näher eingegangen werden. Hier sei nur auf die Bindung von Fig. 2a hingewiesen, die eine Rapporthöhe und -breite von 4 hat und deren längste Flottierungen über 3 Fäden gehen.

Die Erklärung zeigt, daß es sich um Webstühle für die Herstellung rechtwinklig gekreuzter Gewebe handelt. Die Kette oder der Zettel ist hierbei auf den Kettbaum (Garnbaum) K aufgewickelt. K_1 sind Garnscheiben, welche die aufgewickelte Kette seitlich begrenzen. Wie es die Abbildung erkennen läßt, gehen die Kettfäden über den Streichbaum st, einzeln durch die Litzen l der beiden Schäfte I und II und paarweise durch das Riet oder Blatt b. Durch das Heben und Senken der Schäfte entsteht vor dem Blatt eine Öffnung, welche, wie schon oben bemerkt, Fach genannt wird. Das Eintragen des Schußfadens geschieht mit Hilfe des Schützens (auch die Schütze oder das Schiffchen genannt). Das Blatt, das in der Lade zwischen Ladenklotz L_1 und -deckel L_2 festgehalten wird, schlägt den Schußfaden (Einschlag) an das Warenende. Das fertige Gewebe gleitet weiter über den Brustbaum B, um den Warenbaum w, über die Leitschiene w_1 und wird dann von dem Wickelbaum w_2 aufgewickelt.

Die beschriebenen Bewegungsarten von Kette und Schuß gehen alle von der Kurbelwelle A aus. Wie man aus den später folgenden Zeichnungen

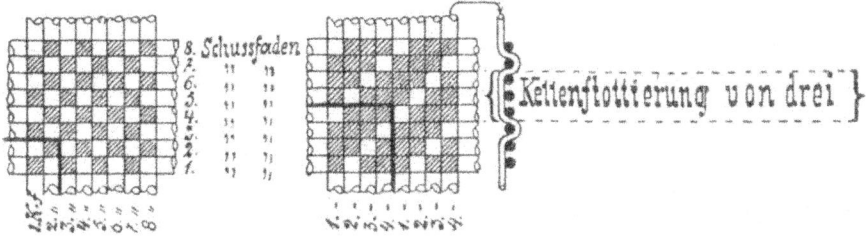

Fig. 2. Fig. 2a

sehen wird, hat die Kurbelwelle zwei Kröpfungen; in Fig. 1 ist nur die Kröpfung a erkennbar. Von hier aus geht die Schubstange a_1 an die Ladenstelze L, und die zweite Schubstange, die aus der Zeichnung nicht erkennbar ist, geht an die Stelze L_2. Durch Drehung der Kurbelwelle in der Pfeilrichtung wird zunächst die Lade in Schwingungen versetzt. Jede Umdrehung von A bewirkt einen Ladenanschlag und -rückgang. Eine solche Bewegung ist eine Tour oder ein Schuß des Webstuhles.

Man unterscheidet zwei Bewegungsarten der Kette: 1. eine Bewegung vom Kettbaum auf den Warenbaum und 2. eine Bewegung für die Fachbildung.

Die Bewegung in der Längsrichtung wird, abgesehen von einigen Ausnahmen, durch die Lade bewirkt. Bekannt ist, daß das Blatt den Schlußfaden an das Warenende anschlägt. Von der Ladenstelze wird nun die Weiterbewegung des so gebildeten Gewebes besorgt, indem von hier aus die Drehung des Rades c (oder des Warenbaumes w) durch geeignete, in der Zeichnung nicht wiedergegebene Organe geschieht. Dabei wird nur so viel Kette von dem Kettbaum abgegeben, wie zur Bildung des Gewebes nötig ist. Die Kettenabgabe reguliert sich durch die Kettbaumbremse. Sie besteht aus einem Seil s, das 2½mal um den Kettbaum geschlungen ist. Das eine Seilende ist an dem Bremshebel h und das andere an dem Stuhlgestell befestigt. Durch das Gewicht g läßt sich die Kettenspannung oder der Widerstand gegen die auf Drehung des Baumes wirkende Kraft regulieren. — Die Bewegung der Kette für die Fachbildung wird ebenfalls von der Welle A besorgt. Es ist nötig, daß die Schäfte I und II abwechselnd gehoben und gesenkt werden; dies geschieht durch Einwirkung geeigneter, von A beeinflußbarer Mechanismen auf den Tritthebel T II, wodurch sich Tritthebel T I hebt, weil oberhalb der Schäfte eine sogenannte Gegenzugvorrichtung vorhanden ist: Die Schnur (Riemen usw.) n geht um die Rolle r_1, und eine zweite Schnur n_1 führt von der kleineren Rolle r_2 an den Schaft II. Das Umtreten oder Umwechseln der Schäfte geschieht während des Ladenanschlages, so daß der Schuß bei zurückgehender Lade eine Fachöffnung vorfindet und eingetragen werden kann.

Schließlich sei noch als 3. Bewegung beim mechanischen Webstuhl das Eintragen des Schusses zu erwähnen. Auch diese Arbeit wird mittelbar von der Kurbelwelle A geleistet. Die hierzu nötigen Vorrichtungen und Mechanismen sind aus Fig. 1 absichtlich weggelassen, um die Deutlichkeit der Zeichnung nicht zu beeinträchtigen.

Aus dieser Besprechung wird der Leser den Plan, der dem vorliegenden Lehrbuche zugrunde gelegt ist, leicht entnehmen können. Das allgemeine Bindeglied der Organe oder Mechanismen ist das Gestell, und als Zentralstelle, wovon die Bewegungen ausgehen, sieht man die Kurbelwelle, die durch motorische Kraft angetrieben, d. h. in Umdrehung gesetzt wird. Von hier aus pflanzen sich alle andern Bewegungen gleichmäßig in genau vorgeschriebenen Intervallen fort. Wenn die Bewegung der Kette vor der Bewegung des Schusses genannt wurde, so geschah dies aus guten, mit der Entstehung eines Gewebes zusammenhängenden Gründen. Die Versuchung liegt allerdings nahe, zuerst die Bewegung des Schusses anzuführen, weil ja die Lade bewegt und der Schuß in vielen Fällen zuerst eingetragen werden muß, bevor die Kette in der Längsrichtung bewegt werden kann. Auch ist es üblich, bei dem Bau und der Montage mechanischer Webstühle zuerst die Kurbelwelle und den Antrieb in das Gestell einzubauen, dann die Lade einzusetzen und jetzt die Mechanismen für die Schützenbewegung anzubringen. Man probiert, mit andern Worten gesagt, zuerst die Kurbelwelle und den Antrieb auf ihren leichten Lauf, dann die Lade und hierauf den Schützenschlag; erst jetzt folgen die weiteren Webstuhlteile.

Die Anordnung oder Reihenfolge, in der die mechanische Weberei bzw. die mechanischen Webstühle besprochen werden sollen, ist also:

1. das Gestell, die Hauptwelle und der Antrieb,
2. die Bewegungen der Kette und Ware in der Längsrichtung,
3. die Bewegungen der Kette für die Fachbildung,
4. die Bewegungen des Schusses,
5. Allgemeines.

In der Praxis ist es üblich, jeden Webstuhl näher zu bezeichnen. Man unterscheidet:

a) nach dem Gestell und der allgemeinen Ausführung der Webstuhlorgane: leichte und schwere sowie schmale und breite Webstühle,

b) nach dem Verwendungszweck: Baumwoll-, Leinen-, Seiden-, Jute-, Flanell-, Buckskin-, Tuch-, Dreher-, Teppich-, Band- usw. Webstühle.

c) nach der Hauptwelle: Kurbel- und Exzenter-(Scheiben-)Webstühle,

d) nach dem Ursprungslande oder dem Erbauer: z. B. Webstühle englischer (Bradforder), sächsischer usw. Bauart, oder Schönherrsche, Hartmannsche usw., dann Honegger-, Crompton-, Hattersley-Webstühle usw., oder nur nach dem Erfinder z. B. Northrop-Webstühle,

e) nach den Bewegungen der Kette für die Fachbildung: Exzenter-, Schaft-, Jacquard- (oder Harnisch-) Webstühle; oder man leitet die Bezeichnung aus der besonderen Art der Tritthebelanordnung oder der Art der Schaftmaschine ab, usw.,

f) nach den Bewegungen für den Schuß: Ober- und Unterschlag-Webstühle, Exzenter-, Kurbel- oder Federschlagstühle, einspulige (einschützige oder Webstühle mit glatter Lade) und Wechselstühle und dabei nach der Art des Wechsels: Steigladen und Revolverwechsel, ferner Automatenstühle.

Man spricht auch von Webstühlen mit Hänge- und Stehladen, Stickladen, ferner von Lancier- und Broschier-Webstühlen usw.

1. Teil

Das Gestell und die Hauptwelle (Kurbelwelle, Exzenterwelle) mit dem Antrieb

Der Bau mechanischer Webstühle hat verschiedene Entwicklungsstufen durchgemacht, bevor die jetzige Höhe der Vollkommenheit erreicht wurde. Es entstanden verschiedene Typen mit charakteristischen Merkmalen. In allen Fällen ist eine gewisse Anpassung an die verlangte Leistungsfähigkeit des Webstuhles für die verschiedenen Warengattungen erkennbar. Für leichte, schmale Stoffe werden schnell- und leichtlaufende Stühle gebaut. In demselben Verhältnis, wie die Waren breiter und schwerer sein sollen, müssen die Webstühle kräftiger sein und langsamer laufen. Die Schnelligkeit oder Tourenzahl ist ferner von dem zu verarbeitenden Gespinstmaterial oder Garne und von der technischen Schwierigkeit, womit die Herstellung des Gewebes verbunden ist, abhängig.

Wenn man von dem leichteren oder kräftigeren Bau der Webstühle absieht, so lassen sich vier verschiedene Typen oder Arten unterscheiden. Die Einteilung in diese vier Webstuhlsysteme ist gewählt worden, um dem angehenden Textiltechniker eine bessere Lehrmethode an die Hand zu geben und ihm das Verständnis für die verschiedenen Arbeitsvorgänge zu erleichtern. Der Lernende soll sich gewöhnen, alle Arbeitsvorgänge auf die Zentralstelle zurückzuführen oder von ihr aus zu verfolgen.

Das erste Stuhlsystem
Webstühle mit zwei Wellen von ungleicher Tourenzahl und Antrieb durch Fest- und Losscheibe

Die charakteristische englische Bauart für das erste Stuhlsystem, wie sie für Baumwoll-, Leinen-, Jute-, Halbwoll- und gewisse Wollwaren Verwendung findet, ist in Fig. 3 gegeben. Das gußeiserne Gestell besteht aus den Seiten- oder Stuhlwänden b und b_1, den Querriegeln c, c_1, den Mitteltraversen c_2 und c_2 und dem Brustbaume d. Teilweise wird auch der Streichbaum als fester Riegel ausgeführt und dient dann ebenfalls, wie c und d, zur Verbindung oder Versteifung der Stuhlwände. Der sogenannte Geschirrbogen e, der verschiedene Formen annimmt, ist als Querriegel für die Erhöhung der Stabilität des Webstuhles vorteilhaft.

Die Zentralstelle, von welcher alle Bewegungen ausgehen, ist die schmiedeeiserne Kurbelwelle A mit den beiden Kröpfungen a_1 und a_2. Auf dieser Kurbelwelle ist die Riemenscheibe s festgekeilt und teilweise noch verschraubt; die Losscheibe s_1 ist lose drehbar gelagert. Ferner ist auf A das Stirnrad i und das Handrad h befestigt. Von i wird das Stirnrad i_1 der Schlag- oder Triebwelle A_1 im Verhältnis $1:2$ angetrieben, d. h. A_1 macht halb so viele Touren als A. Die Welle A_1 beeinflußt den Schützenschlag und vielfach die Bewegungen der Kettfäden zum Zwecke der Fachbildung.

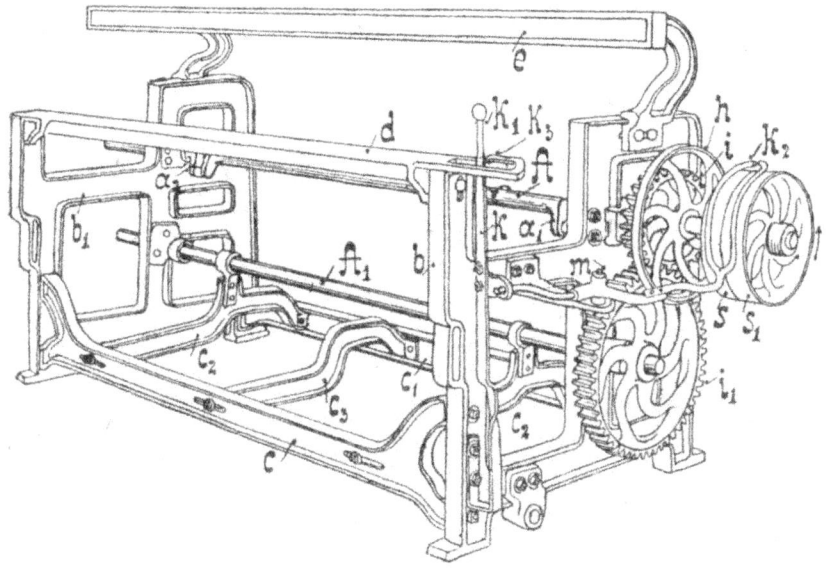

Fig. 3. Erstes Stuhlsystem mit zwei Wellen von ungleicher Tourenzahl (Rechtsantrieb).

Der Standpunkt des Webers ist vor dem Brustbaum. Von hier aus befindet sich die Fest- und Losscheibe rechts. Fig. 3 zeigt uns deshalb einen Webstuhl mit Rechtsantrieb. Auf Wunsch werden die Webstühle von den Maschinenfabriken auch mit Linksantrieb geliefert. In Fig. 3 bezeichnet k den Ausrücker, der auch Ausrückfeder genannt wird, weil der Ausrückergriff k_1 unten als starke Flachfeder ausgebildet ist. Mit k steht die Riemengabel k_2, die in m ihren Drehpunkt hat, in Verbindung. k zeigt die Ausrückstellung, so daß der Riemen mit Hilfe der Gabel k_2 auf der Losscheibe Führung erhält. Drückt nun der Weber die Ausrückfeder k mit der Hand so nach rechts, daß sie von dem Ansatz k_2 festgehalten wird, so wird k die Einrückstellung einnehmen und dadurch den Riemen von der Los- auf die Festscheibe führen.

Als Ergänzung zu Fig. 3 zeigt Fig. 4 den Grundriß oder die Aufsicht von oben. Die aus der Besprechung von Fig. 1 bekannten Teile sind in Fig. 4 eingeschrieben, so daß eine nähere Besprechung überflüssig ist. Sofern einige mit Buchstaben bezeichnete Teile der Abbildung hier keine Erwähnung finden, wird später auf die Gegenstände verwiesen werden. Handrad h ist in Fig. 4 auf A nach links versetzt.

Von besonderem Interesse sind an jedem Webstuhl die Maßverhältnisse. Wir unterscheiden:

1. die Ladenlänge, welche meistens auch die Gesamtbreite des Stuhles ist,
2. die Blattbreite, dieselbe wird auf dem Ladenklotz L_1, Fig. 1, gemessen und gibt die äußerste Länge des Blattes b, Fig. 1, an, siehe auch Fig. 4, 5 und 8,
3. die Arbeitsbreite, die gewöhnlich abhängig ist von der äußersten Stellung der Garnscheiben K_1, Fig. 1, 4 und 5; die Arbeitsbreite ist

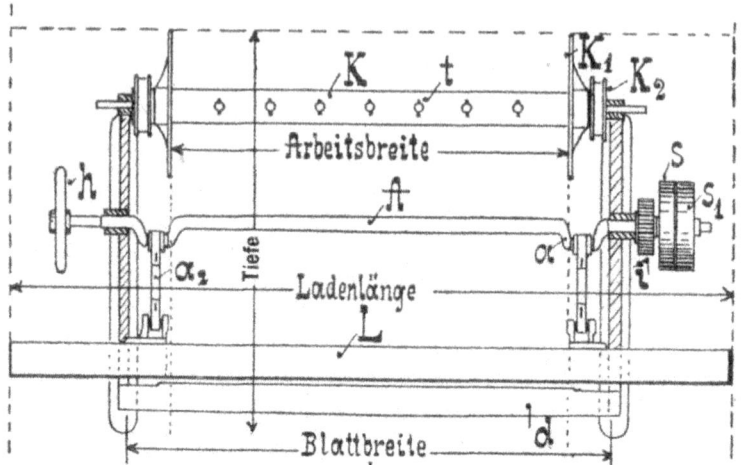

Fig. 4. Grundriß eines mechanischen Webstuhles.

kleiner als die Blattbreite, Fig. 18 und 18a (Maße der Sächs. Webstuhlfabrik),
4. die Tiefe des Stuhles, Fig. 4 und 5, siehe auch den Grundriß von Fig. 18 und 18a,
5. die Gestellweite, die gewöhnlich nicht angegeben wird, und das Maß zwischen den Stuhlwänden bedeutet, Fig. 18 und 18a.

Aus Fig. 6 und 7 findet man

6. die Brustbaumhöhe B, die von dem Gestellfuße bis an die Linie N gemessen wird,
7. die Höhe des Streichbaumes, die in Fig. 6 mit der Brustbaumhöhe gleich ist, in Fig. 7 aber durch die Linie N angegeben wird, siehe näheres unter Fachbildung,
8. an Band- und Jacquardwebstühlen die Gesamthöhe.

Die Formen der Gestellwände von Fig. 6 und 7 unterscheiden sich im wesentlichen durch die Lagerung der Wellen A und A_1. In Fig. 6 liegen beide senkrecht übereinander, auch ist ihre durch Pfeile angegebene Drehrichtung allgemein üblich, siehe Fig. 1 und 3. Es kommen jedoch Abweichungen vor, wie in Fig. 7, wo Kurbel- und Schlagwelle entgegengesetzt laufen. Die Gestellwand von Fig. 6 stammt von einem Baumwoll-, Leinen-, Halbwoll- oder Wollwebstuhl, während diejenige von Fig. 7 einem Jutewebstuhl entnommen ist. Es ist aber auch an dem Baumwoll- usw. Webstuhle vielfach üblich, die Wellen A und A_1 nicht senkrecht übereinander, sondern so wie in Fig. 7 zu lagern oder A_1 noch mehr nach rechts zu legen.

Die Gestellwand von Fig. 8 ist für Seidenwebstühle typisch. Der Kettbaum K ist hier nicht in der Stuhlwand gelagert, sondern in einem besonderen Kettbaumgestell untergebracht. Der Zweck hiervon ist, den

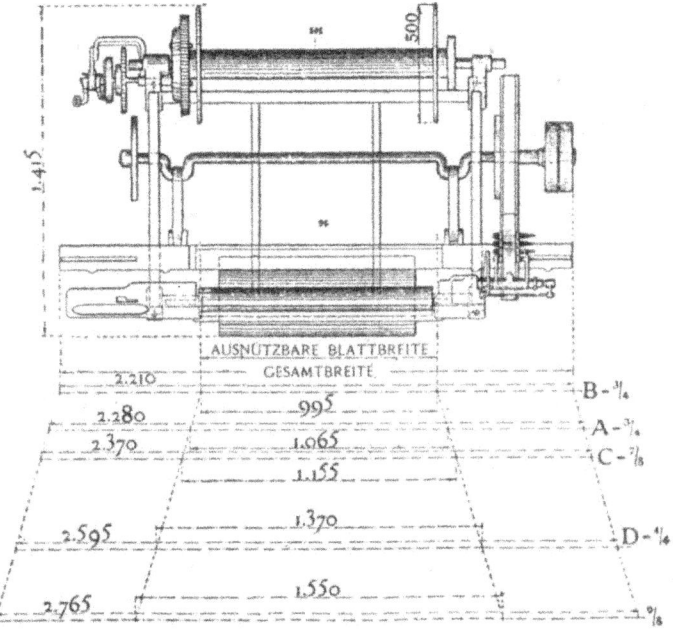

Fig. 5. Webbreiten in mm der Elsässischen Maschinenbauanstalt.

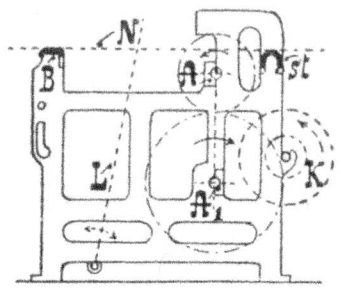 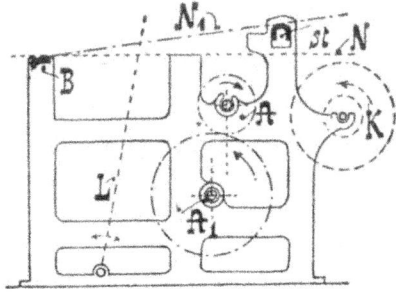

Fig. 6. Querschnitt eines Webstuhles (erstes Stuhlsystem).

Fig. 7. Querschnitt eines Webstuhles (erstes Stuhlsystem).

Abstand zwischen Kettbaum und Lade L oder Geschirr möglichst groß zu machen. Im übrigen sind die Formen der Gestellwände ebenso wie für die vorher besprochenen auch für Seidenwebstühle außerordentlich verschiedenartig; es würde aber zu weit führen, hier alle zu besprechen, siehe auch die Kettbaumbremsen.

a) Allgemeines über den Antrieb durch Fest- und Losscheibe

Bei Besprechung der Fig. 3 wurde der einfache Antrieb durch Fest- und Losscheibe kurz erklärt. An Webstühlen mit größerer Tourengeschwindig-

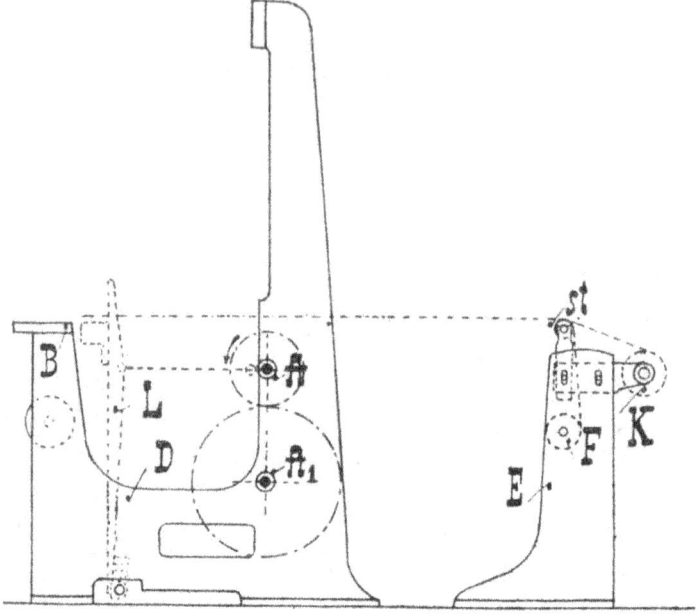

Fig. 8. Gestellwand mit Bock eines Seidenwebstuhles (erstes Stuhlsystem).

keit genügt die Ausrückvorrichtung nicht, weil es an einem Mittel fehlt, den Webstuhl im Bedarfsfalle plötzlich stillzusetzen oder zu bremsen. In den Fig. 9 und 10 sind Vorrichtungen zum Bremsen abgebildet.

In Fig. 9 sind die Teile in der Seitenansicht, wegen der besseren Übersicht, teilweise auch in schräger Ansicht gezeichnet. Es ist hier Linksantrieb vorgesehen. B ist der verlängerte Brustbaumriegel, der den Ausrücker k in dem langen, mit dem Ansatze k_2 versehenen Ausschnitt aufnimmt. An k ist k_5 angeschraubt und so gestellt, daß der Teil e_2 nicht berührt wird. Die Ausrückgabel k_2, die den Riemen führt, ist mit dem Hebelarm $k_{2,2}$ in die Bohrung von k geschoben und macht dadurch jede Bewegung von k mit. Ferner tritt der Hebel c in Berührung mit k, Fig. 9a. c steht durch die Stange c_1 mit dem Bremshebel d in Verbindung. In der Ausrückstellung von Fig. 9 zieht das Gewicht g den Hebel d abwärts, und durch d_1 wird die Stange e_1, die in e_2 einen Zapfen trägt, nach rechts in der Pfeilrichtung bewegt und dadurch die Bremse e gegen die Bremsscheibe S_2 gepreßt. Beim Ausrücken bremst also e den Stuhl mit Hilfe von d oder g. Zur Erhöhung der Bremsreibung ist e an der Berührungsstelle mit S_2 vielfach mit Leder bekleidet.

Außer der eben beschriebenen Bremsung ist noch eine zweite Art vorgesehen. Sie tritt dann ein, wenn die Lade vor dem Anschlag plötzlich stillstehen oder gestopt werden muß. Der Stößer L stößt dabei gegen den Ansatz von e_2, der mit e_1 und weiterhin mit e verbunden ist. Tritt dieser

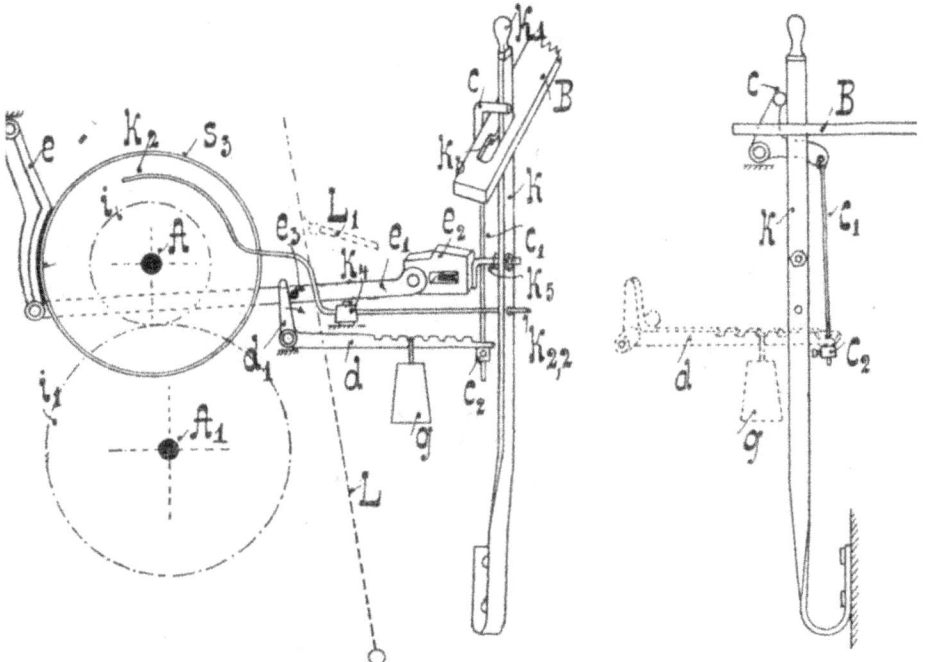

Fig. 9. Antrieb mit Ausrückvorrichtung bei Fest- und Losscheibe. Fig. 9a.

Fall ein, so drückt e_2 gegen k_5, und dadurch wird der Ausrücker k von k_2 abgestoßen und der Stuhl außer Betrieb gesetzt, weiteres siehe später.

An der Hand der vorstehenden Beschreibung wird der Leser auch die Einrichtung zum Lösen der Bremse, Fig. 10, verstehen. d ist vorne als Handgriff ausgebildet. Wird dieser Hebel gehoben, so löst sich auch die Bremse e, und der Stuhl kann mit der Hand leicht gedreht werden. An Stelle des Handgriffes von d kann auch ein Tritt t eingerichtet werden. Die Stange t_1 verbindet t mit d.

Eine sehr wirksame Bandbremse wird an den Seidenwebstühlen, Fig. 11, angewendet. Die Webstuhlteile sind hier in der Ausrückstellung gezeichnet, die Bandbremse e wird durch Feder I angepreßt. Infolge der Drehung von S_2 in der Pfeilrichtung wird die Bremsung noch verstärkt, weil der Befestigungspunkt von e oben liegt. e ist durch e_1 an dem Hebel d einstellbar. Soll die Bremse gelöst werden, so tritt der Weber auf t und dreht dadurch den an r befestigten Hebel t_2 bzw. die Welle r in der Pfeilrichtung, so daß der Exzenter r_1 ebenfalls gedreht und n_1 durch die Rolle n mit der Stange n_2 in der Pfeilrichtung bewegt wird. Dadurch geht auch d nach rechts und löst e. Die beschriebene Drehbewegung von r_1 bzw. r tritt auch ein, wenn der Anrücker k in der Pfeilrichtung eingerückt wird. k hat mit n_1 einen gemeinsamen Drehpunkt. In dem bogenförmigen Stück k_1 ist unten eine schräg gestellte Führung k_2 (siehe Nebenzeichnung), in der die Rolle k_4 der Ausrückgabel k_2 und damit die Gabel bewegt wird, so daß diese von der Los- auf die Festscheibe gerückt werden kann. In k_2 (siehe Ansicht des Hebels k_1 von unten) ist der Führungsausschnitt für k_4 ausgebogen, damit die Gabel k_2 in der Ein- oder Ausrückstellung sicherer gehalten wird.

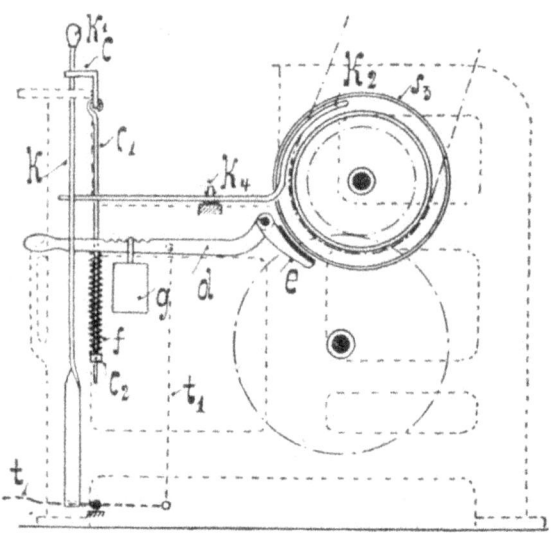

Fig. 10. Antrieb mit Ausrückvorrichtung bei Fest- und Losscheibe.

b) Der Friktionsantrieb

Der Antrieb durch Fest- und Losscheibe hat den Nachteil, daß der Riemen beim Ausrücken oder Anlassen durch eine Gabel von der einen auf die andere Scheibe geführt werden muß, und daß die Überführung verhältnismäßig langsam geschieht. Beim Ausrücken des Stuhles ist deshalb ein momentaner Stillstand nicht möglich, oder es muß ein solcher Widerstand eintreten, daß der Riemen gleitet. Aus diesem Grunde erweist sich ein Friktionsantrieb vorteilhafter, weil der Antrieb beim Lösen der Kupplung augenblicklich wegfällt. Indessen sind mit ihm auch einige Nachteile verbunden. Der Friktionsantrieb ist nämlich teurer als der durch Fest- und Losscheibe, und außerdem tritt mit der Einrichtung von Fig. 12 eine Axialverschiebung der Kurbelwelle ein, nämlich durch den seitlichen Druck beim Einrücken der Kupplung, und dadurch entsteht eine, wenn auch nur

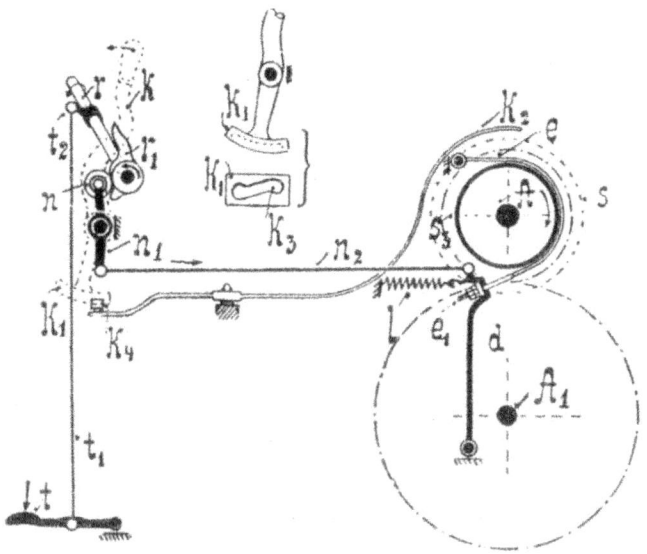

Fig. 11. Antrieb und Bandbremse.

geringe, vermehrte Reibung und ein etwas schwererer Gang. Wenn von einigen Seiten als weiterer Nachteil angeführt wird, das Anlaufen sei beim Einrücken an schnellaufenden Stühlen von 150—200 Touren zu ruckweise, so ist dieser Einwand nicht zutreffend, weil der Friktionsantrieb bei sehr schweren Stühlen, die mit 100—110 Touren laufen, tadellos arbeitet. An den viel leichteren Stühlen von 150—200 Touren kann sich Nachteiliges nicht bemerkbar machen.

Fig. 12 zeigt die Ansicht eines Friktionsantriebes von oben. S ist die Festscheibe oder der sogenannte Konus und S_1 die axial verschiebbare und auf der Welle A lose drehbar gelagerte Riemenscheibe; beide Scheiben sind im Schnitt gezeichnet. Wird die angetriebene Scheibe S_1 durch den An-

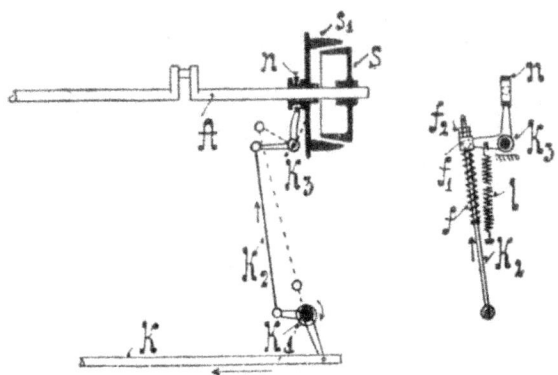

Fig. 12. Friktionsantrieb. Fig. 12a.

rücker auf S gepreßt, so muß sich die Stuhlwelle drehen, weil zwischen S_1 und S Friktion oder Reibung entsteht. Zur Erhöhung dieser Reibung bekleidet man den Konus S mit Leder. Der Anrücker besteht aus der quer über den Brustbaum gehenden hölzernen Stange k, der Kurbel k_1, der Stange k_2 und dem Winkelhebel k_2. Wird nun k und damit k_1 in der Pfeilrichtung bewegt, so nehmen die beschriebenen Teile die punktiert gezeichnete Stellung ein, wodurch S_1 auf S gepreßt wird. k_1 mit k_2 steht auf dem sogenannten toten Punkt, und der Anrücker bleibt dadurch in der Anrückstellung.

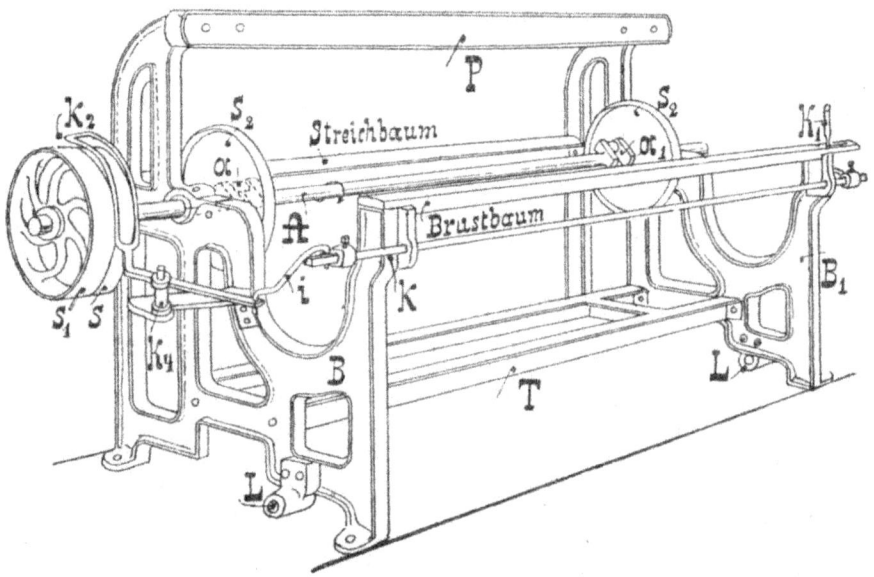

Fig. 13. Zweites Stuhlsystem mit einer Welle, Antrieb durch Fest- und Losscheibe.

Es ist zweckmäßig, wenn die Riemenscheibe auf den Konus S elastisch durch eine Feder aufgepreßt wird. Auf k_2, Fig. 12a, ist deshalb eine Druckfeder f vorgesehen. Das Gelenkstück f_1, das in k_2 drehbar ist, befindet sich zwischen f und den beiden Schraubenmuttern f_2. Mit Hilfe dieser Mutter ist k_2 einstellbar. n ist mit k_2 gelenkig verbunden. Feder I unterstützt das Ausrücken, indem sie, wenn die Kurbel k_1 die Todpunktstellung verlassen hat, die Riemenscheibe kräftig von dem Konus abzieht.

In der Ausrückstellung ist der Stuhl mit der Hand beweglich und kann zum Zwecke des Schußsuchens rückwärts gedreht werden.

Das zweite Stuhlsystem
Webstühle mit einer Welle und der Antrieb

a) durch Fest- und Losscheibe, b) durch Friktionsscheiben

Das in Fig. 13 abgebildete Stuhlmodell findet vielfach Verwendung zum Weben von Wollwaren, ferner von Baumwoll- und Leinenwaren usw. Von der Kurbelwelle A mit den Kröpfungen a, a_1 werden die Bewegungen übertragen. S_1 ist die Los- und S die Festscheibe. Die Riemengabel k_2 ist in k_4 drehbar gelagert und steht durch i mit der Ausrückstange k, die quer über den Stuhl geht, in Verbindung. k_1 ist der Griff einer im vorhergehenden kennengelernten Ausrückfeder k, Fig. 3. Die Scheiben S_2 erfüllen mehrere Zwecke; sie dienen nämlich zur Bewegung des Schützenschlages (siehe den betreffenden Artikel), dann als Handrad und zugleich als Schwungrad.

Die Seitenwände B und B_1 werden durch die Traversen (Querriegel) T, den Brustbaum, den Streichbaum und die Bogen- (Geschirr-) Traverse P verbunden. Der Drehpunkt der Lade ist in L. Der Streichbaum wird meistens beweglich gemacht; dann tritt zu dem festen Riegel noch ein

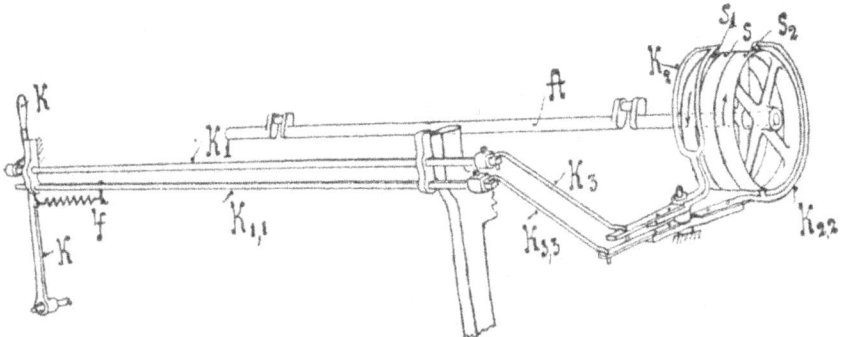

Fig. 14. Rücklaufvorrichtung mit Riemenbetrieb.

beweglicher oder an Stelle des beweglichen Riegels ein drehbarer Streichbaum, siehe den Artikel über Streichbäume.

Der Antrieb ist mehrfach verbessert worden. Man hat an den schweren, für das Weben von Buckskinstoffen bestimmten Stühlen auf das Zurückdrehen Wert gelegt. Der Webstuhl muß nämlich, wenn ein Schußfaden gebrochen ist, rückwärts arbeiten (siehe die späteren Bemerkungen). Man nennt diese Arbeit das Schußsuchen. Das Zurückdrehen der Kurbelwelle um eine oder mehrere Touren geschieht sonst durch die Hand des Webers und ist bei den vorher besprochenen Stuhlsystemen fast allgemein üblich, bei schweren Webwaren aber mit großem Kraftaufwand verbunden, weil der Weber den Ladendeckel L_2, Fig. 1, mit der Hand anfaßt und dann die Lade in geschickter Weise so zurückstößt, daß sich die Kurbelwelle dreht.

Um das Zurückdrehen auf mechanischem Wege auszuführen, muß rechts und links von der Festscheibe S, Fig. 13, je eine Losscheibe kommen; der Riemen auf der ersten Scheibe läuft z. B. offen und dreht die Kurbelwelle, wenn er auf die Festscheibe geführt wird, in der Pfeilrichtung, also vorwärts; der zweite Riemen läuft alsdann verschränkt und wird den Stuhl, wenn er durch einen besonderen Anrücker auf die Festscheibe gebracht wird, rückwärts drehen. Die Geschwindigkeit oder Tourenzahl bei dem Vor- und Rückwärtsweben kann gleich sein. Zweckmäßiger wird man das Zurückweben mit halber Geschwindigkeit ausführen und den zweiten Riemen von einer Transmissionsscheibe aus antreiben lassen, die halb so groß wie die erste ist. In Fig. 14 ist eine solche Einrichtung mit zwei Losscheiben S_1 und S_2 abgebildet. k_2 ist die Riemengabel zum Vorwärts- und $k_{2,2}$ die zum Rückwärtsweben. Quer über den Stuhl dicht vor dem Brustbaum laufen die beiden Ausrückstangen k_1 und $k_{1,1}$. k steht mit k_1 und f mit $k_{1,1}$ in Verbindung.

Die Sächs. Webstuhlfabrik führt an ihren Webstühlen vom Modell S. G. IV einen Friktionsantrieb mit der Vorrichtung zum Rücklauf aus, ebenso die Sächs. Maschinenfabrik und die Großenhainer Webstuhlfabrik. Der Stuhl wird nur mit einem Riemen angetrieben und kann sich beim Schußsuchen

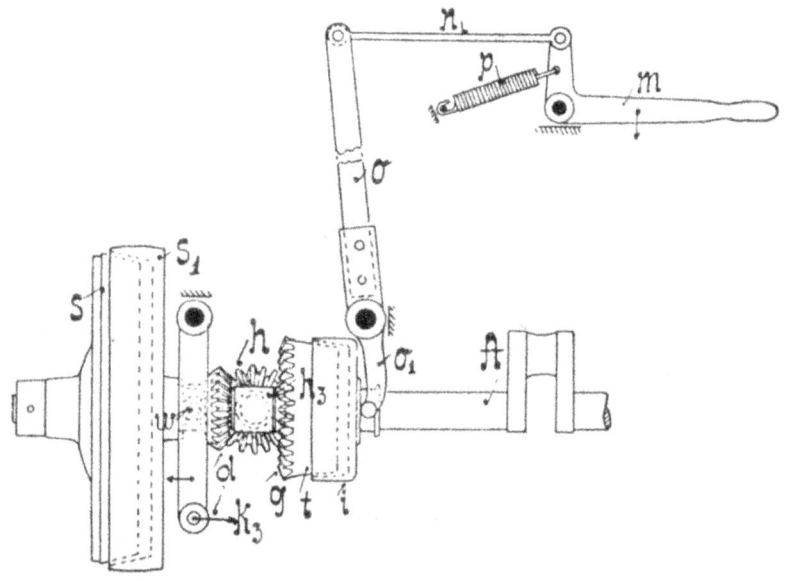

Fig. 15. Rücklaufvorrichtung mit Differentialgetriebe.

mit der halben Geschwindigkeit rückwärts drehen, Fig. 15—15a. Auf der Kurbelwelle A ist der Konus S festgekeilt und die Riemenscheibe S_1 lose drehbar gelagert. S_1 ist mit dem Kegelrad d fest verbunden, siehe Schnittzeichnung von Fig. 15a. d treibt das doppelte Kegelrad $h = h_1$ und $h = h_1$ wieder g. $h = h_1$ ist jedoch außer um die eigene Achse h_2 auch noch auf A drehbar, Fig. 15a. Das Kegelrad g ist zugleich als Konus t ausgebildet, sitzt aber lose drehbar auf A. Dagegen ist der Ring b (mit dem Daumen b_1) mit A fest verbunden. Die Friktionsscheibe i ist auf A axial verschiebbar. aber durch den Daumen b_1 mit b bzw. A gekuppelt. Durch das Differentialgetriebe d, $h = h_1$, g erhält g von S_1 eine halbe Tourenzahl. Bleibt S_1 in der Ausrückstellung, so kann i durch Friktion mit t gekuppelt werden, und dann dreht sich A mit halber Geschwindigkeit rückwärts.

Es sind zwei Ausrücker vorgesehen, nämlich m, n, o und o_1 mit Rückzugfeder p, Fig. 15, und der gewöhnliche Ausrücker, wie er ähnlich in Fig. 14

mit k_1 beschrieben wurde und dabei mit k_2 in Verbindung steht (siehe auch die Friktionskupplung mit Ausrücker von Fig. 12 und 12a).

Um den Stuhl rückwärts laufen zu lassen, zieht der Weber den Hebel m abwärts, wodurch i mit t gekuppelt wird.

Nach dem D. R. P. 270241 der Sächs. Webstuhlfabrik ist die in Fig. 15 und 15a gezeigte Rücklaufvorrichtung weiter verbessert. Hiernach wird

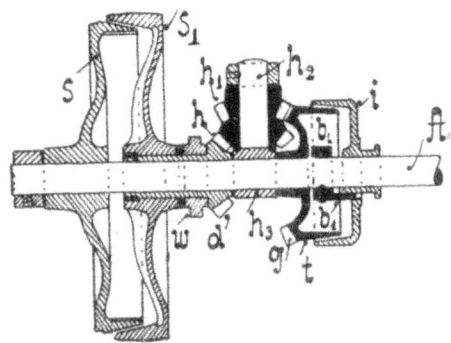

Fig. 15a.

Scheibe i mit der Riemenscheibe S_1 direkt verbunden. Der Zweck dieser Einrichtung ist, das Rädergetriebe nicht fortwährend mit der Riemenscheibe laufen zu lassen, sondern nur dann, wenn der Stuhl zum Vor- oder Rücklauf angetrieben wird.

Damit aus den vorstehenden Erklärungen nicht irrtümliche Ansichten abgeleitet werden, sei bemerkt, daß das Schußsuchen vielfach ohne ein

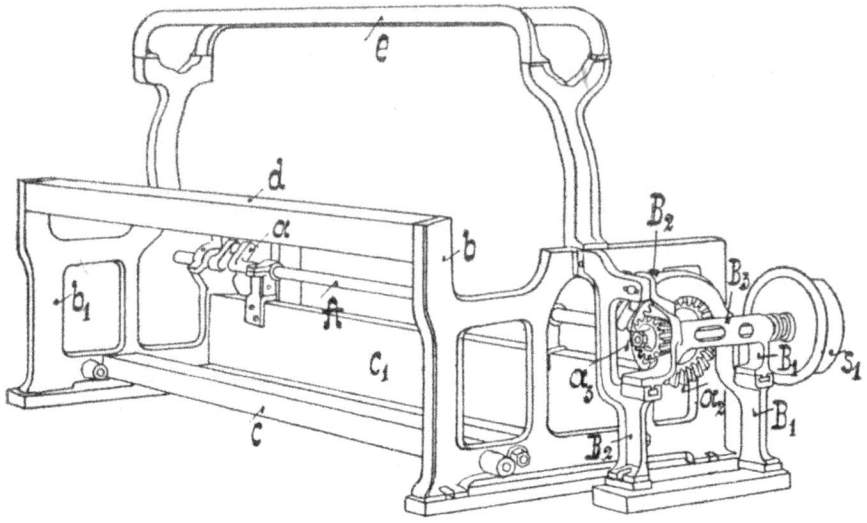

Fig. 16. Zweites Stuhlsystem. Modell eines Buckskinstuhles.

Rückwärtsdrehen des Stuhles vorgenommen wird. Es bestehen nämlich für das Schußsuchen noch zwei Möglichkeiten: Man kann erstens die Fachbildungsvorrichtung von dem Webstuhl entkuppeln und den Schuß für sich suchen und zweitens das Kartenprisma (oder der Kartenzylinder, die Kartenwalze) rückwärts, den Stuhl aber vorwärts drehen lassen. In den späteren Besprechungen werden solche Einrichtungen erklärt werden.

Sehr bekannt sind die schweren und mittelschweren sog. Buckskinstühle, wie sie von der Sächs. Webstuhlfabrik, der Großenhainer Webstuhl- und Maschinenfabrik und von Georg Schwabe in Bielitz ausgeführt werden. Charakteristisch ist das Modell von Fig. 16. A ist die Kurbelwelle mit den

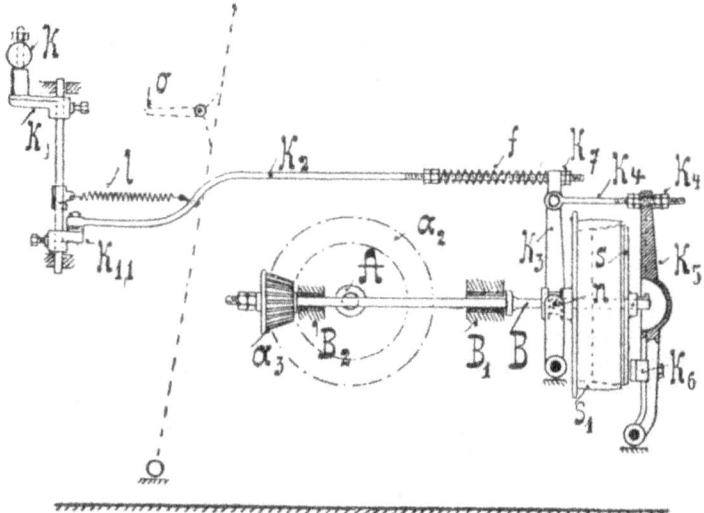

Fig. 17. Friktionsantrieb für Buckskinstühle (siehe Fig. 304 und 316).

beiden Kröpfungen a. Die Drehung von A geschieht mittelst eines Vorgeleges, indem das Kegelrad a_2 von dem kleinen Kegelrad a_2 der Vorgelegewelle B angetrieben wird, Fig. 17. Die Welle B ist in einem Bock B_1, B_2 gelagert, und das aus einem Stück gegossene Lager B_2, das mit dem Bock verschraubt ist, bildet zugleich eine Schutzvorrichtung gegen die Kammräder a_2 und a_2. Auf dem rechten Ende von B, Fig. 17, sitzt die lose drehbare Riemenscheibe S_1, die mit Hilfe des Hebels k_2, der Stange k_2, der Kurbeln $k_{1,1}$ und k_1 axial auf B verschiebbar ist. Beim Anrücken, wie es an Hand von Fig. 12 und 12a schon bekanntgeworden ist, wird S_1 auf S gepreßt und dabei die Bremse k_6 von S entfernt, weil die Stange k_4 den Hebel k_5 mit k_2 verbindet. Die Schraubenmutter h_4 gestattet das Einstellen von k_5 (k_6 ist hiermit verschraubt), und k_7 stellt k_2 ein. Ebenso läßt sich die Spannung der Feder f durch Schraubenmuttern regulieren. n greift in die Nut der Nabe von S_1 und verbindet somit k_2 mit S_1. Zur Verminderung der Reibung ist auf der Nabe von S_1 bei n ein Ring aus Weichmetall oder

Vulkanfiber eingesetzt. Vielfach werden die Lager B_1 und B_2, Fig. 17, und auch die Riemenscheibe S_1 mit Weichmetall ausgebüchst.

Der Antrieb durch Winkel- oder Kegelräder a_2 und a_2 ist an Buckskinstühlen dieser Art fast allgemein üblich, weil dadurch ein sicherer Gang erreicht wird und eine Änderung in der Stuhlgeschwindigkeit durch Auswechseln von a_2 vorgenommen werden kann. So hat z. B. a_2 51 Zähne,

Fig. 17a. Rücklaufvorrichtung.

und für a_2 können Räder mit 17, 18 oder 19 Zähnen genommen werden. Näheres siehe unter Berechnung der Tourenzahl, siehe auch den Grundriß von Fig. 18a als Ergänzung zu Fig. 17.

Die Bedeutung des Stechers o in Fig. 17 wird später näher besprochen werden, siehe Fig. 304.

Fig. 17 muß noch ergänzend beschrieben werden. Dieser Friktionsantrieb hat auch gewisse Nachteile. So soll der Buckskinstuhl beim Ausrücken plötzlich stillstehen. Das Ausrücken kann durch den Abstößer o (Fig. 17 und 304) oder den Schußwächter (Fig. 316) geschehen, erfolgt dann aber oft so heftig, daß die Ausrückorgane den Webstuhl durch den Rückschlag wieder in Tätigkeit setzen.

Um diesen Fehler zu beseitigen, sind verschiedene Verbesserungen gemacht worden. So wird der Bremsbacken k_6 federnd gelagert, oder auf der Stange k_4 ist z. B. zwischen den Schrauben k_4 und k_5 eine Feder eingesetzt. Neuerdings macht es Schönherr so, daß er den zweckmäßig ausgebildeten Hebel $k_{1,1}$ durch eine Flachfeder beim Ausrücken auffängt.

Georg Schwabe benutzt zur Änderung der Tourenzahl eine Stufenscheibe für zwei verschiedene Geschwindigkeiten.

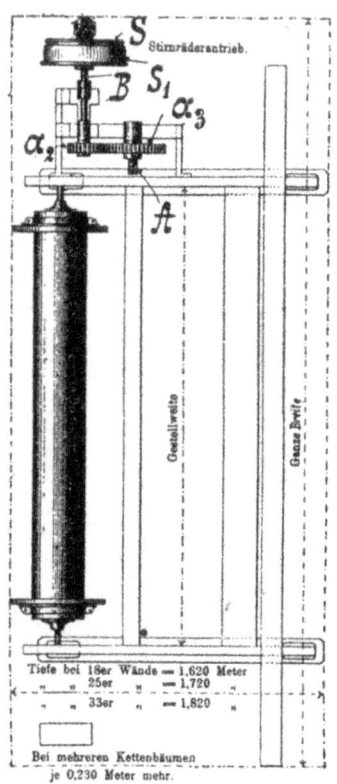

Fig. 18. Stirnräderantrieb.

Eine Ergänzung zeigt Fig. 17a. Es ist eine Vorrichtung zum selbsttätigen Rücklauf beim Schußsuchen von Schönherr. Das große Kegelrad von Fig. 17 ist auch hier erkennbar. Nur das kleine Kegelrad sitzt auf einer wesentlich kürzeren Welle. Auf dieser Welle ist die aus Fig. 15 und 15a schon bekannte Rücklaufvorrichtung montiert. Das Kettenrad K treibt ein weiteres Rad, das hier nicht zu erkennen, und dieses dreht durch Übersetzung in entgegengesetzter Richtung das Zahnrad Z, das mit der Friktion verbunden ist. Genau wie in Fig. 15 oder 15a läuft der Webstuhl durch Umschaltung rückwärts, nur daß es hier mechanisch geschieht. Beim Schußsuchen rückt der Schußwächter (auf den wir noch zu sprechen kommen), der Schlitzdruckstange 2 mit verstellbarem Anschlag 3 und dem Sichelhebel 4 durch Anschlag an den kurzen Hebel 5 den Stuhl vor Ladenanschlag aus. Die der Weblade nach dem Ausrücken des Stuhles noch innewohnende Schwungkraft setzt mittels Schlitzhebel 6, Zugstange 7, Hebel 8, Hebel 9, Druckstange 10 und Einrückhebel 11 den Rücklauf in Tätigkeit. Die Druckstange 10 lüftet mit Hilfe von Hebel 12, Hebel 13 und Bremslüfthebel 14 das Bremsband 15. Soweit die Vorbemerkung für Fig. 17a. Die Verbindung mit dem Schußsuchen folgt später.

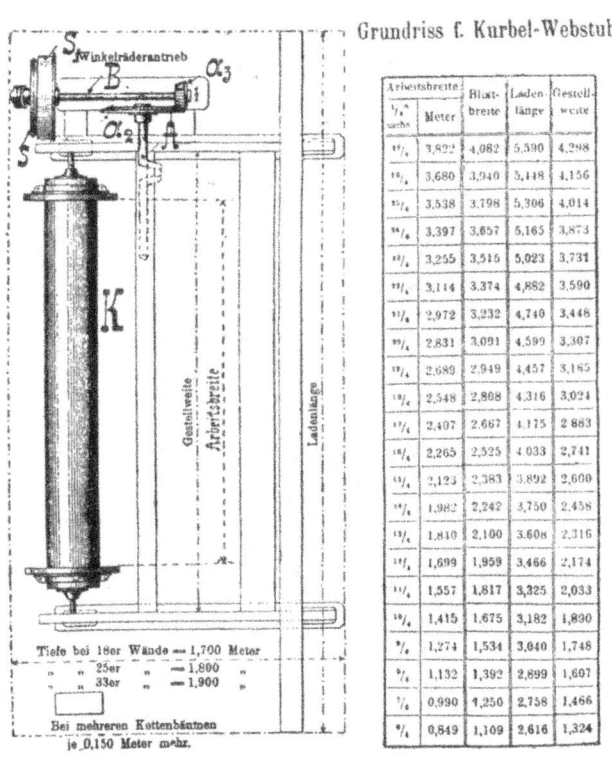

Grundriss f. Kurbel-Webstuhl

Arbeitsbreite		Blattbreite	Ladenlänge	Gestellweite
¹/₄ sächs	Meter			
¹⁷/₄	3,822	4,082	5,590	4,298
¹⁶/₄	3,680	3,940	5,448	4,156
¹⁵/₄	3,538	3,798	5,306	4,014
¹⁴/₄	3,397	3,657	5,165	3,873
¹³/₄	3,255	3,515	5,023	3,731
¹²/₄	3,114	3,374	4,882	3,590
¹¹/₄	2,972	3,232	4,740	3,448
¹⁰/₄	2,831	3,091	4,599	3,307
⁹/₄	2,689	2,949	4,457	3,185
⁸/₄	2,548	2,808	4,316	3,024
⁷/₄	2,407	2,667	4,175	2,883
⁶/₄	2,265	2,525	4,033	2,741
⁵/₄	2,123	2,383	3,892	2,600
⁴/₄	1,982	2,242	3,750	2,458
³/₄	1,840	2,100	3,608	2,316
²/₄	1,699	1,959	3,466	2,174
¹/₄	1,557	1,817	3,325	2,033
¹⁰/₄	1,415	1,675	3,182	1,890
⁹/₄	1,274	1,534	3,040	1,748
⁸/₄	1,132	1,392	2,899	1,607
⁷/₄	0,990	1,250	2,758	1,466
⁶/₄	0,849	1,109	2,616	1,324

Tiefe bei 18er Wände = 1,700 Meter
„ „ 25er „ = 1,800 „
„ „ 33er „ = 1,900 „

Bei mehreren Kettenbäumen je 0,150 Meter mehr.

Fig. 18a. Grundriß und Winkelräderantrieb.

In einzelnen, für den Antrieb mit Kegelrädern ungeeigneten Fällen benutzt man Stirnräder. Fig. 18 gibt den Grundriß eines solchen Antriebes der Sächs. Webstuhlfabrik wieder. Die Buchstaben weisen auf bekannte, schon besprochene Maschinenteile hin. Man achte auf die Tiefe des Stuhles bei verschieden großen Schaftmaschinen. So versteht man unter »Tiefe bei 18er Wände = 1,620 Meter« einen mit 18 Schäften ausgerüsteten Webstuhl.

Die verschiedenen Maßverhältnisse der Webstühle obengenannter Firma bei einem Winkelräderantrieb nach verschiedenen Modellen sind in dem Grundriß von Fig. 18a enthalten. Die Arbeitsbreiten sind in ¼ sächs. Ellen angegeben. Bei $^{27}/_4$ Arbeitsbreite = 3,822 m besteht z. B. eine Blattbreite von 4,082 m und eine Ladenlänge von 5,590 m. Ähnliche Maßverhältnisse finden sich an den Webstühlen der Sächs. Maschinenfabrik und der Großenhainer Webstuhlfabrik.

Zu den Webstühlen mit einer Welle zählen auch die meisten Bandwebstühle, Fig. 19 und 20. Mit b wird wieder die Seitenwand, mit d der Brustbaum und mit c werden die Traversen bezeichnet. S ist die Riemenscheibe

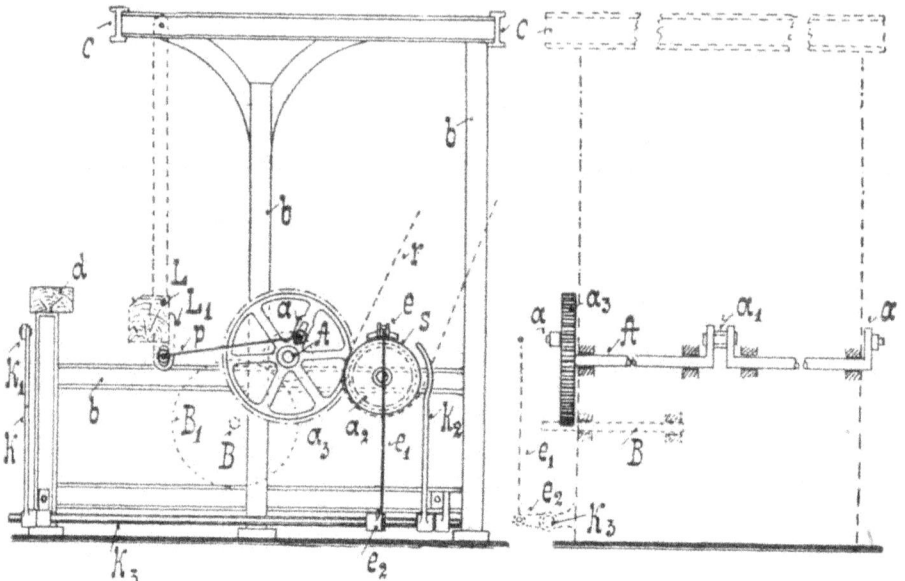

Fig. 19. Zweites Stuhlsystem. Bandwebstuhl mit Hängelade (Schläger).

Fig. 20.

(Fest- und Losscheibe), auf deren Achse Kammrad a_2 mit der Festscheibe lose drehbar gelagert ist. a_2 treibt a_3 und damit die Kurbelwelle A. Der Hub der Kurbeln in a und a_1 (letztere in der Mitte des Stuhles) ist verstellbar und läßt sich nach Lösen der Bolzen in a und a_1 verändern. Für breite Bänder stellt man die Bolzen (nach Figur 19) höher, so daß der Hub der Kurbeln und damit die Schwingung (oder der Sprung) des Schlägers (Lade) L (siehe Ladenbewegung) länger wird. Schmale Bänder webt man mit einem kleinen Sprung und stellt deshalb die Bolzen der Kurbeln mehr nach dem Drehpunkt der Welle A. Von den drei Kurbeln a, a_1 und a geht je eine Schubstange p an L_1 des Schlägerklotzes L.

An Bandwebstühlen findet man oft neben der Kurbelwelle A eine kurze Welle B, wie sie punktiert gezeichnet ist. Der Antrieb von A aus erfolgt meistens im Verhältnis 1 : 4, dann 1 : 5 oder 1 : 8, siehe Kammrad B_1. Welle B wird auch als Exzenterwelle bezeichnet. Wenn die Welle hier schon und nicht später unter der Schaftweberei erwähnt wird, so geschieht es aus dem Grunde, weil von ihr aus in besonderen Fällen noch die Schußspulen und die Wechselkastentritte beeinflußt werden.

Der Ausrücker besteht aus der quer über den Stuhl eben unterhalb des Brustbaumes herlaufenden Ansetzstange k_1 (die durch Führungen mehrfach unterstützt wird) und dem auf der Welle k_2 befestigten Ausrückhebel k. Ferner geht von k_2 aus die Riemengabel k_2 nach oben. r bezeichnet den Riemen. Um den Stuhl nach dem Ausrücken sofort stillzusetzen, wirkt der Bremsklotz e auf der Festscheibe, indem e durch Stange e_1 und Hebel e_2 (Fig. 20) von Welle k_2 aus gesenkt wird.

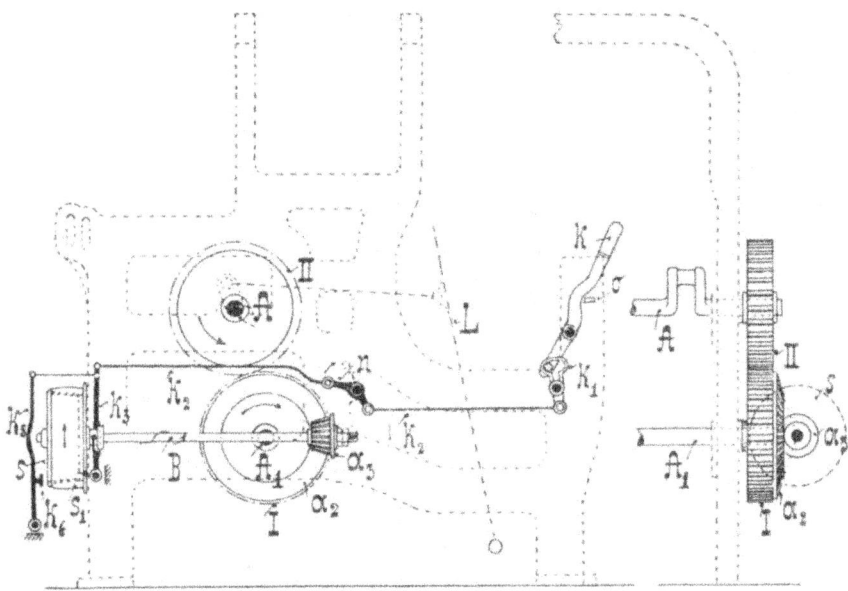

Fig. 21. Drittes Stuhlsystem mit zwei Wellen von gleicher Tourenzahl.

Das dritte Stuhlsystem

Webstühle mit zwei Wellen von gleicher Tourenzahl und der Antrieb

a) durch Fest- und Losscheibe, b) durch Friktion

Die Webstühle dieser Art werden hauptsächlich in der Buckskinweberei benutzt. Der Unterschied gegenüber den beiden vorher besprochenen Systemen besteht darin, daß die untere Welle, Fig. 21, die zugleich Schlagwelle ist, durch ein Vorgelege mittels Kegelräder angetrieben wird. Stirnräder von gleicher Größe übertragen die Drehbewegung von A_1 auf die Kurbelwelle A. Alle anderen Bewegungen der Webstuhlteile gehen dann in der Regel von A aus.

Der Antrieb der Vorgelegewelle B läßt sich in bekannter Weise durch Fest- und Losscheibe vornehmen und bietet nichts Neues.

An Hand von Fig. 21 soll das dritte Stuhlsystem näher beschrieben werden. Es ist eine Konstruktion der bekannten Firma Hutchison, Hollingworth & Co. in Dobcross. S ist wieder ein Konus und S_1 die Riemenscheibe; es besteht also Friktionsantrieb. Die An- und Ausrückung ist mit der nach

Fig. 17 beschriebenen gleich. Auch die Buchstaben weisen auf die besprochenen Einrichtungen hin. Die Druckfeder f ist in Fig. 21 weggelassen, aber nötig, damit die Pressung von S_1 auf S elastisch geschieht. k ist als Handgriff ausgebildet. Bewegt man k nach links, so schwenkt der untere Arm nach rechts und steuert k_1 ebenfalls nach rechts. Die erkennbare Ausbiegung in k_1 ist nötig, damit der in k_1 eingreifende Zapfen die Zurückstellung, wie sie in der Zeichnung gegeben ist, festhält. Die Feder I von Fig. 17 (in Fig. 21 weggelassen) unterstützt dieses Festhalten, indem sich k_1 mit dem Zapfen von k festklemmt. Sobald aber k oben nach links gesteuert wird, zieht l kräftig nach der Ausrückstellung und preßt Hebel k_5 mit k_6 gegen S, so daß der Stuhl gebremst wird. Der Zwischenhebel n zwischen den beiden Stangen k_2 ist so gestellt, daß er in der Anrückstellung fast eine Todpunktstellung einnimmt. Die punktierte Stellung von n deutet die Ausrückstellung an.

Die Vorlegewelle B, wie sie aus Fig. 17 hinlänglich bekannt geworden ist, treibt durch a_2 Kegelrad a_2. a_2 ist mit Stirnrad I verbunden, und I treibt mit der Übersetzung 1 : 1 Stirnrad II, siehe die Ansicht von hinten, Fig. 21. Man achte auf die durch Pfeile angegebene Drehrichtung.

An Stelle der Ausrückung k, k_1 kann natürlich auch eine andere Konstruktion genommen werden.

Das vierte Stuhlsystem
Webstühle mit einer seitlich an dem Gestell gelagerten Welle und der Schloßradantrieb

Die Schönherrschen Federschlagstühle sind die einzigen Repräsentanten dieses Systems. Auf der Welle A ist die Riemenscheibe s lose drehbar gelagert, dagegen die Handkurbel h mit A fest verbunden, so daß A auch mit der Hand gedreht werden kann, Fig. 22. Die Drehrichtung ist mit Pfeilen angegeben. Ferner ist auf A eine Exzenterscheibe aufgekeilt und so dicht hinter s (in Fig. 22 ist die Exzenterscheibe E, Fig. 23, nicht erkennbar) angebracht, daß sie der Riemenscheibe zwischen sich und der Handkurbel h eine Führung gibt. Exzenter E arbeitet gegen Hebel E_1, Fig. 22 und 27, und bewegt dadurch die Lade, siehe näheres unter Ladenbewegung, Fig. 286. E trägt aber einen Zapfen c, Fig. 23 und 24, der für den Antrieb von großer Bedeutung ist, weil die Klinke b_1 an c greift, Fig. 24. Der Drehpunkt von b_1 liegt in b, und b ist mit der Riemenscheibe s verschraubt, Fig. 22, und ebenso auch der Drehpunkt a. Wird b_1 durch e ausgelöst, so dreht sich die Riemenscheibe s nur mit b, b_1 und Schloß a, a_1 ohne c; der Webstuhl bleibt daher stehen. Es ist hier zu bemerken, daß sich b_1 und a_1 durch die Einwirkung einer nicht gezeichneten Fachfeder, die in g befestigt ist, stets in der angegebenen Pfeilrichtung drehen. b_2 ist für b_1 Stützpunkt. Wird b_1 aus dem Eingriff mit c ausgehoben, so legt sich die Spitze in die Auskerbung von a_1. In diesem Falle bleibt das Schloß solange geöffnet, bis die Ausrückstange k, Fig. 22 und 25, nach links in der Pfeilrichtung geschoben wird. k steht durch Winkelhebel k_1, Fig. 25, mit e in Verbindung, und e steuert a_1 so, daß b_1 von a_1 abgleitet, den Zapfen c erfaßt und die Welle A wieder dreht, Fig. 24. Das Ausrücken geschieht ebenfalls von k

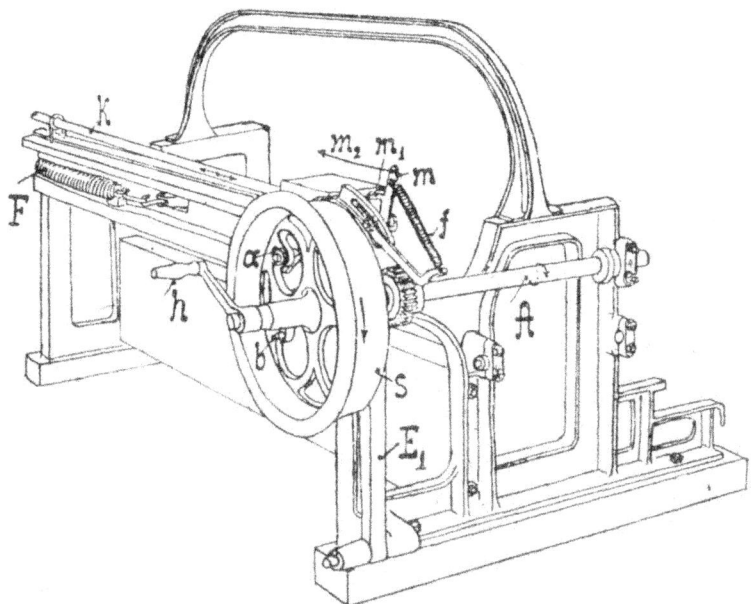

Fig. 22. Schloßradantrieb.

aus, indem k in der Pfeilrichtung nach rechts bewegt wird, so daß Stange e nach hinten geht und dann auf b_1 einwirkt. Der Winkelhebel k_1 wird durch zwei Flachfedern, wovon jede in der Pfeilrichtung drückt, in der Mittelstellung gehalten.

Hebel m mit dem Ansatz n, Fig. 24, ist nur zum Ausrücken bestimmt, nämlich dann, wenn die Lade kurz vor dem Anschlag an dem Warenende stehen bleiben soll, damit der Weber gerissene Kettenfäden usw. einziehen kann. Um diese Stellung der Lade zu erhalten, zieht der Weber nur an der Schnur m_2, Fig. 22 und 24, und dreht dadurch Hebel m, so daß n

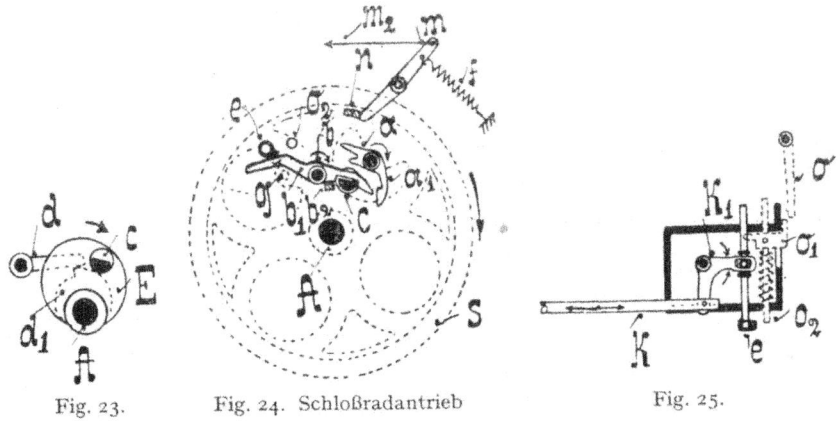

Fig. 23.   Fig. 24. Schloßradantrieb   Fig. 25.

Schloß b_1 aushebt. Die Drehbewegung von m ist durch den Ansatz m_1 beschränkt.

Wird b_1 durch n ausgehoben, so wird E die Drehrichtung ändern, also zurücklaufen, weil der die Lade bewegende Hebel E_1 (Fig. 27) auf E einen Gegendruck ausübt. Dieser Rücklauf wird durch die sich gegen d_1 legende Klinke d gehindert, Fig. 23. Die Feder f ist an einem verstellbaren Arm befestigt und zieht m in die Ruhestellung zurück.

Die eben erwähnte Ladenstellung kurz vor dem Blattanschlag ist noch an Hand von Fig. 26 und 27 erkennbar. Die Abbildungen zeigen einen Antrieb für schwerere Stühle, nämlich mit Stirnräderübersetzung, indem

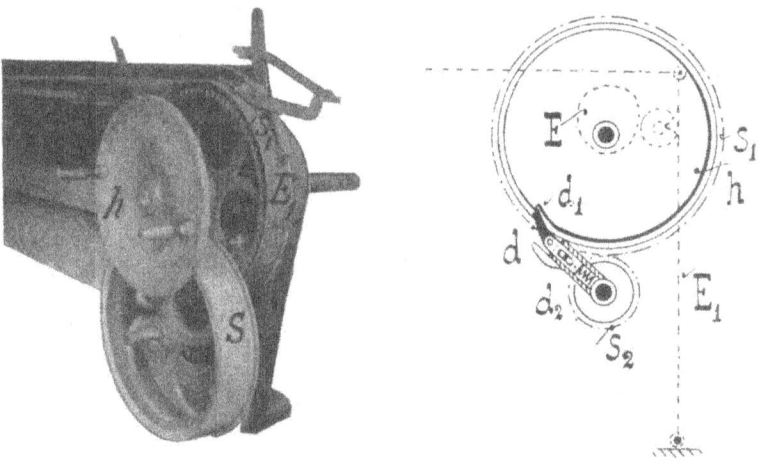

Fig. 26.   Fig. 27.

die Riemenscheibe s das in Fig. 27 gezeichnete kleine Kammrad s_2 und dieses das große s_1 treibt. s_1 übernimmt sonst dieselbe Arbeit, wie die in Fig. 22 bezeichnete Riemenscheibe s. Die Handkurbel h von Fig. 22 ist als Scheibe h in Fig. 26 mit zwei Griffen versehen. h trägt am Umfange eine Auskerbung d_1, Fig. 27, und in diese Auskerbung legt sich die Stoppklinke d, die auf dem Zapfen der Riemenscheibe gehalten wird. d ist an dem Gleitstück d_2 gelagert. Beim Angriff von d in d_1 wird der Rückstoß von einer unter d_2 angebrachten Feder aufgefangen, Fig. 27. Die Webstühle dieser Art kommen über eine geringe Tourenzahl nicht hinaus. Dafür zeichnen sie sich dadurch aus, daß sie selbst ganz weich gedrehtes Schußgarn infolge des elastischen Schützenschlages verarbeiten können.

Der Antrieb mechanischer Webstühle, insbesondere durch Elektromotore

Der Antrieb mechanischer Webstühle geschieht, wie wohl am meisten gebräuchlich, von der Transmissionswelle aus, somit als Gruppenantrieb. Ihre Drehgeschwindigkeit erhält die Welle in bekannter Weise entweder von der Dampfmaschine, einem Explosions- oder Wassermotor oder von

Elektromotoren. Der elektrische Antrieb geschah früher von Gleichstrommotoren aus. Seitdem die Konstruktion von Drehstrommotoren mit Kurzschlußanker so außerordentlich vervollkommnet ist, findet der Einzelantrieb mechanischer Webstüle, wenn die Kraftzentrale den Strom billig genug liefert, immer mehr Verbreitung. Solche Drehstrommotoren laufen in Kugellagern, sind auf allen Seiten geschlossen und können daher durch den sich in den Webereien entwickelnden Staub nicht verschmutzen. Sie bedürfen keiner großen Wartung, wie die Gleichstrommotoren, und haben den großen Vorteil des sicheren Anlaufens unter voller Belastung. Ihre gedrängte Bauart gestattet ihre Anwendung selbst in ganz beschränkten Räumen.

Man rühmt dem Einzelantrieb sonst noch folgende Vorteile nach:

Der Grund und Boden läßt sich besser ausnutzen, weil die Maschinen von der Transmission unabhängig sind;

die Lage des Maschinen- und Kesselhauses ist unabhängig von der Weberei;

jeder Stuhl arbeitet unabhängig für sich, wodurch eine große Betriebssicherheit gegeben ist: der Betrieb braucht nicht stillzustehen, wenn z. B. ein Riemen aufgelegt werden soll oder sonstige Betriebsstörungen eintreten;

die Kraftersparnisse ergeben sich aus dem Umstande, daß die Stühle nicht ununterbrochen laufen und der Stromverbrauch während des Stillstandes aufhört, wogegen die Transmission stets mitläuft und Kraft verbraucht.

Die Tourenzahl mit elektrischem Einzelantrieb ist im allgemeinen gleichmäßiger als beim Gruppenantrieb. Bei letzterem kommen in der Tourenzahl deshalb Schwankungen vor, weil die Arbeitsmaschinen oft ein- und ausgerückt werden und der Hauptriemen der Transmission rutscht. Allerdings können solche Schwankungen auch auf die Dampfmaschine mit einem weniger empfindlichen Regulator oder auf Überlastungen der motorischen Zentrale zurückgeführt werden. Wo sie aber vorhanden sind, muß man mit ihrer Maximal- und Minimalgeschwindigkeit rechnen und zwischen beiden die mittlere nehmen und sie der Tourenzahl des Webstuhles zugrunde legen. Es ist also nicht möglich, den Webstuhl dauernd mit voller Tourenzahl laufen zu lassen, um seine volle Leistungsfähigkeit auszunutzen. So laufen die Webstühle z. B. durchschnittlich mit 95 Touren; die Maximageschwindigkeit steigt unter Umständen auf 100 und die Minimalgeschwindigkeit geht auf 90 zurück. Es ist nicht gut möglich, den Webstuhl so einzurichten, daß er bei solchen Schwankungen, auch wenn sie etwas geringer sind, tadellos arbeitet. Bei zu großen oder zu geringen Geschwindigkeiten wird der Schützenschlag zu wünschen übriglassen. Daß auch die Schußdichte unter dem unregelmäßigen Betrieb leiden soll, ist nach den Untersuchungen des Verfassers innerhalb obiger Grenzen unzutreffend, aber der nicht gleichmäßige Schützenschlag ist auf die Produktion von viel größerem Einflusse, als man im allgemeinen annimmt. Es treten dadurch nur zu leicht Störungen ein, wie Ausrücken des Stuhles, Abschleudern der Schußspule, Versetzen der Ausrückteile evtl. Brüche und Schaftmaschinenfehler usw.

An Hand eines Rechenbeispieles läßt sich der Vorteil eines gleichmäßigen Betriebes besser beweisen: Ein Webstuhl kann z. B. mit 100 Touren als höchste Geschwindigkeit laufen. Der Nutzeffekt nach Abrechnung der Stillstände beträgt 70%. Bei 10stündiger Arbeitszeit macht der Webstuhl effektiv

$$\frac{100 \text{ (Tourenzahl)} \times 60 \text{ (Minuten)} \times 10 \text{ (Stunden)} \times 70\%}{100\%} = 42000 \text{ Schüsse.}$$

Muß dagegen infolge eines unregelmäßigen Betriebes, weil die Tourenzahl z. B. zwischen 90 und 100 oder 92 und 98 schwankt, eine mittlere Geschwindigkeit von 95 Touren innegehalten werden, so erhält man:

$$\frac{95 \text{ (Tourenzahl)} \times 60 \text{ (Minuten)} \times 10 \text{ (Stunden)} \times 70\%}{100\%} = 39900 \text{ Schüsse.}$$

Zuungunsten des zweiten Beispiels sind es nur

$$\frac{39900 \text{ (Schüsse)} \times 100\%}{42000 \text{ (Schüsse)}} = 95\% \text{ Leistung.}$$

Somit $100 - 95 = 5\%$ Mehrleistung bei einem gleichmäßigen Betrieb. Dieser Vorteil steigert sich noch, wenn man die oben angeführten Störungen berücksichtigt.

Die Entscheidung darüber, ob dem Einzelantrieb der Vorzug zu geben ist, muß von Fall zu Fall, evtl. auf Grund von Versuchen getroffen werden. In einer Buckskinweberei hat man beispielsweise durch Messungen gefunden, daß der Gruppenantrieb, wenn die Amortisation und Verzinsung einer Neuanlage berücksichtigt wird, ebenso günstig arbeitet wie der Einzelantrieb.

Es ist andererseits nicht außer acht zu lassen, daß der Kraftverbrauch der Transmission viel größer ist, als man bisher annahm. Die Elektromotorenfabriken weisen denn auch mit Recht darauf hin, daß eine belastete Transmission viel mehr Kraft absorbiert, als eine leerlaufende. Man darf sich nicht wundern, daß der Kraftverbrauch in alten, langen und gesenkten Gebäuden mit großem Wellendurchmesser und langsamem Lauf von der Gesamtkraft manchmal 50% und mehr beträgt. Bei den neuesten Transmissionsanlagen, besonders in Verbindung mit Kugellagern, stellt sich der Verlust natürlich wesentlich geringer.

Die Gründe, warum in der oben erwähnten Buckskinweberei, obgleich deren Transmissionsanlage nicht mehr der Neuzeit entspricht, mit dem Gruppenantrieb Kraftersparnisse erzielt werden konnten, sind nicht ganz klar. Sie sind zweifellos auf besondere Umstände des betreffenden Betriebes zurückzuführen.

Man war bisher auch der Ansicht, daß der elektrische Strom an den schweren Buckskinstühlen mit Friktionsantrieb (siehe 2. Stuhlsystem, Fig. 17 und 21) bei elektrischem Einzelantrieb, wie an den leichten Stühlen, mit dem Ausrücken des Stuhles abgestellt werden müsse, um Ersparnisse vorzunehmen. Durch Messungen von verschiedenen Seiten ist jedoch gefunden worden, daß es unter Umständen vorteilhafter ist, den Motor durchlaufen zu lassen und den Strom nur während einer längeren Arbeitsunterbrechung abzustellen, namentlich mit Rücksicht auf den Stromstoß; auch der elektrische Schalter wird geschont.

Hier setzen nun die neueren Verbesserungen ein, indem der Ausrücker von Fig. 17 mit einem Vorschalter verbunden wird. Beim Anlassen des Stuhles wird durch geeignete Konstruktion zuerst der Motor in Betrieb gesetzt, bevor die Friktionskupplung einrückt. Eine weitere Verbesserung in dieser Hinsicht besteht darin, daß der Weber die Vorschaltung des Motors erst durch eine kleine Drehung der Anrückstange k ermöglichen kann. Will er also den Stuhl in Betrieb setzen, so dreht er k ein wenig, gewinnt dadurch hinreichend Zeit, den Motor auf volle oder fast volle Tourenzahl zu bringen und kann dann erst einrücken. Damit gestaltet sich der Einzelantrieb wesentlich vorteilhafter.

Als das zweckmäßigste Übertragungsmittel vom Motor auf den Webstuhl hat sich der Zahnräderantrieb erwiesen. Die dem Riemenantrieb anhaftenden Nachteile, nämlich das Rutschen, oder, bei großer Riemenspannung, der übermäßige Lagerdruck werden bei dem Zahnradantrieb vermieden. Für die Kammräder wendet man als Material, soweit die Räder mit dem Stuhl verbunden sind, Gußeisen an. Die Motorachse trägt Kammräder aus Stahl, Rohhaut oder Bronze. Mit Rücksicht auf einen tadellosen Gang müssen die Kammräder jedoch gefräst sein. Die Krümmung von Eisen auf Eisen verursacht viel Lärm, der aber im Rauschen eines Websaales mit vielen Stühlen im einzelnen nicht störend bemerkbar ist. Ruhig, fast geräuschlos laufen die Kammräder aus Rohhaut. Das Urteil von elektrotechnischer Seite geht dahin, daß man mit der Anwendung der Rohhauträder an schweren Stühlen vorsichtig sein müsse, weil sich die Zahnform durch Verschleiß leicht so ändert, daß durch harte Stöße Brüche im Kugellager des Motors entstehen. Nach vieljährigen Erfahrungen haben sich jedoch die Rohhaut-Kammräder sehr gut bewährt. Aus diesem Grunde verdienen die Bronzeräder den Vorzug. Wenn ihr Preis auch höher ist, so ist auch die Haltbarkeit der Räder größer. Indessen haben sich die Rohhautritze selbst an schweren Buckskinstühlen nach vieljährigem Gebrauch sehr gut bewährt. Die Erfahrungen an diesen Buckskinstühlen lassen den Riemenantrieb günstig erscheinen, weil der Webstuhl weniger Stöße erhält und dadurch geschont wird.

Früher sprachen zugunsten des Riemenantriebes die unvermeidlichen Zahnbrüche. Sie entstanden dadurch, daß der Motor beim Stoppen des Webstuhles nicht plötzlich genug abgestellt werden konnte und daher mit voller Kraft arbeitete. Zur Vermeidung der Brüche schob man sog. Rutschkupplungen ein. Das Kammrad der Kurbelwelle wird hierbei nicht fest mit der Welle verbunden, sondern trägt z. B. ein Bremsband oder Bremsbacken, die sich gegen eine Bremsscheibe legen. Eine spannbare Feder gestattet die Regulierung der Bremsung. An schweren Webstühlen, z. B. Buckskinstühlen, sind solche (Feder-) Rutschkupplungen ganz ungeeignet, wie es die Versuche lehrten. Sind die Federn zu lose gespannt, so rutschen die Kupplungen namentlich beim Anrücken und in den schweren Arbeitsmomenten und nehmen den Stuhl nicht energisch genug mit. Spannt man sie aber soweit, wie es zur Vermeidung des im regelmäßigen Laufe zu starken Rutschens nötig ist, so wirkt die Kupplung in den meisten Fällen wie eine feste Verbindung. Diese Tatsache ergibt sich aus dem bisherigen Riemenantrieb von der Transmission aus ohne weiteres. Ist der Riemen nicht genügend gespannt, so gleitet er. Bei hinreichender Spannung hat er so viel Triebkraft, daß Brüche eintreten, wenn die Sicherheitsvorrichtungen versagen.

Mit großem Erfolge hat man dagegen die Fliehkraft- oder Zentrifugal-Reibungskupplungen eingeführt.

Als Empfehlung ihrer Fliehkraft-Reibungskupplung nach dem D. R. P. 295456 sagt die Sächsische Maschinenfabrik vorm. Rich. Hartmann mit Recht folgendes:

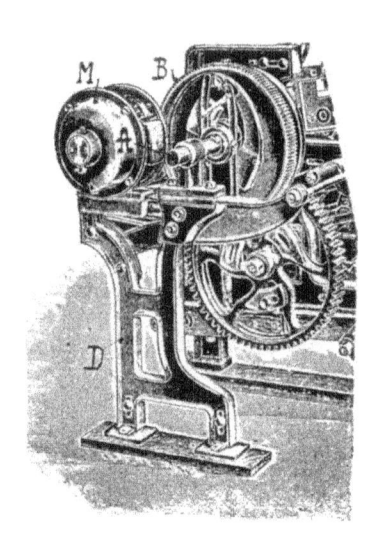

Fig. 28. Zentrifugalkupplung.

Schonung des Motors, da dieser nicht unter Vollast, sondern leer anläuft und den Stuhl erst antreibt, wenn der Motor nahezu seine volle Umdrehungszahl erreicht hat. Hieraus ergebe sich: geringerer Stromverbrauch, Verhütung des Durchschlagens der Sicherungen und Durchbrennens der Motorwicklung. Ferner an leichteren Stühlen oder mittelschweren Stühlen eine bequeme Handhabung, da beim Drehen der Webstuhlkurbelwelle von der Hand, wie beim Schußsuchen, der Motor nicht mitbewegt wird.

Im nachstehenden sollen zwei Fliehkraft-Reibungskupplungen besprochen werden, nämlich die von Herm. Schroers (Zangs Maschinenfabrik) in Crefeld. Aus den Besprechungen und Abbildungen wird der Leser die Anordnung der Motoren zu den Webstühlen entnehmen können.

Die Zentrifugal-Reibungskupplung von Carl Zangs Maschinenfabrik in Crefeld zeigen die Fig. 28—33. Der Stuhl wird selbsttätig von der Zentrifugalkupplung mitgenommen, sobald letztere durch den Motor eine hinreichende Drehgeschwindigkeit erhalten hat. Bei Störungen wird, wenn der Strom abgestellt ist oder die Drehgeschwindigkeit nachläßt, selbsttätig

Fig. 29.   Fig. 30.

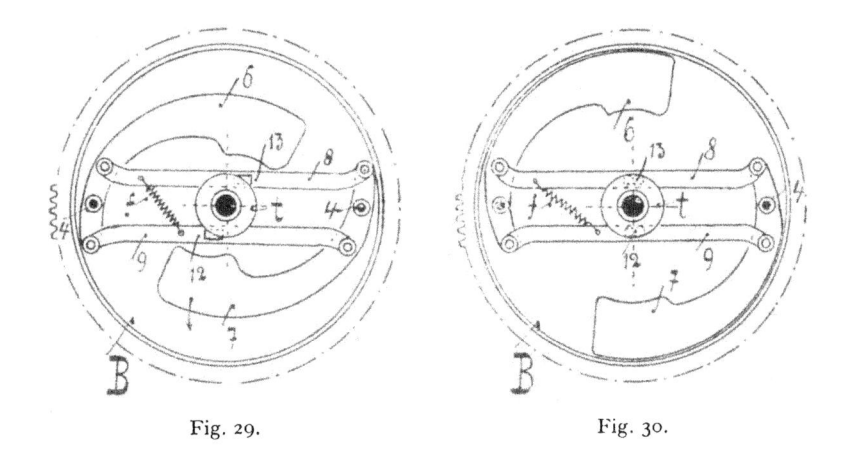

entkuppelt. Zugleich ist eine Rutschkupplung gegeben, die bei großen Widerständen sicher arbeitet und Zahnradbrüche verhindert.

Es werden Kupplungen in zwei Ausführungen gebaut. In Fig. 28 ist M der Motor, A die Kurbelwelle des Webstuhles (erstes Stuhlsystem) und B das vom Motor angetriebene Kammrad des Webstuhles bzw. der Kupplung. Die Anordnung ist für leichtere oder mittelschwere Webstühle. An schweren Stühlen kann, wie es schon angeführt wurde, mit einer Rutschkupplung nicht gerechnet werden. Die Zentrifugalkupplung wirkt dann so kräftig, daß ohne Sicherheitsvorrichtungen nicht gearbeitet werden kann. Tritt eine Störung ein, so wird mit dem Anstellen des Anrückers zugleich der

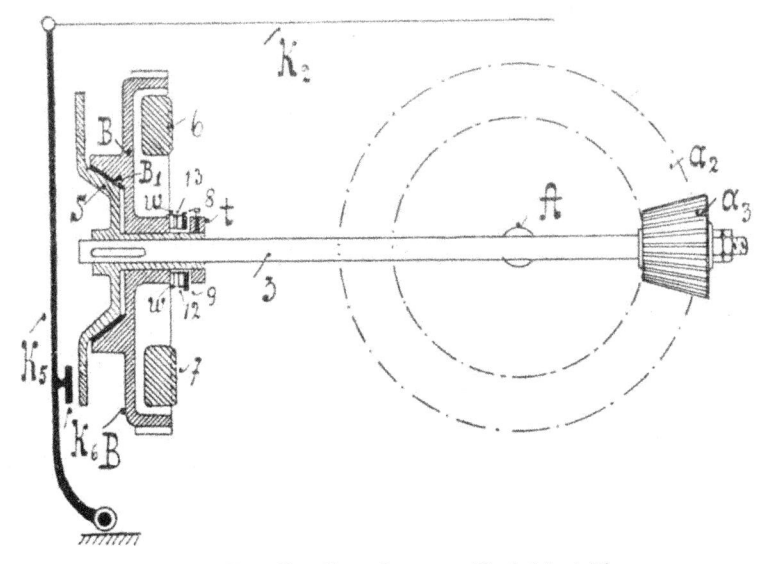

Fig. 31. Zentrifugalkupplung am Buckskinstuhl.

Strom ausgeschaltet und somit selbsttätig entkuppelt, wie es an Hand von Fig. 17 erklärlich ist, siehe auch Fig. 304.

Die Gesamtansicht der Neuerung an Buckskinstühlen zeigen Fig. 29—33. Die Buchstaben weisen auf bekannte Teile hin. Die Zentrifugalkupplung ist in dem großen Zahnrad B der Welle 3 eingebaut.

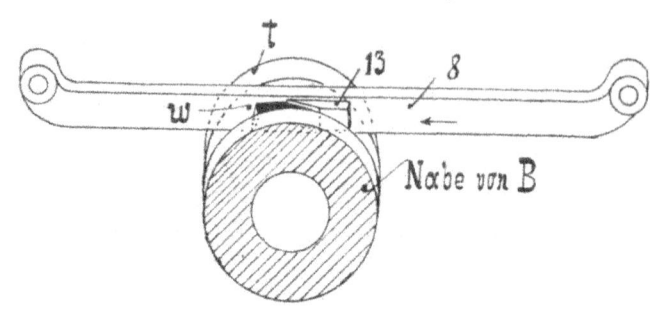

Fig. 32.

Die Schwunghebel 6 und 7, die ihren Drehpunkt in 4 haben, sind in Fig. 29 in Ruhestellung und in Fig. 30 in Tätigkeit gezeichnet; sie sind an B gelagert und in jeder Stellung gegenseitig ausbalanciert. Die Feder f ist verhältnismäßig schwach gehalten und unterstützt daher die Ruhestellung von 6 und 7 nur mäßig. Treten die Schwunghebel in Tätigkeit, so ver-

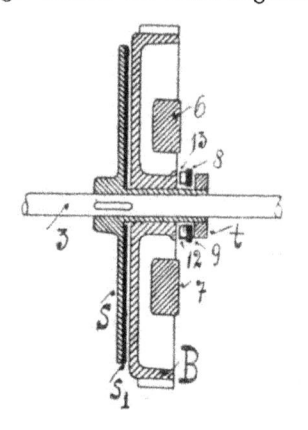

Fig. 33.

schieben sich die Parallelogrammhebel 8 und 9, Fig. 30, 32 und 33. Beide tragen Keilstücke 12 und 13, und mit ihrer Hilfe tritt die Kupplung in Funktion, wie es an Hand der Zeichnung Fig. 31 und 32 erklärt werden soll. Auf der Welle 3 (es ist hier ein Buckskinstuhl mit Vorgelegewelle gedacht, siehe Fig. 17) ist der Konus s festgekeilt. Die verlängerte Nabe von s trägt den Ring t, der mit Schrauben befestigt ist. Zwischen dem Konus s und dem Ring t ist das Kammrad B lose drehbar aufgeschoben. Ferner werden die Parallelogrammhebel 8 und 9 zwischen der Nabe von B und dem Ring t aufgenommen. Außer den schon genannten Keilstücken 12 und 13 von 8 und 9 ist auch Nabe B mit zwei Keilstücken w ausgerüstet. Von Hebel 8 und Nabe B sind die Keilstücke 13 und w in Fig. 32 wiedergegeben. Verschiebt sich 8 in der Pfeilrichtung, so wird die Nabe von B nach vorne (in der Abbildung Fig. 31 nach links) geschoben und Zahnrad B mit B kräftig auf den Konus s gepreßt, also die Kupplung mit der Vorgelegewelle 3 hergestellt. Die andern in dieser Abbildung noch enthaltenen Teile sind aus den früheren Besprechungen von Fig. 12, 17 und 21 bekannt.

Eine axiale Verschiebung von Welle 3 oder ein seitlicher Lagerdruck ist gänzlich vermieden.

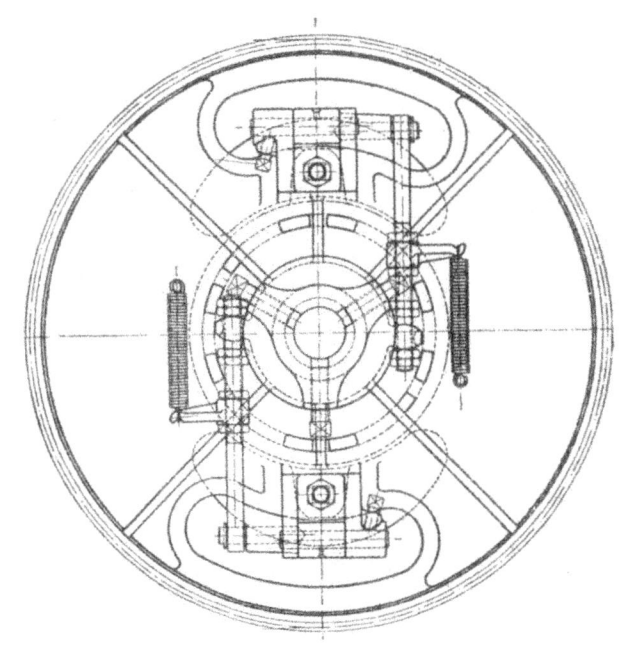

Fig. 34

An leichteren Stühlen tritt an Stelle des Konus eine flache Scheibe s, die mit s_1 (Leder) belegt ist, Fig. 33. B wird gegen s_1 bzw. s gepreßt. Die Schwunghebel 6 und 7 sind hier in der Ruhestellung gezeichnet (Querschnitt).

Ein weiteres Beispiel eines Riemenantriebes mit Zentrifugalkupplung ist noch in Fig. 34 gezeigt. Der Motor steht auf dem Boden und ist federnd gelagert.

Fig. 35 zeigt eine Zentrifugalkupplung nach dem D. R. P. 204648.

In Fig. 35 ist ein Beispiel für den Ritzelantrieb mit Reibungskupplung gegeben.

Als letztes Beispiel einer Zentrifugalrutschkupplung soll das D. R. P. 204648 angeführt werden. Fig. 36. Der Schorch-Motor M ist an D gelagert und treibt durch den Rohhautritzel das Kammrad B. An B sind die

Fig. 35.

Fig. 37. Zentrifugalkupplung.

← Fig. 36. Zentrifugalrutschkupplung.

34

Zentrifugalhebel 6, 6 mit dem Drehpunkt in 4 und 5 gelagert. Hebel 8 sitzt lose drehbar auf der Welle A, wogegen Scheibe 3 festgekeilt ist. Wird der Motor eingeschaltet, so fliegen die Hebel 6, 6 nach außen in der Pfeilrichtung und pressen, weil die Backen 7 mit 6 verbolzt sind, 7 gegen Scheibe 3, so daß die Stuhlwelle A eine Drehung erhält.

Fig. 37 läßt eine Federrutschkupplung erkennen. A ist die Kurbelwelle des Webstuhles, B das Kammrad, das auf A lose drehbar ist und vom Motor so angetrieben wird, wie B in Fig. 36. d ist auf A (in Fig. 37) axial verschiebbar, so daß die Kupplung in der Verschiebung nach der Pfeilrichtung ausgerückt wird. f, f_1 sind die Klemmbacken, die durch die Feder g an B angepreßt werden.

Fig. 38.   Fig. 39.

Die Beispiele eines Riemenantriebes für Buckskinstühle zeigen Fig. 38 und 39. Beide sind von der Großenhainer Webstuhl- und Maschinenfabrik.

In Fig. 38 ist der Motor federnd gelagert und mit einem Riemenspanner in Verbindung gebracht. Das an dem Motor sitzende Gestänge federt im Augenblick der größten Riemenspannung, gibt dabei elastisch nach und drückt die Spannrolle näher an die Riemenscheibe.

Der Antrieb in Fig. 39 durch Zahnräder zeigt einen elastisch gelagerten Motor zum Auffangen der harten Stöße.

Fig. 40 zeigt noch einen stufenlosen Antrieb durch einen Keilriemen von der Sächsischen Webstuhlfabrik. In 3 erkennen wir die kleine Riemenscheibe, die sich verstellen, nämlich größer und kleiner machen läßt.

Das Schußsuchen an Webstühlen mit Elektromotorenbetrieb ist sehr einfach. Es ist nur nötig, den Stuhl in bekannter Weise von Hand aus zurückzudrehen, wobei der Motor mitläuft. Allerdings wird dieses Zurück-

Fig. 40.

drehen infolge der Riemenspannung und Motorbelastung etwas erschwert, Fig. 41. An Webstühlen mit Zentrifugalkupplungen ist der Motor von der Kurbelwelle vollständig gelöst, so daß das Rückwärts- (oder auch Vorwärts-) Drehen leichter geht als mit gewöhnlichem Motorenbetrieb, natürlich nur dann, wenn nicht gebremst wird.

Fig. 41.

Es ist mit geringen Kosten möglich, einen Umschalter einzubauen, so daß der Motor vom Standpunkte des Webers aus eingeschaltet werden kann und dabei rückwärts läuft und somit das Schußsuchen wesentlich erleichtert.

Dieser Umschalter oder Rücklaufschalter ist nur an solchen Stühlen nötig, wo die Webstuhlteile zum Zwecke des Schußsuchens sämtlich rückwärts laufen müssen. In den anderen Fällen behält der Stuhl seinen regelmäßigen Lauf.

An dieser Stelle ist auf die weiteren Verbesserungen durch Elektromotorenantrieb hinzuweisen, die im 6. Teile dieses Buches besprochen sind und eine lehrreiche Ergänzung zu diesem Abschnitt bilden.

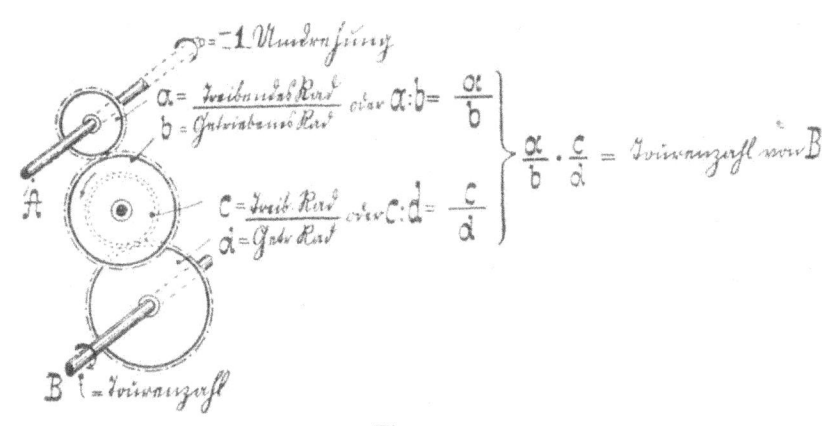

Fig. 42.

Die Berechnung der Tourenzahl mechanischer Webstühle.

Um zu finden, wie schnell ein Webstuhl läuft, d. h. wie viele Touren die Kurbel- oder Hauptwelle macht, muß die Geschwindigkeit der Transmissionswelle oder bei Einzelantrieb die des Motors und die Größe der Riemenscheiben oder der Kammräder bekannt sein. An Hand von Fig. 42 soll eine Berechnung durchgeführt werden. In der Rechnung gilt: $\frac{\text{Treibendes Rad}}{\text{Getriebenes Rad}}$ = Umdrehungsgeschwindigkeit, wenn das treibende Rad als mit einer Tour in einer Zeiteinheit laufend angenommen wird. So soll z. B. Welle A in der Minute 90 Touren machen; a hat 20, b = 40, c = 30 d = 45 Zähne.

Wie schnell läuft B, d. h., welche Tourenzahl macht die Welle? Antwort: Nach der Erklärung von Fig. 42 heißt es:

$\frac{a}{b} \cdot \frac{c}{d}$ = Tourenzahl von B, d. h. unter Berücksichtigung von A.

Also: $A \cdot \frac{a}{b} \cdot \frac{c}{d} = \frac{A \cdot a \cdot c}{b \cdot d} = B$ oder $\frac{90 \times 20 \times 30}{40 \times 45} = 30$ Touren.

Demnach muß die umgekehrte Rechnung, wenn B als treibendes Rad angesehen wird, dasselbe Produkt ergeben, nämlich:

$$B\frac{d}{c} \cdot \frac{b}{a} = \frac{B \cdot d \cdot b}{c \cdot a} = \frac{30 \times 45 \times 45}{30 \times 20} = 90 \text{ Touren für A.}$$

1. Aufgabe: Nach der Skizze Fig. 43 wird A die Kurbelwelle B so treiben. A macht 250 Touren, die Riemenscheibe a hat 30 cm und b hat 45 cm Durchmesser. Wie schnell dreht sich B?

Antwort: $A \cdot \frac{a}{b} = B$ oder $\frac{A \cdot a}{b} = \frac{250 \times 30}{45} = 166^2/_3$ Touren.

2. Aufgabe: Die Kurbelwelle B soll mit 150 Touren laufen. Wie groß muß die Scheibe a sein, wenn die andern Verhältnisse nach Aufgabe 1 bleiben?

Antwort: $\frac{A \cdot a}{b} = B$. Demnach muß a gesucht werden,

also: $a = \frac{B \cdot b}{A} = \frac{150 \times 45}{250} = 27$ cm Durchmesser.

3. Aufgabe: Wie schnell muß nach Aufgabe 1 A laufen, wenn B 180 Touren machen soll?

Antwort: Aus $\frac{A \cdot a}{b} = b$ folgt

$$A = \frac{B \cdot b}{a} = \frac{180 \cdot 45}{30} = 270 \text{ Touren.}$$

4. Aufgabe: Nach Fig. 36 soll A 180 Touren machen, der Motor M läuft mit 950 Touren, und B hat 150 Zähne. Wie groß, d. h. wie viele Zähne muß der Rohhautritzel = X von dem Motor haben?

Antwort: $M \frac{x}{B} = A = 180$ Touren.

Somit $x = \frac{A \cdot B}{M} = \frac{180 \times 150}{950} = 28{,}42 =$ abgerundet 28 Zähne.

5. Aufgabe: Wie schnell läuft A nach Aufgabe 4 mit 27 Zähnen genau?

Antwort: Es besteht $A = \frac{M \cdot x}{B} = \frac{950 \times 27}{150} = 171$ Touren.

6. Aufgabe: Die Zentrifugalkupplung, Fig. 31, soll für einen Buckskinstuhl Anwendung finden. A soll 90 Touren machen; a_2 hat 59, $a_3 = 21$ und B = 120 Zähne. Wie viele Zähne muß der von der Motorwelle getriebene Rohhautritzel = X (nicht gezeichnet) haben, wenn M (in Fig. 31 nicht gezeichnet) mit 950 Touren läuft?

Antwort: $M \frac{x}{B} \cdot \frac{a_2}{a_3} = A$.

Demnach
$$x = \frac{A \cdot B \cdot a_2}{a_2 \cdot M} = \frac{90 \times 120 \times 59}{21 \times 650} = \text{abgerundet 32 Zähne.}$$

Aus der vorstehenden Aufteilung folgen weitere Formeln, nämlich:

$$M = \frac{A \cdot B \cdot a_3}{x \cdot a_2}.$$

Oder: $a_3 = \dfrac{A \cdot B \cdot a_2}{x \cdot M}$

Weiterhin: $a_3 = \dfrac{a_2 \cdot M \cdot x}{A \cdot B}$

Und: $B = \dfrac{a_2 \cdot M \cdot x}{A \cdot a_2}$

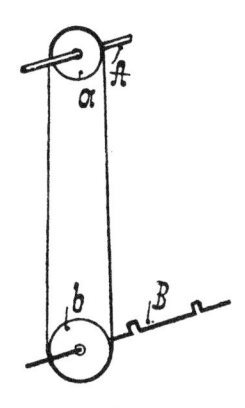

Fig. 43.

7. Aufgabe: Die kleinen Kegelräder a_3, Fig. 31, werden in drei Größen geliefert, nämlich mit 19, 20 und 21 Zähnen. Die Geschwindigkeit ist nun mit einem 21er Rade 90 Touren. Wie schnell läuft der Stuhl, wenn das 21er Rad durch ein 19er ersetzt wird?

Antwort: $90 : 21 = x : 19$.

Somit $\dfrac{90}{21} = \dfrac{x}{19}$ ergibt $\dfrac{90 \times 19}{21} = 81{,}4$ Touren.

Oder auch man beachte, daß die Tourenzahl, weil a_2 treibt, mit einem kleineren Rade reduziert wird. Einfacher ist die Regel zu merken:

$$\frac{90 \times 19 \text{ (kleineres Rad)}}{21 \text{ (größeres Rad)}} = 81{,}4 \text{ Touren.}$$

Man vergleiche weiterhin den vorletzten Abschnitt dieses Buches über Tourenzahl und Kraftverbrauch mechanischer Webstühle.

2. Teil

Die Bewegungen der Kette und Ware in der Längsrichtung

Aus der Einleitung und an Hand der Abbildung Fig. 1 ist bereits bekannt, daß die Kette bei ihrem Gleiten über den Streichbaum und ihrer Führung durch das Geschirr und das Blatt eine Bewegung in der Längsrichtung macht. Nach der Verflechtung der Kette mit dem Schuß oder der Bildung des Gewebes geht die Bewegung über den Brustbaum weiter bis an den Warenbaum. Es besteht also ein inniger Zusammenhang zwischen dem Ablassen der Kette und dem Aufwickeln der Ware. Die Maßeinheit einer abgewickelten Kettenstrecke wird sich durch die Kreuzung mit den Schußfäden verkleinern, weil die Kette einwebt. Dieses Einweben ist ganz verschieden und schwankt zwischen 0 bis 12 und mehr Prozent. Die Florkette der Plüsch- oder Teppichgewebe usw. webt noch stärker ein und beträgt oft das Vielfache der Grundkette.

Es ist somit nicht möglich, das Ablassen der Kette und Aufwickeln der Ware innerhalb der Grenzen des vermutlichen Einwebens zu halten. Man hat deshalb solche Vorrichtungen getroffen, die das Einweben berücksichtigen und die sich den verschiedenartigsten Garnen anpassen. Eine solche Anpassungsfähigkeit beim Ablassen der Kette und Aufwickeln der Ware ist auch deshalb nötig, weil die Dicke oder Stärke der Garne (insbesondere die der Streichgarne, Seidengarne) innerhalb einer bestimmten Feinheitsnummer oft stark schwankt und die Dicke des Gewebes ohne einen Ausgleich sehr ungleich sein würde.

Die Vorrichtungen zum Ablassen der Kette, welche auf das Einweben oder den ungleichmäßig gesponnenen Schuß Rücksicht nehmen, sind:

1. die Kettbaumbremsen und
2. die negativen oder passiven Kettbaumregulatoren.

Es gibt noch weitere Vorrichtungen, die sich aber dadurch von den vorher genannten unterscheiden, daß sie bei jeder Tour des Stuhles ein genau vorgeschriebenes Stück Kette abwickeln. Es sind dies die positiven (aktiven) Kettbaumregulatoren.

Auch das Aufwickeln der Ware läßt sich in zwei verschiedenen Arten ausführen, nämlich:

a) durch die negativen (passiven) Warenbaumregulatoren und
b) durch die positiven (aktiven) Warenbaumregulatoren.

Von den angeführten Einrichtungen zum Ablassen der Kette oder Aufwickeln der Ware ist nicht jede Kombination praktisch ausführbar, das sei schon an dieser Stelle erwähnt, ohne vorher näher auf die Besprechung der Vorrichtungen einzugehen. So lassen sich positive Kettbaumregulatoren nur unter eng begrenzten Verhältnissen mit positiven Warenbaumregulatoren verbinden, weil das Einweben der Kette vorher nicht bestimmt werden kann und auch jeder ungleichmäßig gesponnene Schuß, wie schon erwähnt, Schwankungen hervorruft. Eine Verbindung ist nach folgender Aufstellung möglich:

1. Negative Warenbaumregulatoren mit
   1. Kettbaumbremsen,
   2. negativen Kettbaumregulatoren
   3. positiven Kettbaumregulatoren.

2. Positive Warenbaumregulatoren mit
   1. Kettbaumbremsen,
   2. negativen Kettbaumregulatoren
   3. positiven Kettbaumregulatoren, jedoch nur in ganz besonderen Fällen.

Bevor ich auf eine Besprechung dieser Vorrichtungen und auf deren Arbeitsweise eingehe, sollen zuerst allgemeine Bemerkungen über die Eigenschaften der zum Weben vorbereiteten Ketten gemacht werden.

Wie es schon aus Fig. 1 hervorgeht und wie es auch durch Fig. 40 ergänzt wird, entstehen im Geschirr oder Kamm und durch das Hin- und Hergehen der Lade gegenseitig Reibungen der Kettfäden. Diese werden durch das Scheuern an den Geschirrlitzen, an den Riet- oder Blattstäben und auf der Ladenbahn erhöht. Die Folge dieser vermehrten Reibung machen sich in dem Rauhwerden der Kettfäden und in den Kettfadenbrüchen bemerkbar. Je glatter ein Faden ist und je mehr es gelingt, die rauhen Fäden durch die Vorbereitung, also durch das Schlichten (oder Leimen) zu glätten, um so vorteilhafter ist es für das Weben. Neben dem Glätten bezweckt das Schlichten eine Verstärkung des Fadens, also eine Erhöhung des Widerstandes gegen Fadenbruch.

Mannigfaltig sind die Mittel, die zu diesem Zwecke angewandt werden. Man kennt Vorrichtungen, den einzelnen Faden, bevor er zu einer Kette verarbeitet, also bevor er geschert wird, zu schlichten. Hier sollen dagegen das Schlichten und die Schlichtmittel für die gescherten Ketten kurz besprochen werden.

Teilweise befassen sich mit dem Schlichten besondere Fabriken in Lohn. Im allgemeinen sind sie den Webereien angegliedert, die eine besondere Abteilung für das Kettscheren und das Schlichten haben.

Als Schlichte nahm man früher vielfach verdünnten Leim (Tischlerleim). Man weichte diesen einen Tag ein und kochte ihn dann. Diese heiße Leimlösung wurde wesentlich verdünnt und diente zum Tränken der Kette. Zu diesem Zwecke bediente man sich unter andern der Handleimmaschine. Die Ketten wurden hierbei, nachdem sie durch die Leimlösung geführt waren, durch einen engen Trichter oder Ring gezogen, um den überschüssigen Leim abzustreichen. Das Trocknen der so geleimten Ketten erforderte ein Spannen in der Längsrichtung und ein Ausbreiten der Fäden in der Breite.

Das Scheren der Ketten auf besonderen Kettschermaschinen in ganzer Breite gestattete die Anwendung von Schlichten. Die Schlichtmasse ist vielfach ein besonderes Geheimnis. In der Hauptsache ist es Kartoffelmehl, das durch die Umwandlung in Dextrin als besonderes Klebemittel eine größere Klebkraft erlangt. Ein Kochkessel, der mit einem verschließbaren Deckel versehen ist, nimmt das Kartoffelmehl mit geeigneten Zusatz-

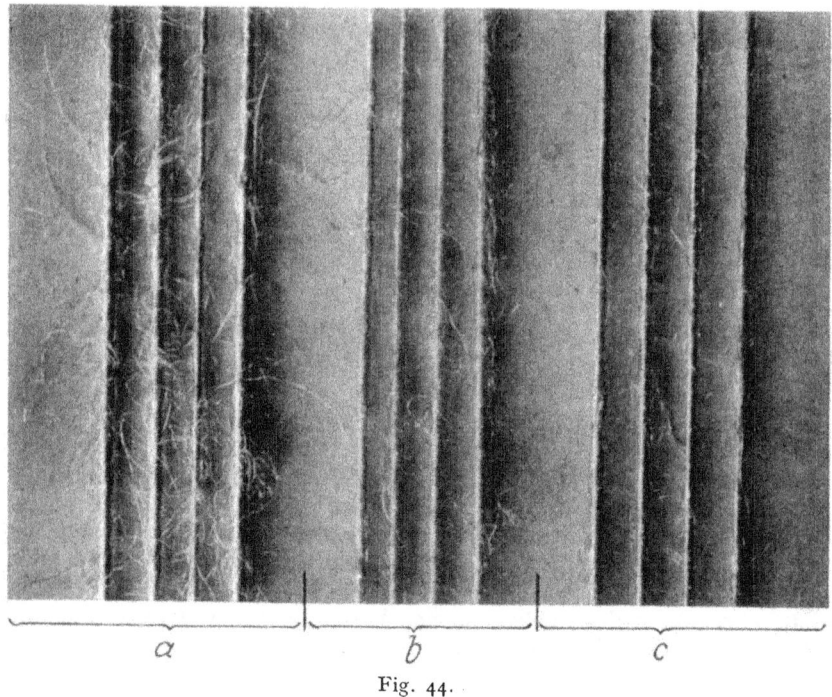

Fig. 44.

mitteln auf und gestattet das Kochen oder Erhitzen bis zu einem gewissen Grad. Mit der so gewonnenen und wesentlich verdünnten Schlichtmasse werden dann die Ketten getränkt oder geschlichtet.

Die Schlichtmasse ist um so wertvoller, je mehr sie in die Kette eindringt. Ein Umkleben der Fäden durch gewöhnliches Kartoffelmehl ist unvollkommen. Das Kartoffelmehl fällt dann beim Weben ab, ohne den Zweck vollkommen zu erfüllen. Ein richtiges Schlichtmittel soll in den Faden eindringen, ihn dabei glätten, die Reißkraft erhöhen und ihn doch elastisch erhalten. Ein unelastischer Faden, der zu spröde ist, bricht beim Weben leicht und macht die Kette ungangbar. Man kann sagen: gut geschlichtet, ist halb gewebt. Dabei soll das Schlichtmittel aus den Stücken leicht auswaschbar sein.

Wie ein Faden aussieht, der gut geschlichtet ist, ergibt sich aus Fig. 44, die einer Werbeschrift von Böhme Fettchemie G. m. b. H. in Chemnitz entnommen ist. In dieser Abbildung bedeutet a ungeschlichtete, b mit Stärke geschlichtet und c mit Hortol geschlichtete Fäden. Die Glätte der Fäden in c macht sich im Weben auch dadurch bemerkbar, daß sich der Schuß leichter anschlagen läßt.

Aus den mikroskopischen Querschnitten in Fig. 45 und 46 von der Firma Röhm & Haas in Darmstadt ersieht man, wie eine gute Schlichte in den Faden eindringt, ihn dadurch stärkt und glättet. Fig. 45 zeigt einen ungeschlichteten Fig. 46 einen geschlichteten Faden im Querschnitt.

Seitdem als neuer Spinnstoff Zellwolle immer mehr in der Textilindustrie Eingang fand, entstand für die chemische Industrie die Aufgabe, neue Schlichtmittel, die sich den einzelnen Materialien anpaßten, zu finden. Diese Schlichtmittel mußten für Ketten aus Baumwolle, Wolle, Kunstseide, Zellwolle und Mischgarne gleich gut verwendbar sein.

Die schon genannte Firma Böhme Fettchemie G. m. b. H. nennt ihr Schlichtmittel Hortol. Das Mittel wird kalt angesetzt, die Lösung ist am besten zwischen 50—60° C zu verwenden. In gewissen Fällen ist der Zusatz eines Fettstoffes zu empfehlen. Im allgemeinen kann man 10—12 Liter Hortol auf 200—300 Liter Wasser nehmen. Näheres sagt die Werbeschrift.

Die Firma Röhm & Haas bringt ihre Schlichtmittel unter dem Namen Silkovan und Plexileim in den Handel und empfiehlt als Zusatz Olgon, ein Schlichtfett. Wir geben nachstehend einige Vorschriften wieder:

1. Kombinationsschlichte für Zellwolle

    2—3 kg
    0,8 kg Silkovan K Pulver } auf 100 Liter
    0,2 kg Olgon

2. Breitschlichten von Mischgarnen mit einem höheren Anteil von Zellwolle

    3—4 kg Kartoffelmehl
    1,2—1,5 kg Silkovan K Pulver } auf 100 Liter
    0,3—0,4 kg Olgon

3. Breitschlichten von Zellwolle mit einem höheren Anteil Baumwolle

    4—6 kg Kartoffelmehl
    1,3—1,8 kg Silkovan K Pulver } auf 100 Liter
    0,3—0,4 kg Olgon

4. Breitschlichten von Wollstra (Mischung von Wolle mit Zellwolle)

    4 kg Kartoffelmehl
    1,6 kg Silkovan K Pulver } auf 100 Liter
    0,4 kg Olgon.

Oder ein anderes Rezept:

5. Breitschlichten für Wolle

    5—7 kg Plexileim auf 100 Liter.

Näheres siehe die Werbeschrift.

Ein anderes Schlichtmittel bringt die Firma Kalle & Co. Aktieng. in Wiesbaden-Biebrich in den Handel. Sie nennt ihr Produkt Tylose TWA, das für Wolle und Mischgarne gedacht ist. Sie schreibt:

Die Wollwebereien, die für diesen Zweck bisher tierischen Leim und Stärke verwendet haben, werden diese Feststellung um so mehr begrüßen, als Tylose ein völlig neutrales, auf Zellulosegrundlage hergestelltes Produkt ist, das jederzeit in gleicher Beschaffenheit geliefert werden kann.

Tylose TWA wird in Form von lockeren Flocken in den Handel gebracht. Die Schlichtflotte wird hergestellt durch Einquellen der Flocken in möglichst heißem Wasser (70—100° C), und zwar für Tylose TWA 25 in der 9—10fachen, für Tylose TWA 600 in der 25—30fachen Menge Wasser. Nach gutem Durchquellen, was bei Verwendung kochenden Wassers nach 10—15 Minuten erreicht ist, gießt man die an der Gesamtflotte noch fehlende Menge Wasser so kalt wie möglich, unter gutem Durchrühren, anfangs nicht zu rasch, hinzu. Die Temperatur der fertigen Tylose-Lösung

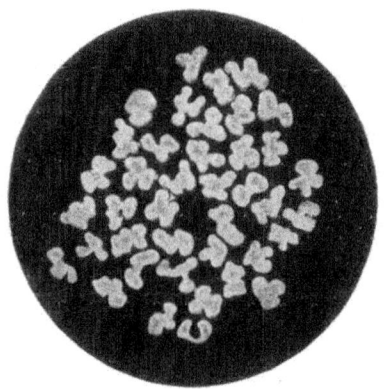

Fig. 45.  Fig. 46.

soll möglichst 20° C unterschreiten, da nur so die völlige Ausgiebigkeit der Tylose gewährleistet wird. Will man kalt schlichten, so ist eine Erwärmung der Schlichtflotte nicht nötig. Im übrigen verweisen wir auf die Rückseite des Merkblattes, Punkt 5.

Geschlichtet wird zweckmäßig auf einer Breitschlichtmaschine mit vorgebautem Trog, wobei man am besten taucht und zweimal quetscht. Nach unserer Erfahrung arbeitet man am günstigsten in einer Konzentration von 12—20 g Tylose TWA 25 (niedrigviskos) pro Liter Flotte bei einer Temperatur von ca. 30—35° C.

Zur Ermittlung der größtmöglichen Wirtschaftlichkeit ist es zweckmäßig, auch die hochviskose Marke TWA 600 in die Versuche einzubeziehen, da sich vielfach ergeben hat, daß dieses Produkt mit erheblich geringeren Mengen gleichen Schlichteffekt liefert. Von TWA 600 genügen in den meisten Fällen 8—12 g pro Liter.

Es empfiehlt sich, darauf zu achten, daß die Schlichtflotte jeweils mittels eines Trichters so in den Trog gegeben wird, daß sie nicht direkt auf die Kette fließt, da dadurch evtl. rauhe Stellen entstehen können.

Mit diesen kurzen Worten soll die Besprechung der Schlichtmittel abgeschlossen sein. Das ganze Gebiet einschließlich Garnfärberei und Verarbeiten der Garne, wie Spulen und Zwirnen und das Schlichten, wie auch das Trocknen der Ketten wird am besten unter dem Sammelbegriff »Die Vorbereitung der Garne zum Weben« besprochen.

Hier soll nur noch angeführt werden, daß nach dem Schlichten der Ketten das Trocknen folgt. Von der Trockenmaschine aus erfolgt das Aufwickeln der Ketten auf die nachstehend zu besprechenden Kettbäume.

Die Kette- oder Garnbäume.

Vor der Besprechung der Kettbaumbremsen und -regulatoren sind die Kettbäume zu erwähnen. Dieselben werden aus Holz oder Eisen verfertigt. Damit sich der hölzerne, massive Baum nicht werfen kann, wird er aus mehreren Teilen, wie es die Schnittzeichnung Fig. 47 erkennen läßt, zusammengeleimt, die Enden mit einem eingekeilten eisernen Ring b umschlossen und alsdann die Zapfen c hineingetrieben. Hierauf werden

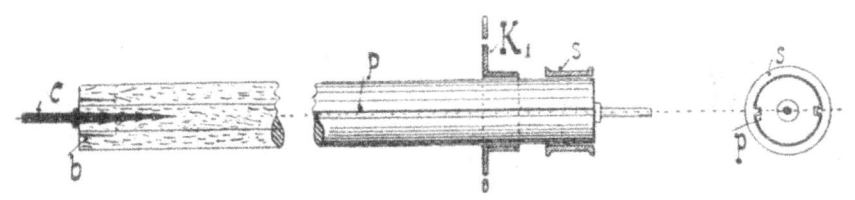

Fig. 47. Kettbaum im Schnitt und in der Ansicht.
(Erstes Stuhlsystem).

Zapfen und Baum auf der Drehbank rund gedreht. Rechts in der Abbildung ist die Vollansicht des Baumes mit der Schnittzeichnung der Bremsscheibe s und der Garnscheibe K_1 wiedergegeben. p ist eine Längsnut, in der die Ansätze von s Führung haben. Mit solchen Ansätzen können auch die Garnscheiben versehen und dabei zugleich mit der Bremsscheibe verbunden sein. Eine so vereinigte Garn- und Bremsscheibe läßt sich in der Breite beliebig einstellen.

Wo die Garn- und Bremsscheiben getrennt sind, verwendet man auf die richtige Befestigung der Garnscheiben ebenfalls besondere Sorgfalt, damit sie senkrecht zur Achse des Baumes stehen und sich auch nicht verstellen können. Verschieben sich die Scheiben, so rutscht die Leiste zwischen Garnwicklung und Scheibe und verursacht es Fehler und Aufenthalt beim Weben. Es ist außerordentlich schwierig, solche Schäden tadellos auszubessern. Schiefgestellte Garnscheiben haben zur Folge, daß der Kettbaum beim Aufbäumen auf der einen Seite zu hohe und auf der andern zu niedrige Wicklungen, d. h. ungleiche Radien erhält. Nebensächlich sei noch angeführt, daß die Leisten nicht zu niedrig gebäumt sein dürfen, nicht so, wie es die punktierten Linien, Fig. 48, in A zeigen, aber auch nicht zu hoch, wie in B. Übrigens würde sich bei einer schiefgestellten Garnscheibe K_1 der obengenannte Übelstand so vereinigt finden, wie es eben gezeigt ist, Fig. 48.

Demnach gewinnen die Vorrichtungen zum Feststellen der Garnscheiben besonderes Interesse. Die genannte Abbildung, Fig. 48, zeigt einen Garn-

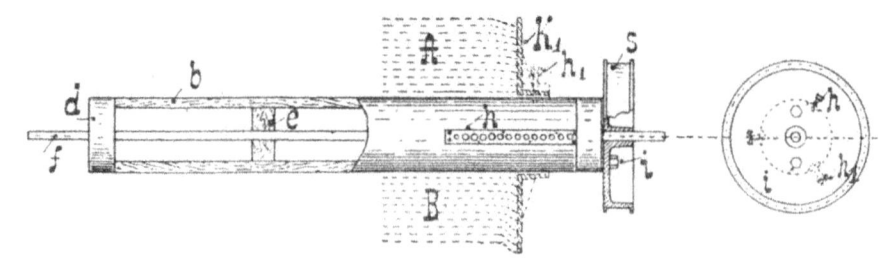

Fig. 48. Kettbaum. (Zweites Stuhlsystem. Fig. 16.)

baum mit eingelassenen und mit Bohrungen versehenen Schienen h, die am Umfange an drei Stellen angebracht sind. Die Flanschen der Scheiben tragen Stellschrauben h_1. Mit h_1 wird K_1 festgestellt, siehe Stirnansicht. Die nächste Abbildung, Fig. 49, gibt die Vollansicht einer Garnscheibe mit h_1 wieder.

Übrigens ist über Fig. 48 noch zu bemerken, daß der Kettbaum hohl ist. Auf einer an den Enden als Zapfen f hervortretenden Welle sind die eisernen Kopf- oder Sternscheiben d und, in geeigneten Abständen verteilt, die hölzernen Scheiben e befestigt und letztere mit Holzsegmentteilen b umkleidet, wobei die Enden von b in d gesteckt sind. Auf die Zapfen f werden die Garnscheiben S geschoben und an d mit i verschraubt. Nach Lösen von i kann die Bremsscheibe s für f als Lager dienen, eine Vorrichtung, die einseitig dann an Buckskinstühlen gewählt wird, wenn es sich um das Weben sehr leichter Waren handelt (siehe Band- und Muldenbremsen).

Nach dieser Zwischenbemerkung müssen die Garnscheiben noch näher besprochen werden, wie sie in Fig. 50, 51 und 52 gezeigt sind. Erstere Abbildung, Fig. 50, läßt eine geteilte Scheibe aus Gußeisen erkennen; n ist die Nabe mit Versteifungsrippen. Durch C werden Schraubenbolzen gesteckt und dadurch beide Scheibenhälften verbunden und zugleich durch

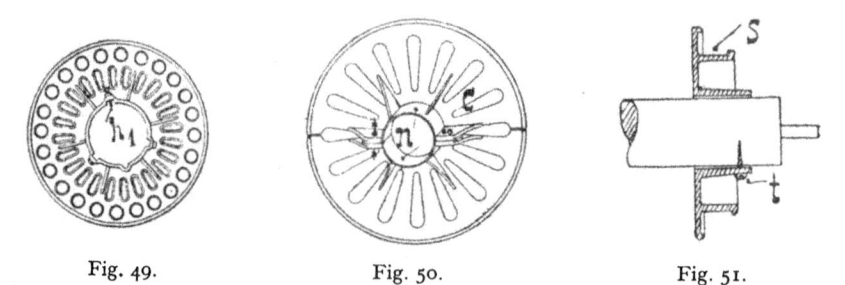

Fig. 49.   Fig. 50.   Fig. 51.

Andrehen der Schraubenmutter auf dem Baum festgeklemmt. Die vereinigte Garn- und Bremsscheibe s, Fig. 51, wird durch Schrauben t mit dem hölzernen Baum verbunden, so daß sich s weder drehen, noch in irgendeiner Weise verstellen kann, was mit den Klemmscheiben, Fig. 50, nur unvollkommen erreicht wird. Man ist im letzteren Falle nur zu oft gezwungen, vor der Flansche Nägel in den Baum zu treiben und dadurch ein Verstellen zu vermeiden. Mit Klemmflanschen n ist auch die in Fig. 52

abgebildete und aus Stahlblech verfertigte Scheibe K_1 versehen. Es ist eine Konstruktion der Firma Hattersley & Sons, wobei die Ränder umgebogen und die Scheiben in O mit Auspressungen versehen sind, so daß eine wesentliche Versteifung erreicht worden ist.

Es werden auch Kettbäume aus 1½ bis 2 mm starkem Stahlblech gebaut, Fig. 53 und 54. a sind Versteifungsbödchen (Scheiben mit Rand), d die Zapfen und A B Stahlblechscheiben, welche zugleich als Brems-

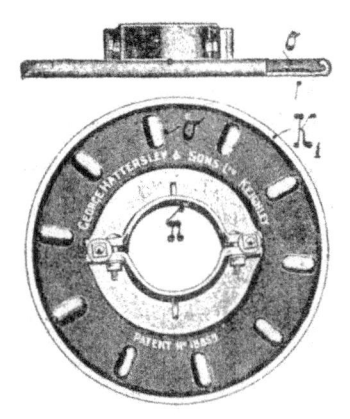

Fig. 52.

scheiben ausgebildet sind. n sind Klemmflanschen, siehe auch die Abbildung Fig. 55. b ist die Keil- oder Längsnut, Fig. 54. Die Bäume zeichnen sich durch ihr leichtes Gewicht in Verbindung mit großer Stabilität aus.

Die eisernen, aus Rohr (z. B. Mannesmannrohr) verfertigten Bäume sind viel im Gebrauch. Sie sind schwerer als die hölzernen und die aus Stahlblech verfertigten, dafür aber außerordentlich widerstandsfähig, so daß sich die Brems- und Garnscheiben mit Stellschrauben in jeder Lage gehörig festklemmen lassen. Die Enden der eisernen Bäume bleiben offen, oder man schließt sie mit Scheiben. Diese Scheiben haben oft vierkantige Öffnungen, durch die eine vierkantige Welle gesteckt wird. Die Welle ist mit Bremsscheiben oder Schneckenrädern versehen, so daß man imstande ist, mehrere Kettbaumteile auf der Welle zu vereinigen.

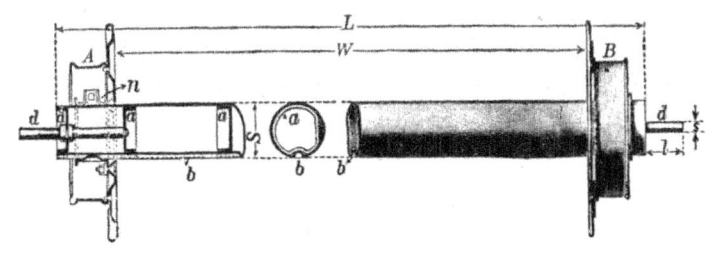

Fig. 53. Kettbaum aus Stahlblech.

Übrigens baut man auch hölzerne Kettbäume mit einer durchgehenden vierkantigen Öffnung. In diese wird ebenfalls eine vierkantige, an den Enden mit einem Schneckenrade (an Stelle der Bremsscheibe) versehene Welle geschoben. Die Welle tritt an beiden Seiten des Baumes als Zapfen hervor.

Für die Befestigung oder Verbindung der Kette mit dem Kettbaum gibt es verschiedene Arten. Bekannt ist schon die Längsnut p, Fig. 47, oder b, Fig. 53 und 54. Quer zur Nut legt man, in ganzer Breite gleichmäßig verteilt, die Kette und klemmt sie durch eine eiserne oder hölzerne Rute fest, so daß die Rute mit dem Umfang des Kettbaumes eine gleiche Höhe hat.

Die eisernen Kettbäume, Fig. 69, haben in Abständen von 10, 15—20 cm Bohrungen t mit Einschnitten. Man knotet die Kettenteile zusammen,

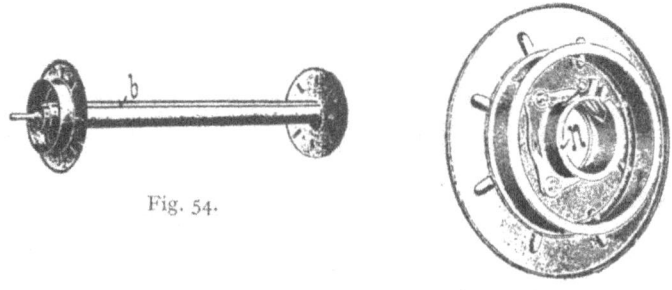

Fig. 54.

Fig. 55.

schiebt den Knoten in die Bohrung t und zieht den Kettenteil in die Einschnitte, so daß der Knoten im Innern des Baumes festgeklemmt ist.

Handelt es sich um wertvolleres Material, so webt man die Kette bis dicht hinter dem Geschirr auf, was mit der vorher besprochenen Befestigungsart nicht möglich ist, weil sonst die Verbindung zwischen Baum und Kette aufgehoben wird. Bei den Ruten läßt man mindestens noch eine, evtl. zwei Umwicklungen auf dem Baum. In der Herrenstoffweberei usw. ist es üblich, auf den Kettbaum Leinenstoff usw. in normaler Webbreite zu nageln. Das Leinen ist so lang, daß auf dem Baum mindestens noch ½ oder besser 1—2 Wicklungen enthalten sind, wenn das eine Ende an das Geschirr reicht. In das Leinen näht man eine Rute und bindet daran in gewissen Abständen haltbare Schnüre. Mit diesen Schnüren wird die eiserne Rute, auf welche die Kette geschoben ist, verbunden. Es ist auch üblich, die Schnüre ohne Vermittlung der Rute an dem Leinen zu befestigen.

Wickelt man ein solches Leinen mit Ruten auf den glatten Baum, so wird er etwas unrund, was sich dadurch vermeiden läßt, daß der Baum mit einer bekannten Längsnut versehen und die Länge des Leinens so abgemessen wird, daß die Ruten gerade auf die Nut zu liegen kommen. Das Leinen preßt sich so in die Nut, daß die darüberliegenden Ruten keine Erhöhung bilden.

An Stelle des Leinens kann man, was allerdings sehr unzweckmäßig ist, Schnüre nehmen, die Enden mit einem Knoten versehen und dann in die

Bohrungen t, Fig. 69, stecken. Oder man bohrt in hölzerne Kettbäume in gewissen Abständen Vertiefungen, treibt Haken hinein und hängt daran die Schnüre oder evtl. auch die zu Knoten vereinigten Ketteile.

Die Kettbaumbremsen

Das Anschlagen der Schußfäden an das Warenende verlangt eine regulierbare Kettspannung, damit sich der Stoff lose oder fester weben läßt. Die Kettspannung ist abhängig von dem Widerstand, welcher der Drehung des Kettbaumes durch das Bremsen entgegengesetzt wird. Weil es nun Gewebe von den leichtesten bis zu den schwersten Qualitäten gibt, und weil die Technik der Weberei oft besondere Anforderungen stellt, so hat man die

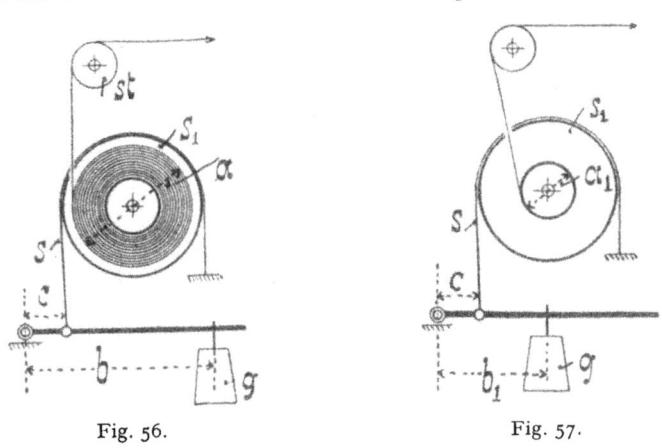

Fig. 56.
Fig. 57.

verschiedensten Arten von Bremsen konstruiert. Nach ihrer Konstruktion unterscheidet man:
- a) Seilbremsen für leichte bis mittelschwere Waren,
- b) Kettenbremsen, hauptsächlich für schwere Waren,
- c) Backenbremsen für leichte und mittelschwere, selten schwere Waren,
- d) Bandbremsen für mittelschwere und schwere Waren,
- e) Mulden- und Bandbremsen für mittelschwere und schwere Waren,
- f) Bremsen für Band- und Plüschwebereien.

Es ist natürlich, daß der mit Kette bewickelte Baum seinen Durchmesser beim Weben fortwährend verändert, weil Garn abgelassen wird. Fig. 56 zeigt den vollbewickelten Kettbaum mit dem Durchmesser a, und Fig. 57 den leeren oder abgewebten, dessen Durchmesser a_1 ist. Weil die Kettspannung in beiden Verhältnissen gleich bleiben muß, so ist das Bremsgewicht g beim Weben fortwährend zu verschieben. Es führt daher auch die Bezeichnung Laufgewicht. Aus der Hebellänge b, Fig. 56, wurde schließlich b_1, Fig. 57. Es besteht also:

$$a : a_1 = b : b_1.$$

Ist $a = 60$ cm, $a_1 = 24$ cm, $b = 80$ cm, so erhält man für b_1

$$\frac{80 \times 24}{60} = 82 \text{ cm.}$$

Mit dem Kettbaumdurchmesser verändert sich somit in demselben Verhältnis auch die Hebellänge des Laufgewichts.

An dieser Stelle müssen noch einige wichtige Bemerkungen über die Bremsreibung gemacht werden, um zeigen zu können, wodurch oft Fehler entstehen. Aus den vorhergehenden Erklärungen ist bekannt, daß es verschiedene Arten von Kettbaumbremsen gibt. Bei einer Seilbremse tritt die Reibung z. B. zwischen einem Hanfseil und Eisen auf, bei andern Bremsen zwischen Wollfilz und Eisen, weiter zwischen Eisen und Eisen oder Holz und Eisen, auch zwischen Leder und Eisen.

Nun sagt ein bekannter Lehrsatz: Die Reibung ist dem Drucke direkt proportional, d. h. je größer die Last, um so größer die Reibung. Wird

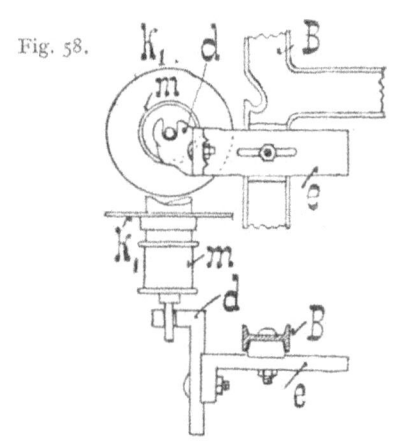

Fig. 58.

Fig. 60.

Fig. 59. Kettbaumlagerung.
(Erstes Stuhlsystem.)

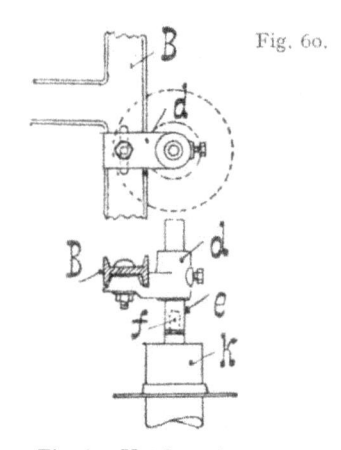

Fig. 61. Kettbaumlagerung.
(Erstes Stuhlsystem.)

z. B. ein glatter Eisenblock auf eine horizontale, glatte eiserne Schiene gelegt, so bedarf es zur Fortbewegung des Eisenblockes durch Ziehen an einem Seile einer Kraftaufwendung. Das Seil könnte über eine Rolle geführt und dann an dem herabhängenden Seilende das zur Fortbewegung des Eisenblockes nötige Gewicht gehängt werden. Das Gewicht des Eisenblockes sei z. B. 444,44 kg = N und das Gewicht zur Fortbewegung bzw. zur Haltung desselben im Gleichgewicht 80 kg = R, so erhält man

$$\frac{R}{N} = f.$$

Mit f bezeichnet man allgemein den Reibungskoeffizienten. Derselbe ist hier

$$\frac{80}{444,44} = 0,18.$$

Es gibt folgende Koeffizienten für gleitende Reibung:

1. Seil auf Holz = f = 0,33—0,50;
2. Seil auf Eisen = f = 0,30;
3. Holz auf Eisen = f = 0,40—0,42;

4. Wollfilz auf Eisen = f = 0,30;
5. Eisen auf Eisen = f = 0,18; wie oben berechnet.

Wird die eiserne Schiene geölt, so sinkt der Reibungskoeffizient auf 0,07—0,08, und das Gewicht R kann wesentlich leichter sein, hier

$R = f \cdot N = 0,07 \times 444,44 = 30$ kg.

So kann es vorkommen, daß die Reibfläche von Holz auf Eisen durch den beim Weben abfallenden Staub usw. verunreinigt wird und der Koeffizient von 0,42 auf 0,18 sinkt. Man begreift ohne weiteres, daß bei einer solchen Bremse oder überhaupt bei allen Bremsen jede Verunreinigung und Witterungseinflüsse auf den Reibungskoeffizienten und dadurch auch auf die Kettspannung von großer Bedeutung sind, und daß dann die Veränderungen in der Schußdichte ihre einfache Erklärung finden.

Fig. 62.

Fig. 63.

a) Die Seilbremsen

Es lassen sich hier unterscheiden erstens Seilbremsen mit Hebel- und Gewichtsbelastung und zweitens nur mit Gewichtsbelastung.

Was unter einer Seilbremse der ersten Art zu verstehen ist, wurde bereits an Hand von Fig. 1 usw. erklärt. Das Seil wird 2½mal, höchstens 3½mal entweder direkt um den Kettbaum oder um eine mit ihm verbundene Bremsscheibe oder einen Bremsmuff (sehr kleine Bremsscheibe) geschlungen. Bei mehr Wicklungen wird das Seil leicht durch die Drehung des Kettbaumes mitgenommen, und dadurch der Bremshebel gehoben.

Die Lagerung des Kettbaumes geschieht entweder direkt in dem Stuhlgestell, Fig. 6 und 7, oder es werden, wenn es in dem Stuhl an Platz fehlt, besondere Lagerböcke angeschraubt. Fig. 58 zeigt das Gestell B mit dem zweiteiligen verstellbaren Bock in der Seitenansicht und Fig. 59 in der Ansicht von oben. e mit B verschraubt und d durch die Verbindung mit e in der Breite beliebig einstellbar. Es können also verschieden lange Kettbäume Verwendung finden. Eine ähnliche Einrichtung ist in Fig. 60 und 61 wiedergegeben, nur ist das Lager e als Bolzen, in d verstellbar, ausgebildet. Der Zapfen f des Kettbaumes k ist in e hineingeschoben.

Wenn es nötig ist, mit zwei oder mehreren Kettbäumen zu arbeiten, so lagert man die Bäume entweder nach der Anordnung von Fig. 62 oder nach Fig. 63. Die erstere Art setzt voraus, daß im Stuhlgestell Platz genug ist, die Bäume aufnehmen zu können. Sonst wendet man Lagerböcke an. Die

Anordnung von Fig. 63 wird oft an Frottiertuch- und Dreherwebstühlen, teilweise auch an Ruten- und Teppichwebstühlen genommen.

Die Verbindung des Seiles mit dem Bremshebel ist noch beachtenswert. Die Hinteransicht vom Teile eines Webstuhles in Fig. 64 läßt deutlich erkennen, daß das eine Seilende direkt mit der Stuhltraverse t verknüpft und das andere an dem Stelleisen o befestigt ist. Soll der im vorliegenden Falle mit zwei Gewichten belastete Bremshebel b in die annähernd horizontale

Fig. 64. Seilbremse. (Erstes Stuhlsystem.)

Lage gebracht werden, so versetzt man in dem unteren Teile von o den Stift o_1. o kann unten auch als Schraubenbolzen ausgebildet sein und durch eine Schraubenmutter in der Höhe eingestellt werden. Ferner kann der Bremshebel, wie in Fig. 65, oben und unten mit Einkerbungen versehen sein. Die oberen halten das Bremsgewicht und die unteren gestatten eine Änderung in der Hebellänge vom Drehpunkte bis an o.

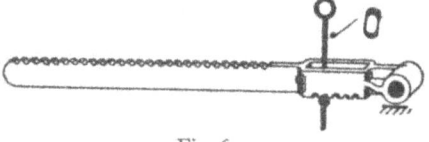

Fig. 65.

Fig. 66 gibt eine Seilbefestigung wieder, die ein sehr bequemes Einstellen des Bremshebels gestattet. r ist eine an dem Muff a des Bremshebels b befestigte Rolle und r_1 ein Sperrad mit der Klinke n. Setzt man einen Schlüssel auf die vierkantige Verlängerung r_2 des Sperrades r_1 oder der Rolle r, so läßt sich das Seil s auf- oder (nach Lösen der Klinke) leicht abwickeln.

Die Seilbremsen ohne Hebelarm, also nur mit Gewichtsbelastung, finden hauptsächlich an Seidenwebstühlen und in solchen Fällen Verwendung, wo der Kettbaum durch das Öffnen und Schließen des Faches oder auch durch den Ladenanschlag eine spielende Bewegung machen muß. Bei der Fachöffnung wird der Garnbaum etwas Kette ab- und beim Schließen wieder aufwirbeln, so daß die Kette fortwährend gespannt bleibt. Das Seil darf nicht so viele Wicklung um die Bremsscheibe machen, daß es beim Weben mitgenommen wird, es muß dem Kettbaum im Augenblick des

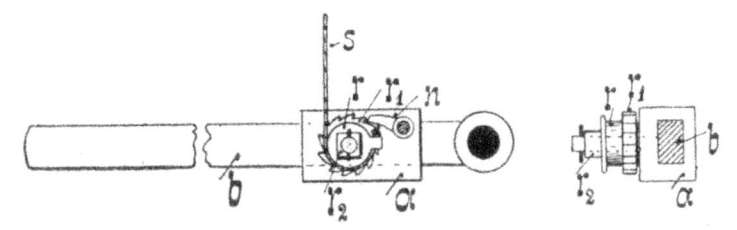

Fig. 66. Seilbefestigung am Bremshebel.

Ladenanschlages eine kleine, ruckweise Drehung gestatten. Nach der Einrichtung für Seidenwebstühle von Fig. 67 ist das Seil s 1½mal um den Kettbaum k geschlungen. Quer über den Stuhl geht der Gewichtsbalken b und wird ebenso auf der entgegengesetzten Stuhlseite von dem Seil s getragen. Um die nötige Kettspannung zu erreichen, muß b durch g belastet werden. Das an dem anderen Seilende hängende Gegengewicht C ist in geeigneter Schwere zu wählen, C berührt fast den Fußboden und wird, wenn es zu schwer ist, beim Ladenanschlag aufstoßen und die Bremsung des Seiles an dem Kettbaum lockern.

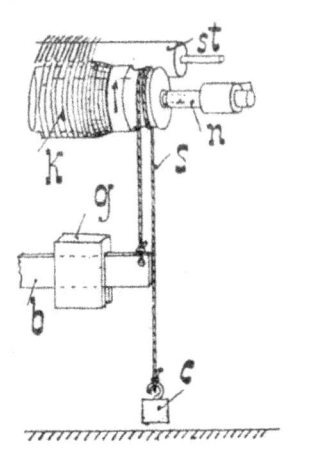

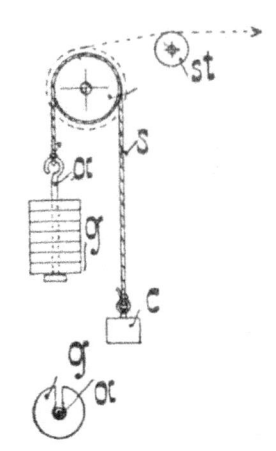

Fig. 67. Seilbremse an Seidenwebstühlen.   Fig. 68.

Nach der Anordnung von Fig. 68 fällt der Balken b weg. Das Seil ist mit dem Bolzen a verbunden, und die Gewichte g, die scheibenförmig ausgebildet sind, lassen sich in größerer Anzahl je nach der nötigen Kettspannung so auf a setzen, daß sie mit dem Bolzen ein Ganzes bilden.

Man kann die an Hand von Fig. 67, 68 und 69 beschriebenen Bremsen auch als schwebende bezeichnen, weil die Gewichte frei hängen, d. h. bei richtiger Ausbalancierung gegen keinen festen Teil stoßen, es ist aber möglich, das eine Seilende mit dem Webstuhl fest zu verbinden, wie in Fig. 69.

b) Kettenbremsen

Wird das Seil durch eine eiserne Kette ersetzt, so entsteht eine Kettenbremse, Fig. 70. Gewöhnlich wird die Kette 1½mal um die Bremsscheibe geschlungen und dann in ähnlicher Weise, wie es bei den Seilbremsen erwähnt wurde, befestigt. Die Abbildung läßt die Lagerung des eisernen Baumes in v deutlich erkennen, ebenso die Form des Bremshebels und seine Lagerung in n. Der die Kette mit dem Bremshebel verbindende Schraubenbolzen trägt unten eine mit der Hand leicht drehbare Flügelmutter.

Anwendung finden die Kettenbremsen in Leinen und Jutewebereien. Sie haben den Vorteil, daß sie eine starke Bremsung gestatten, den Nach-

Fig. 69. Seilbremse.

teil, leicht eine unegale Ware zu liefern, weil jede Verunreinigung der Bremsfläche eine Änderung in der Kettspannung hervorruft. Dieser Nachteil wird jedoch durch die Verbindung mit einem positiven Warenbaumregulator kompensiert.

Fig. 70. Kettenbremse. (Erstes Stuhlsystem.)

c) Backenbremsen

Eine an leichten englischen Stühlen Verwendung findende Backenbremse zeigt Fig. 71. Der Kettbaum (ohne Zapfen) ist mit dem eisernen Bremsring e auf den beiden Backen v gelagert. Die Backe w wird durch a, b, c und d mit Hilfe des Gewichts g auf den Bremsring e gepreßt und dadurch der Kettbaum gebremst. Das Gewicht g, das auf d befestigt ist, drückt durch

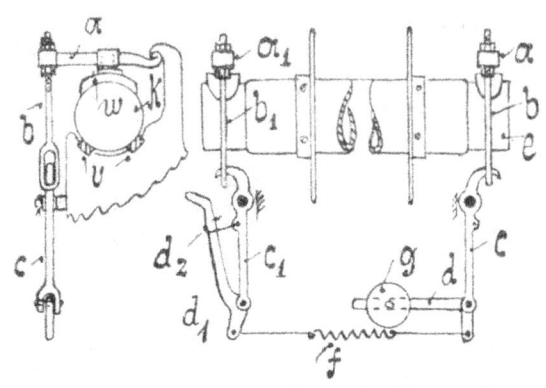

Fig. 71. Backenbremse. (Erstes Stuhlsystem.)

die Verbindung mit f zugleich auf d_1, c_1, b_1 und a_1. Um den Kettbaum von dem Bremsdruck zu befreien und ihn mit der Hand leicht drehen zu können, braucht man den Hebel d_1, der durch den Haken d_2 mit c_1 verbunden ist, nur zu lösen. Das Gewicht g kommt dann aus dem Gleichgewicht und fällt auf den Fußboden. Hebt man es jetzt mit der Hand auf, so ist jeder Bremsdruck beseitigt.

d) Bandbremsen

Eine Bandbremse, wie sie von der Sächs. Webstuhlfabrik an ihren Leinenstühlen zum Weben von Planen- und schweren Sackstoffen verwendet wird, zeigen die Abbildungen Fig. 72 und 73. An dem Kettbaum k ist die Bremsscheibe k_1 in ähnlicher Weise befestigt, wie es an Hand von Fig. 48 erklärt wurde. Fig. 72 zeigt die hölzerne Garnscheibe k_2 mit der eisernen Flansche k_2. Die eiserne Bremsscheibe k_1 ist mit Holz h bekleidet. s ist ein Stahlband, das in s_1, Fig. 73, an einem verstellbaren Haken und in c_1 an einem Hebel befestigt ist. g wirkt in der Pfeilrichtung auf a (Fig. 72 und 73),

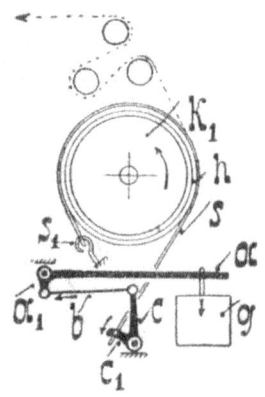

Fig. 72. Bandbremse.   Fig. 73. Bandbremse.

dadurch auf a_1 und durch die Verbindung b weiterhin auf c, c_1. Um die Kettspannung noch mehr zu erhöhen, wird die Kette oberhalb des Baumes über drei eiserne Streichriegel geführt, Fig. 73.

e) Mulden- mit Bandbremsen, Strickbremsen und Kettenbremsen

Eine an Buckskinstühlen meistens angewendete Bremse ist die sogenannte Band- und Muldenbremse von Fig. 74 (Seiten- und Vollansicht). Die Bremsscheibe k_1, die in dem muldenförmigen Gußstück b ruht, wird von dem Bremsbande s 1½ mal umspannt, s ist an b befestigt und durch s_1 mit dem Bremshebel a verbunden. Sowohl die Mulde b wie auch das Stahlband s sind mit Filz oder Leder belegt, so daß eine Reibung zwischen der eisernen Bremsscheibe und dem Wollfilz (oder Leder) entsteht. s_1 ist ein Schraubenbolzen, dessen obere Öse das umgelegte und dann vernietete Stahlband aufnimmt, wogegen das untere Ende durch eine Schraubenmutter in dem Bremshebel einstellbar ist. Fig. 75 gibt ein Stahlband mit den zur Befestigung des Wollfilzes dienenden Nieten n und Fig. 75a eine Strickbremse wieder. In diesem Falle ist das Stahlband durch eine größere Anzahl von Stricken s (Seilen), die nebeneinander gelegt sind, ersetzt worden. Beim Weben schützt man zweckmäßig sowohl die Stahlband- wie auch die Strickbremse gegen die Einwirkung von Staub oder Öl durch übergelegte Tuchstreifen usw.

In Fig. 76 ist eine Muldenbremse in Verbindung mit einer Kette wiedergegeben, wie sie zum Weben von Jutestoffen Verwendung findet. Das bekannte Stuhlgestell mit Welle A und dem Lager für A_1 ist mit einer Bremsmulde e ausgerüstet. Auf e ruht k, und über die Bremsscheibe ist die Kette s

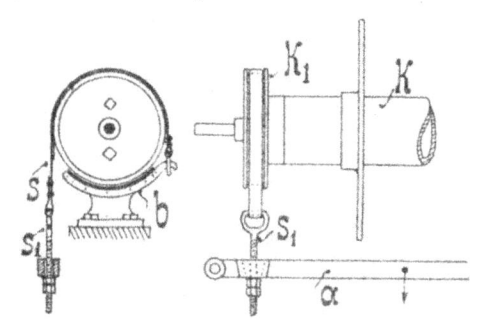

Fig. 74. Band- und Muldenbremse. (Zweites Stuhlsystem, Fig. 16.)

gelegt und mit s_1 in d eingehakt. Die Querwelle w verbindet beide Seiten, so daß nur c angehoben zu werden braucht, um auf beiden Seiten eine Bremsung hervorzurufen. Das Anheben von c geschieht mit Hilfe geeigneter Hebel, die sich vom Standpunkte des Webers leicht umsteuern und senken lassen, so daß der Bremsdruck aufgehoben ist. Mittels der Handkurbel n_2, der Welle n_2 und der Kegelräder n_1, n kann der Kettbaum vor- oder rückwärts gedreht werden.

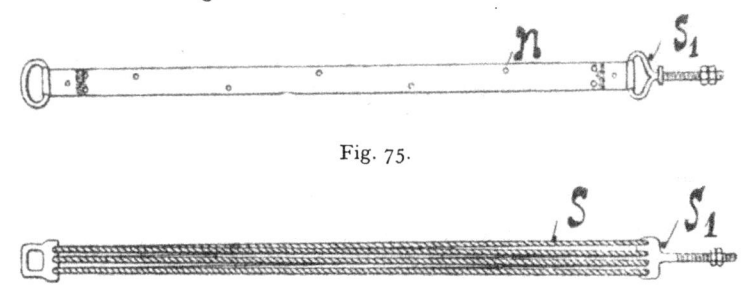

Fig. 75.

Fig. 75a.

Die Band- und Muldenbremse (Fig. 74—76) ist nicht für leichte Gewebe bestimmt, weil die Bremsflächen leicht kleben. Man kann damit verhältnismäßig leichte Gewebe herstellen, wenn sie besonders behandelt werden. Zu diesem Zwecke streut man auf die Bremsflächen z. B. Sand als Hilfsmittel und vermeidet damit, daß die Bremsflächen kleben.

Schönherr hat zu diesem eine Vorrichtung geschaffen (DPP 651290), um mit einer kombinierten Backen- und Muldenbremse sehr leichte Gewebe

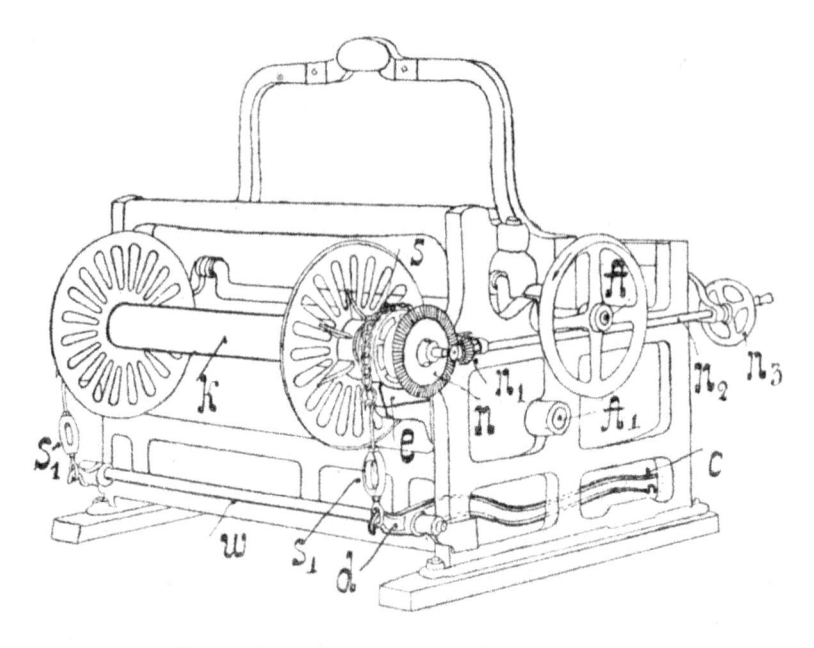

Fig. 76. Vereinigte Ketten- und Muldenbremse.
(Erstes Stuhlsystem.)

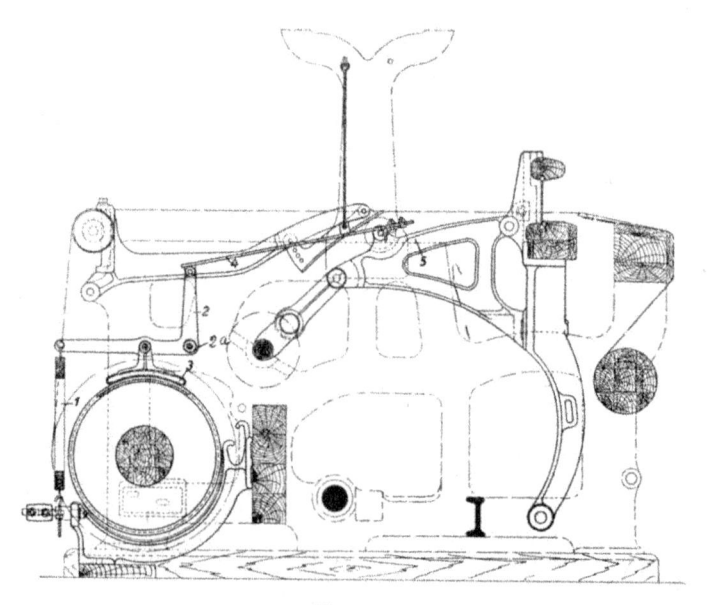

Fig. 77.

herzustellen, Fig. 77. Man denke sich auf der einen Bremsscheibe eine gewöhnliche Strickbremse und auf der anderen Seite des Kettbaumes die Einrichtung von Fig. 77. Eine Feder 1 ersetzt das Bremsgewicht. Diese Feder geht an den Hebel 2, der in 2a den Drehpunkt hat. Der Druck auf die Bremsbacke 3 wird durch das Zugband 4, das wiederum mit dem Rollenbolzen des Ladenwinkels 5 verbunden ist, reguliert. Es wird dadurch erreicht, daß im Augenblick des Ladenanschlages die Bremsbacke 3 etwas gelüftet wird.

f) **Bremsen und Kettfädenspannvorrichtungen für Band-, Sammet- und Plüschwebereien usw.**

In der Band-, Plüsch- und Teppichweberei werden die Poilfäden von einer größeren Anzahl Spulen oder Rollen abgelassen. In der Regel sind hierbei

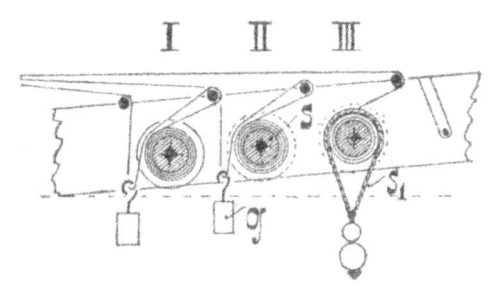

Fig. 78. Poilfädenspannvorrichtung.

Scheibenspulen in Benutzung. Ob nun Fadengruppen oder einzelne Fäden abgewickelt werden, ist abhängig von der Gewebeart. Handelt es sich z. B. um Bildgewebe mit gezogenem oder geschnittenem Plüsch usw., so wird man die Pol- (Poil) Fäden von den Spulen meistens einzeln ablaufen lassen. Auch sei an dieser Stelle in der Buckskinweberei an die Drapéstoffe erinnert, bei denen man die Leistenfäden zweckmäßig für sich und länger als die Kette schert. Man wickelt sie dann auf ein Knäuel oder ebenfalls auf Scheibenspulen.

In den genannten Fällen handelt es sich um das Ablassen der Kettfäden von den Spulen mittels Vorrichtungen, die von den bisher besprochenen abweichen. Allgemein bekannt dürfte die Vorrichtung von Fig. 78 für Plüsch-, Sammet- oder Teppichweberei sein. Die Scheibenspulen sind in einem etwas schräge gestellten Rahmen so auf Stiften gelagert, daß sie sich leicht herausnehmen lassen. In I und II wird die Spule durch den Kettfaden selbst gebremst, weil der Faden von der Spule s über einen Draht, um den Haken des Gewichts g und dann wieder über einen Führungsdraht geht. In III wird die Spule durch die Schnur s_1, die unten mit zwei kleinen Bleigewichten belastet ist, gebremst. Der Kettfaden muß kräftig genug sein, daß er sich bei einer Klemmung unter der Schnur herausziehen läßt.

Fig. 79 läßt den Rahmenbau eines Bandwebstuhles teilweise erkennen. Die von den Spulen I ablaufenden Fäden gehen über das sog. Gerölle a, b, a_1

und dazwischen um die Rollen der Spannweite g und g_1. g besteht aus einzelnen, bereits bekannt gewordenen Gewichtsscheiben. Die Kettfäden laufen nun von a_1 um die Glasstäbe C und gehen dann durch das Geschirr. Die Spulen sind auf konische Stifte d aufgesteckt und lassen sich von diesen mit der Hand leicht lösen, damit Garn abgelassen werden kann. An Stelle der konischen Stifte verwendet man auch Stifte mit Schraubengewinde an der Spitze und klemmt die Spulen mit einer Flügelschraube fest, oder die Spulen haben an der dem Rahmen zugekehrten Seite Einbohrungen. Dann greift ein Stift, der in dem Rahmen befestigt ist, zum Festhalten der Spule in die Einbohrung.

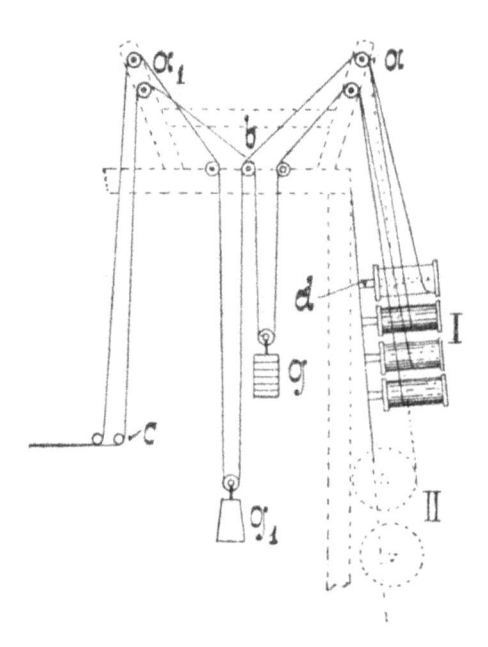

Fig. 79. Kettenspannvorrichtung an Bandwebstühlen.

Die Scheibenspulen in II (Fig. 79) unterscheiden sich von I nur dadurch, daß sie in anderer Richtung gelagert sind.

Nach der besprochenen Einrichtung muß die Kette stets mit der Hand nachgelassen werden, was immer zeitraubend ist. Man hat deshalb auf Mittel gesonnen und eine große Anzahl Vorrichtungen zum selbsttätigen Nachlassen der Kette gebaut. In Fig. 80 und 81 sind einige solcher Einrichtungen erwähnt. In Fig. 80 ist es der Hebel h, der sich infolge der Belastung durch g bremsend gegen die Scheibe s_1 der Spule s legt. Von s geht die Kette über das Gerölle und dann um die Rolle des Spanngewichts g. g ist durch i mit der Rolle verbunden. Ist zu wenig Kette abgelassen, so hebt sich i, g und damit auch der linke Hebelarm von h, so daß die Bremsung aufgehoben ist und sich die Kette abwickeln kann, bis das Gewicht g tief genug gesunken ist und eine abermalige Bremsung durch h hervorruft. Die Scheibe s_1 kann dabei auch mit Einkerbungen versehen sein.

In Fig. 81 ist eine Vorrichtung mit einer über die Spule s, die seitlich eine Rillenscheibe hat, gehenden Bremsschnur s_1 abgebildet. Der Kettfaden geht um die Rolle a, die an dem Hebel h gelagert ist, und dann über b wieder nach unten. Infolge der Spannung des Fadens kann sich a heben. Durch die Befestigung von s_1 an dem ungleich langen Hebel h, h_1 wird erreicht, daß die Bremsung nicht stoßweise vor sich geht, weil die Spule beim Bremsen durch das sich senkende Gewicht g nicht plötzlich angehalten werden kann.

Auf weitere Besprechungen zum selbsttätigen Ablassen der Kettfäden durch Bremsung an Bandwebstühlen soll an dieser Stelle verzichtet werden; die Regulatoren finden später Erwähnung.

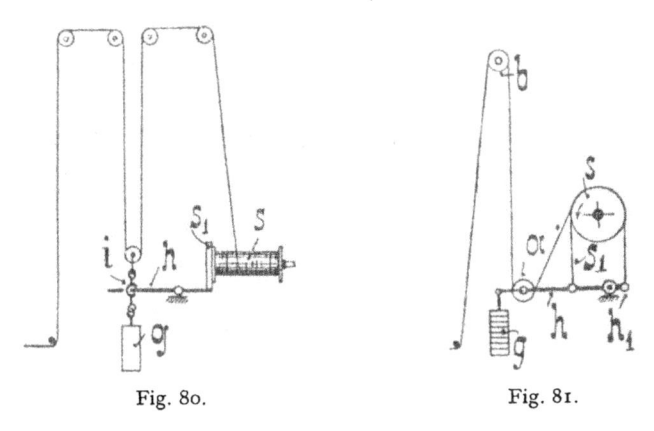

Fig. 80. Fig. 81.

Zum Ablassen der für Drapéstoffe einzeln zu scherenden Leiste findet vielfach eine ähnliche Einrichtung Anwendung, wie sie an Hand von Fig. 79 beschrieben ist.

Kettbaumbremsen mit selbsttätiger Regulierung

Aus der vorhergehenden Erklärung ist bekannt, daß sich die Hebellängen der Bremsgewichte wie die Durchmesser der mit Garn bewickelten Kettbäume verhalten. Die Berechnung an Hand der Fig. 56 und 57 ergab:

$$a : a_1 = b : b_1.$$

Theoretisch braucht man demnach nur die Laufgewichte in dem Verhältnis der sich ändernden Kettbaumdurchmesser zu verschieben. Indessen ergeben sich praktisch doch Abweichungen von diesem Verhältnis. Beobachtet man z. B. eine Band und Muldenbremse, wie sie für Buckskinstühle üblich ist, so findet man, daß der vollbewickelte Baum bei jedem Ladenanschlag eine entsprechende Drehung erhält; bei einem fast leergewebten Baum sieht man außer der Drehbewegung fast jedesmal ein kleines Heben aus der Mulde. Hier übt also das Gewicht des beim Ladenanschlag angehobenen Kettbaumes (außer der Bremsung) einen Einfluß auf die Schußdichte aus. Der vollbewickelte Baum hat natürlich ein größeres Gewicht als der leere, und sein Durchmesser überragt weit den der Bremsscheibe, bei einem leeren ist es umgekehrt. Diese Verhältnisse sind bei dem geschilderten Arbeitsvorgang nicht ohne Einfluß. Wenn ein Kettbaum mit seinem Zapfen fest gelagert ist, so kann er sich selbstverständlich nicht heben. Aber das Beharrungsvermögen oder der Trägheitszustand der Masse eines bewickelten Kettbaumes von 500 cm Durchmesser ist bedeutend größer als bei einem leeren von 200 cm. Es folgt daraus, daß im ersten Falle jeder Ladenanschlag das ganze Gewicht des Kettbaumes in Bewegung setzen muß und im zweiten außer dem allerdings geringen Beharrungsvermögen des Baumes auch noch die Zapfenreibung (weil sich der Baum

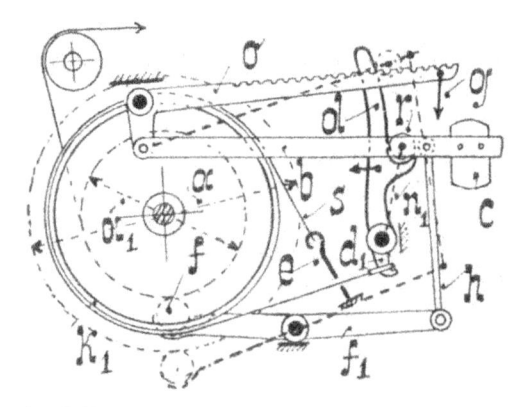

Fig. 82. Selbsttätige Bandbremse. (Viertes Stuhlsystem.)

nicht heben kann) zu überwinden ist. Die Regulierung für die Schußdichte durch das Bremsen mit dem Laufgewicht kann demnach nicht genau in dem Verhältnis des sich ändernden Kettbaumdurchmessers geschehen.

Die Kettbaumbremsen mit selbsttätiger Regulierung sind so eingerichtet, daß ein Versetzen des Laufgewichts mit der Hand überflüssig sein soll. An geeigneter Stelle ist deshalb ein sogenannter Differentialhebel eingesetzt. Eine mit dem Umfange des Kettbaumes in Berührung stehende Fühlrolle sorgt dafür, daß sich die Länge des Differentialhebels in dem gleichen Verhältnis verändert wie der Durchmesser des Kettbaumes. Wie die vorhergehende Besprechung beweist, genügt eine solche Einrichtung für eine durchaus zuverlässige Regulierung nicht. Hierzu kommen noch andere Umstände, welche zuungunsten der selbsttätigen Bremsregulierung wirken. Zunächst muß an das Verschmutzen oder die sonstige Beeinflussung der Bremsreibung erinnert werden. Wenn also eine Kombination einer selbsttätigen Bremse mit einem negativen Warenbaumregulator vorliegt, wie meistens in der Buckskinweberei, so ist der Weber trotzdem zu einer fortwährenden Schußdichtungskontrolle gezwungen.

Schließlich ist nicht außer acht zu lassen, daß die obengenannte Fühlrolle, die mit dem Differentialhebel zusammen arbeitet, von fast allen Webstuhlkonstrukteuren falsch gelagert ist. Es braucht nur an das Unrundwerden eines Kettbaumes, worauf die vorhergehenden Besprechungen schon kurz hinwiesen, erinnert zu werden. Dann kommt es vor, daß die Fühlrolle einen kleineren Durchmesser auf dem Differentialhebel anzeigt, als für die abgezogene Kette in Wirklichkeit besteht. Dort, wo die Kette den Garnbaum verläßt, ist also der Halbmesser größer als bei der Fühlrolle. Später ändert sich dies Verhältnis in das umgekehrte: Der Halbmesser des Kettbaumes ist größer für die Fühlrolle als für die Abzugstelle der Kette. Daß in solchen Fällen eine ungleiche Regulierung vorkommen muß, ist selbstverständlich, und das Unrunde der Kettbäume findet man sehr oft.

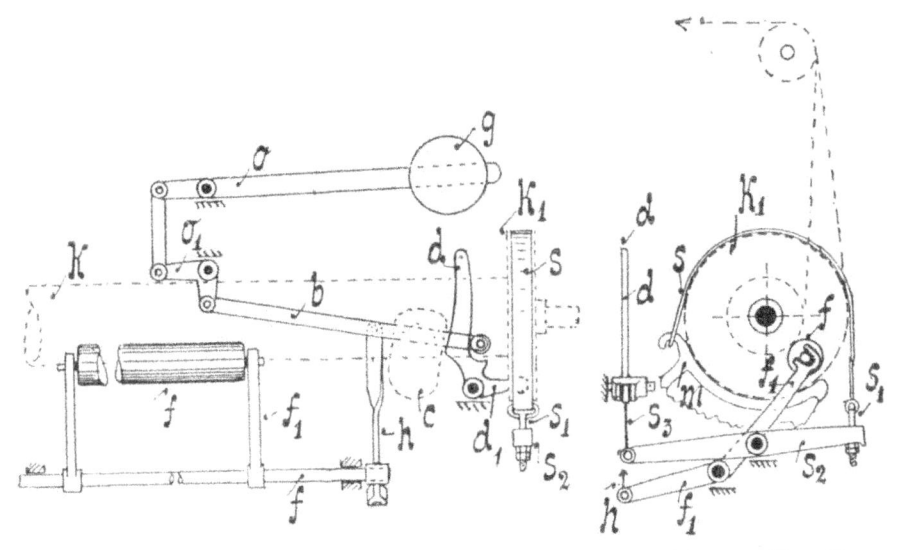

Fig. 83. Selbsttätige Band- und Muldenbremse. (Zweites Stuhlsystem Fig. 16.)

Auf der andern Seite soll den selbsttätigen Kettbaumbremsen nicht jeder Wert abgesprochen werden. Es kommt eben darauf an, welche Kombination zwischen dem Ablassen der Kette und dem Aufwickeln der Ware besteht. Arbeitet der Warenbaum positiv, so wird sich die Schußdichte trotz der Abweichung in der Kettspannung bzw. dem Bremsen nicht ändern. Aufgabe des Webers ist es dann, beim Beginn des Webens auf eine annähernd richtige Kettspannung zu achten, damit das Weben ohne (soweit es am Bremsen liegt) nennenswerte Fadenbrüche vor sich geht und der Ausfall der Ware den zu stellenden Anforderungen entspricht. Wenn im Laufe des Webprozesses eine ganz kleine Abweichung in der Kettspannung durch die geschilderten Umstände eintritt, so schadet es nichts. Webt man aber mit einer unselbsttätigen Bremse, so muß der Weber unausgesetzt auf eine annähernd richtige Kettspannung achten, wenn er sich durch vermehrte Fadenbrüche oder mangelhaften Ausfall der Ware nicht einem Nachteil aussetzen will.

Bevor in die Besprechung einiger selbsttätiger Bremsen eingetreten wird, muß noch auf einen anderen Fehler hingewiesen werden. So findet man-

allerdings nur noch vereinzelt, auf der einen Kettbaumseite eine selbsttätige und auf der andern eine unselbsttätige, also mit der Hand regulierbare Bremse. Warum eine solche halbe Arbeit gemacht wurde, ist den Konstrukteuren offenbar nicht zum rechten Bewußtsein gekommen. Eine einseitige selbsttätige Bremse in Verbindung mit einer von der Hand regulierbaren hat gar keinen Zweck.

Die bekannte selbsttätige, an den Schönherrschen Federschlagstühlen in Anwendung kommende Bandbremse zeigt Fig. 82. Der Kettbaum ist in Zapfen gelagert und die Bremse nur einseitig angewendet. Das Stahlband s ist an dem verstellbaren Haken e und dem Hebel d_1 befestigt, so daß die mit Stirnholz bekleidete Bremsscheibe k_1 ungefähr ¾mal umschlungen wird. Der Differentialhebel ist mit d und die Fühlwalze mit f bezeichnet. Der Bremshebel o, der durch g in bezeichneter Pfeilrichtung gepreßt wird, steht durch b mit d in Verbindung und bewegt d in der Pfeilrichtung. Dadurch wird das Bremsband gespannt. b besteht aus zwei Flachschienen, die zwischen sich die Rolle r und das Gewicht c aufnehmen. c sorgt dafür, daß die Fühlwalze, die an f_1 gelagert ist und durch die Stange h mit b Verbindung hat, stets mit dem Umfange des Kettbaumes in Kontakt bleibt. In der gezeichneten Stellung ist der Kettbaum leer gedacht und die Rolle r bzw. die Schiene b nimmt an dem Differentialhebel d die tiefste Stellung ein. Diese Stellung ändert sich bei einem vollbewickelten Baum, wie es die punktierten Linien angeben.

Sind a und a_1 wieder die Durchmesser des Kettbaumes, und ist n_1 die Länge des Differentialhebels d (von der Mitte der Rolle r bis an den Drehpunkt von d gemessen), so muß sein:

$$a : a_1 = n : n_1, \text{ d. h. } n = \frac{a \cdot n_1}{a_1},$$

wobei n die Länge des Differentialhebels bei vollbewickeltem Kettbaum bedeutet. Die Hebellängen von f_1 müssen also so berechnet werden, daß b mit Hilfe der Stange h in dem Verhältnis der Kettbaumdurchmesser an d verschoben wird.

Eine selbsttätige Band- und Muldenbremse mit Selbstregulierung auf beiden Seiten (die in der Abbildung nur einseitig dargestellt ist), ebenfalls von Schönherr, gibt Fig. 83 wieder. Die Besprechung bietet nicht viel Neues, weil die Buchstaben auf bekannte, vorher schon genannte Teile hinweisen. Die Bremsscheibe ruht auf der Mulde m, die mit Filz gefüttert ist. Es besteht somit eine Band- und Muldenbremse, weil s ein gefüttertes Stahlband ist, aber durch eine Strickbremse ersetzt werden kann. Die Verlängerung von s in s_1 führt an den zweiarmigen mit d_1 verbundenen Hebel s_2. d_1 oder d ist der bereits kennengelernte Differentialhebel. Fühlrolle f mit Hebel f_1 oder Welle f steht durch h mit b in Kontakt.

Die negativen Kettbaumregulatoren

Die negativen oder passiven Kettbaumregulatoren gleichen in ihrer Wirkungsweise den selbsttätigen Bremsen, ohne deren Nachteile aufzuweisen. Sie geben also nur Kette ab, wenn Schuß eingetragen, oder richtiger ausgedrückt, wenn Ware aufgewickelt wird. Handelt es sich um eine Verbindung der negativen Warenbaumregulatoren mit den hier zu besprechenden negativen Kettbaumregulatoren, so wird das Eintragen des Schusses auch ein Ablassen der Kette in dem Verhältnis der hergestellten Warenlänge + dem Einweben der Kette zur Folge haben. Bei den positiven oder aktiven Warenbaumregulatoren wird bei jeder Tour des Stuhles Ware aufgewickelt, unabhängig davon, ob man Schuß einträgt oder nicht. Dann muß auch der negative Kettbaumregulator jedesmal Kette ablassen. Weitere Bemerkungen siehe unter Fachbildung.

Ein negativer Kettbaumregulator englischen Ursprungs ist in Fig. 84 skizziert. Die Abbildung gestattet eine allgemeine Übersicht und daher leichte Einführung in das Verständnis für die negativen Regulatoren.

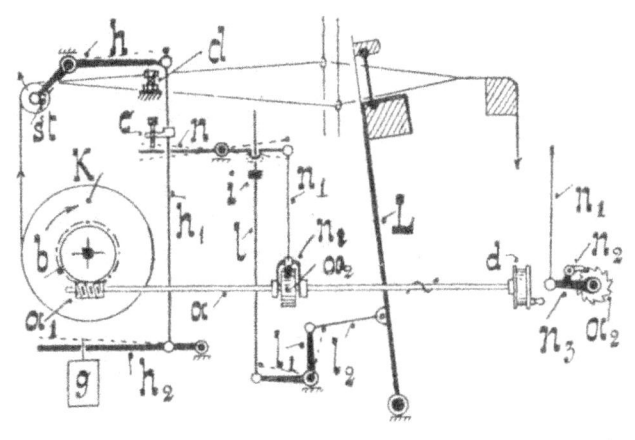

Fig. 84. Negativer Kettbaumregulator. (Drittes Stuhlsystem.)

Bei jedem solchen Regulator wird der Kettbaum mit einem Schneckenrade b verbunden. In dieses greift die Schnecke a_1 der Welle a. Das Ablassen der Kette ist dabei abhängig von einem Schaltgetriebe, nämlich dem Schaltrade a_2 mit der dazugehörigen Schaltklinke n_2. In Tätigkeit tritt dieses Schaltgetriebe aber erst dann, wenn es die Stellung des Streichbaumes zuläßt. Auf diese Umstände muß ganz besonders hingewiesen und bemerkt werden, daß der Streichbaum bei seiner zu weit nach links in der Pfeilrichtung gehenden Stellung ein weiteres Ablassen der Kette nicht zuläßt, weil das Schaltgetriebe dann nicht in Tätigkeit treten kann. Wird regelmäßig Schuß eingetragen oder Ware aufgewickelt bzw. abgezogen, so geht der Streichbaum nach rechts; dann hebt sich h in die punktierte Stellung und damit Hebel h_2 mit dem zur Regulierung der Schußdichte dienenden Gewicht g. Mit dieser Veränderung der Hebelstellung hebt sich die an der Stange h_1 befestigte Stellvorrichtung c. c ist der Stützpunkt für Hebel n, so daß sich n mit dem linken Arm heben und mit dem rechten Arm senken muß.

Nun beachte man, daß die Lade L eine oszillierende Bewegung macht und sich die Stange l dadurch heben und senken muß. An l ist der Ansatz i

5 Repenning.

(Stellring) befestigt. Er hebt und senkt sich mit l. l hat aber in der Öse von n Führung. Stößt deshalb i gegen n, so muß sich dieser Hebel ebenfalls heben und senken. Dieser Zustand tritt dann ein, wenn sich die Streichbaumlage ändert und c damit gehoben wird. Bei einer auf- und abgehenden Bewegung von n muß die Stange n_1 und die Schaltklinke n_2 folgen. Diese Umstände veranlassen die Schaltung oder das Ablassen der Kette. Man vergleiche die Nebenzeichnung von Fig. 84, aus der das Schaltrad a_2 mit dem (in der Hauptzeichnung weggelassenen) Hebel n_2 ersichtlich ist. n_2 ist auf Welle a lose drehbar gelagert, und an n_2 ist Klinke n_2 befestigt. Die Verbindung von n_1 mit n ist vorher bekannt geworden.

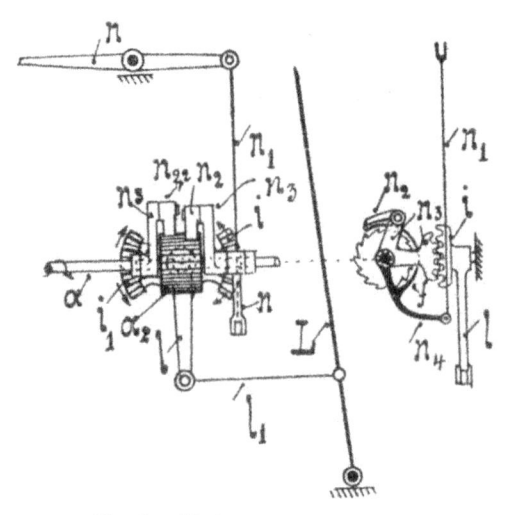

Fig. 85. (Verbesserung von Fig. 84.)

Die Welle a trägt noch eine Bremsscheibe d. Das Bremsen ist nötig, weil sich a durch die starke Kettspannung oder den Druck von b auf a_1 sonst unbeabsichtigt drehen würde. Das Bremsen geschieht hier durch einen Riemen, der um die Bremsscheibe gelegt und mit Gewicht belastet wird.

d ist eine Stellschraube und nur Stützpunkt für h, wenn die Kette ganz gelockert wird.

Der vorstehend beschriebene Regulator von der Firma Hutchison, Hollingsworth & Co. Ltd. in Dobcross ist im Schaltgetriebe verbessert worden, nämlich deshalb, weil die Schaltung jedesmal beim Vorgang der Lade zu stoßweise mit Hilfe der Stange l und des Ansatzes i geschieht. In Fig. 85 ist die bekannte Welle wieder mit a bezeichnet und auf ihr das Schaltrad a_2 festgekeilt. Es treten zwei Schaltklinken n_2 und $n_{2,2}$ durch ihre (von der Lade besorgte) hin- und hergehende Bewegung wechselweise in Tätigkeit. Bei jeder Tour des Stuhles wird also nicht mehr einmal, sondern zweimal geschaltet und dadurch nahezu ein stoßfreies Drehen des Kettbaumes ermöglicht. Man merke: der Unterschied in der Arbeitsweise gegenüber der vorher an Hand von Fig. 84 erklärten Einrichtung besteht darin, daß die Schaltklinken n_2 und $n_{2,2}$ unausgesetzt arbeiten. Ihre Regulierung für den Eingriff in das Schaltrad wird durch ein bogenförmiges Blechstück f vorgenommen und von der Stellung des Streichbaumes durch n, n_1 und n_4 beeinflußt. Ist genügend Kette abgelassen, so schiebt sich f soweit vor, daß die Klinken n_2 und $n_{2,2}$ nicht in das Schaltrad eingreifen können, sondern auf f gleiten. Die genannten Klinken sind an den beiden Hebeln n_2 (es befindet sich rechts und links von a_2 je eine), die als Zahnsegmente ausgebildet sind, gelagert. Durch das Schwingen von l werden die Zahnkluppen i, i_1 mitbewegt. Und weil letztere in n_2 kämmen, so werden n_2 mit n_2 bzw. $n_{2,2}$ schalten.

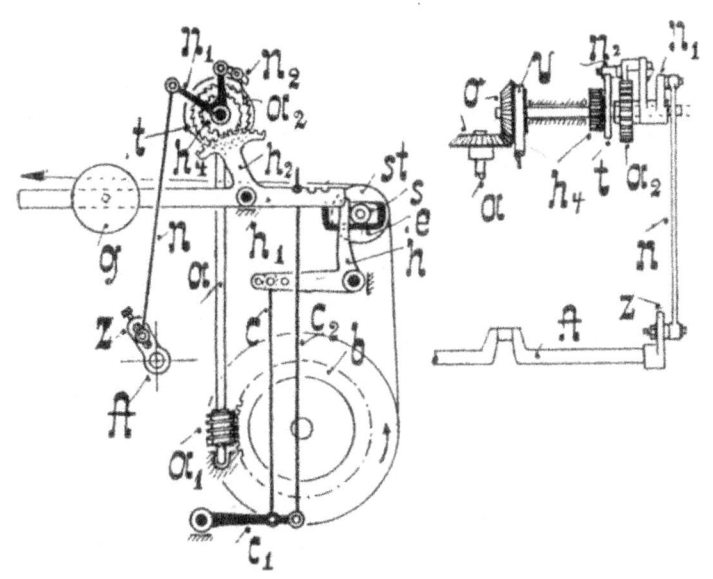

Fig. 86. Negativer Kettbaumregulator der Sächsischen Webstuhlfabrik. (Zweites Stuhlsystem, ältere Ausführung.)

Der negative Regulator, Fig. 86, fand an den älteren Buckskinstühlen von Schönherr Verwendung. Das Schaltgetriebe wird von A durch z, n, n_1, n_2 in Bewegung gesetzt. Die Kurvenscheibe t sorgt dafür, daß n_2 nur dann in a_2 greifen kann, wenn Kette abgelassen werden muß, wenn der Streichbaum also zu weit nach links steht. Dann rückt Streichbaum st, der durch die Rolle s auf dem Gußstück e hin und her rollen kann, gegen h, die Druckstange c gegen c_1, und die Zugstange c_2 bewegt den Hebel h_1. h_2 ist als Zahnsektor mit h_4 in Eingriff. h_4 und Kurvenscheibe t sind verbunden, siehe Abbildung rechts. Jede Drehung von h_2 ist somit von Einfluß auf h_4 und t. Hat sich g zu weit gesenkt, so kann n_2 nicht in a_2 eingreifen. Die Kegelräder o übertragen die Drehbewegung des Schaltgetriebes auf a und dann auf a_1 und den Kettbaum oder das Schneckenrad b.

Als letztes interessantes Beispiel soll der verbesserte negative Regulator (Fig. 87) erwähnt werden, wie er von der Maschinenfabrik Rüti an den

Northropstühlen usw. verwendet wird. Die Zeichnung ist zum besseren Verständnis teils in schräger Ansicht gegeben. Der hölzerne Kettbaum hat eine durchgehende vierkantige Öffnung, durch die eine vierkantige, an den Enden abgedrehte Welle gesteckt wird. Auf diese Welle ist an der einen Stuhlseite das Schneckenrad b befestigt. Die Schaltung wird durch die Lade mit der Schiene l eingeleitet. Bei jedem Ladenvorgang stößt l gegen den Keil d, dieser wieder gegen n_2, so daß die Stoßbewegung auf n, dann auf n_1 in der Pfeilrichtung und schließlich auf den Schalthebel n_2 mit der daran befestigten Klinke übertragen wird. Die bekannte Schaltbewegung von a_2 wird auf a_1, b fortgepflanzt.

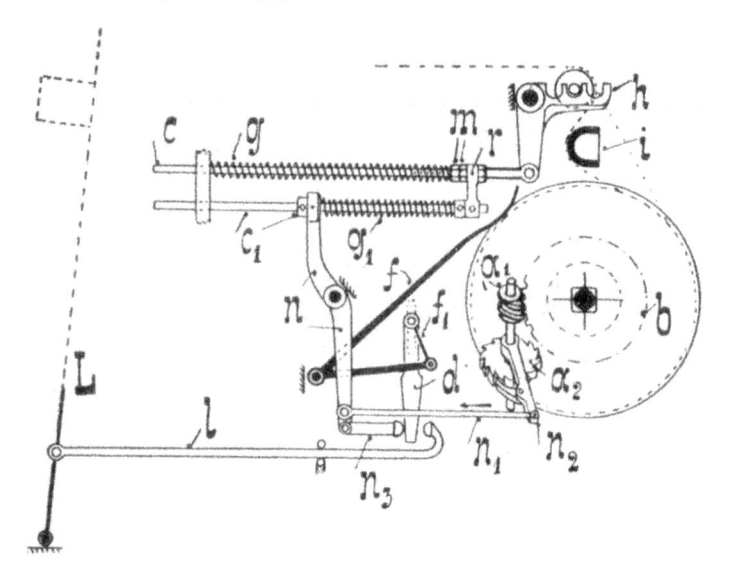

Fig. 87. Negativer Kettbaumregulator der Maschinenfabrik Rüti.
(Erstes Stuhlsystem.)

Besondere Erwähnung verdient die Kettspannvorrichtung durch die Schraubendruckfeder d der Stange c. Die Schußdichte wird durch das Verstellen der Schraubenmutter m reguliert. Die Druckfeder g_1, die auf der Stange c_1 mit dem dazu gehörigen Stellring sitzt, bringt den Hebel n mit n_1, n_2, n_2 nach dem Rückgang der Lade in die gezeichnete Stellung zurück. Zugleich wird der Druck, der sich beim Ladenanschlag auf h überträgt, außer von g auch von g_1 aufgenommen.

Der mit dem Fühlhebel f, f_1 in Verbindung stehende Keil d, der in dem punktiert angedeuteten Schlitz geführt wird, ist nicht unbedingt nötig. Indessen ist die Differenz zwischen den Durchmessern des vollbewickelten und des leeren Kettbaumes zu groß, und um eine bessere Schaltung zu erhalten, ist d eingesetzt. Je dünner der Kettbaum wird, um so schneller muß er gedreht werden. Der Keil d senkt sich nun in dem Verhältnis, wie der Kettbaumdurchmesser kleiner wird. Damit verkleinert sich auch der

Zwischenraum zwischen d und dem Haken von l, wodurch sich, weil die Bewegungsstrecke von l gleich bleibt, die Schaltbewegung vergrößert.

Die Kette braucht nicht um den festen Riegel i geführt zu werden und kann von dem Kettbaum direkt über h gehen. Dann vergrößert sich aber auch der Druck der Kettspannung, der auf die Drehung von h einwirkt, und die Spannung der Feder g muß stärker werden, als bei der Führung um i. Übrigens gestattet auch der Streichbaumhebel h verschiedene Hebellängen, je nach der Kettspannung, einzurichten. Bei großer Spannung wird man das erste Lager vom Drehpunkte des Hebels h benutzen.

Die positiven Kettbaumregulatoren

Diese Regulatoren lassen sich in zwei Arten einteilen, nämlich 1. in solche mit direktem Ablassen der Kette von dem Garnbaum und 2. solche mit Transportwalzen zum indirekten Abwickeln von dem Kettbaum.

Bei der ersten Art steht der Kettbaum mit einem ähnlichen Schaltgetriebe in Verbindung, wie es die negativen Regulatoren erkennen ließen, nur mit dem Unterschiede, daß die Schaltung nicht mehr von der Stellung des Streichbaumes abhängig ist, sondern zwangsläufig von der Welle A, Fig. 88, durch die einstellbare Kurbel z geschieht. Bei einer großen Schußdichte muß die Kurbel z kleiner genommen und deshalb der Zapfen y, von dem aus die Stange n bewegt wird, mit Hilfe der Stellschraube x mehr nach dem Mittelpunkte von A gestellt werden. Je kleiner der Hub von z ist, um so geringer wird auch die von n auf n_1, dann auf h_1, h_2 und die Klinke h_2 übertragene oszillierende Bewegung sein, und je geringer die Schaltung, um so weniger Kette wird abgegeben und um so dichter muß der eingetragene Schuß auf einer Maßeinheit sein. Es ist aber zu beachten, daß sich der Kettbaumdurchmesser bei der Abgabe von Kette fortwährend ändert. Deshalb muß auch die Schaltbewegung die gleiche Änderung erhalten. Aus diesem Grunde ist die Fühlwalze f mit f_1 verbunden. Jede Änderung durch f, f_1 und h auf den Angriff der Stange h_1 an den Kulissenhebel n_1 macht sich in der Schaltung von h_2 bemerkbar. Die Abbildung von Fig. 88 zeigt die Stellung der Teile bei einem leeren Kettbaum; h_1 greift tief an n_1 und erhält dadurch eine große Bewegung. Bei einem vollbewickelten Baum hebt sich f und damit h_1, und die Klinke h_2 macht eine kleinere Schaltbewegung. Es muß sein:

$$r : r_1 = w : w_1, \text{ d. h. } w_1 = \frac{w \cdot r_1}{r}.$$

Um möglichst genau schalten zu können, sind in h_2 (oder h_4) 3 Klinken so nebeneinander angeordnet, daß jede um $1/8$ Zahnteilung kürzer ist als die vorhergehende längere. Beim Zurückweben zieht man an der Schnur von b und dreht damit den dreiarmigen Hebel i so, daß die Klinken h_2 ausgehoben und die von h_4 in Eingriff kommen.

Genau die gleiche Arbeitsweise besteht bei dem positiven Kettbaumregulator von Fig. 89, wie er ebenfalls an den Schönherrschen Buckskinstühlen ausgeführt wird. Von einer näheren Beschreibung kann abgesehen werden, weil die Einrichtung in der Hauptsache mit der an Hand von Fig. 88 besprochenen übereinstimmt. Der Kulissenhebel h_2 hat seinen

Schwingpunkt auf Welle a_2 und wird von der Ladenstelze L aus in Schwingung gesetzt, indem l an den Kulissenhebel l_1 führt. Das Gleitstück y (als Punkt gezeichnet) läßt sich mit Hilfe der Schraubenspindel x hoch oder tief stellen, so daß beim Hochstellen die Schußdichte verringert und umgekehrt beim Tiefstellen verdichtet wird, weil im letzteren Falle h_2 weniger stark schaltet. Die Fühlrolle f zeigt die Veränderung in dem Kettbaumdurchmesser in h_2 an.

Über die beschriebenen Einrichtungen von Fig. 88 und 89 ist zu bemerken, daß die Welle a_2 mit einer Bremsscheibe ausgerüstet ist, damit sich

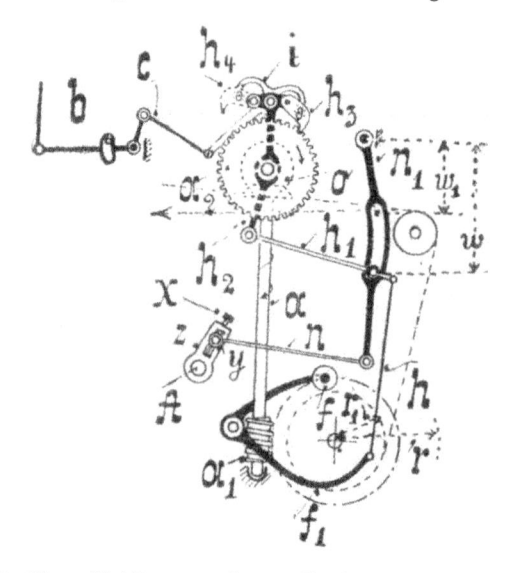

Fig. 88. Positiver Kettbaumregulator. (Zweites Stuhlsystem, Fig. 16.)

die Schnecke a_1 durch den von der Kettspannung ausgeübten Druck nicht dreht.

Mit Rücksicht auf die Lagerung der Fühlwalzen darf der Kettbaum nicht unrund sein, weil sonst die bei den selbsttätigen Bremsen besprochene falsche Regulierung eintritt.

Der positive Kettbaumregulator der Großenhainer Webstuhlfabrik, Fig. 90, zeigt nicht viel Neues, und weil die Buchstabenbezeichnung auf bekannte Teile hinweist, ist eine Beschreibung unnötig. Die Regulierung der Schußdichte geschieht wieder von der Kurbelwelle aus. Die Fühlrolle f verstellt durch f_1, h und h_1 den Angriff von h_1 an dem Schalthebel n. In n der Klinken h_3 und h_4 ist zu diesem Zwecke ein Gleitstück u angeordnet und mit h_1 verbunden.

Die beiden Schalträder a_2 und a_3 sind gegenüber den vorher genannten von etwas abweichender Form, nämlich mit entgegengesetzt gerichteter Zahnstellung. Durch Umsteuerung der Klinken wird zurückgewebt, d. h. der Kettbaum rückwärts gedreht.

Die vorher besprochenen positiven Kettbaumregulatoren haben für die Tuch- und Buckskinweberei geringe Bedeutung, weil sie nach den praktischen Erfahrungen nicht genau genug arbeiten.

Einen positiven Kettbaumregulator der zweiten Art in seiner Anwendung an Doppelplüschstühlen zeigt Fig. 91. A_1 ist die Schlagwelle des Stuhles. Das kleine Kegelrad a dieser Welle treibt b und die kurze Welle mit der Schnecke s. PB ist eine mit Plüsch usw. bezogene, also am Umfang rauhe Walze. Gegen sie preßt DB, so daß die Poilkette nicht gleiten kann. Die Kettabgabe der Poilkette wird also von der Schlagwelle besorgt, indem die

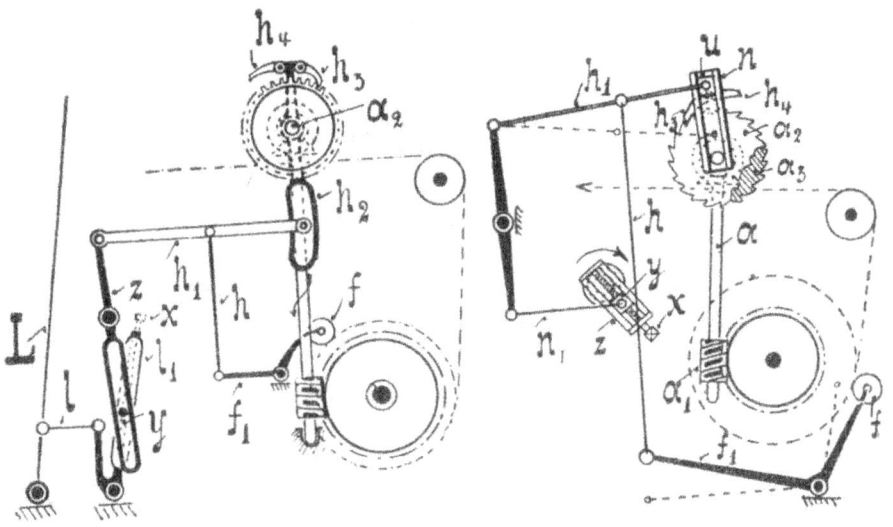

Fig. 89. Positiver Kettbaumregulator.
(Zweites Stuhlsystem, Fig. 16.)

Fig. 90.
(Zweites Stuhlsystem.)

Schnecke s den PB dreht, weil das Schneckenrad s in t greift. t ist zugleich Wechselrad zur Regulierung der Kettabgabe. Je kleiner man t nimmt, um so mehr Poilkette wird abgegeben, und um so höher ist die Florbildung im Gewebe.

Es ist Vorsorge getroffen, den Baum PB von s entkuppeln zu können, so daß sich die Poilkette beliebig auf- oder abwickeln läßt. Man braucht nämlich nur die Flügelschraube h_1 zu lösen und kann danach in der Pfeilrichtung drehen, h hat seinen Drehpunkt auf A_1. Mit h dreht sich auch h_2 und das Lager h_2 der Welle für b und s. s kommt somit außer Eingriff mit t.

Infolge der von A_1 aus besorgten kontinuierlichen Drehbewegung des PB-Baumes wird sich die Kette beim Schußsuchen, wenn der Stuhl eine Rückwärtsdrehung erhält, selbsttätig aufwickeln.

Die Warenbaumregulatoren.

Die Warenbaumregulatoren werden nach der Einleitung bekanntlich eingeteilt:

1. in negative oder schwebende,
2. in positive oder aktive,
3. in kompensierende mit negativer Wirkungsweise.

Die Wahl eines passenden Regulators für die verschiedenen Warengattungen ist nicht schwer zu treffen, wenn der Charakter des herzustellenden Gewebes und das zu verwendende Schußgarn bekannt sind. Im allgemeinen kann man sagen, daß Baumwoll-, Leinen- und Jutegewebe, selbst in ihren weiteren Unterarten, wie Frottiertücher, Decken, Vorhangstoffe, Plüsche usw., mit einem positiven Warenbaumregulator gewebt werden, wenn dabei auch Ausnahmen vorkommen. Man läßt die positiven

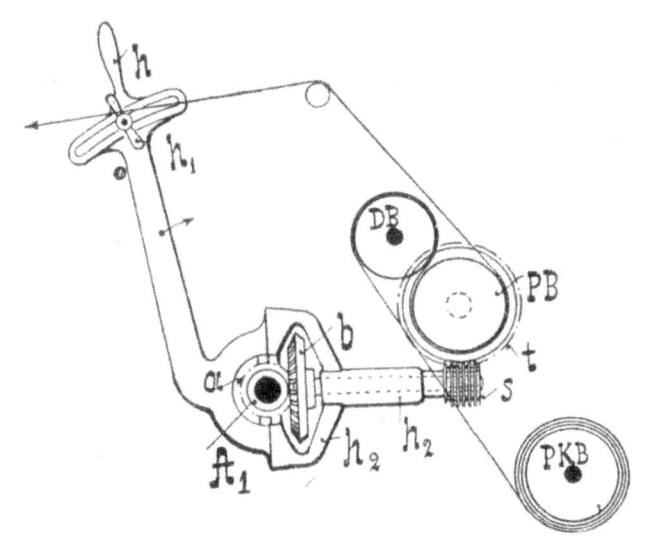

Fig. 91. Positiver Kettbaumregulator an Doppelplüschstühlen (siehe Fig. 109).

Warenbaumregulatoren meistens mit Seilbremsen oder überhaupt mit Kettbaumbremsen zusammenarbeiten. Neben den Bremsen finden die negativen Kettbaumregulatoren, die in der Anschaffung teurer sind als erstere, besonders in den letzten Jahren immer mehr Anwendung, weil sie sicherer arbeiten, von keinen Witterungseinflüssen oder keinem Verschmutzen abhängig sind und, einmal richtig eingestellt, sicher funktionieren. Man vergleiche hiermit jedoch die späteren Bemerkungen unter den Artikeln Streichbäume und Fachbildung.

Anders verhält es sich in der Fabrikation der Streichgarnstoffe. Meistens bevorzugt man negative Warenbaumregulatoren, die mit Bremsen zusammen arbeiten. Bestimmend ist hierfür das ungleich gesponnene Schußgarn, das sich je nach seiner Dicke im Gewebe aneinanderschließen muß und dadurch einen Ausgleich herbeiführt. Die mit positiven Regulatoren gewebten Waren weisen vielfach Schußbanden (Querstreifen) auf, die sich hauptsächlich bei durchfallendem Licht zeigen. Werden die Waren einer

Walke unterworfen, so filzen die losen Stellen schneller und gehen dadurch mehr in der Breite ein.

Ist man sich bei der Anschaffung von Webstühlen klar, welche Art von Streichgarnwaren fabriziert werden sollen, so wird man eventuell den positiven Warenbaumregulatoren den Vorzug geben können. Wo viele Shoddy- oder Mungogarne auch mit Zusatz von Baumwolle verarbeitet werden, hat man selbst an den Buckskinstühlen den Vorteil der positiven Regulatoren kennengelernt. Man braucht nur die Vorsicht, das Schußgarn mit zwei oder drei Spulen zu verweben. Derartige Waren werden einem guten Waschprozeß unterworfen und filzen wenig oder gar nicht. Gegenüber den negativen Warenbaumregulatoren hat man die Gewähr einer gleichen Schußdichte, die sich nicht ändern kann. Die fortwährende Schußkontrolle und die Gefahr, daß das eine Stück schwerer als das andere wird, fallen weg. Voraussetzung ist natürlich, daß die vorgeschriebene durchschnittliche Garnnummer auch wirklich vorhanden und die Dicke der Garne ziemlich gleichmäßig ist.

Auch an den Buckskinstühlen zum Weben von Herrenkammgarnstoffen bevorzugt man meistens die negativen Warenbaumregulatoren. Reine Herrenkammgarnstoffe lassen sich vorteilhafter mit positiven Regulatoren weben, weil der Faden gleichmäßig genug gesponnen ist. Wenn man trotzdem negative Regulatoren gewählt hat, so liegt der Grund in dem Umstande, daß die Kammgarnketten vielfach mit Streichgarnschuß verarbeitet werden und die Waren dann leicht zu Schußbanden neigen.

Aus dieser Bemerkung läßt sich ohne weiteres entnehmen, daß Damenkleiderstoffe ohne festanschließenden Schuß am vorteilhaftesten mit positiven Warenbaumregulatoren gewebt werden. Bei Anwendung von Streichgarnschuß wird man, wo aus alter Gewohnheit ein negativer Warenbaumregulator in Benutzung war, mit einem positiven mindestens ebenso gute Resultate erzielen. So erhält man im Durchschnitt in Damentuchen, die meistens aus Kammgarnkette und Streichgarnschuß bestehen und einer Walke und Rauherei unterworfen werden, mit positiven Warenbaumregulatoren sehr gute Resultate.

In Seidenwebereien werden Warenbaumregulatoren benutzt, die sich als positive und negative verwenden lassen. Das Seidengarn ist im Durchschnitt ungleichmäßig, und bei geschlossener, dichter Ware können nur negative Regulatoren mit indirekter Übertragung, sogenannte Kompensationsregulatoren, Anwendung finden. Fassonierte Artikel mit einer stets wiederkehrenden, gleichmäßigen Figurenbildung oder nicht geschlossene Waren, wie Musselinstoffe, wo der Schuß gleichstufig anzuschlagen ist, webt man mit positiven Warenbaumregulatoren.

Es gibt noch eine Webart mit periodisch wiederkehrender ungleicher Schußdichte oder ungleich dicken Schußgarnen. Der Warenbaumregulator muß dann periodisch verschieden stark schalten. Wenn es sich dabei um fassonierte Waren handelt, die mit ungleicher Schußdichte zu weben sind, so wählt man positive Warenbaumregulatoren mit periodisch einstellbarer Regulatur. Bei periodisch wiederkehrendem, verschieden dickem Schußgarn kann ein negativer Warenbaumregulator benutzt werden, natürlich nur bei geschlossener Ware.

Faßt man die Ausführungen kurz zusammen, so werden auf den mechanischen Webstühlen folgende Arten von Geweben hergestellt:

1. Art.
   a) geschlossene Waren, d. h. mit anschließender Schußlage bei ungleichmäßigem Schußgarn,
   - I. negative Warenbaumregulatoren in Verbindung mit Kettbaumbremsen,
   - II. negative Warenbaumregulatoren in Verbindung mit negativen Kettbaumregulatoren,
   - III. Kompensationsregulatoren (negative) in Verbindung mit Bremsen,
   - IV. negative Warenbaumregulatoren in Verbindung mit positiven Kettbaumregulatoren. Wird sehr selten angewendet und ist unzweckmäßig;

   b) geschlosseneWaren, d. h. mit anschließender Schußlage bei gleichmäßigem Schußgarn,
   - Anwendung wie vorher, indessen praktisch zweckmäßiger;
   - I. positive Warenbaumregulatoren mit Kettbaumbremsen,
   - II. positive Warenbaumregulatoren mit negativen Kettbaumregulatoren.
   - III. negative Warenbaumregulatoren mit positiven Kettbaumregulatoren. Findet praktisch sehr wenig Anwendung.

2. Art.
   a) fassonierte oder nicht geschlossene Waren bei ungleichmäßigem Schußgarn (gleichstufige Schußlage),

   Anwendung wie unter 1. Art b;

   b) fassonierte oder nicht geschlossene Waren bei gleichmäßigem Schußgarn,

   Anwendung ebenfalls wie unter 1. Art b.

3. Art.
   Waren mit periodisch wiederkehrender ungleich dichter Schußlage,
   - I. positive Warenbaumregulatoren mit periodisch verschieden starker Schaltung in Verbindung mit Kettbaumbremsen,
   - II. wie vorher, nur treten an Stelle der Bremsen negative Kettbaumregulatoren.

4. Art.
  Waren mit Flor- oder Poilketten,
  a) Doppelplüschweberei,

  { I. positive Warenbaumregulatoren in Verbindung mit Bremsen für die Grundkette und positiven Kettbaumregulatoren für die Poilkette,
  II. wie vorher, nur treten an Stelle der Bremsen negative Kettbaumregulatoren, oder man wendet für die Florkette ein Kantergestell an;

  b) Frottiertücher und dergleichen,
  { wie vorher, meistens kommen für die Kettbäume Bremsen in Anwendung.

Dazu kommen als

5. Art.
  Rutenwebstühle: Velour-, Tapestry-, Brüssel-, Tournay-Teppiche, Moquettestoffe usw.

  { I. positive Warenbaumregulatoren in Verbindung mit Bremsen für alle Kettbäume,
  II. positive Warenbaumregulatoren in Verbindung mit negativen Regulatoren für alle Kettbäume,
  III. positive Warenbaumregulatoren in Verbindung teils mit Bremsen und teils mit negativen Regulatoren für die Kettbäume,
  IV. wie vorher, nur wird die Poilkette von einem Kantergestell abgelassen.

1. Die negativen Warenbaumregulatoren

Die Wirkungsweise oder das Prinzip der Arbeitsweise, welches den negativen Regulatoren zugrunde liegt, läßt sich am besten an Hand der Fig. 92 erklären. Die Abbildung zeigt einen an Buckskinstühlen unter der Bezeichnung »schwebender« angewendeten Warenbaumregulator.

Das Gewebe w geht über den Brustbaum und wird direkt von dem Warenbaum so aufgewickelt, daß dem Weber die linke Seite des Gewebes sichtbar ist. Damit sind verschiedene Vorteile gegenüber der älteren Einrichtung eines schwebenden Regulators, wie ihn Fig. 94 zeigt, verbunden. Es ist nämlich dem Weber möglich, vorher nicht bemerkte Fehler in Geweben mit Unterkette oder in Doppelgeweben nachzusehen und für ihre Beseitigung Sorge zu tragen. So kommt es oft vor, daß etwaige fehlende, also gerissene Kettfäden der Unterseite erst auf dem Warenbaum sichtbar werden, oder es zeigen sich Maschinenfehler usw. Man hatte an den älteren Webstühlen durch das Aufbewahren des von dem Warenbaum ablaufenden und auf den Fußboden usw. fallenden Gewebes viel mit Beschädigungen (Löchern) zu rechnen. Der Umstand, daß das bei Militärtuchen usw. naß einzutragende Schußgarn durch das Aufwickeln auf den Warenbaum nicht trocknen und daher zur Stockfleckenbildung (Moderflecken) Veranlassung geben kann, ist nicht von Bedeutung; solange bleibt die Ware nicht aufgewickelt, und nach dem Abweben, d. h. Fertigstellen eines Stückes, wird sofort getrocknet.

Schwebend heißt der Regulator, weil das Schaltrad, das durch die Kammräder e und d (Fig. 92) den Warenbaum dreht, mit einer durch die Spannung der Ware in der Schwebe gehaltenen Schaltvorrichtung in Verbindung steht. Die Drehung des Schaltrades geschieht in der Pfeilrichtung, jedoch nur im Augenblicke des Ladenanschlages, d. h. dann, wenn der eingetragene Schußfaden durch das Blatt an das Warenende gedrückt wird. In diesem Augenblicke läßt die Warenspannung nach, und jetzt ist das auf dem Hebel b befestigte Gewicht g so schwer, daß es sich senken und mittels der Klinke a

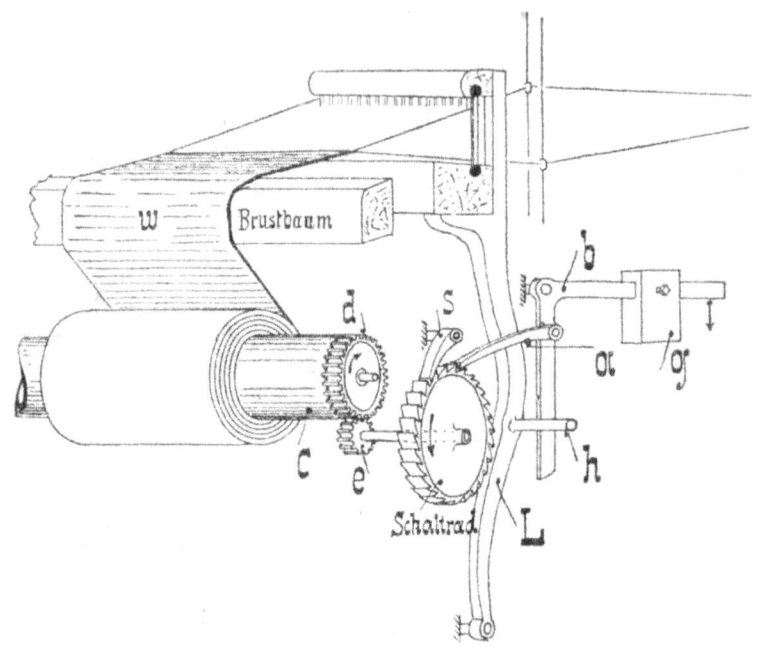

Fig. 92. Negativer oder schwebender Warenbaumregulator an Buckskinstühlen. (Zweites Stuhlsystem, Fig. 16.)

das Schaltrad in der Pfeilrichtung drehen kann. Die Sperrklinke s hindert das Sperrad beim Rückgange der Lade, wenn also die Ware wieder ihre Spannung erhält, am Rückwärtsdrehen. Beim Ladenrückgange wird das Gewicht g bzw. der Hebel b durch den in der Zeichnung erkennbaren Bolzen oder Zapfen h gehoben, und Schaltklinke a kann um die vorher gedrehte Zahnteilung nachgreifen, um beim nächsten Blattanschlag das eben geschilderte Spiel zu wiederholen.

In dem Maße, wie Ware aufgewickelt wird, vergrößert sich der Durchmesser des Warenbaumes, und in diesem gleichen Verhältnis (wie durch das Gewicht der aufgewickelten Ware auch eine vermehrte Zapfenreibung des Warenbaumes auftritt) muß das Gewicht g kräftiger schalten. Es besteht somit dasselbe Verhältnis, wie es bei den selbsttätigen Bremsen besprochen wurde. Deshalb braucht nur eine mit dem Umfange des Warenbaumes in Verbindung stehende Fühlvorrichtung das Verschieben von g vorzunehmen, siehe Fig. 93, f ist die Fühlvorrichtung und f_1 der hierzu gehörige Hebel der durch f_2 mit g verbunden ist.

Wenn trotzdem viele Regulatoren ohne eine Fühlvorrichtung angewendet werden, so hat es seine berechtigten Gründe. Erfahrungsgemäß funktionieren fast alle von den Webstuhlfabriken gelieferten Vorrichtungen nicht genau genug, weil der oben angeführten Zapfenreibung oder dem veränderlichen Gewicht des Warenbaumes nicht genügend Beachtung geschenkt wird. Und außerdem haben viele Weber die Gewohnheit, das Gewicht g mit der Hand zu verschieben und dadurch die Schußdichte innerhalb gewisser Grenzen zu regulieren, wobei die Fühlvorrichtung stören würde.

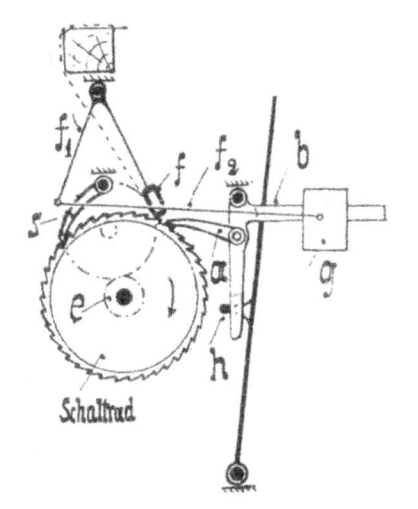

Fig. 93. Negativer Warenbaumregulator. (Zweites Stuhlsystem, Fig. 16.)

Fig. 94. Negativer Warenbaumregulator.

Der Weber spart also den Weg um den Stuhl, um das Bremsgewicht des Kettbaumes versetzen zu müssen.

Nach dieser Erklärung kann man die Besprechung der folgenden Warenbaumregulatoren abkürzen. Fig. 94 zeigt den schon genannten älteren Regulator der Buckskinstühle. Die Ware geht um den Warenbaum c und dann über die Leitwalze l. c verändert somit seinen Durchmesser nicht, und eine Fühlvorrichtung zum Verschieben von g fällt weg. Damit c die Ware sicher transportiert, ist der Baum mit gelochtem, rauhem Blech bekleidet oder auf ihm Schmirgel evtl. Sand festgeleimt (Sandbaum). Im übrigen sind die Teile mit denselben Buchstaben bezeichnet, wie in Fig. 92 und 93.

Es ist noch zu bemerken, daß s, wie auch bei den vorher besprochenen Regulatoren, aus drei (oder vier) Klinken besteht, so daß jedesmal um $\frac{1}{3}$ Zahn gesperrt werden kann.

In Fig. 95 ist der an den Schönherrschen Federschlagsstühlen zur Verwendung kommende Regulator skizziert. d ist ein langer Schalthebel, der durch g, h, h_1 stets in der Pfeilrichtung gezogen wird und oben den drei-

77

armigen Hebel b mit dem Schalthaken a und der Schaltklinke a_1 trägt. b greift mit der an dem langen Arm befestigten kleinen Rolle b_1 in die Kulisse von c. Durch c_1 ist c mit der Lade verbunden, so daß c auf und ab geht und dadurch auf a und a_1 eine schaltende Bewegung ausübt. Je mehr sich b_1 in c nach rechts verschiebt, um so stärker muß geschaltet werden. t ist eine Sperrklinke, Anwendung finden vier Klinken; in a und a_1 sind es je zwei. Die Ware geht von B um w (durch aufgeleimten Schmirgel rauh gemacht), dann um die Leitwalze und fällt von hier aus unter den Stuhl, wo man sie vielfach in Kasten auffängt.

In Fig. 96 wird ein Schneckenregulator gezeigt. Winkelhebel b trägt den Schalthaken a und das Gewicht g. sch dreht die Schnecke s und das

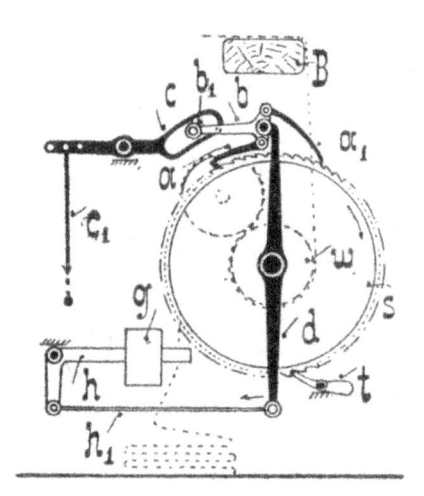

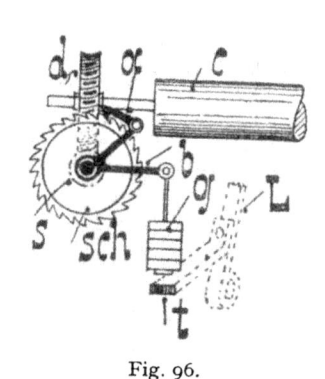

Fig. 96.

← Fig. 95. Negativer Regulator von Schönherr. (Viertes Stuhlsystem.)

Schneckenrad d, das mit dem Warenbaum c verbunden ist. Durch t wird das Gewicht g bzw. der Hebel b von der Lade gehoben. Bei großer Warenspannung ist es nötig, die Welle der Schnecke s zu bremsen.

2. Die positiven Warenbaumregulatoren

Der Warenbaum der positiven Regulatoren ist in seinem Durchmesser in den meisten Fällen unveränderlich. Er erhält dann seinen Antrieb entweder durch ein Schaltwerk oder durch eine kontinuierliche Drehbewegung. Der Antrieb durch ein Schaltwerk geschieht in zwei Arten, wobei zur Fortpflanzung der Schaltung erstens nur Stirnräder benutzt werden und zweitens ein Schneckenrad eingesetzt ist. Die Bedeutung dieser Unterscheidung liegt in der Berechnung der Räder für die verschiedenen Schußdichten. Man bezeichnet daher auch die erste Art als Wechselregulatoren, weil die Schußdichten hauptsächlich durch eine Änderung in den Übersetzungsverhältnissen der Stirnräder bestimmt werden. Die zweite Art kennt man unter dem Namen Schneckenregulator, und die Schußdichten sind dabei abhängig von den auswechselbaren Schalträdern.

Wo der Antrieb des Warenbaumes durch kontinuierliche Drehbewegung eingerichtet ist, treten ebenfalls, um das langsame Übersetzungsverhältnis zu erhalten, Schneckenräder in Funktion. Aber die Schußdichte wird dabei hauptsächlich durch Auswechseln der Stirnräder reguliert.

Der Fall, daß der Warenbaum durch Aufwickeln des Gewebes variabel ist, wie hauptsächlich an Seidenwebstühlen, bedingt in der Schaltung eine Veränderung, ähnlich wie bei den positiven Kettbaumregulatoren. Es treten in diesem Falle Fühlvorrichtungen mit dem Umfange des Warenbaumes in Berührung.

Einer der gebräuchlichsten Warenbaumregulatoren, der an Webstühlen englischer Bauart und in kleinen Abänderungen auch an andern Ver-

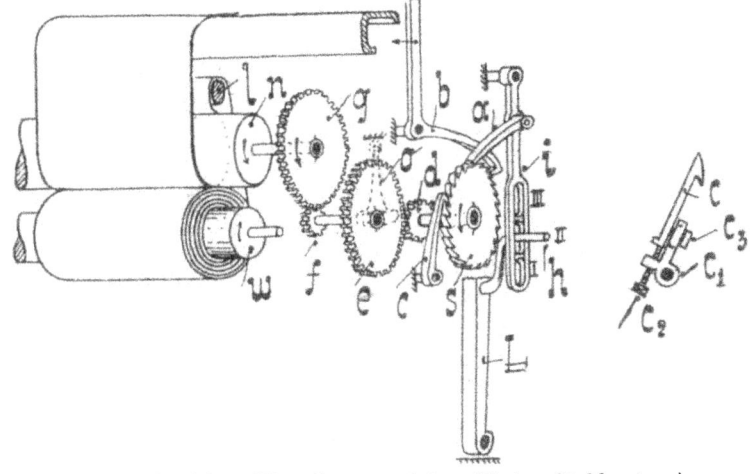

Fig. 97. Positiver Warenbaumregulator. (Erstes Stuhlsystem.)

wendung findet, ist in Fig. 97 in perspektivischer Ansicht dargestellt. Er gehört zu der ersten Art, ist also ein Wechselregulator. Das Gewebe gleitet über den Brustbaum und von hier um den rauhen Warenbaum n (Riffelbaum, Sandbaum), die Leitschiene l und wird schließlich von dem Wickelbaum w, der durch später zu besprechende Vorrichtungen an den Warenbaum gepreßt und demnach durch Friktion mitgedreht wird, aufgewickelt.

Die Schaltung wird von L durch den Bolzen h auf i und die Klinke a übertragen. Je nach der Stellung von h in L und dem Angriff an i kann a um 1, 2 oder 3 Zähne schalten, siehe I, II und III an i. Auf der Welle von s sitzt das sogenannte Wechselrad d. d ist auswechselbar, und seine Größe ist abhängig von der Schußdichte. d treibt e mit f und f das auf der Achse des Warenbaumes sitzende Kammrad g.

Die Rückwärtsdrehung wird durch die Klinken b und c gehindert. Beide haben eine besondere Bedeutung. Beim regelmäßigen Gang des Stuhles ist c überflüssig und tritt nur in Funktion, wenn beim Schußfadenbruch ausgerückt wird. Die Klinke b steht nämlich mit dem Schußwächter in Verbindung und wird beim Stillsetzen des Stuhles in der Pfeilrichtung gedreht.

Dadurch wird auch die Schaltklinke a (weil b unter a greift) ausgehoben und die Schaltung an s unterbrochen. Diese Vorkehrung zur Vermeidung von Gassen in der Ware ist nötig, weil der Stuhl bei seiner großen Geschwindigkeit nach dem Ausrücken durch den Schußwächter immer noch eine oder zwei Touren bis zum Stillstand macht. Das Rückwärtsdrehen von s wird jetzt von der sogenannten Expansionsklinke c gehindert. c ist in der Nebenzeichnung deutlicher und besteht aus mehreren Teilen, nämlich dem an c_1 durch c_2 gehaltenen Haken c und der Stellschraube c_2. c_2 ist in c_1 auf und ab beweglich; die Bewegung wird durch c_2 begrenzt oder reguliert und kann um eine Strecke von ein, zwei oder drei Zahnteilungen des Schaltrades eingestellt werden, also um so viel, wie die Schaltung von a ausmacht und beim Stillsetzen des Stuhles durch den Schußwächter nötig ist.

Das Auswechseln von d durch größere oder kleinere Stirnräder macht eine Verschiebung bzw. eine Einstellbarkeit von e und f nötig. Am Stuhlgestell (und auf der Achse des Warenbaumes drehbar) ist das punktiert angedeutete Lager o der kleinen Welle für e und f verstellbar.

Das Warenstück, das bei jedem Schuß aufgewickelt wird, ist, wenn jedesmal um einen Schuß geschaltet wird:

$$1 \text{ Schuß} = \frac{1}{s} \cdot \frac{d}{e} \cdot \frac{f}{g} \cdot n,$$ wenn n den Umfang des Warenbaumes in cm bedeutet:

Bezeichnet man mit S die Schußdichte auf 1 cm Ware, so ist:

$$1 \text{ cm Ware} = S \cdot \frac{1}{s} \cdot \frac{d}{e} \cdot \frac{f}{g} \cdot n = \frac{S \cdot d \cdot f \cdot n}{s \cdot e \cdot g}.$$

Von Bedeutung ist der Wert d, also:

$$\text{Wechselrad } d = \frac{e \cdot g \cdot s}{f \cdot n \cdot S}$$

oder: $$S = \frac{e \cdot g \cdot s}{f \cdot n \cdot d}.$$

Nach einem Beispiel: s = 67 Zähne, d = ?, e = 125 Zähne, f = 12 Zähne, g = 79 Zähne, n = 40 cm Umfang.

$$d = \frac{e \cdot g \cdot s}{f \cdot n \cdot S} = \frac{125 \times 79 \times 67}{12 \times 40 \times S} = \frac{1378{,}39}{S}.$$

Wenn also die zwischen den Breithaltern der gespannten Ware)[1] gemessene Schußdichte auf 1 cm 20 betragen soll, so rechnet man mit der Konstanten:

$$d = \frac{1378{,}39}{S} = \frac{1378{,}39}{20} = 68{,}919 = 69 \text{ Zähne},$$

oder: $$S = \frac{1378{,}39}{d} = \frac{1378{,}39}{68{,}919} = 20 \text{ Schüsse}.$$

---

[1] Nach Verlassen der Breithalter zieht sich die Ware in der Breite zusammen und dehnt sich dafür in der Länge. Wird die Ware vom Stuhl abgezogen, so verdichtet sich der Schuß wieder und ist mit der vorher zwischen den Breithaltern gemessenen Schußzahl annähernd gleich.

In der Praxis führt man vielfach Tabellen, welche die Zähnezahl des Wechselrades d für eine bestimmte Schußdichte angeben.

Wenn nun ein 69. Wechselrad nicht zur Verfügung steht, so kann i, Fig. 97, um 3 Zähne schalten und für ein 69 : 3 = 23er Rad genommen werden.

Sollten auf 1 cm 30 Schüsse eingetragen werden, so erhält man $\frac{1378,39}{30}$ = abgerundet 46 Zähne.

Aus den beiden Rechenbeispielen ergibt sich:
Die Schußdichten verhalten sich umgekehrt wie die Zähnezahl der Wechselräder.

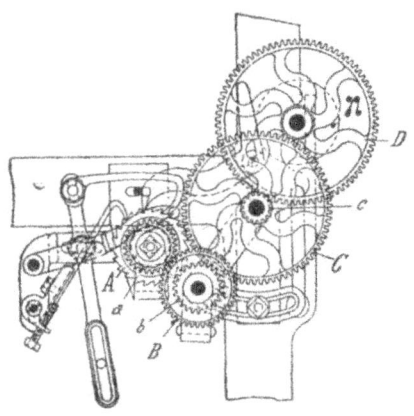

Fig. 98.

Die Bedeutung dieses Lehrsatzes läßt sich am besten an Hand von Rechenaufgaben erläutern.

1. Aufgabe. Ein 23er Wechselrad gibt bei 3 Zähnen Schaltung auf 1 cm Ware 20 Schüsse. Welche Schußdichte erhält man unter den gleichen Verhältnissen mit einem 25er Rad?

Auflösung: Weil das Wechselrad größer ist, muß die Schußdichte geringer werden, also:

$$\frac{20 \text{ (Schußzahl)} \times 23 \text{ (kleineres Wechselrad)}}{25 \text{ (größeres Wechselrad)}} = 18,4 \text{ Schüsse.}$$

2. Aufgabe. Bei 20 Schüssen ist ein 69. Wechselrad (1 Zahn Schaltung) nötig. Es sollen 25 Schüsse eingetragen werden. Welches Wechselrad?

Auflösung: Weil mehr Schüsse einzutragen sind, so muß das Wechselrad kleiner werden.

$$\frac{69 \text{ (Wechselrad)} \times 20 \text{ (kleinere Schußdichte)}}{25 \text{ (größere Schußdichte)}} = 55,2 = \text{abgerundet 55 Zähne,}$$

oder bei 2 Zahn Schaltung:

55 : 2 = 27er oder 28er Wechselrad.

Der positive Warenbaumregulator, wie er an den Schönherrschen Automatenstühlen Verwendung findet und in Fig. 98 abgebildet ist, ist auf

6 Repenning.

ein weiteres Auswechseln der Stirnräder eingerichtet und gestattet ebenfalls eine Schaltung um 1, 2 oder 3 Zähne. n ist der Warenbaum. $A = 24$, $B = $ Grundrad $ = 50, 60$ oder 80, $C = 86$, $D = 90$, $b = 24$ und $c = 15$ Zähne. $n = $ Umfang des Warenbaumes $ = 37$ cm. $a = $ Zähnezahl des Wechselrades.

$$a = \frac{A \cdot B \text{ (Grundrad)} \cdot C \cdot D}{S \cdot b \cdot c \cdot n}.$$ Nach Einsetzen der Zahlen:

$$a_1 = \frac{24 \cdot 50 \text{ (Grundrad)} \cdot 86 \cdot 90}{S \cdot 24 \cdot 15 \cdot 37} = \frac{697{,}3}{S} \text{ bei einem 50er Grundrad,}$$

$$a_2 = \frac{24 \cdot 60 \text{ (Grundrad)} \cdot 86 \cdot 90}{S \cdot 24 \cdot 15 \cdot 37} = \frac{836{,}7}{S} \text{ bei einem 60er Grundrad,}$$

$$a_3 = \frac{24 \cdot 80 \text{ (Grundrad)} \cdot 86 \cdot 90}{S \cdot 24 \cdot 15 \cdot 37} = \frac{1115{,}6}{S} \text{ bei einem 80er Grundrad,}$$

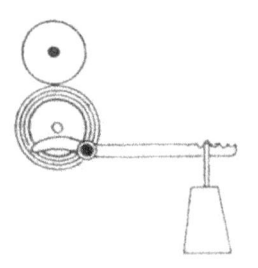

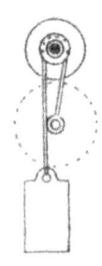

Fig. 99.   Fig. 100.

wobei 1 Zahn Schaltung angenommen wurde; bei 2 oder 3 Zähnen Schaltung muß das Resultat mit 2 oder 3 geteilt werden.

Wenn auf 1 cm 20 Schüsse eingetragen werden sollen und ein 80er Grundrad zu nehmen ist, so erhält man:

$$a_3 = \frac{1115{,}6}{20} = 55{,}8 = 56 \text{ Zähne oder bei } a_1 = \frac{697{,}3}{20} = 34{,}85 = \text{abgerundet}$$
Zähne.

Es ist vielfach üblich, die Schußdichte auf $\frac{1}{4}$ franz. Zoll ($= \frac{1}{4}''$ frz. $= 27{,}07$ mm) anzugeben. Dann braucht man nur den Umfang des Warenbaumes in $\frac{1}{4}''$ umzurechnen und damit die Konstante zu berechnen.

Das Anpressen des Wickelbaumes an den Warenbaum geschieht auf verschiedene Arten. Die Skizze Fig. 99 zeigt einen Hebel, der seinen Drehpunkt in der Nähe des Wickelbaumes hat, und dessen entgegengesetzter Hebelarm mit Gewicht belastet ist.

Nach der Einrichtung von Fig. 100 ist der Wickelbaum punktiert gezeichnet. Von hier aus geht eine Kette oder ein Seil nach oben über eine Rolle, die auf der Welle des gezeichneten Warenbaumes drehbar ist. Das Seil oder die Kette wird mit Gewicht belastet und preßt den Wickelbaum gegen den Warenbaum.

Fig. 101 zeigt die sog. amerikanische Art. Auf der Querwelle a sitzen an beiden Enden Zahnräder a_1, die in die Zahnstangen b der Wickelwalze w eingreifen. Die Feder f ist so kräftig, daß sie den Wickelbaum hebt. f wird durch das Schneckengetriebe c, d mit Hilfe einer Handkurbel, die auf e aufgesetzt wird, gespannt.

Von den Besprechungen der zahlreichen sonst noch bestehenden und den gleichen Zweck erfüllenden Einrichtungen muß abgesehen werden.

Der Schneckenregulator von Schönherr, der in Fig. 102 abgebildet ist und an den Buckskinstühlen Verwendung findet, gehört zu der zweiten Art. Die Buchstaben weisen wieder auf bekannte Teile hin. Das Schaltrad s ist zum Vorwärts- und s_1 beim Schußsuchen zum Rückwärtsschalten. s_1 hat deshalb eine von s entgegengesetzt gerichtete Zahnstellung. b dient zum Bremsen. Die Ware geht um n, l und wird von w aufgewickelt. w erhält durch die Friktionsscheibe w_1 Antrieb, indem w_1 von w_2 geschaltet und w_2 gesperrt wird. Durch die Feder f wird w_1 an w gepreßt.

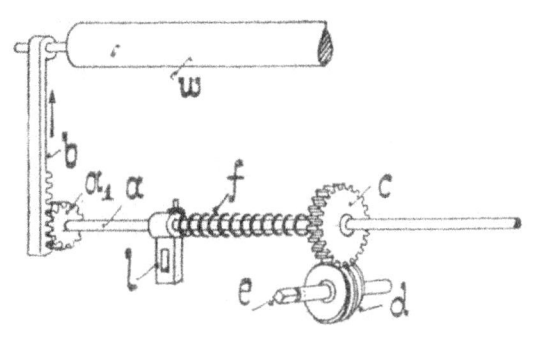

Fig. 101.

Die Stärke der Schaltung von a (oder a_1) wird durch den Hub der Stange i des Hebels i_2 von der Ladenbewegung beeinflußt. Dieser Kurbelhub von i, durch i_2 regulierbar, ist für 1—5 Zähne Schaltung einstellbar. s kann 20—80 Zähne enthalten.

Wenn 1 Zahn Schaltung bei jedem Schuß vorausgesetzt wird, so ist:

$$1 \text{ Schuß} = \frac{a}{s} \cdot \frac{t}{v} \, n$$

$$\text{oder hier } \frac{1}{s} \cdot \frac{t}{v} \, n \, .$$

Die Schußdichte auf 1 cm = S.

$$1 \text{ cm Ware} = \frac{1}{s} \cdot \frac{t}{v} \, n \cdot S.$$

Wenn t eingängig ist, so erhält man:

$$1 \text{ cm Ware} = \frac{1}{s} \cdot \frac{1}{v} \cdot n \cdot S = \frac{n \cdot S}{s \cdot v}.$$

$$\text{Demnach: } S = \frac{v \cdot s}{n}$$

$$\text{und } s = \frac{S \cdot n}{v}.$$

Die Schußdichten verhalten sich bei diesen Regulatoren wie die Zähnezahl der Schalträder. Dieser Lehrsatz läßt sich am besten an Beispielen verständlich machen.

1. Man erhält mit einem 25er Schaltrad (25 Zähne) des in Fig. 102 skizzierten Regulators bei 1 Zahn Schaltung auf 10 cm Ware 231 Schüsse. Wie viele Schüsse gibt ein 32er Schaltrad?
Auflösung: Nach dem Lehrsatz muß die Schußdichte mit einem 32er Schaltrade größer werden, also:

$$\frac{231 \times 32 \text{ (größeres Schaltrad)}}{(25 \text{ kleineres Schaltrad})} = 296 \text{ Schüsse auf 10 cm.}$$

2. Ein 46er Schaltrad gibt auf 10 cm 425 Schüsse. Welches Schaltrad muß genommen werden, wenn 324 Schüsse eingetragen werden sollen?

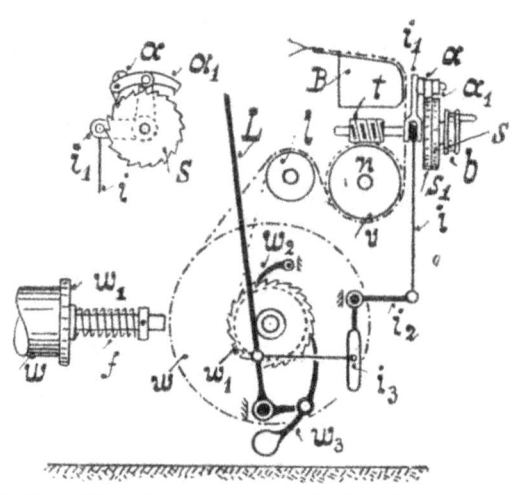

Fig. 102. Positiver Warenbaumregulator (Zweites Stuhlsystem, Fig. 16.)

Auflösung: Nach dem Lehrsatz muß das Schaltrad kleiner werden, deshalb:

$$\frac{46 \times 324 \text{ (kleinere Schußdichte)}}{425 \text{ (größere Schußdichte)}} = 35 \text{er Schaltrad.}$$

An dem Schneckenregulator von Georg Schwabe, Fig. 103, ist das Schaltrad s nicht mehr auswechselbar. Die Schußdichte wird durch den mit verschieden großen Hub einstellbaren Hebel i reguliert. In a und a_1 sind je 8 Schaltklinken. Die Zeichnung gibt die Stellung der Klinken zum Rückwärtsschalten an. Läßt der Zug in z nach, so greift a ein und arbeitet vorwärts, wobei a_1 ausgehoben ist.

Einen sog. Präzisions-Differentialregulator, der außer an Seidenwebstühlen, auch an Bandwebstühlen Anwendung findet, zeigen die Fig. 104 und 104a a ist die Schaltscheibe, Fig. 104, mit 31 Schaltklinken a_1. a wird mit der abgebildeten Seite auf die Welle a_3 gesteckt, so daß die Klinken a_1 auf dem Schaltrade b_1 arbeiten. Sperrscheibe b trägt wieder 31

Klinken, die ebenso wie die von a um einen Bruchteil der Zahnteilung verstellt sind, weil b_1 nur 30 Zähne hat, so daß eine genaue Schaltung möglich ist. Welle a_3 trägt ein kleines mit b_1 vereinigtes Stirnrad, das in f kämmt. e steht mit f in Verbindung, und e greift in h.

Man vergleiche hiermit Fig. 104a. A ist die auf der Kurbelwelle befestigte Kurbelscheibe, die eine an Hebel d gehende Schubstange bewegt. Von d_1 geht die Verbindung an c. Die Schußdichte wird mit Hilfe der Schraubenspindel c_1 eingestellt. Durch eine Verkürzung von c (wenn der Angriffspunkt von d_1 höher an den Drehpunkt von c gestellt wird) wird die Schußdichte reduziert, weil dann eine stärkere Schaltung eintritt. Auch in dem Hebel d bzw. d_1 liegt die Möglichkeit für eine Veränderung

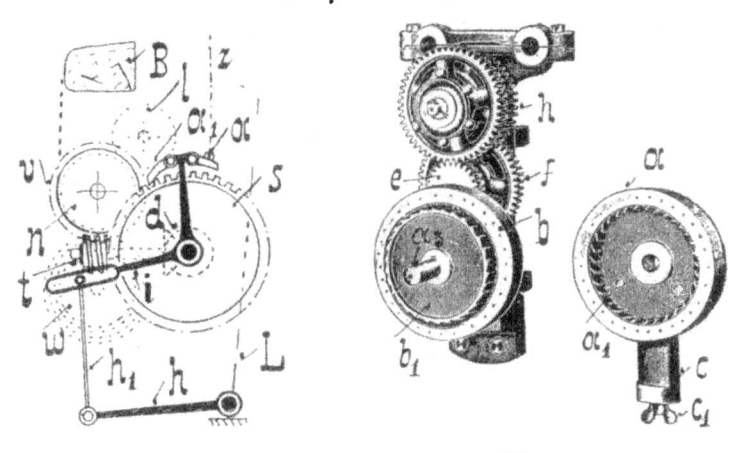

Fig. 103.   Fig. 104.

in der Schußdichte. Von a, b, e aus geht eine weitere Stirnräderübersetzung an l, und l ist auf der Welle des Warenbaumes n befestigt, so daß sich n mit l dreht. n_1 ist zum Aufwickeln des Bandes bestimmt.

Fig. 105 zeigt einen an Doppel-Plüschwebstühlen Anwendung findenden positiven Warenbaumregulator, der mit kontinuierlicher Drehbewegung von der Welle A_1 (Schlagwelle) aus arbeitet. Die Kegelräder a und a_1 treiben die Welle a_2 mit der Schnecke a_2. Hiermit dreht sich Schneckenrad b und weiterhin die beiden Warenbäume, die am Umfange mit Nadeln besetzt sind, so daß der Transport der Ware ohne Druckwalzen möglich ist. Von w oder w_1 geht die Plüschwalze über eine Leitwalze und wird von den Wickelbäumen v aufgewickelt. e ist ein Wechselrad und dient zur Regulierung der Schußdichte.

Es besteht das Übersetzungsverhältnis:

$\dfrac{A_1}{2} \cdot \dfrac{a}{a_1} \cdot \dfrac{a_3}{b} \cdot \dfrac{c}{d}$ w oder, wenn d eine andere Zähnezahl als f hat, und weil e nur als Transport- oder Zwischenrad dient:

$$\dfrac{A_1}{2} \cdot \dfrac{a}{a_1} \cdot \dfrac{a_3}{b} \cdot \dfrac{c}{f} \cdot w = \dfrac{1}{2} \cdot \dfrac{a}{a_1} \cdot \dfrac{1}{b} \cdot \dfrac{c}{f} \cdot w = 1 \text{ Schuß.}$$

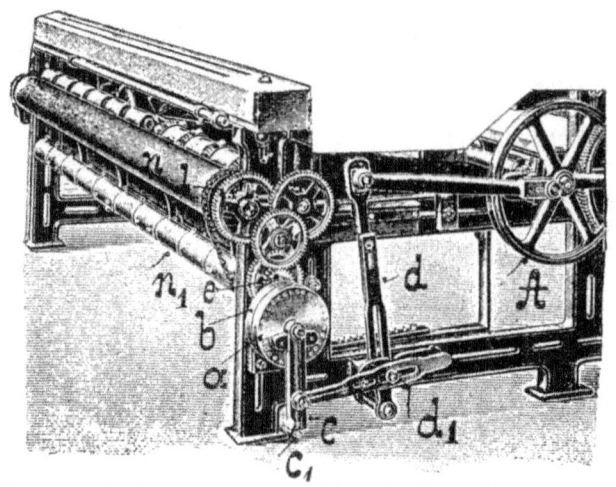

Fig. 104a. Positiver Präzisions-Differential-Warenbaumregulator an einem Bandwebstuhl.

Hierbei ist zu berücksichtigen, daß sich A_1 bei jedem Schuß ½mal dreht, und die Schnecke a_3 als eingängig angesehen werden muß. S ist die Schußdichte auf 1 cm Ware, w ist Umfang des Warenbaumes, somit:

$$1 \text{ cm Ware} = \frac{a \, c \, w}{2 \cdot a_1 \, b \cdot f} \cdot S.$$

$$\text{Deshalb: } c = \frac{2 \cdot a_1 \cdot b \cdot f}{a \cdot w \cdot S},$$

$$\text{und } S = \frac{2 \cdot a_1 \cdot b \cdot f}{a \cdot w \cdot S}$$

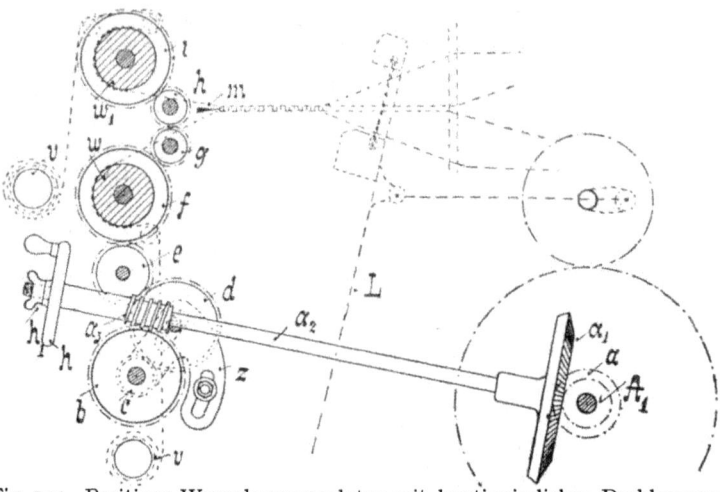

Fig. 105. Positiver Warenbaumregulator mit kontinuierlicher Drehbewegung. (Ergänzung siehe Fig. 109.)

Das Handrad h mit a_3 besteht aus einem Stück und ist durch h_1 mit a_2 verschraubt. Löst man h_1, so läßt sich a_3 unabhängig von a_2 drehen.

Das Messer m trennt die beiden Gewebe durch Zerschneiden der Poilfäden, indem es fortwährend über die Breite des Gewebes hin und her geführt wird. Es schärft sich dabei selbsttätig an einem Wetzstein.

3. Die Kompensationsregulatoren.

Das Prinzip der Arbeitsweise an den Kompensationsregulatoren, wie sie für die Seidenwebstühle Verwendung finden, läßt sich durch einen Vergleich mit den negativen Kettbaumregulatoren am besten erklären. Bei

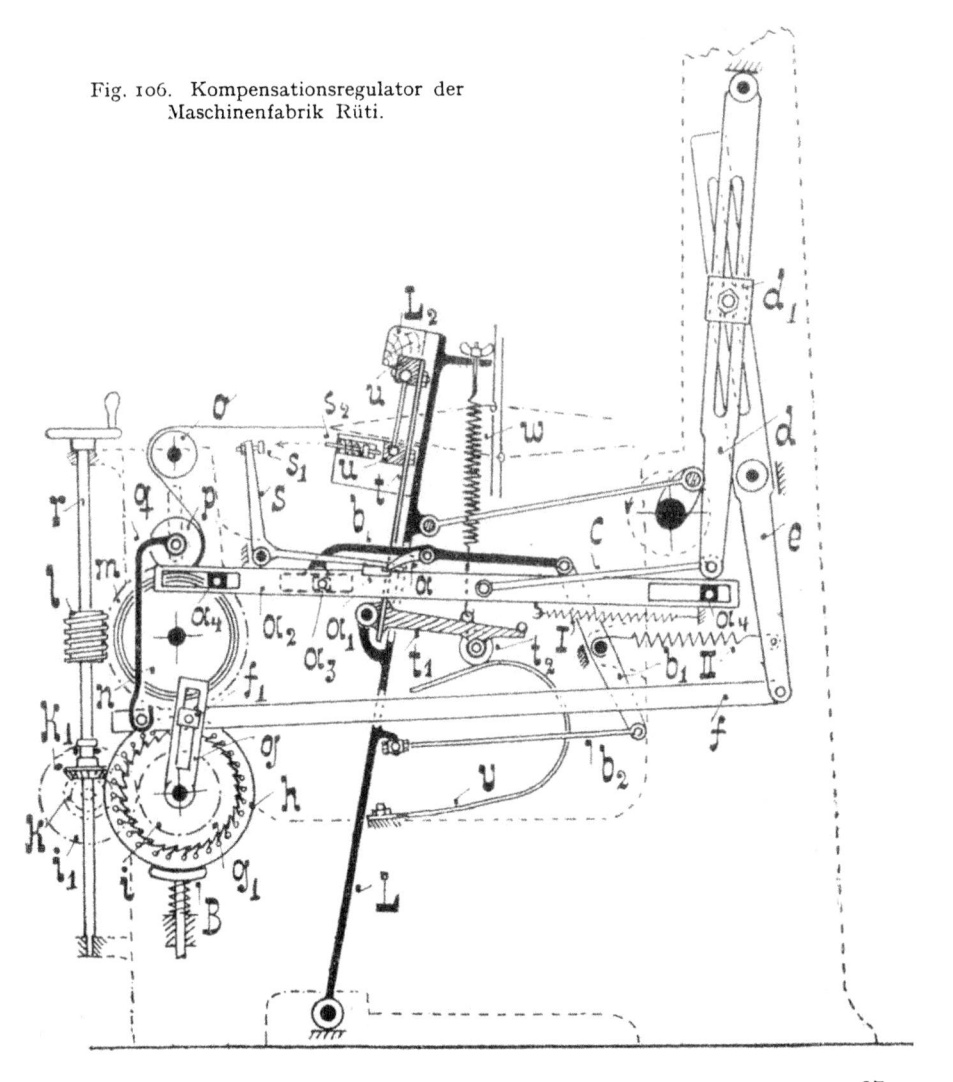

Fig. 106. Kompensationsregulator der Maschinenfabrik Rüti.

jenen war es die Veränderung in der Lage des Streichbaumes, wodurch eine Schaltung oder Drehung des Kettbaumes hervorgerufen wurde. Hier, an den Kompensationsregulatoren, liegt die Veränderung in dem mit der Lade nicht fest verbundenen Blatt. Dieses Blatt ist in einem Rahmen u, u, Fig. 106, gelagert und u, u selbst ist mit dem Arm (Hebel) t verschraubt. t ist wieder an t_1 befestigt, so daß der Drehpunkt von t_1 auch der für t ist. Die Feder w preßt somit u, u gegen den Ladendeckel L_2 und den Ladenklotz. Dieses Anpressen wird während des Schützenschlages noch dadurch verstärkt, daß die Rolle t_2 auf der Flachfeder v rollt. Übrigens kann der Angriffspunkt der Feder w an t_1 an das äußerste rechte Ende von t_1 verlegt werden, wodurch u, u noch stärker angepreßt und die Schußdichte vergrößert wird. Beim Ladenanschlag, und wenn der Blattanschlag durch den Schuß hinreichenden Widerstand findet, wird der Rahmen u, u durch das Blatt etwas zurückgedrängt. Hierdurch kann der Stift s_2, der im Ladenklotz angebracht ist und gegen den Rahmen u stößt, mit Hilfe der auf s_2 sitzenden Feder (ohne Buchstabenbezeichnung) zurückweichen. s_2 berührt dann nicht die Stellschraube s_1 des Hebels s. Weil s unter a greift, so bleibt a zum Angriff an die Knagge a_1 liegen. Wird s_1 bzw. s von s_2 dagegen berührt, so hebt s die Klinke a hoch.

Der Arbeitsgang ist folgender: Beim Hin- und Herschwingen der Lade werden b_2, b_1 und b in oszillierende Bewegung versetzt. Die Kulisse von b hat auf a_2 der Schiene a_2 Führung. Klinke a ist an b befestigt. a_2 hat auf den Vierkanten a_4 und a_4 Führung und durch die Stange c auch mit d und durch d_1 weiterhin mit e Verbindung. Von e geht der Angriff mittels der Schiene f, f_1 an den Kulissenhebel g. f_1 (oder f) kann in g hoch oder tief stehen; die Stellung ist abhängig von dem Durchmesser des Warenbaumes n, weil die Ware direkt auf n aufgewickelt wird. o ist die Brustbaumwalze und p die Fühlwalze für n. Mit dem Steigen oder Senken von p und dem Verbindungsstück q verändert sich demnach der Angriff von f_1 oder f an g. Damit ist auch eine Veränderung in der Größe der Schaltbewegung gegeben, weil Kulissenhebel g mit dem Schaltrad g_1 verbunden ist. Die an h befestigten 32 Schaltklinken drehen durch die Einwirkung von g_1 die Scheibe h und damit die Kammräder i und i_1. Das mit Stirnrad i_1 befestigte Kegelrad k treibt k_1. k_1 dreht Welle r, die Schnecke l und das Schneckenrad m. m ist auf der Warenbaumachse festgekeilt.

Die Feder II verhindert den toten Gang der Hebel e, d und der Stange c. Feder I zieht Schiene a_2 stets nach rechts, nämlich dann, wenn Klinke a die Knagge a_1 freigibt. Bleibt die Klinke a liegen, so stößt sie die Schiene a_2 nach links oder (was dasselbe ist), nach vorne; a_2 bewegt Stange c, den Kulissenhebel d (d_1 verbindet d mit e) ferner den Kulissenhebel e und die Schiene f. Weil nach der obigen Erklärung f durch f_1 mit g verbunden ist, so muß auf die Klinkenscheibe h eine Schaltbewegung ausgeübt werden. B ist eine Bremse, die h an der Rückwärtsdrehung hindert. An Stelle dieser Bremse wird auch eine Klinkenscheibe, wie sie an Hand der Fig. 104 und 104a besprochen wurde, angewendet.

Der vorher beschriebene Regulator kann auch ohne Kompensation arbeiten; er läßt sich also in einen positiven dadurch verwandeln, daß Hebel s bzw. s_1 oder s_2 ausgeschaltet werden. Alsdann erfolgt die Regulierung der Schußdichte mit Hilfe des Stellstückes d_1. Bei größerer Schußdichte stellt man d_1 in d hoch, umgekehrt bei geringerer tief.

Ein weiterer Kompensationsregulator ist in den Fig 107 und 108 abgebildet. Er kann mit kleinen Änderungen sofort in einen positiven verwandelt werden und arbeitet dann so, wie es unter den positiven Warenbaumregulatoren, Fig. 104 und 104a, besprochen worden ist.

Das Blatt u, u ist in gleicher Weise so federnd gelagert, wie es schon Fig. 106 angibt. s_2, s_1 und s arbeiten ebenso. Wird somit das Blatt beim

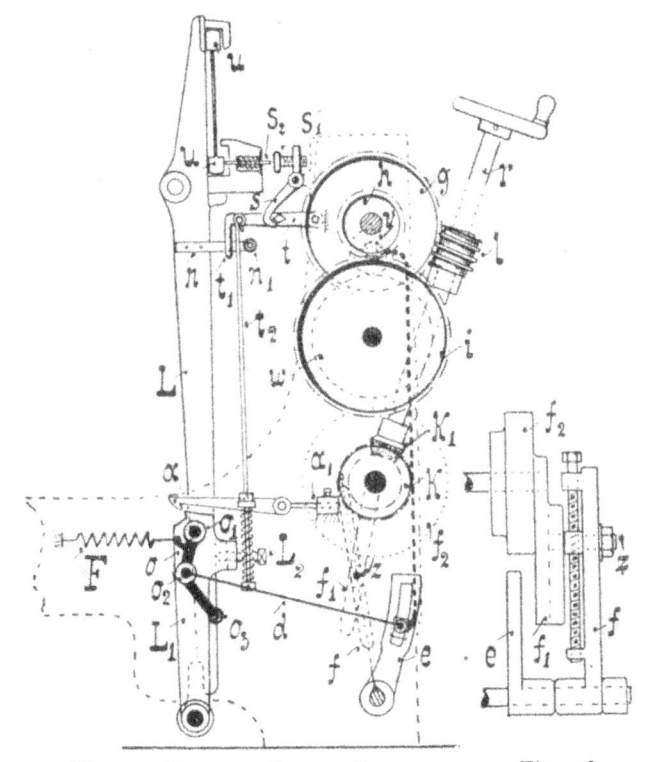

Fig. 107. Kompensationsregultator.   Fig. 108.

Anschlagen an das Warenende nicht zurückgedrängt, so hebt s_2 den Haken s aus und Hebel t senkt sich. Dann greift Platine a auf L_1. L_1 ist auf dem Zapfen der Ladenstelze lose drehbar und durch die Schraube L_2 für a einstellbar. Senkt sich a, so wird L_1 zurückgehalten und kann die Stange d, die in den Kulissenhebel e geht, nicht bewegen, e also auch nicht in Schwingung versetzen. Auf der Welle von e ist der Kulissenhebel f (siehe auch Fig. 108) befestigt und ist durch Stellstück z mit Kulissenhebel f_1 verbunden. f_1 ist an f_2 befestigt. f_2 ist ein Präzisions-Differentialregulator, wie er an Hand der Fig. 104 und 104a beschrieben wurde; es besteht also ein Sperrad mit 30 Zähnen, wogegen die Klinkenscheiben mit je 31 Klinken arbeiten und auch sperren. f_2 (Fig. 108) dreht das auf gleicher Welle sitzende Kegelrad k, dieses wieder k_1 und damit die Schnecke l. Von l geht die Drehbewegung auf g, dann h und schließlich auf das Kammrad i. i ist auf der Welle des Warenbaumes w befestigt. Die Ware wird direkt auf den Warenbaum aufgewickelt. Weil sich sein Umfang oder Durchmesser mit der aufgewickelten Ware ändert, so überträgt die Fühlwalze v diese Veränderung auf den Kulissenhebel e durch die Verbindungsstange, die stark punktiert gezeichnet ist. Somit wird bei zunehmendem Warenbaumdurchmesser weniger geschaltet.

Ist t mit s nicht mehr in Eingriff, so wird die durch n mit L verbundene Rolle n_1 bei zurückgehender Lade (fast erst in der äußersten Stellung) gegen Finger t_1 stoßen und dadurch t so hochheben, daß s wieder mit t in Eingriff kommt.

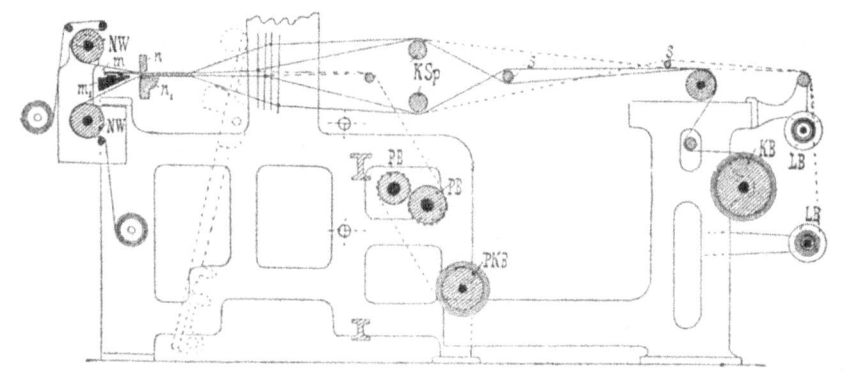

Fig. 109. Kett- und Warenbäume am Doppelsamtwebstuhl.

Hebel o ist in o_1 mit L_1 und in o_2 mit Stange d verbunden und legt sich mit dem Ansatz o_3 kraftschlüssig gegen L_1. Ist der Widerstand an e zu groß, so gibt die Feder f nach und unterbricht die Schaltung von e, d. h. die Bewegung auf f, f_1 und f_2.

Hebel o kann ebensogut wegfallen und Stange d an L_1 gehen. Die Feder F wird dann an passender Stelle ebenfalls mit L_1 verbunden.

Die Verbindung eines positiven Kettbaumregulators mit einem positiven Warenbaumregulator und die Anwendung mehrerer Kettbäume

Als ein Beispiel der Vereinigung von Kett- und Warenbäumen soll die Einrichtung an einem Doppelsamtwebstuhl, Fig. 109, erwähnt werden. Die mit N W und W B bezeichneten Walzen sind aus Fig. 105 (i, f) bekannt. P B ist der Poilbaum, B B dessen Druckwalze und P K B der Poilkettbaum, siehe auch Fig. 91. Die N W und der J B werden somit positiv gedreht. K B ist der Grundkettbaum und L B sind die Kettbäume für die Kanten. Ferner sind K Sp die Walzen für die Kettführung und dazwischen ist die Poilkettführung.

Die K B-, P K B- und L B-Bäume werden gebremst oder können von negativen Kettbaumregulatoren beeinflußt werden.

Die Einrichtung zur Unterstützung der Bewegung von Kette und Ware in der Längsrichtung

Die Mittel, welche die Fortbewegung in der Längsrichtung unterstützen, sind a) die Streichbäume, b) die Brustbäume und c) die Breithalter. Die konstruktive Ausbildung der genannten Teile ist verschieden, je nachdem es sich um Baumwoll-, Leinen-, Woll- oder Seidenwebstühle handelt.

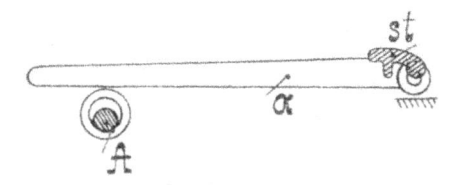

Fig. 110.

a) Die Streichbäume

Der Zweck der Streichbäume und ihre allgemeine Einrichtung ist aus den vorhergehenden Besprechungen bekannt geworden. Die Einteilung läßt sich vornehmen 1. in feste und 2. in bewegliche Streichbäume. Die festen sind gewöhnlich aus Gußeisen hergestellt und dienen in der Regel gleichzeitig zur Verbindung und daher Versteifung der Stuhlwände. Bei den beweglichen kennt man Riegel und Walzen (eiserne oder hölzerne).

Die Bewegung der Streichbäume ist verschieden und wird hauptsächlich durch die Art der Fachbildung bestimmt. Der Zweck ist, eine hinreichende Kettspannung und dabei Schonung der Fäden vorzunehmen. Auf eine nähere Besprechung kann erst bei der Fachbildung eingegangen werden. An dieser Stelle muß sich die Beschreibung auf einige Konstruktionen beschränken, soweit sie aus dem Vorhergehenden nicht schon bekannt geworden sind.

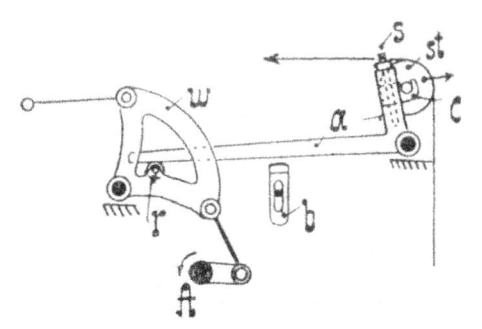

Fig. 111. Streichbaumbewegung. (Zweites Stuhlsystem, Fig. 16.)

Die Skizze Fig. 110 zeigt als Streichbaum einen beweglichen Riegel st, der an beiden Enden in Hebeln a gelagert ist. a wird von einem Exzenter der Welle A bewegt. Anwendung findet diese Einrichtung an Baumwoll- und Leinenstühlen usw. des ersten Stuhlsystems.

Die Bewegung der Streichbäume an Buckskinstühlen hat verschiedene Änderungen erfahren. Am ältesten ist die von Fig. 111, wo der Streichbaumhebel a durch den Ladenwinkel w bzw. Rolle r mitgenommen wird. Die Größe der Bewegung wird durch den Stützpunkt b, der höher oder tiefer gestellt werden kann, geregelt. Beim Ladenvorgang geht der Streichbaum nach rechts in der Pfeilrichtung. Das Lager c ist in a verstellbar und kann durch die Schraubenspindel s hoch oder tief gestellt werden, je nachdem es die Fachbildung nötig macht, siehe den betreffenden Artikel.

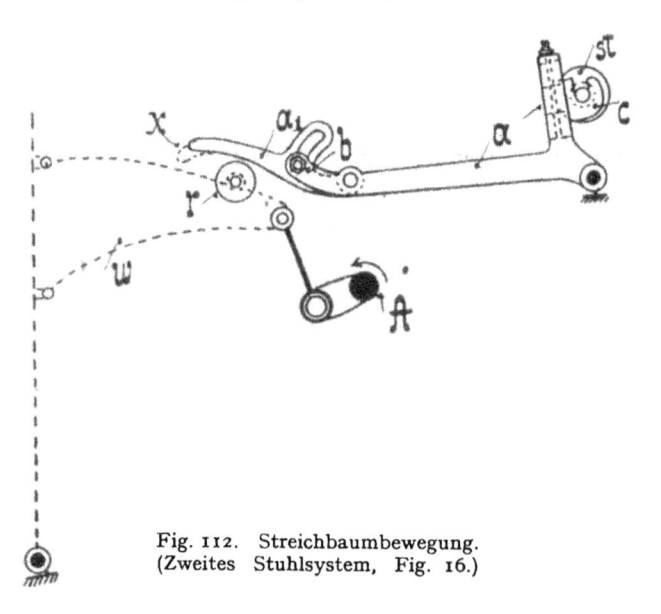

Fig. 112. Streichbaumbewegung.
(Zweites Stuhlsystem, Fig. 16.)

Als Übelstand der Einrichtung hat man beim Mitnehmen des Streichbaumhebels das Anstoßen der Rolle r, die mit dem Ladenwinkel verbunden ist, gegen den Hebel a erkannt und deshalb verschiedene Neuerungen vorgenommen. Von denselben soll Fig. 112 zuerst angeführt werden. Hebel a ist durch a_1 verlängert und so konstruiert, daß mittels der Kulisse von a_1 und des Bolzens b der Hebel a_1 mit a in verschiedene Winkel gestellt werden kann. Dadurch ist ein besonderer Stützpunkt überflüssig, weil a_1 unausgesetzt auf Rolle r des Ladenwinkels w geführt wird und jeder Stoß beseitigt ist. Auch ist jede Größe der Streichbaumbewegung möglich.

Man vergleiche hiermit die Einrichtung von Fig. 113 der Sächsischen Webstuhlfabrik, welche durch Patent geschützt ist.

Die Streichbaumbewegung älterer Ausführung der zuletzt genannten Firma, Fig. 114, ist noch bemerkenswert, weil hierbei auch jeder direkte Stoß vermieden ist, und weil dennoch die Bewegung im letzten Augenblick kurz vor dem Ladenanschlag energisch einsetzen kann. Dieselbe Arbeitsweise ließe sich übrigens auch mit der Einrichtung von Fig. 112 erreichen, wenn Hebel a_1 in x verändert würde. Dieser Umstand, nämlich die kurz vor dem Blattanschlag einsetzende Streichbaumbewegung, hat für die

Schonung der Kette gewisse, bei der Fachbildung zu besprechende Vorteile. Hebel a, Fig. 114, trägt in bekannter Weise den Streichbaum st, und Hebel a_1, der mit a in Berührung steht, wird durch die Stange p von dem Ladenwinkel w aus bewegt.

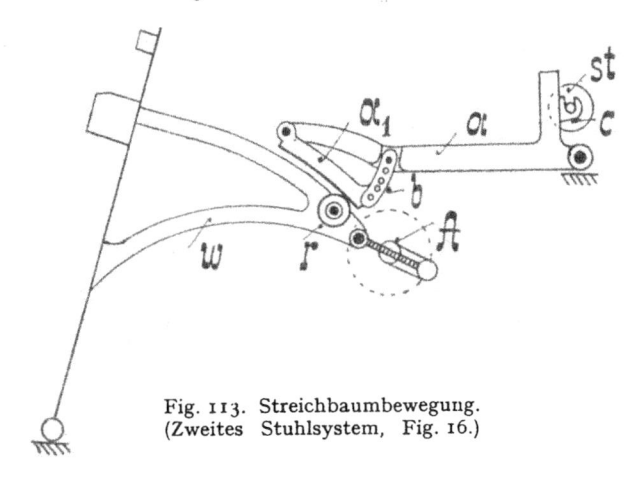

Fig. 113. Streichbaumbewegung.
(Zweites Stuhlsystem, Fig. 16.)

An dem vierten Stuhlsystem, den Schönherrschen Federschlagstühlen, erfolgt die Bewegung des Streichbaumes durch eine Nockenscheibe b, Fig. 115. Der zweiarmige Hebel n, der in t den Drehpunkt hat, trägt die konische, an b laufende Rolle o. Die Nocke von b setzt den Hebel n und damit den Streichbaum st in Bewegung.

In Fig. 116 ist statt der Nockenscheibe eine Kurvenscheibe b genommen worden, Winkelhebel n überträgt die Bewegung durch Stange a_1 auf a.

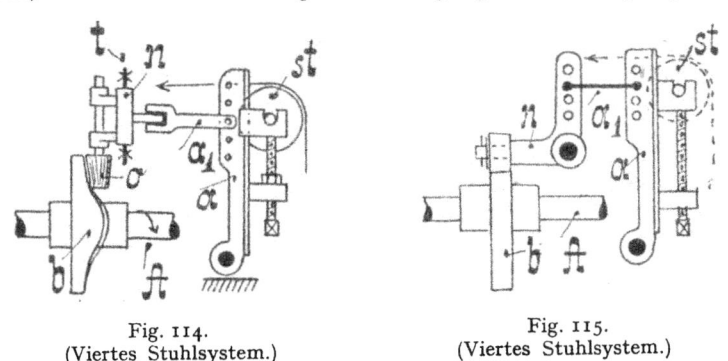

Fig. 114.
(Viertes Stuhlsystem.)

Fig. 115.
(Viertes Stuhlsystem.)

Eine besondere Streichbaumbewegung zum Ausgleich der Kettenspannung hat die Großenhainer Webstuhl- und Maschinenfabrik geschaffen; hier nennt die Vorrichtung: Kettenspannungsausgleichs- und Nachlaßvorrichtung. Hier sind es zwei Streichbäume, welche auf die Fachbildung wirken und eine verschiedene Spannung der ungeradzahligen und geradzahligen Kettfäden hervorrufen. Die ungeradzahligen Kettfäden gehen über den I. Streichbaum und die geradzahligen über den II. Baum. Wir werden die Vorrichtung am besten bei der Fachbildung besprechen, da es sich nicht umgehen läßt, an jener Stelle die Einrichtung zu erklären.

An jener Stelle ist auch die Vorrichtung der Sächsischen Webstuhlfabrik von Schönherr zu erwähnen. Schönherr nennt sie Fadenkreuzwalke. Das Ergebnis zur Schonung der Kette ist in beiden Fällen gleich, wenn die maschinellen Einrichtungen auch verschieden sind.

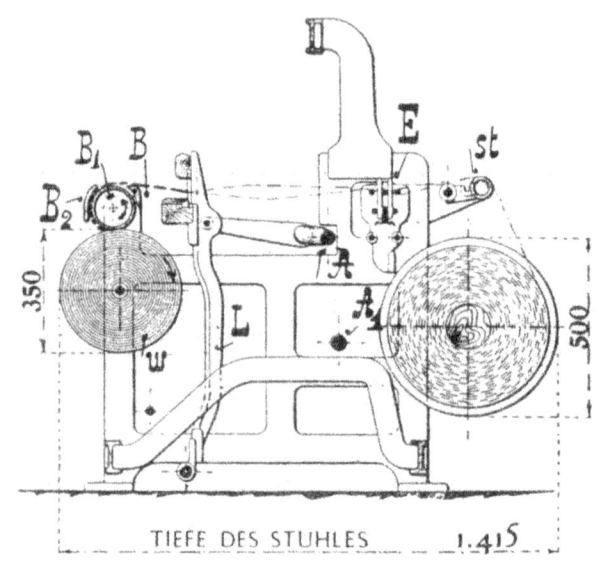

Fig. 116.

b) Die Brustbäume

Zu einigen interessanten Bemerkungen gibt die Besprechung der Brustbäume Anlaß. In den meisten Fällen ist der Brustbaum als fester Riegel zur Versteifung der Stuhlwände ausgeführt, so daß er, wie es aus der Besprechung der Warenbaumregulatoren hinlänglich bekannt ist, gleichzeitig zur Führung des Gewebes dient. Er kann aus Holz oder Eisen verfertigt sein. Nur beim Naßweben sind eiserne Streichbäume wegen der Rostbildung nicht zu verwenden. Bei sehr empfindlichen Waren bekleidet man die Stelle, über die das Gewebe gleitet, mit Glasstangen usw. An Stelle des Riegels tritt oft eine Walze. So verwendet man in der Seidenwebereien mit Vorliebe Walzen, die mit Wollfilz bezogen sind, siehe die Abbildung des Kompensationsregulators der Maschinenfabrik Rüti, Fig. 106.

In Fig. 116 wird die Ausführung an einem automatischen Webstuhl gezeigt. Zum Transport des Gewebes dient der Warenbaum B_1, und an diesen wird der Wickelbaum w gepreßt. Unterhalb des Stuhles ist auf diese Weise viel Platz gewonnen, so daß sich Reparaturen usw. durch leichten Zugang bequem ausführen lassen. B ist als Riegel anzusehen und B_2 außer als Riegel auch noch zum Schutz der Ware gegen Verschmutzen angebracht.

Im übrigen ist noch zu bemerken, daß das Stuhlmodell zu dem ersten Stuhlsystem gehört. Die Welle A_1 liegt etwas weiter zurück als A.

Nun ist der Abstand zwischen dem Warenende und Brustbaum in der Regel sehr groß. Der Nachteil dieses Abstandes zeigt sich ganz besonders an Geweben mit Unterschuß, Doppelgeweben und dergleichen, wobei das eine Mal viel mehr Kette ins Ober- als ins Unterfach geht und sich das Verhältnis beim nächsten Male ins Gegenteil ändert. In Fig. 118 ist die Wirkung

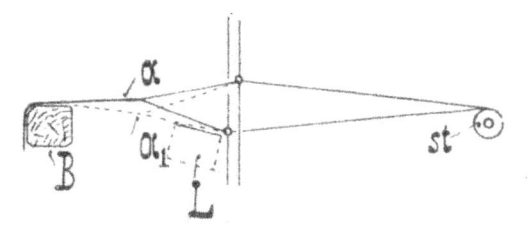

Fig. 117. Brustbaum und Fachbildung.

in der Fachbildung wiedergegeben. a zeigt die gehobene Ware, wovon die Ursache in dem im Oberfach entstandenen, vermehrten Kettenzug (hervorgerufen durch eine bedeutend größere Fadenzahl) liegt. Die punktierten Linien von a_1 lassen einen vermehrten Zug nach unten erkennen.

Wenn das Fach aus den oben erklärten Ursachen ungleich hochsteht, so ist es schwer, dem Webschützen einen richtigen Lauf zu geben. Er wird aus seiner Bahn abgelenkt, trifft schlecht in den Schützenkasten, zerreißt leicht Kettfäden oder wird ganz aus dem Fache herausgeschleudert.

Hier wird durch die Brustbaumkonstruktion der Buckskinstühle sächsischer Bauart Abhilfe geschaffen, Fig. 118. B ist durch das starke Blechstück B_1 verlängert, geht fast bis an das Warenende und läßt nur so viel Platz, daß sich der Schützen zwischen B_1 und dem Blatt nicht klemmen

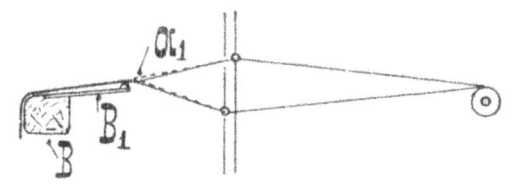

Fig, 118. Brustbaum und Fachbildung.

kann. An dem äußersten rechten Ende von B_1 ist die Erhöhung durch eine quer über den Stuhl (parallel mit dem Brustbaum) laufende Holzplatte hergestellt, so daß die (evtl. naß gewebte) Ware mit dem Eisenblech nicht in Berührung kommt. Die ungleiche Höhenstellung des Faches, wie a_1, ist jetzt für das regelmäßige Weben bedeutungslos geworden.

In Fig. 119 besteht zwischen dem Streich- und Brustbaum eine Verbindung, wodurch es möglich ist, b und st von einem Exzenter oder einer sonstigen geeigneten Vorrichtung aus in zwei verschiedene Stellungen zu bringen, wie er für Frottiertücher angewendet wird. Statt die Lade bzw. das Blatt in der Anschlagstellung zu verändern, geschieht es hier durch die beiden verbundenen Riegel. Beide stehen z. B. für zwei Schüsse links und gehen beim Anschlagen des dritten nach rechts, so daß jetzt alle drei Schüsse zusammen an das Warenende angeschlagen werden.

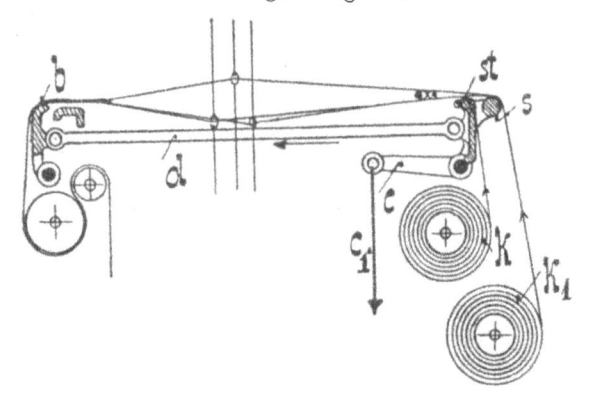

Fig. 119. Beweglicher Streich- und Brunstbaum.

c) Die Breithalter

Das Eingehen der Ware in der Breite ist verschieden und in der Regel um so größer, je stärker die Kette gespannt werden muß, um den Schuß in der vorgeschriebenen Dichte anschlagen zu können. Die Art der Bindung ist dabei von großem Einfluß. Vermehrt wird der Breiteneingang bei naß zu verwebendem Schußgarn, wie bei gewissen Militärtuchen oder Paletotstoffen usw. Durch die Breithalter muß der Eingang verhindert werden, damit die Kettfäden an den Rietstäben nicht eine seitliche Reibung erhalten und reißen.

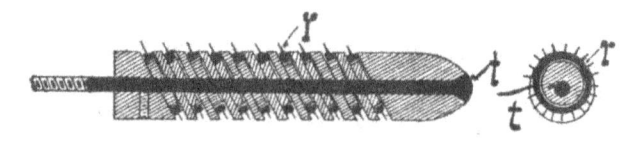

Fig. 120. Zylinderbreithalter.

Fig. 121.

Man unterscheidet hand- und selbsttätige oder mechanische Breithalter. Die ersteren finden nur in sehr seltenen Fällen in Verbindung mit den selbsttätigen Verwendung, nämlich dann, wenn der Breiteneingang so stark ist, daß die Leiste reißt oder sonst eine Beschädigung der Ware zu befürchten ist. Der Handbreithalter muß hinter dem selbsttätigen arbeiten und in dem Maße mit der Hand vorgesetzt werden, wie Ware hergestellt wird.

Die selbsttätigen teilt man ein in Stachelrädchen-, Walzen- oder Kettenbreithalter. Die Stachelrädchen- und Walzenbreithalter werden verschieden angeordnet. Man unterscheidet hiernach weiterhin Zylinder- und Sonnenbreithalter.

Fig. 121 zeigt einen Zylinder-(Stachelrädchen-)Breithalter im Schnitt mit zehn einzelnen Rädchen r, die so exzentrisch gelagert sind, daß die Spitzen

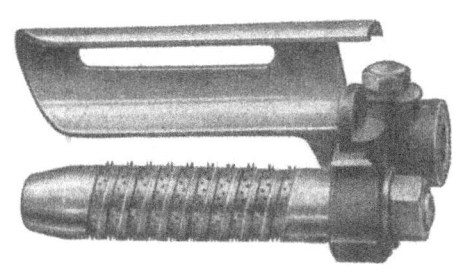

Fig. 122.

nach unten von dem Zylinder geschützt werden; sie sind schräg gestellt, damit die Ware von den Rädchen erfaßt und breitgehalten werden kann. Fig. 122 gibt hierzu noch Fig. 121a. Die Abbildung ist dem Katalog der Firma W. Hasenjäger in Bielefeld entnommen. Die Ansicht mit einem aufgeklappten Deckel wieder; die Ware wird zwischen Zylinder und Deckel hindurchgeführt. Wie die Abbildung erkennen läßt, ist der Deckel auf dem Breithalter aufgeklappt.

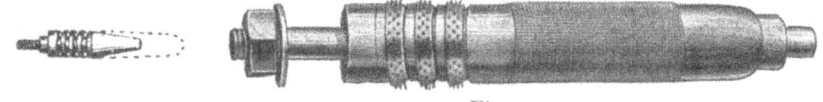

Fig. 123.   Fig. 123 a.

Die Anzahl der Rädchen ist abhängig von dem Verwendungszweck. Es gibt Waren, die schon bei mittlerer Spannung leicht durch die Nadelspitzen beschädigt werden. So verziehen sich bei vielen Herrenkammgarnstoffen die Kettfäden und bilden Gassen, die sich nicht mehr beseitigen lassen. Die Stachelrädchen dürfen deshalb nur in die Leiste eingreifen. Es ist dies der Grund, weshalb man Zylinderbreithalter mit nur 4 oder 5 Rädchen verwendet, Fig. 123 und 123a.

Natürlich ist jede Beschädigung der Nadelspitzen zu vermeiden. Sind sie hakenförmig umgestoßen, so dringen sie in die Ware und zerreißen beim Herausziehen die Fäden. Auch ist zu kontrollieren, ob sich zwischen Rädchen und Lager nicht Staub oder Härchen ansetzen und die Drehung hindern. Beim gewaltsamen Durchziehen wird die Ware sonst leicht beschädigt, von den Nadelspitzen geritzt; auch sind die Spitzen nach kurzer Zeit abgescheuert und zum Breithalten unbrauchbar.

Auf eine zweckmäßige Lagerung der Zylinderbreithalter hat man viel Sorgfalt verwendet. Fig. 124 zeigt die Befestigung des Zylinders a (b ist der Deckel für a) durch die Schraubenmutter a_1 an dem Halter c. d ist das mit dem Brustbaum zu verbindende Lager. c wird in d durch die Flachfeder c_1 (nur mit dem Kopf erkennbar) gehalten bzw. gebremst, so daß sich c in d dann verschieben kann, wenn sich der Schützen zwischen Blatt und Breithalter beim Ladenanschlag klemmt.

Die verbesserte Form der Zylinderlagerung von Fig. 125 trägt der walkenden Bewegung der Ware Rechnung. Schwere Waren werden bekanntlich beim Ladenanschlag vorgeschoben und beim Rückgang durch die Kettspannung zurückgezogen, so daß ein sog. Walken entsteht. Die Ware wird dadurch zwischen Zylinder und Deckel des Breithalters vor- und rückwärts scheuern und außerordentlich schädlich auf die Stachelrädchen einwirken. Man hat deshalb dem ganzen Breithalter eine pendelnde

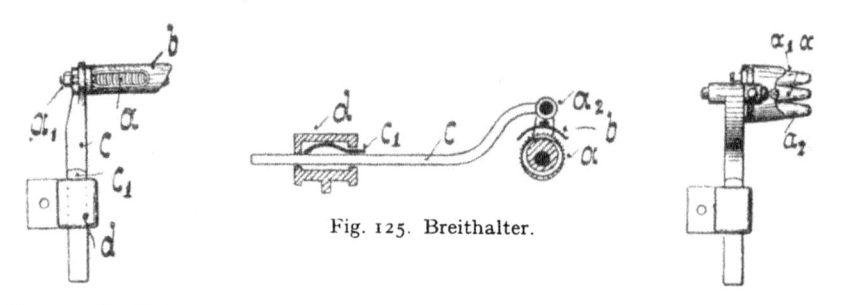

Fig. 125. Breithalter.

Fig. 124. Breithalter.   Fig. 126.

Bewegung gegeben, so daß er der walkenden Warenbewegung Folge leistet. d ist im Schnitt gezeichnet, a_2 der Schwingpunkt für a mit Deckel b, und c_1 ist die Bremsfeder.

Der erhöhte Arm von c (Fig. 125) ist beim Schützeneinlegen oder sonst beim Arbeiten anfangs etwas hinderlich, nach Gewöhnung aber wenig störend. Es ist dies der Grund gewesen, weshalb man nach einer andern Lagerung des Zylinders suchte, ohne die Vollkommenheit der vorher beschriebenen zu erreichen. So entstand ein Zylinderbreithalter, dessen Ende beweglich ist, so daß der Teil des Zylinders, der die Rädchen trägt, der Walkbewegung des Gewebes folgen kann.

In Fig. 126 ist ein dreifacher Zylinderbreithalter abgebildet. Die Ware geht zwischen den drei Zylindern, nämlich unter a und über a_1 und a_2, hindurch.

Einen Stachelbreithalter mit Wälzchen, wie sie die Firma Hasenjäger baut, gibt Fig. 127, 127a und 127b wieder. Der Deckel ist etwas ausgeschnitten.

Ein sog. Sonnenbreithalter ist in Fig. 128 abgebildet. a und a_1 sind zwei liegende Scheiben, die Nadelspitzen tragen. b sind Warenführungsstücke, die denselben Zweck erfüllen, wie die vorher erwähnten Deckel. Statt zwei Nadelscheiben (auch Stern- oder Nadelrädchen genannt) kann eine einzige verwendet werden. Der Vorteil dieses Breithalters liegt darin,

daß die Nadelspitzen nur in die Leiste eingreifen. Nachteilig sind sie, weil die Ware leicht von den Rädchen abspringt, besonders beim Zurückweben.
Die Walzenbreithalter ohne Nadelspitzen tragen schraubenförmige Rillen, die durch Auskerbungen pyramidenartig ausgebildet und infolge

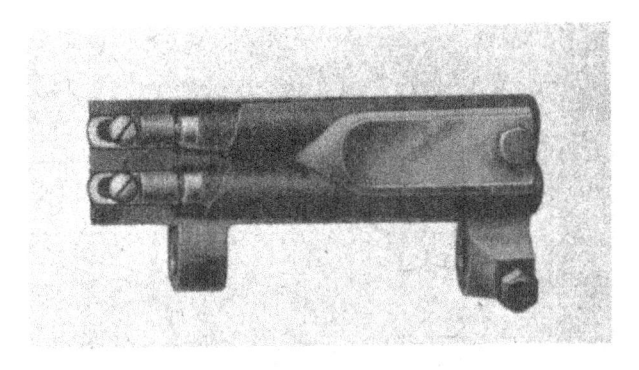

Fig. 127. Stachelwalzenbreithalter.

ihrer so entstandenen Spitzen imstande sind, die Ware, wenn sie keine große Spannung hat, breit zu halten. Die Ware kann dabei über oder unter den Walzen hindurchlaufen, und ein Deckel sorgt für genügende Umspannung der Walze mit der Ware.
Die Stachelkettchenbreithalter sind aus einer kleinen, endlosen Kette mit eingelassenen Nadelspitzen gebildet. Die Kette läuft über zwei Röll-

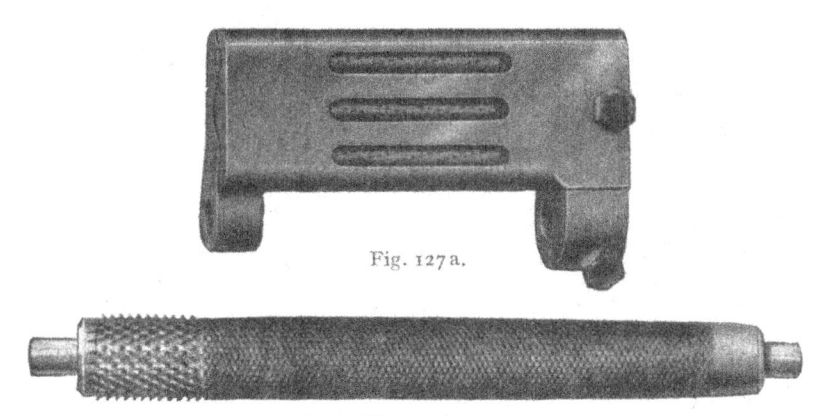

Fig. 127a.

Fig. 127b.

chen, wovon das zweite, also dem Blatt am entferntesten stehende, durch eine Rolle, die auf der Achse des Röllchens sitzt, mit Hilfe einer Schnur und Gewichtsbelastung angetrieben werden kann.
Die beiden in Fig. 129 und 130 abgebildeten Befestigungsarten sind noch bemerkenswert, weil sie beim Klemmen der Schützen zwischen Blatt und Breithalter nachgiebig sind und außerdem bei der Walkbewegung des

Tuches etwas mitgehen. Besonders die Einrichtung von Fig. 129 ist für schwere Ware geeignet; die Ansicht ist von oben gegeben. B ist der Brustarm, a der Zylinder und b der dazu gehörige Deckel. a ist an c und c an d befestigt. Für d ist der Drehpunkt in dem (an dem Brustbaum fest-

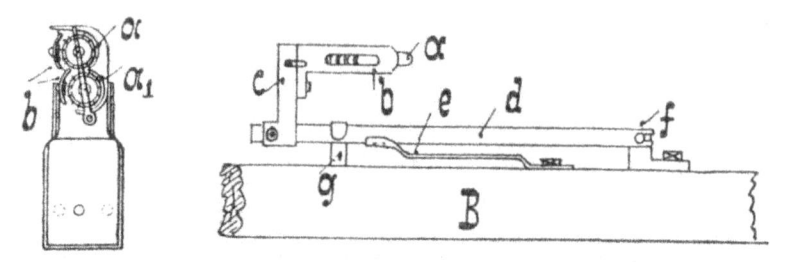

Fig. 128. Sonnenbreithalter.   Fig. 129. Breithalter.

geschraubten) Lager f. g ist Führung und Halter für d. Flachfeder e preßt d nach der Lade hin. Dieser beschriebene Breithalter ist links; der rechte muß hiervon entgegengesetzt stehen.

In Fig. 130 bezeichnet B den Brustbaum, a den geriffelten Walzenbreithalter, a_1 die Warenführung und b den Halter. b ist durch den erkennbaren Bolzen c mit B in Verbindung gebracht worden, wobei sich b federartig gegen c legt.

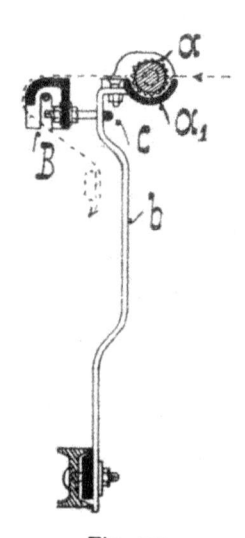

Fig. 130.

3. Teil

Die Bewegungen der Kette für die Fachbildung

Das Heben und Senken der Kettfäden für die Fachbildung geschieht mittels der **Litzen**, und die Mittel zu ihrer Bewegung bestehen a) in den **Schäften** und b) in den **Harnischschnüren**. Von den maschinellen Einrichtungen zum Weben mit Schäften sind eine große Anzahl bekannt, und wenn man von den alten Vorrichtungen zum Bewegen der Harnischschnüre absieht, so ist nur die Jacquardmaschine im Gebrauch. Man unterscheidet daher eine Schaft- und eine Jacquard oder Harnischweberei. Ihre Besprechung setzt die Bekanntschaft mit der Fachbildung voraus.

Das charakteristische Merkmal der verschiedenen Arten von Fachbildung liegt in der Stellung der Kettfäden oder in ihrer Arbeitsweise erstens während der Schützenbewegung, also während der Fachöffnung, und zweitens während des Fachwechsels oder (was im allgemeinen dasselbe besagt) in der Zeit des Blattanschlages (in der Zeit des Ladenvor- und -rückganges).

Die erste Arbeitsweise während der Schützenbewegung wurde schon an Hand von Fig. 1 erklärt. Es handelte sich dort aber nur um zwei Schäfte oder um zwei Reihen hintereinander stehender Litzen, die zum Bewegen der Kettfäden dienen. Nimmt man acht (wie in Fig. 131) oder noch mehr solcher Litzenreihen, so ist ihre Höhenstellung nicht mehr gleichgültig. In Fig. 131 haben die acht hintereinander stehenden Litzen durch Heben und Senken ebenfalls ein Fach, aber ein sog. Schrägfach gebildet, indem die hintersten, also vom Brustbaum entfernten Litzen stärker als die vorderen bewegt bzw. ausgehoben sind. Sie liegen in dem Oberfach = o oder Unterfach = u parallel und geben dem Schützen s eine glatte Bahn. b bedeutet hier das Blatt oder Riet. Im Gegensatz hierzu zeigt Fig. 132 eine Fachöffnung ohne Schrägfach, wobei die acht Litzen gleich stark gehoben und gesenkt sind. Die Fäden im Ober- und Unterfach sind nicht parallel, und der Schützen wird hauptsächlich (nach Fig. 132) über den Faden der hinteren Litze gleiten. Die Kettfäden liegen nicht glatt auf der Ladenbahn L., so daß der Schützen keinen ruhigen, sichern Lauf erhalten kann.

Die Fachbildung ohne Schrägfach läßt sich durch die maschinellen Einrichtungen zum Bewegen der Litzen verbessern, wie in Fig. 133, wo das

Unterfach u eine Schrägstellung hat, wogegen das Oberfach in der Schrägstellung noch mehr benachteiligt ist. Im praktischen Weben ist dies bei wenigen Litzenreihen und genügend großem Fach ohne Bedeutung; hauptsächlich muß dem Schützen durch günstige Fachstellung in u eine gute Führung gegeben und die Kettfäden geschont werden.

Die zweite Arbeitsweise in der Zeit des Ladenvor- und -rückganges oder des Blattanschlages (also die Arbeit des Fachwechsels) ist in vier Arten zu unterscheiden, nämlich in 1. Hochfach, 2. Tieffach, 3. Hoch- und Tieffach und 4. Offenfach evtl. Halboffenfach.

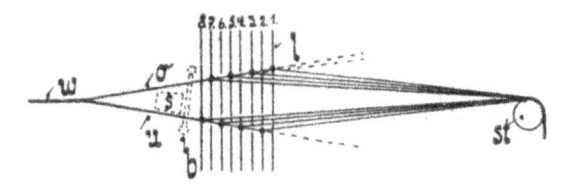

Fig. 131. Schräges Fach.

1. Das Hochfach. Hierbei werden die Kettfäden während des Blattanschlages im Unterfach gehalten. Das Fach ist dann geschlossen. Das Heben für die Fachbildung geschieht in der Zeit des Ladenrückganges, so daß der Schützen die vollendete Fachöffnung vorfindet. Die Litzenstellung kann dabei mit oder ohne Schrägfach sein.

2. Tieffach. Es besteht hier das Gegenteil der vorher besprochenen Arbeitsweise. Die Kettfäden werden also während des Blattanschlages im Oberfach gehalten und zum Zwecke der Fachbildung gesenkt (mit oder ohne Schrägfach).

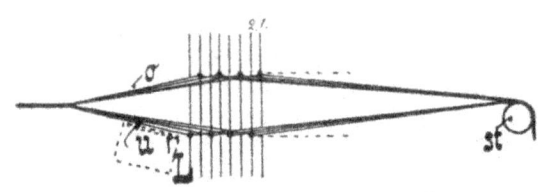

Fig. 132. Fachbildung ohne Schrägfach.

3. Das Hoch- und Tieffach, auch Geschlossenfach oder Klappfach genannt, arbeitet so, daß die Kettfäden während des Blattanschlages in der Mitte stehen und für die Fachbildung (also beim Ladenrückgang) teils in das Ober- und teils in das Unterfach gehen. Der Beginn der Fachöffnung kann nun eben vor oder kurz nach dem Blattanschlag fallen. Dies setzt voraus, daß das Schließen des Faches früher oder später beginnt, was mit Hilfe der maschinellen Einrichtungen in der Schaft- oder Jacquardweberei leicht ausführbar und unter bestimmten Verhältnissen von großer Bedeutung für das praktische Weben ist, siehe die späteren Bemerkungen.

4. Das Offenfach ist in seiner Arbeitsweise durch die Bezeichnung schon charakterisiert. Während des Ladenvorganges werden nicht alle Kettfäden

bzw. Litzen bewegt, sondern bleiben teilweise im Ober- oder Unterfach stehen. Die von oben nach unten oder umgekehrt arbeitenden Kettfäden sind beim Ladenanschlag nicht gespannt, Fig. 134. Es ist aber auch hier möglich, die Bewegung der Kettfäden so zu beschleunigen, daß sie ihre Stellung im Ober- oder Unterfach dann einnehmen, wenn der Blattanschlag erfolgt. Die Fachöffnung kann auch hier mit oder ohne Schrägstellung der Litzen sein. Nicht alle Bindungen, wie unter andern Taft (Leinewand), lassen eine Offenfachbildung zu.

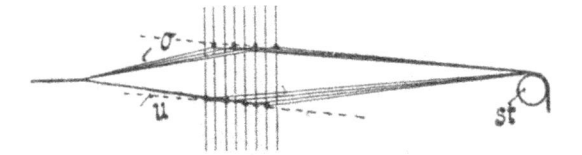

Fig. 133. Schrägfach im Unterfach.

Das Halboffenfach findet man praktisch nur bei den Doppelhub-Jacquardmaschinen, siehe diese. Die nicht wechselnden Litzen bleiben im Unterfach, und die (eigentlich) im Oberfach zu haltenden senken sich bis zur Mitte und werden dann wieder mit gehoben.

Das Halboffenfach der weiteren Art, wobei sich die im Ober- und Unterfach stehenbleibenden Litzen bis halb zur Mitte bewegen und dann mit den wechselnden zurückgehen, hat sich praktisch nicht einbürgern können.

An Hand von Fig. 135 entsteht die besondere Frage nach der Sprunghöhe der Litzen und ihrer Bedeutung für die Praxis. Unter Sprunghöhe versteht man die Höhe der Fachöffnung, die bei einer Schrägfachbildung verschieden

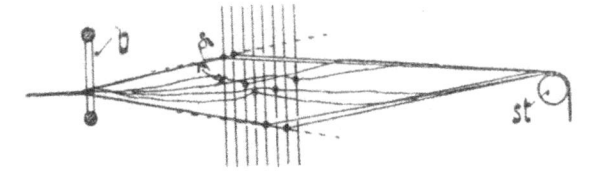

Fig. 134. Offenfach.

ist. Sie richtet sich nach der Webart, ob Baumwoll-, Leinen-, Seiden- oder Wollgarne verarbeitet werden, und wie dicht die Ketten stehen. Bei glatten Garnen, z. B. Baumwollgarnen, nimmt man die Fachhöhe kleiner als bei Wollgarnen. Insbesondere Streichgarne und auch dichte Kammgarnketten usw. verlangen einen großen Sprung. An Buckskinstühlen findet man für c, Fig. 135, eine Höhe von zirka 13 und für d von zirka 26 cm. Dabei ist der Abstand vom Warenende bis c gleich 25 cm = a. a_1, wenn 33 Schäfte vorhanden sind = 60 cm. Die Sprunghöhe der vorderen Litzen ist für andere Webstühle vielfach nur 7, 8 oder 9 usw. cm.

Die große Sprunghöhe ist nun nötig mit Rücksicht auf die Größe der Schützen (damit sie möglichst viel Garn fassen) und mit Rücksicht auf die reine Fachbildung. Das rauhe Streichgarn hindert sich gegenseitig an dem glatten Ausspringen, und dann entsteht z. B. das in Fig. 136 charakterisierte Bild; die Kettfäden bleiben hängen wie bei a. Auch dichte Kammgarnketten (auch Seidenketten) neigen sehr leicht zu einer unreinen Fachbildung, wobei die Art der Bindung von großem Einfluß ist. So kennt man z. B. unter den Herrenkleiderstoffen eine Kammgarndrapéware, wobei sog. Überspringer (durch das unreine Fach gehinderte Kreuzung der Kettfäden) unvermeidlich sind. Außer diesen Überspringern zeigen sich noch andere Fehler. Dort, wo die Kettfäden nicht rein ausspringen, wie bei a (Fig. 136), bleibt der Schußfaden schleifenförmig hängen, hebt sich beim nächsten Blattanschlag heraus und gibt zu Ausbesserungen oder Fehlern Veranlassung. Auch liegt Gefahr vor, daß die Kettfäden von dem Schützen abgeschossen und der Schützen bei stärkerem Kettgarn aus seiner Bahn abgelenkt wird.

Die Art der Fachbildung ist auf das glatte Ausspringen von großem Einfluß. Das Klappfach gibt eine reinere Fachöffnung als das Offenfach.

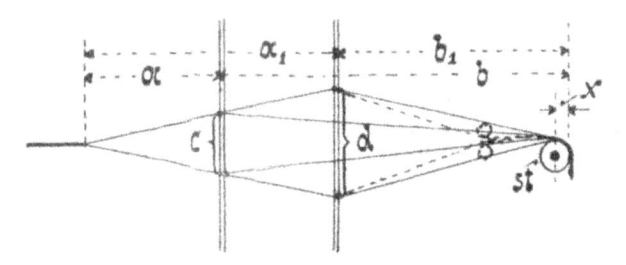

Fig. 135.

Dies gilt sowohl für Woll- wie auch für Seidenketten usw. Zur Begründung sagt man auch wohl in der Seidenweberei, daß die Fäden kämmen müssen, um rein ausspringen zu können. Auf jeden Fall ist das energischere Ausheben der Kettfäden ins Ober- oder Unterfach, wie bei dem Klappfach, vorteilhaft; die Fäden springen dadurch besser auf. Nun weiß man aus Erfahrung, und ist aus Fig. 136 leicht begründet, weil der Abstand bis an das Warenende größer ist, daß die Fäden der hinteren Litzen mehr zur unreinen Fachbildung neigen als die der vorderen.

Es gibt Mittel, die reine Fachbildung an dem Klappfach zu befördern. Hierbei ist die Streichbaumbewegung von größtem Einfluß. Der Abstand vom Warenende bis an den Streichbaum ist in geschlossenem Zustande größer als während der Fachöffnung. Deshalb darf der Streichbaum nicht stillstehen und muß sich, damit die Kettfäden geschont werden, nach innen bewegen, nämlich um die Strecke x, Fig. 135. Wie groß diese Strecke ist, kann deshalb nicht berechnet werden, weil sie stets von dem Garn und der Ware abhängig ist. Neigt das Fach zur Unreinheit, so spannt man die Kette durch eine geringere Streichbaumbewegung. Wo dies nicht genügt, bindet man Ruten (punktiert gezeichnet), Fig. 135 hinter dem Geschirr über die Kette (siehe später unter Kreuzschienen). Durch dieses Mittel erreicht man hauptsächlich für die Kettfäden der hinteren Litzen die besonders zur unreinen Fachbildung neigen) eine vorteilhafte stärkere Spannung. Auch kann man die Gesamtspannung der Kette (wenn es die Haltbarkeit der Fäden zuläßt) dadurch erhöhen, daß die Bremsen oder negativen Kettbaumregulatoren stärker belastet werden als sonst nötig; die Schußdichte wird sich dabei mit den positiven Warenbaumregulatoren nicht ändern; sind aber negative (schwebende) im Gebrauch, so muß das Gewicht derselben (oder dafür eine Feder) eher kräftiger ziehen, um die vermehrte Kettbelastung auszugleichen.

Auch findet der Verfasser in der Art der Streichbaumbewegung ein Mittel zur Beförderung des reinen Faches und zugleich der Kettschonung. Es wurde schon bei Besprechung der Streichbäume darauf hingewiesen, daß die Bewegung im letzten Augenblicke kurz vor dem Ladenanschlag in genügender Stärke einsetzen kann. Geht die Lade zurück, so wird der Streichbaum z. B. schon nach einem Viertelrückgang die Bewegung vollendet und die Kettspannung gelockert haben; dann setzt die durch das weitere Auf-

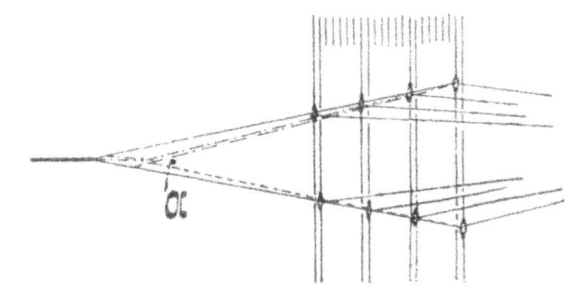

Fig. 136. Unreines Fach.

springen der Litzen (durch Erweiterung der Fachöffnung) entstehende etwas ruckartige Kettspannung ein, so daß die Fäden rein ausgehoben werden (ausspringen). Macht der Streichbaum dagegen eine mit der fortschreitenden Fachöffnung gleichbleibende Bewegung (wobei die Endspannung der Kette nach vollendeter Fachbildung mit der oben erwähnten gleich ist), so fehlt bei ganz gleicher Beanspruchung auf Haltbarkeit der Fäden doch der kleine Ruck, die plötzliche, auf die reine Fachbildung so vorteilhaft einwirkende Spannung.

Die Fachbildung nach Fig. 132 (ohne Schrägfach) wird auch als unrein bezeichnet, jedoch nicht in dem oben erwähnten Sinne.

Zur Beförderung der reinen Fachbildung bei Offenfach bleibt nur eine stärkere Kettspannung übrig. Die Streichbaumbewegung fällt weg, weil eine Änderung im Abstande vom Warenende bis an den Streichbaum wegen der im Ober- und Unterfach während des Blattanschlages stehenbleibenden Kettfäden unmöglich ist.

Es muß aus diesem Grunde und aus dieser Stelle hervorgehoben werden, daß sich die negativen Kettbaumregulatoren hauptsächlich in Verbindung mit Offenfach eignen. An Geschlossenfach-(Klappfach-)Stühlen sind sie, besonders wenn die Sprunghöhe etwas groß ist, wie an Buckskinstühlen, durchaus zu verwerfen. Der Grund liegt in dem Umstande, daß die Regulierung der Schaltbewegung für die Kettbaumdrehung bekanntlich von der Streichbaumstellung abhängig ist. Auch wird die Schußdichte durch Belastung des Streichbaumes bzw. der hiermit in Verbindung stehenden Hebel bestimmt. Die Folge dieses Umstandes wird sein, daß der Streichbaum des negativen Regulators (wie er z. B. nach Fig. 86 besprochen wurde) an Geschlossenfach-Webstühlen beim Öffnen des Faches nach innen und beim Schließen desselben nach außen geht, und daß die Belastungsgewichte (oder an deren Stelle eine Feder) dieser Bewegung mitfolgen, also immer auf und ab spielen. Damit ist eine (besonders bei schweren Waren) übermäßige Belastung der Litzen und ungünstige, zum Fadenbruch führende Beeinflussung der Kettfäden verbunden; es ist also eine Regulierung der Kettspannung und Schonung der Fäden während der Fachöffnung bei großer Sprunghöhe ausgeschlossen.

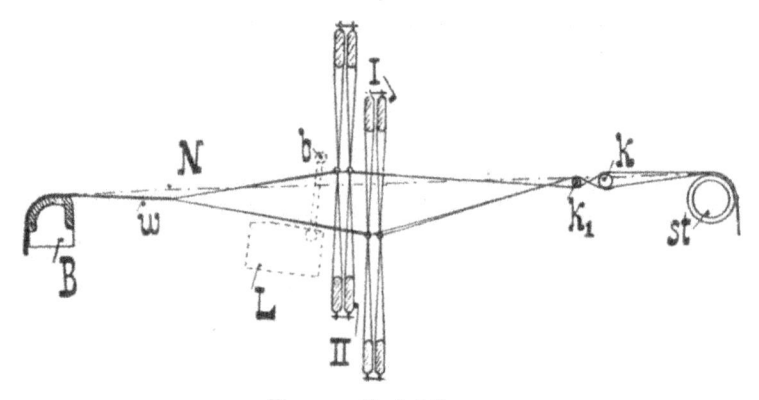

Fig. 137. Fachstellung.

Ist die Frage, unter welchen Verhältnissen Geschlossen- und Offenfach anzuwenden sind, teilweise schon beantwortet, so bleibt doch noch die Besprechung der Vor- und Nachteile beim Weben schwerer Waren übrig. Aus der Erfahrung weiß man, daß sich schwere Waren besser mit Geschlossen- als mit Offenfach weben lassen, weil der Schuß fester angeschlagen werden kann und die Kettfäden besser halten. Die Erklärung hierfür gibt dem Leser Fig. 134 an die Hand. Nicht alle Fäden nehmen an der Kettspannung während des Blattanschlages teil; und wenn der Fachwechsel auch so beschleunigt wird, daß er während des Blattanschlages beendet oder fast beendet ist, so sind die betreffenden, im Fach wechselnden und dann lose hängenden Kettfäden von dem vom Blatt vorgedrückten Schußfaden wenigstens teilweise mitgeschleift worden und müssen hernach durch das Ausheben der Litzen herausgezogen und plötzlich stark gespannt und dadurch auf die Haltbarkeit sehr beansprucht werden. Auch reiben die Kettfäden zu ihrem Nachteil beim Blattanschlag zu viel in den Litzenaugen, weil sie (die Kettfäden) mit den Litzen einen Winkel a, Fig. 134, bilden.

Dagegen eignet sich Offenfach besser als Geschlossenfach für nicht zu dicht stehende Ketten und leichte Waren besonders an schnellaufenden Stühlen.

Man kann in der Anwendung von Geschlossen- und Offenfach im allgemeinen folgende Richtlinien aufstellen, die allerdings nicht als starre Regeln gelten sollen:

Geschlossenfach
1. Rauhes Garn.
2. Dichte Ketten.
3. Mittelschwere und schwere Waren.
4. Nicht zu hohe Tourenzahl.

Offenfach
1. Glattes Garn.
2. Nicht zu große Kettdichten
3. Leichte und mittelschwere Waren.
4. Hohe Tourenzahl.

Weiter ist bei der Fachbildung noch ein wichtiger Umstand, nämlich die Höhe der Streichbaumstellung (worauf schon im 1. Teil, Fig. 6 und 7, hingewiesen wurde, siehe die Linien N), zu erwähnen. Diese Höhenstellung hat folgende Bedeutung:

Man spricht z. B. von gassigen oder paarigen Waren und findet sie u. a. häufig in Baumwollgeweben oder Leinentüchern (besonders bei Anwendung

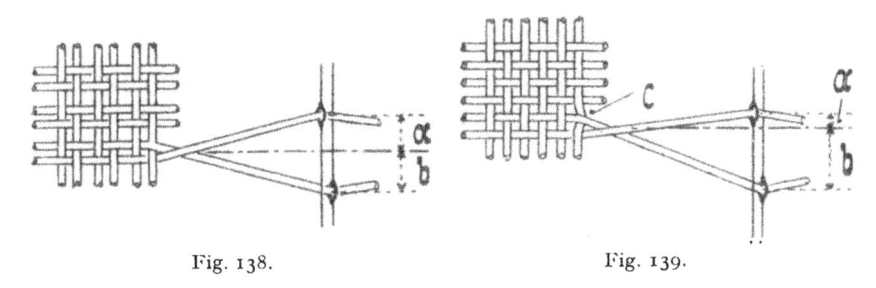

Fig. 138.   Fig. 139.

der Taftbindung [Leinewandbindung]). Die Kett- und Schußfäden sind dabei paarweise gestellt. Diese paarige (gassige) Stellung der Fäden entsteht durch den Blatteinzug (à 2 Fäden im Blatt oder Rohr) und muß durch eine geeignete Höhenstellung des Faches oder durch die geeignete Stellung des Streichbaumes gehoben werden, wie es in Fig. 137 angegeben ist. st ist der Streichbaum und B der Brustbaum; die gerade Linie N zeigt die Höhenstellung der Litzen in den Doppelschäften I und II an. Die Kettfäden müssen dabei dicht auf der Ladenbahn von L gehalten werden. Weil die Litzenaugen mehr unterhalb als oberhalb der Linien N stehen, so ist das Unterfach viel mehr gespannt als das Oberfach, die Kettfäden verziehen sich dadurch und egalisieren sich im Gewebe. Dieser Umstand ist also für die Beseitigung der gassigen Fadenstellung sehr vorteilhaft, wie es auch aus der Besprechung der Gewebezeichnungen von Fig. 138 und 139 zu entnehmen ist. Die Fadenstellung von Fig. 138 ist paarig, also fehlerhaft. Voller und schöner, daher auch wertvoller, ist das Gewebe mit der glatten Fadenstellung in Fig. 139. Die Fachstellung von a und b ist in Fig. 138 gleich, in Fig. 139 ungleich, wie es an Hand von Fig. 137 besprochen wurde.

Ein anderes, weniger bekanntes Verfahren zur Beseitigung der Gassen besteht in dem schnellen Umtreten des Faches. Geschieht dieser Wechsel sehr schnell, so gelingt die Vermeidung der Gassenbildung auch dann, wenn das Ober- und Unterfach annähernd gleich gespannt sind. Durch den zu schnellen Fachwechsel leiden allerdings die Kettfäden mehr, und diese Art und Weise ist deshalb bei sehr schnellaufenden Stühlen nicht zu empfehlen.

Beim Weben von Kammgarn und Streichgarn gibt man dem Unterfach in der Regel eine größere Spannung, weil sich die Schußdichte leichter anschlagen läßt. Bekannt ist auch das Naßweben, das man bei schwerer Ware, wo sich der Schuß trotz großer Spannung der Kette nicht gut anschlagen läßt, anwendet. Einen Nachteil hat das Naßweben durch das

Arbeitsweise der Fadenkreuzwalke

Fadenkreuzwalke

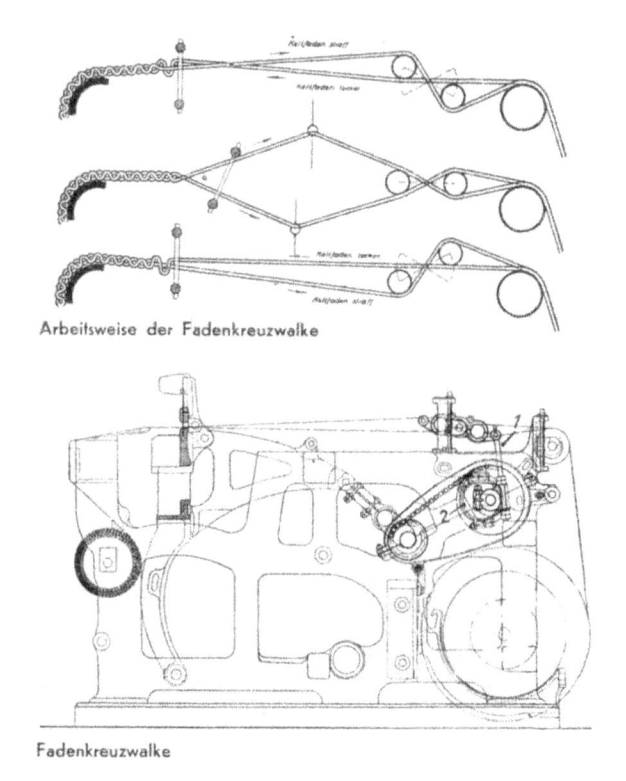

Fig. 140.

ungleichmäßige Nässen der Schußspulen. Trotz aller Vorsicht entstehen immer wieder Banden, weil sich der nasse Schußfaden besser anschlagen läßt.

Hier hilft die sog. Fadenkreuzwalke von Schönherr oder die Vorrichtung der Großenhainer Webstuhl-Maschinenfabrik. Beide haben wir schon im 2. Teil erwähnt.

Die Fadenkreuzwalke von Schönherr ist in Fig. 140 abgebildet. Die Kette der Tuchbindung ist 1:1 über die Teilruten geführt und wird nun, wie es die drei Stadien aus Fig. 140 erkennen läßt, abwechselnd gespannt, siehe auch Fig. 139. Mit dieser Vorrichtung ist eine große Entlastung und deshalb eine große Schonung der Kette verbunden. Das Bremsgewicht für die Spannung der Kette kann man ungefähr auf die Hälfte vermindern.

Wie die Bewegung der Teilruten vor sich geht, ergibt sich aus dem unteren Teil von Fig. 140. Von der Kurbelwelle des Stuhles aus wird ein 2. Kettenrad 1:2, also mit halber Geschwindigkeit, angetrieben. Man erkennt, wie von hier eine Schubstange 1 nach oben geht und durch den Exzenter 2 die Bewegung in dem obigen Sinne einleitet.

Die gleichen Vorteile erreicht die Großenhainer Webstuhl- und Maschinenfabrik mit ihrer schon genannten Einrichtung. Hier gehen die Kettfäden 1:1 über 2 Streichbäume. Beide arbeiten abwechselnd so, daß z. B. auf dem 1. Schuß die ungeradzahligen und auf dem 2. Schuß die geradzahligen Kettfäden im Sinne von Fig. 139 oder in der Folge von Fig. 140 abwechselnd gespannt werden. Auch hiermit ist eine große Schonung der Kette verbunden.

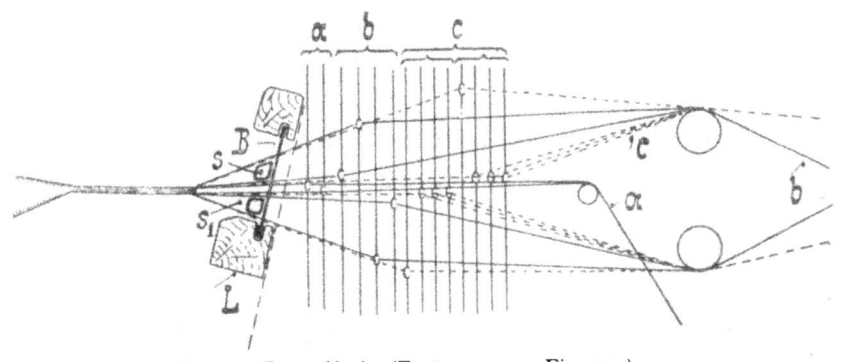

Fig. 141. Doppelfach. (Ergänzung zu Fig. 109.)

Aus den mit Hilfe von Fig. 137 bis 139 gegebenen Erklärungen soll der angehende Textiltechniker nicht ohne weiteres schließen, daß dem Unterfach in jedem Falle mehr Spannung als dem Oberfach gegeben werden müsse. Beim Weben von Streichgarn- und Kammgarnketten hält man die Regel der größeren Spannung für das Unterfach gern bei, wenn in ihm mehr Kettfäden als im Oberfach sind, aber nicht in dem Maße, wie es an Hand von Fig. 137 oder 139 besprochen wurde, und auch nicht aus dem Grunde, die Gassen zu beseitigen bzw. zu vermeiden. Es geschieht mit Rücksicht auf das praktische Weben, nämlich auf die Haltbarkeit der Kette, damit weniger Fadenbrüche entstehen. Überhaupt wird man, wenn z. B. der dreischäftige Kettkörper und dergleichen Bindungen zu weben sind, die rechte Seite auf dem Webstuhl nach unten nehmen, so daß der Schützenlauf von mehr Kettgarnmaterial getragen wird, als es sonst (mit der linken Seite nach unten) möglich wäre.

Wenn beim Weben gleich viele Fäden im Ober- und Unterfach sind, so gilt als allgemeine Regel, auch die Kettspannung gleich zu nehmen. Es lassen sich aber nicht genaue Vorschriften für alle Arten geben. So kann es unter Umständen vorteilhafter sein, das Oberfach mehr zu spannen. Entscheidend ist die Reinheit des Faches und der gute Gang der Kette, aber auch das Mittel zur Herstellung des Faches.

Später wird der Leser mit einer Geschirrbewegung durch Außentritte und einem Gegenzug bekannt werden. Man übt hierbei (eben mit Rücksicht auf den unterhalb der Schäfte angebrachten Gegenzug) meistens die Praxis, dem Oberfach mehr Spannung zu geben als dem Unterfach.

Wo in Wollwaren Gassen auftreten, werden sie durch geeigneten Blatteinzug, hauptsächlich aber durch den Appreturprozeß beseitigt. Für Seidengewebe usw. benutzt man zum Egalisieren und Glätten Scheuermaschinen; in einzelnen Fällen bringt man solche Scheuervorrichtungen auf dem Webstuhl an, wo sie von den Organen des Stuhles in Tätigkeit gesetzt werden.

In Fig. 141 ist schließlich noch ein Doppelfach, wie es für Doppelplüschwebstühle nötig ist, gezeichnet. Beide Fächer arbeiten mit Schrägfachstellung. b sind die Grundkett-, a die Poil- und c die Kanten-(Leisten-)Fäden. Der obere Schützen s hat keine feste Bahn, sondern wird von den Kettfäden getragen. Die Riet- oder Blattstäbe B sind länger als beim einfachen Fach.

1. Die Schaftweberei

Es besteht ein bekannter Lehrsatz, daß zum Weben so viele Schäfte nötig, wie verschieden webende Kettfäden vorhanden sind. Bestätigt wird das Gesagte in der Einleitung, wo die einfachste Fadenverflechtung, die sogenannte Tuch-, Taft- oder Leinewandbindung, Anwendung findet. Die verschieden kreuzenden Kettfäden, die ungeradzahligen und geradzahligen, setzen die Verwendung von zwei Schäften voraus. Beide müssen abwechselnd gehoben und gesenkt werden. Aus rein praktischen Gründen vermehrt man die Schaftzahl meistens um das Doppelte, Drei- oder Vierfache, nämlich nur deshalb, weil sich dicht stehende Ketten mit zwei Schäften nicht gut weben lassen. Die gegenseitige Reibung ist zu groß, und Kettfadenbrüche sind unvermeidlich. Dieselben Gründe kommen bei drei- und vierschäftigen Bindungen (wenn auch viel seltener, weil die Kreuzung der Fäden ohnehin loser ist) zur Geltung.

Um eine Bindung weben zu können, muß ein Einzug bestimmt und das Heben und Senken der Schäfte näher bezeichnet werden. Oberhalb der Bindung, Fig. 142a, sind die Schäfte, von oben gesehen, horizontal gezeichnet und der Einzug auf dem betreffenden Schaft mit einem Kreuz angegeben. Es sind vier Schäfte vorgesehen. Der erste Schaft ist oben oder, nach Fig. 144, dem Streichbaum zugewendet, und der vierte oder letzte steht dem Weber am nächsten. Demnach passiert die Kette in ihrer Längsbewegung zuerst den ersten Schaft. Vielfach bezeichnet man dagegen den vorderen Schaft als den ersten und den hinteren als den letzten. Es ist deshalb, um Verwechslungen zu vermeiden, zweckmäßig, wenn man von Vorder- und Hinterschäften spricht. In Webereien mit wechselnder Schaftzahl ist diese Bezeichnung richtiger, weil beim Vermehren oder Vermindern der Schäfte die hinteren verändert werden, die vorderen aber stehenbleiben. Rechts (oder links) von den Schaftlinien steht die Angabe für das Heben der Schäfte, die sogenannte Tritt- oder Kartenzeichnung. Jeder Punkt, Kreis oder jedes Kreuz bedeutet also ein Heben und jede nicht be-

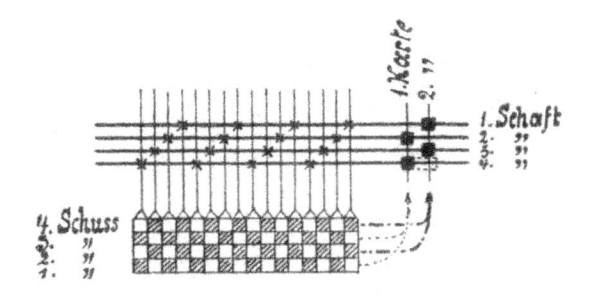

Fig. 142a. Einzug und Kartenzeichnung.

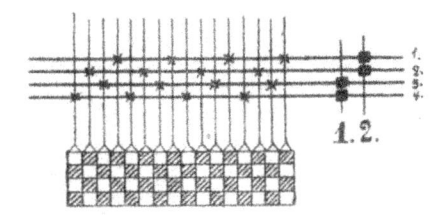

Fig. 142b.

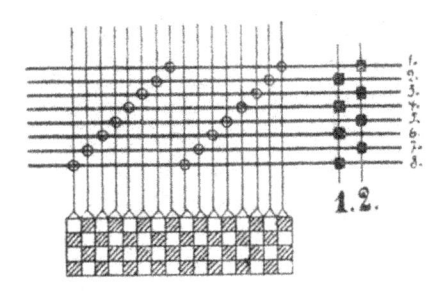

Fig. 142c.

zeichnete Stelle ein Senken. Fig. 142b lehrt, daß die Reihenfolge des Einzuges verschieden sein kann und daß dadurch die Kartenzeichnung eine Veränderung erfahren muß. Wenn statt der vier noch mehr, also z. B. 8 Schäfte, Fig. 142c, genommen werden, so ändert sich die Kartenzeichnung nur durch den Einzug.

Die Darstellung des Einzuges von Fig. 142a bis 142c bringt man in der Praxis auf Patronenpapier, wie in Fig. 143, zum Ausdruck. Damit vergleiche man Fig. 143a.

Die Reihung des Geschirrs nach Fig. 142c oder 143 geht von vorne links nach hinten rechts. Selbstverständlich ist es auch möglich, die Reihung entgegengesetzt zu machen. Welche Anordnung davon am zweckmäßigsten ist, entscheidet meistens die Gewohnheit.

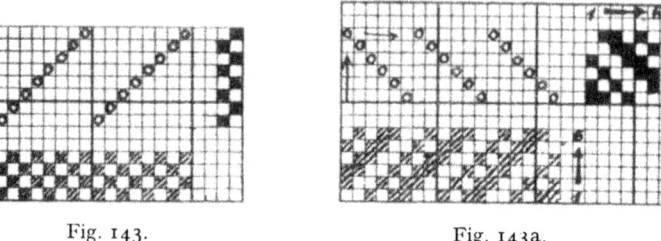

Fig. 143.   Fig. 143a.

In Fig. 143a ist die Reihung von vorne rechts nach hinten links.

In der Weberei spricht man oft von einem reduzierten Einzug. Man versteht darunter die Beschränkung oder Reduzierung der Schaftzahl, soweit es das praktische Weben zuläßt. Streng genommen könnte man den an Hand der Fig. 142a oder 142c besprochenen Einzug als reduziert bezeichnen, wenn man bedenkt, daß z. B. 1760 Kettfäden auf 4 oder 8 Schäfte beschränkt bzw. reduziert sind. Im engeren Sinne handelt es sich aber um Einzüge, die eine geringere Schaftzahl ergeben als die Bindung in der Rapportbreite Fäden hat. Fig. 144 gibt nähere Aufklärung. Bindung und Einzug sind hier in die schematische Form eines Webstuhles gebracht worden. In der Rapportbreite der Bindung von 44 Fäden sind nur vier verschieden webende Kettfäden enthalten, so daß auch nur 4 Schäfte nötig sind. Die gleichwebenden Fäden sind auf gleiche Schäfte gezogen. Es ist

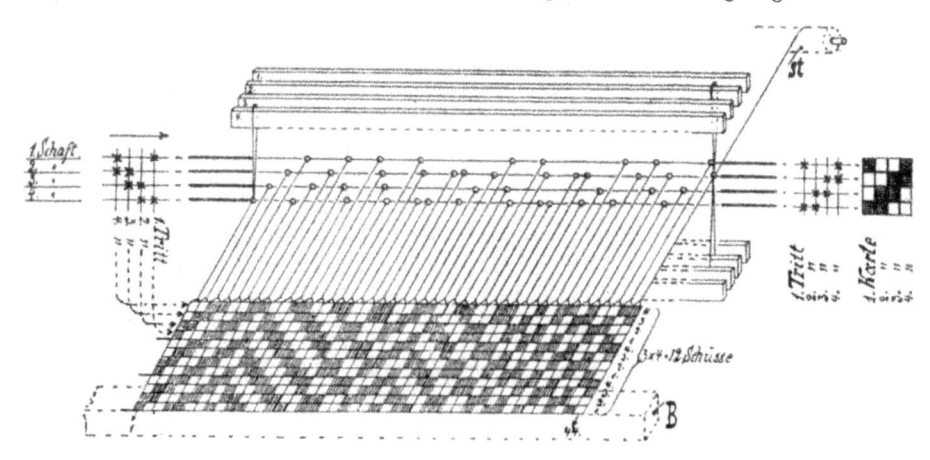

Fig. 144. Reduzierter Geschirreinzug und Tritt- oder Kartenzeichnung.

natürlich nicht ausgeschlossen, daß auch 8 Schäfte benutzt werden können. Rechts von den Schaftlinien steht wieder die Bezeichnung für das Heben, nämlich zuerst die »Tritt«-Bezeichnung und an zweiter Stelle die »Karte« oder Kartenzeichnung. Auch links sind, um etwaige Mißverständnisse zu heben, nochmals die Tritte angegeben. Auf dem 1. Schuß müssen also der 1. und 4., auf dem 2. Schuß der 3. und 4., auf dem 3. Schuß der 2. und 3. Schaft usw. gehoben werden. Nach vier Karten oder Tritten ist Wiederholung.

Unter Benutzung von Patronenpapier ist die Bindung nebst Einzug von Fig. 144 in Fig. 144a wiederholt; a ist die aus Fig. 144 her bekannte Angabe für die Tritte und b die Kartenbezeichnung. Demnach sind die oberhalb der Bindung in der Querrichtung aneinanderschließenden Quadrate als Schaftlinien oder Schäfte anzusehen.

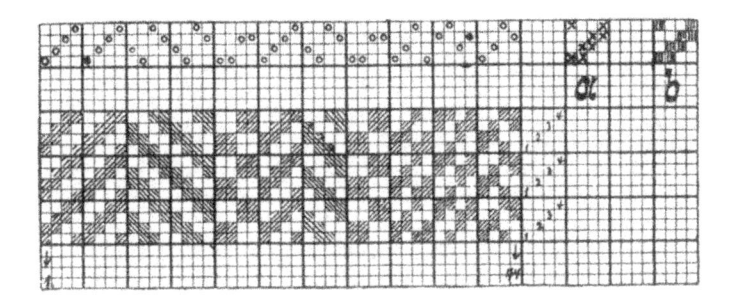

Fig. 144a.

Bestände nun (um das vorher genannte Beispiel zum Vergleich heranzuziehen) eine Kette mit 1760 Fäden, so würde sich die in Fig. 144 oder 144a angeführte Bindung 1760 : 44 = 40 × in der Breite des Gewebes wiederholen. In jedem Bindungsrapport sind:

auf dem 1. Schaft 9 Litzen (Kettenfäden), somit 9 × 40 (Rapporte) = 360 Litzen
„   „   2.   „   13   „   „   „   13 × 40   „   = 520   „
„   „   3.   „   9   „   „   „   9 × 40   „   = 360   „
„   „   4.   „   13   „   „   . „   13 × 40   „   = 520   „
                                                   1760 Litzen

An Hand der Fig. 145 und 145a soll der Einzug in Verbindung mit der Kartenzeichnung noch ergänzt werden. Wenn größere Bindungen gewebt werden sollen, wie in Fig. 145 mit 24 Schußfäden in der Rapporthöhe, so fertigt man, um Patronenpapier zu sparen, die Kartenzeichnung so an, daß sie nicht mehr mit den Schaftlinien gleichlautend nach rechts gezeichnet wird, wie z. B. in Fig. 143, sondern sie kommt neben der Bindung zu stehen, Fig. 145 und 145a.

Man vergleiche hier die Bezeichnung V.-Schaft = Vorderschaft und H.-Schaft = Hinterschaft. Zwischen Bindung und Einzug (oder zwischen Ware und Geschirr) befindet sich der Blatteinzug (siehe Blatt oder Riet in Fig. 1).

Rechts von den Schaftlinien sind die nach links oder rechts laufenden und schwarz punktiert gezeichneten Körperlinien, welche die nötigen vier Schäfte zusammenfassen, gezeichnet. Die Pfeile zeigen den Weg.

Es entsteht auf diese Weise Karte I und Karte II, und der Unterschied zwischen Fig. 145 und 145a besteht nur in der Reihung des Geschirrs und der dadurch bedingten Änderung der Kartenzeichnung.

Die in Fig. 143 bis 145a besprochenen Einzüge und Kartenzeichnungen sollen im 6. Teile dieses Buches mit den nötigen Ergänzungen in Verbindung mit den für die verschiedenen Schaftmaschinen nötigen Karten eingehend besprochen werden.

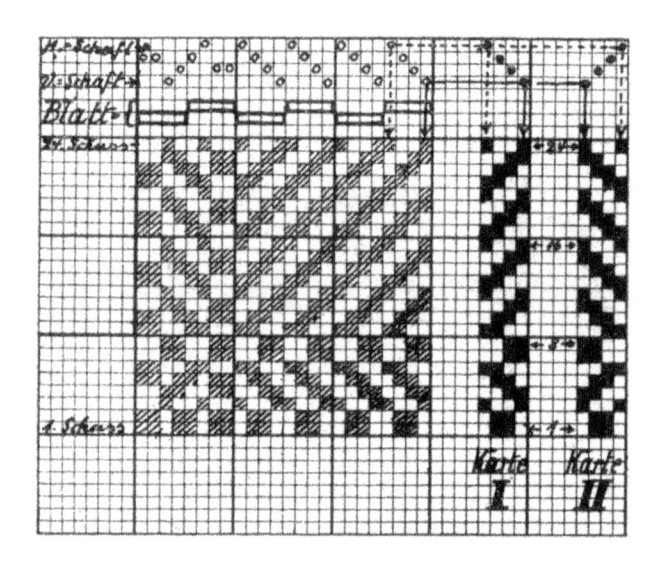

Fig. 145.

Das Heben und Senken der Schäfte oder des Geschirrs geschieht also nach der Angabe, wie es in der Tritt- oder Kartenzeichnung enthalten ist. Man unterscheidet hierbei zwei Gruppen von maschinellen Einrichtungen, nämlich:

a) Geschirrbewegung durch Exzenter (Trommel, Exzenterkarten),
b) Geschirrbewegung durch Schaftmaschinen.

Beide Gruppen zerfallen in viele Unterabteilungen.

a) Geschirrbewegung durch Exzenter

Um die Zergliederung in die Unterabteilungen nicht zu weit zu treiben und dadurch wiederum Unklarheit oder Unübersichtlichkeit in die Besprechung hineinzubringen, sollen unterschieden werden:

1. Geschirrbewegung durch Exzenter mit Innentritten,
2. ,,   ,,   ,,   ,,   Außentritten,

3. Geschirrbewegung durch Exzenter mit vertikalen Tritten,
4. ,, ,, Exzentertrommel mit geeigneten Tritthebeln
5. ,, ,, Exzenterkarten ,, ,, ,,

Die Besprechung der genannten Geschirrbewegungen setzt zunächst voraus, daß die verschiedenen Arten von Exzentern und ihre Formen bekannt sind.

Es lassen sich unterscheiden:

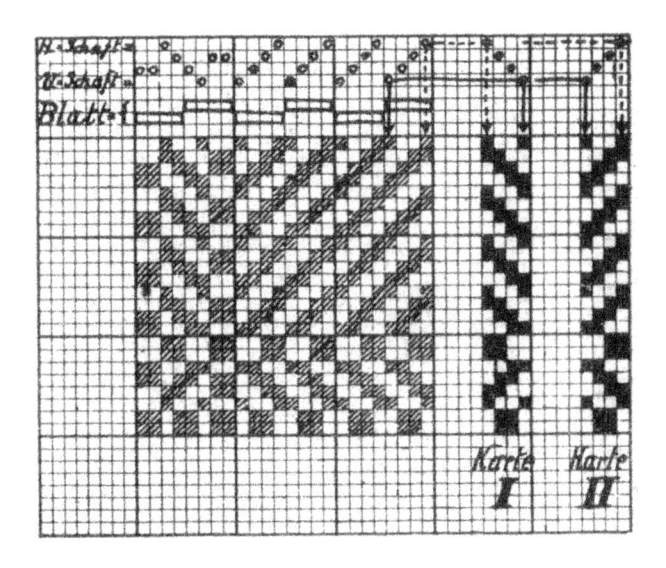

Exzenter α für Offenfach, dabei gewöhnl. od. geschlossene (Nuten-)Exzenter
,, β ,, Geschl.fach, ,, ,, ,, ,, ,, ,,

Fig. 145a.

Die Drehbewegung ist dabei kontinuierlich oder gleichmäßig, was durch Kammräderantrieb geschieht. Es gibt noch einen periodischen oder ruckweisen Antrieb durch Stern- und Stiftrad (Greifer). Die Exzenterform ist diesem Antriebe anzupassen, wie es in dem Nachstehenden erklärt werden wird.

Die Exzenterformen müssen ferner den Vorschriften angepaßt werden, wie sie die Tritt- oder Kartenzeichnungen (z. B. nach den Abbildungen von Fig. 142 bis 145) vorschreiben. Es muß zunächst (vorbehaltlich der weitern Besprechung) daran festgehalten werden, daß jedes Kreuz, jeder Kreis oder jede sonst übliche Bezeichnung (in Fig. 142—143 sind Vierkantfelder genommen) ein Heben des Schaftes bedeutet, und daß dafür in den Exzentern eine Erhöhung konstruiert wird, im Gegensatz zu den Stellen, wo in den Tritt- oder Kartenzeichnungen kein Zeichen steht und die Exzenterform deshalb eine Vertiefung (Abflachung) aufweist. Der Exzenterkonstruktion von Fig. 146 liegt die Vorschrift der Karten-(Tritt-)

Zeichnung von Fig. 142 (auch die von Fig. 143 oder 143a ergeben das gleiche Resultat) zugrunde. Gewählt ist die Querreihe auf dem 4. Schaft, Fig. 142, wo die leere Stelle (für das Senken des Schaftes) durch Punktierung eingefaßt ist.

Die Konstruktion des Trittexzenters (der Name stammt von dem Zusammenarbeiten der Exzenter mit Tritten, d. h. Tritthebeln) wird aus dem

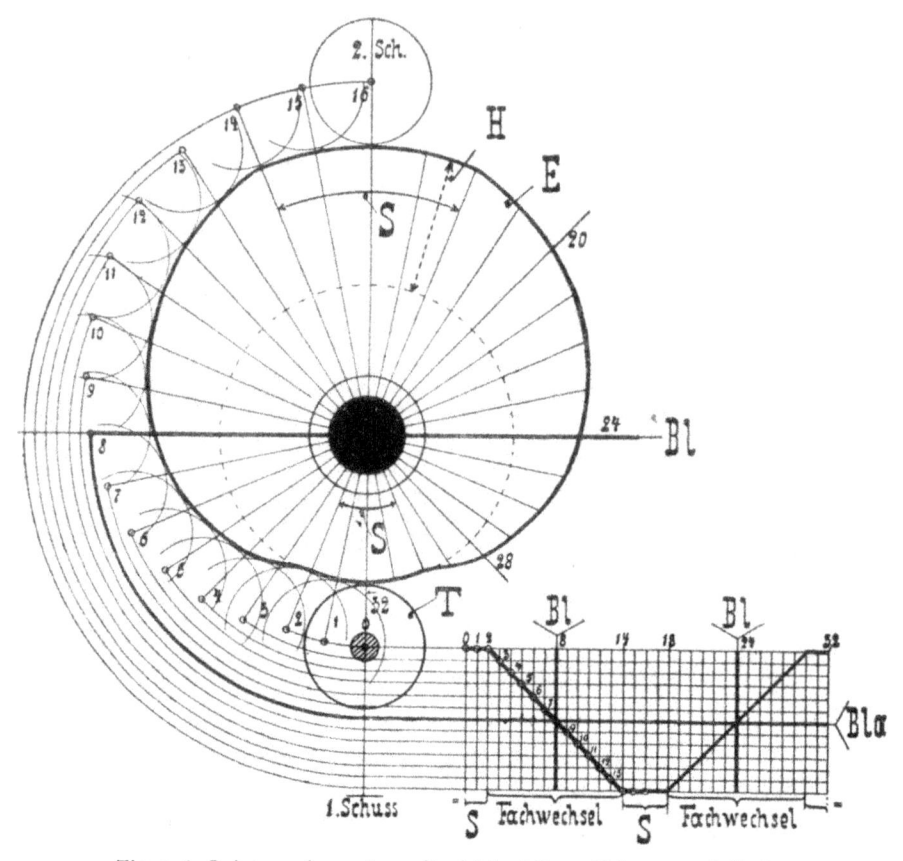

Fig. 146. Leinewandexzenter mit gleichmäßiger Hebung und Senkung.

Diagramm für die Bewegung der Schäfte hergeleitet, Fig. 146. Die Trittrolle T, die mit einem später zu besprechenden Tritthebel in Verbindung steht, rollt bei zwei Touren (zwei Schüssen) des Stuhles rund an dem Exzenter E ab. E wird bei einer Tour $\frac{1}{2}$mal gedreht, so daß nach ihrer Vollendung der Teilstrich 16 unten steht; 0 oder 32 stehen dann oben. Nach zwei Touren hat E, weil sich der Exzenter um seine Achse dreht, eine Umdrehung gemacht. Die Erhöhung bei dem Teilstrich 14—18 bedeutet nach der vorher abgegebenen Erklärung ein Heben des Schaftes. (Je nachdem die Tritthebel mit den Schäften in Verbindung stehen, kann eine Erhöhung des Exzenters auch ein Senken des Schaftes bewirken, siehe später.)

Bei der Einleitung zu der Fachbildung wurde unterschieden erstens eine Arbeitsweise (Zeiteinheit) für die Fachöffnung oder Schützenbewegung = S (siehe Exzenter E und das dazu gehörige Diagramm), Fig. 146, und zweitens eine Arbeitsweise für den Fachwechsel, siehe Diagramm. Der Blatt-

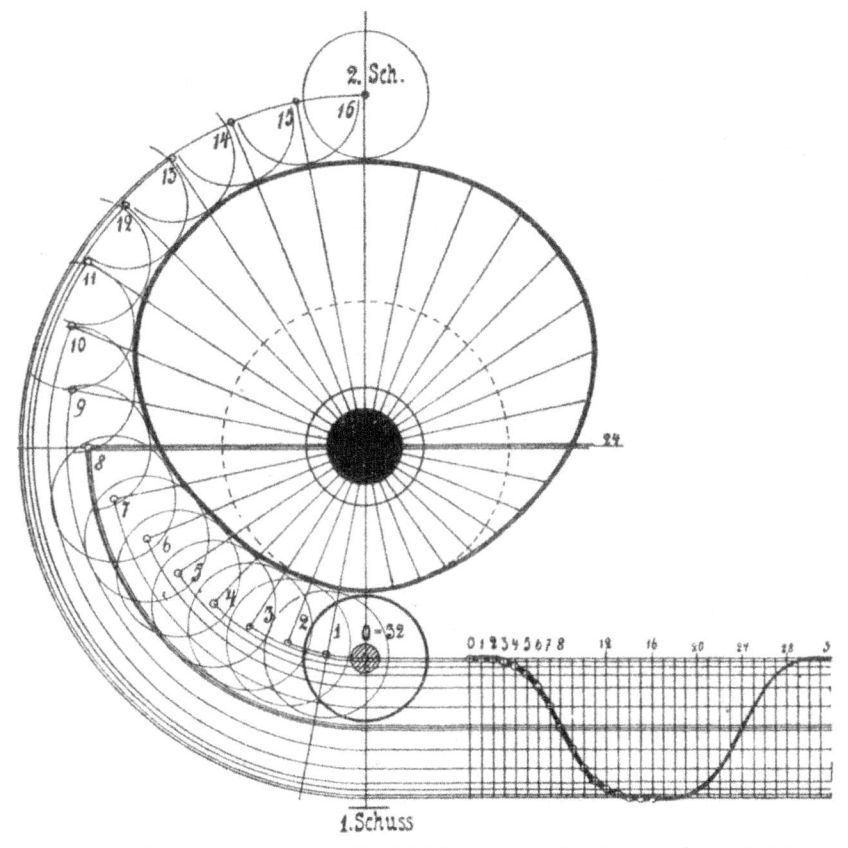

Fig. 147. Leinewandexzenter mit gleichförmig beschleunigter und verzögerter Schaftbewegung.

anschlag = Bl fällt in die Zeiteinheit für den Fachwechsel, nämlich dann, wenn die Teillinien 8 oder 24 (der Kreis ist in 32 Teile geteilt) unten stehen. In dieser Stellung werden die Schäfte in der Mitte des Faches gehalten, wie es im Diagramm (Fig. 146) durch die mittlere starke Linie B I a angegeben ist. S ist also, um es nochmals hervorzuheben, die Zeiteinheit des Schaftstillstandes.

Aus dem Diagramm sowohl wie auch aus dem Exzenter E (Fig. 146) kann man ablesen, daß der Fachwechsel $^{12}/_{16}$—$^{3}/_{4}$, und die Fachöffnung für den Schützenlauf $^{4}/_{16}$—$^{1}/_{4}$ Zeit bei einer Tour des Stuhles beanspruchen. Es ist dies die Einteilung für schmale Stühle. An breiten Stühlen nimmt man für den Schützenlauf evtl. $^1/_3$ und für den Fachwechsel $^2/_3$ (oder $^2/_7$ und $^5/_7$) Zeiteinheiten.

Die starke Diagrammlinie zeigt von 2—14 eine gleichförmige Senkung, von 14—18 einen Stillstand und von 18—30 eine gleichförmige Hebung; von 30—32 und von 0—2 ist ein Stillstand angegeben. Somit werden auch die Schäfte gleichförmig gehoben und gesenkt. Praktisch ist ein solcher Arbeitsvorgang nicht, und dies gilt ganz besonders von schnellaufenden Stühlen, sondern er ist für die Maschinenteile wie auch für die Schäfte und Kettenfäden deshalb nachteilig, weil die Bewegung zu plötzlich einsetzt. Man bevorzugt daher eine gleichförmig beschleunigte und ver-

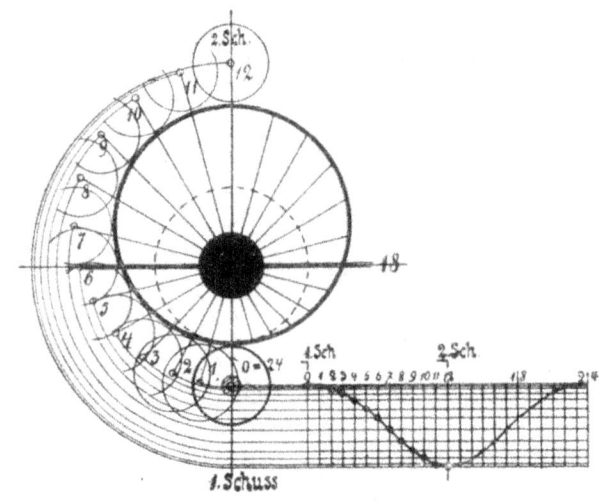

Fig. 148. Kreisexzenter.

zögerte Bewegung, wie es die Diagrammlinie von Fig. 147 angibt. Naturgemäß muß die Exzenterform von der vorher besprochenen etwas abweichen.

Ähnlich, wie der Exzenter von Fig. 147, arbeiten auch die Kreisexzenter, Fig. 148. Die Diagrammlinie von 0—12 läßt eine gleichförmig beschleunigte und verzögerte Bewegung nach unten und von hier aus nach oben erkennen. Nur fehlt ein eigentlicher Schaftstillstand. Derselbe ist oben größer als unten. Will man einen Schaftstillstand erhalten, so muß der Exzenter abgeflacht werden, so daß eine Kurvenscheibe entsteht, die der von Fig. 147 ähnelt.

In der Abbildung Fig. 149 ist ein Exzenter für eine dreibindige Ware konstruiert. Die Hebung und Senkung läßt sich durch den Bruch $\frac{1}{2}$ ausdrücken. Jede Erhebung wird durch die Zahl über dem Bruchstrich und jede Senkung durch eine Zahl unter demselben bezeichnet. Es ist ein Exzenter für Offenfach gewählt worden. Geschlossenfach entsteht, wenn

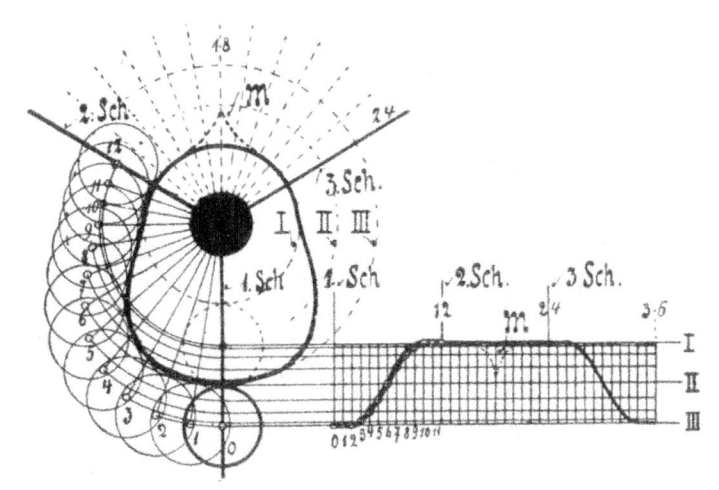

Fig. 149. Dreibindiger Exzenter.

zwischen dem 2. und 3. Schuß während der Zeit des Blattanschlages eine Erhöhung m (punktiert) genommen wird. In Fig. 150 ist das Geschlossenfach gezeichnet. Der 1. Schuß steht unten. I, II und III sind die Höhenunterschiede.

Die Exzenterkonstruktion von Fig. 151 hat die Hebung und Senkung $\frac{\text{I I}}{\text{I}}$ (oder anders aufgeschrieben $\frac{2}{1}$) für Offenfach. Die Diagrammlinie weist

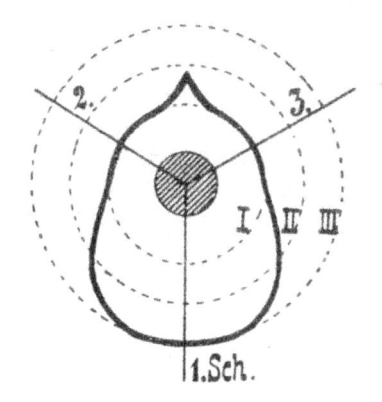

Fig. 150. Dreibindiger Exzenter für Geschlossenfach.

auf eine gleichförmig beschleunigte und verzögerte Bewegung hin. I Senkung, II Mittelstellung und III Hebung. Die gleiche Fachbildung liefert auch die Konstruktion nach Fig. 152, nur ist statt Offen-, Geschlossenfach vorgesehen. Die Hebung und Senkung beginnt mit dem 1. Schuß nach der Folge $\frac{2}{1}$.

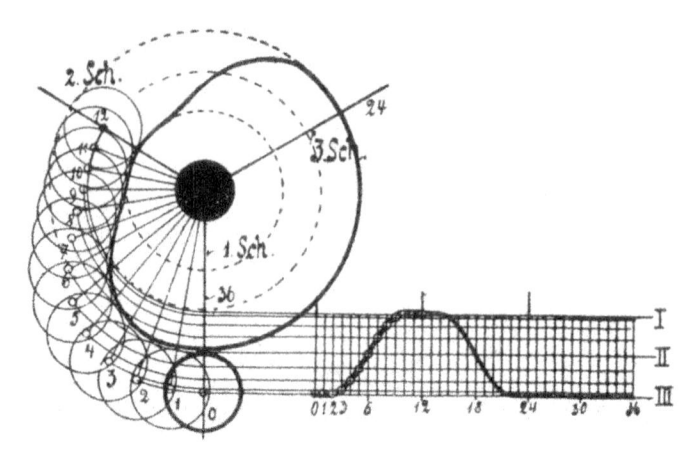

Fig. 151. Dreibindiger Exzenter für Offenfach.

Hiernach bieten die Konstruktionen der Exzenter für eine vierbindige Ware, Fig. 153 und 154, nichts Neues. Ersterer ist für Offen- und der von Fig. 154 für Geschlossenfach. B zeigt die Arbeitsstelle der Exzenter während des Blattanschlages an. Die Hebung und Senkung geschieht nach der Folge $\frac{2}{2}$.

In Fig. 155 ist ein Exzenter für die Schaftbewegung $\frac{1\ 2\ 1}{2\ 1\ 1}$ gezeichnet (Offenfach). Die gleiche Fachbildung und Schußfolge gibt die Form von

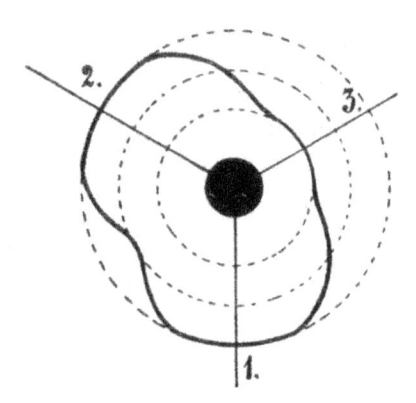

Fig. 152. Dreibindiger Exzenter für Geschlossenfach.

Fig. 156, nur sind die Exzenterteile aufgeschraubt. Es ist hier also ein zusammenstellbarer Exzenter (nach beliebigen achtschäftigen Bindungen abänderbar) gezeichnet.

Auch in Fig. 157 zeigen die Hebungen und Senkungen das gleiche, an Hand der Fig. 155 und 156 kennengelernte Bild, nur fehlt der Schaftstillstand in der Form. Diesen Schaftstillstand erhält man jedoch durch

Fig. 153.
Vierbindiger Offenfachexzenter.

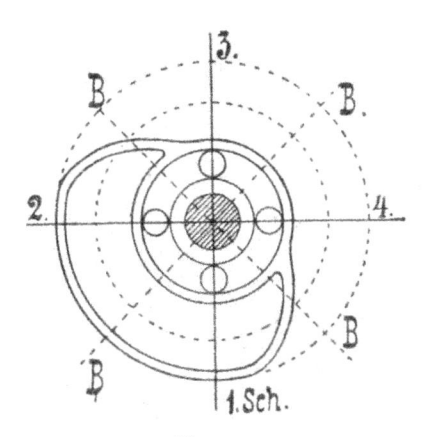

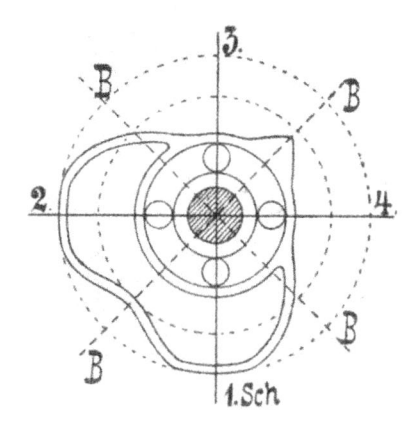

Fig. 154.
Vierbindiger Geschlossenfachexzenter.

den in Fig. 158 gezeigten Antrieb mittels Stern- (a) und Stiftrad (b). Das Sternrad ist achtteilig, so daß, wenn sich b achtmal gedreht hat, eine Umdrehung der Exzenter, die auf der Welle des Sternrades befestigt ist, erfolgt ist. Siehe auch Fig. 192.

In Fig. 159 und 160 sind geschlossene oder Nutenexzenter wiedergegeben. Die Rolle r läuft in einer Nut, so daß eine zwangsläufige Führung des Schaftes besteht. In b sind die Exzenter offen, nämlich zur Einführung der Rolle r. Diese offene Stelle ist im Betriebe nicht störend, weil r durch

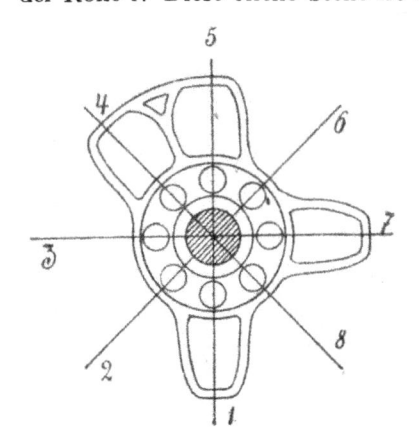

Fig. 155.
Achtbindiger Exzenter.

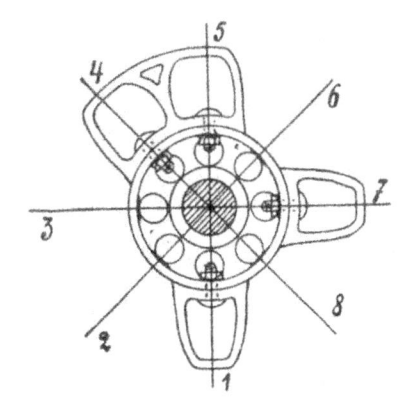

Fig. 156.
Achtbindiger abänderbarer Exzenter.

den Schaft bzw. die Fachbildung stets nach der Mitte in die Stellung II gedrängt wird. Man beachte, daß die Kettfäden im Ober- und Unterfach eine Spannung erhalten, so daß r aus b nicht heraustreten kann. Der Exzenter von Fig. 159 ist für eine drei- und der von Fig. 160 für eine vierbindige Ware bestimmt. Die Schnittzeichnung, Fig. 160, läßt die Stellung der Rolle r und einen Teil des Schalthebels r_1 erkennen. Es werden so viele Exzenterscheiben aneinandergesetzt, wie Schäfte vorhanden sind, und an die letzte kommt noch eine Schlußscheibe für die Führung von r und r_1.

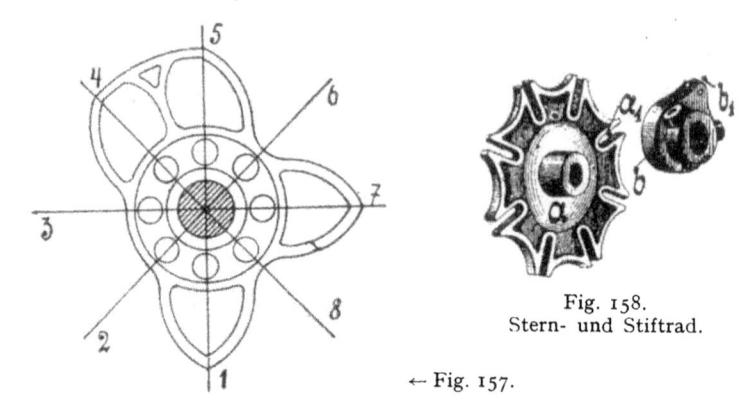

Fig. 158.
Stern- und Stiftrad.

← Fig. 157.

1. Geschirrbewegung durch Innentritte (auch Mitteltritte genannt)

Die Geschirrbewegung durch Innentritte kann in zwei Arten eingeteilt werden. In der ersten geschieht das Senken des Schaftes durch Einwirkung des Exzenters auf einen mit dem Schaft verbundenen Tritthebel und das Heben durch Federn, die oberhalb des Stuhles angebracht sind.

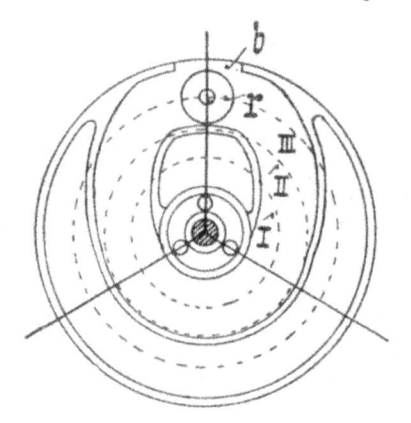

Fig. 159. Dreibindiger Nutenexzenter.

Man merke: Jede Erhöhung im Exzenter bedeutet hier ein Senken des Schaftes.

Weit häufiger als durch Federn geschieht das Heben der Schäfte der zweiten Art durch einen sog. Gegenzug, so daß durch das Senken des einen Schaftes das Heben eines andern zwangsweise herbeigeführt wird. Man geht mit einer solchen Gegenzugvorrichtung wohl selten über sechs Schäfte hinaus.

In Fig. 161 sind zwei Tritte T und T_1, die ihren Drehpunkt unterhalb des Kettbaumes haben, gezeichnet. Vorn ist der Rost r zur Führung der Tritthebel angebracht. Die Exzenter E und E_1 sind auf der Trieb- oder Schlagwelle A_1, die sich in bekannter Weise im Verhältnis 1 : 2 dreht (siehe 1. Teil unter erstes Stuhlsystem), festgeschraubt und werden dadurch mitgenommen. E und E_1 sind verschieden groß, damit die Schrägfachbildung entsteht. Aus diesem Grunde sind auch die Gegenzugrollen g und g_1 ungleich groß.

Die Hubhöhe des 1. Schaftes soll 8,6 cm = h und die des 2. (vorderen) 8 cm = h_1 betragen, die Tritthebellänge t = 27 cm, die von t_1 = 44 cm

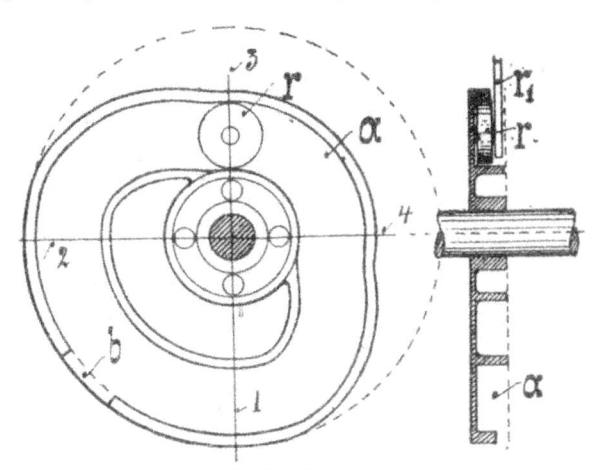

Fig. 160. Vierbindiger Nutenexzenter.

und die von t_2 = 46 cm. Aus diesen Verhältnissen ergibt sich die Größe der Exzenter bzw. der Exzenterhub.

$$\text{Der Exzenterhub von } E = \frac{h \cdot t}{t_1} = \frac{8,6 \cdot 28}{44} = 5,47 = 5,5 \text{ cm,}$$

$$\text{,, \qquad ,, \qquad ,, } E_1 = \frac{h_1 \cdot t}{t_2} = \frac{8 \cdot 28}{46} = 4,87 = 4,9 \text{ cm.}$$

Aber in Wirklichkeit muß die Hubhöhe noch größer sein, weil die an dem Gegenzug arbeitenden Riemen n gedehnt und auch im Geschirr und den andern Organen so viel nachgegeben wird, daß die Trittrollen v und v_1, wenn der Schaft gehoben ist, nicht an die Exzenter anschließen. Die Hubhöhe H (siehe Fig. 146) muß deshalb um 4—5% größer sein.

Bezeichnet man die Länge vom Warenende bis an die Litze des hinteren Schaftes mit a und die des vorderen mit b, so muß sein

$$a : b = h : h_1.$$

Daraus folgt für die Größe der Gegenzugrollen g und g_1

$$g : g_1 = h : h_1, \text{ somit}$$

$$g = \frac{h \cdot g_1}{h_1}$$

$g_1 = 48$ mm, dann ist $g = \dfrac{86 \cdot 48}{80} = 51{,}5$ mm.

Die an Hand von Fig. 161 beschriebene Verbindung der Trittexzenter mit der Schlagwelle hat den Nachteil, daß man auf zweibindige Waren beschränkt ist. Man benutzt deshalb, um den Webstuhl vielseitiger brauchen zu können, einen Antrieb mit verstellbarer Tourenzahl für die Trittexzenter. Letztere werden aus diesem Grunde auf eine besondere Welle, die von der Schlagwelle A_1 angetrieben wird, montiert, Fig. 162. Auf A_1 sind die Kammräder I, II, III und IV festgeschraubt. Auf der Exzenterwelle A_2 lassen sich die Kammräder Ia oder V mit den vorher genannten in Eingriff bringen, je nach der für A_2 vorgeschriebenen Tourenzahl. I und Ia haben gleich viele Zähne, nämlich 42, so daß sich A_2 nach zwei Schüssen einmal dreht, wie es für zweibindige Waren nötig ist. Es besteht:

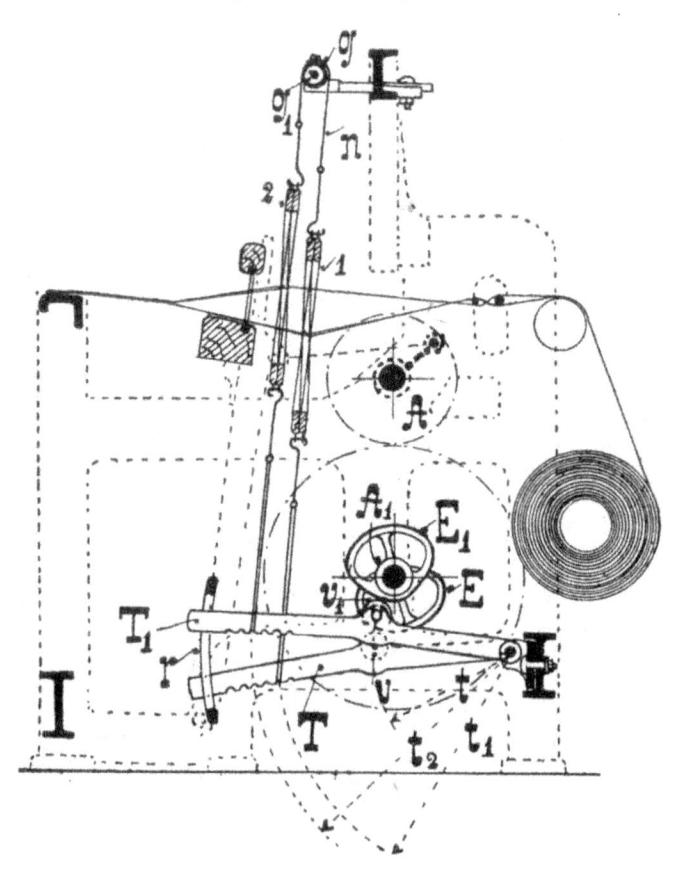

Fig. 161. Innentritte. (Erstes Stuhlsystem.)

(Die Tritthebel T, T_1 haben den Drehpunkt hinten. Er wird sehr viel nach vorn verlegt. Dann müssen die Exzenter E und E_2 bedeutend größer sein, damit die Schäfte die nötige Hebung und Senkung machen können.)

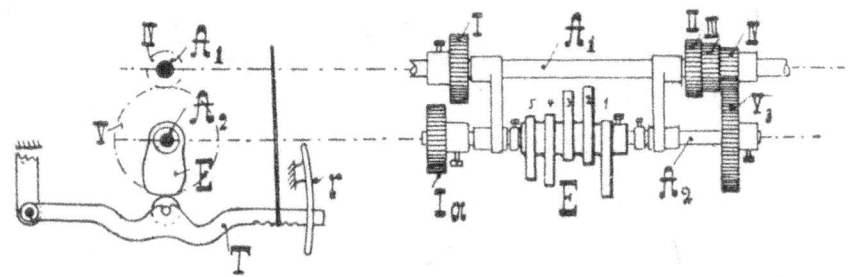

Fig. 162. Verstellbarer Antrieb für Trittexzenter. (Erstes Stuhlsystem.)

Kammrad I hat 42 Zähne und Wechselrad Ia 42 Zähne = $^1/_2$ Drehung per Schuß für A
,, II ,, 34 ,, ,, ,, V_1 51 ,, = $^1/_3$,, ,, ,, ,,
,, III ,, 28 ,, ,, ,, V_2 56 ,, = $^1/_4$,, ,, ,, ,,
,, IV ,, 28 ,, ,, ,, V_3 60 ,, = $^1/_5$,, ,, ,, ,,

Nach der Zeichnung stehen IV und V_3 in Eingriff. Ia ist umgedreht und dann festgeschraubt; soll es in Tätigkeit treten, so muß V_3 entfernt werden.

Zum weiteren Verständnis des eben Gesagten vergleiche man die Abbildungen von Trittexzentern für Innentritte der Fig. 163 bis 170 mit den dazugehörigen Bindungen. Diese einfachen Bindungen sind gleichbedeutend mit der Tritt- oder Kartenzeichnung. Man beachte, daß eine Erhöhung im

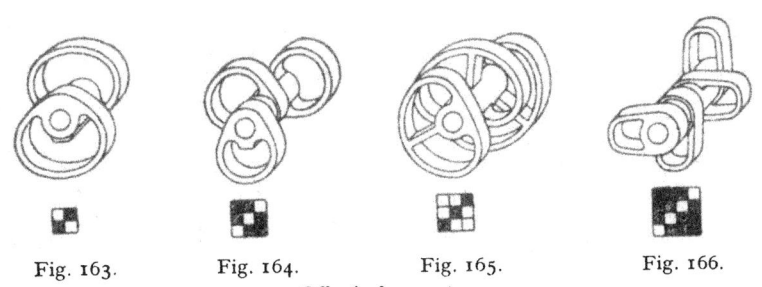

Fig. 163.   Fig. 164.   Fig. 165.   Fig. 166.
Offenfachexzenter.
(Eine Erhöhung im Exzenter bedeutet ein Senken des Schaftes.)

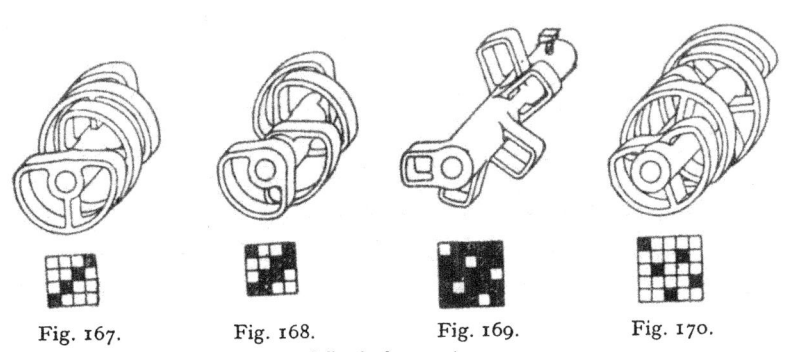

Fig. 167.   Fig. 168.   Fig. 169.   Fig. 170.
Offenfachexzenter.
(Eine Erhöhung im Exzenter bedeutet ein Senken des Schaftes.)

Exzenter ein Senken des Schaftes bedeutet. Die Trittexzenter dieser Art sind aus einem Stück gegossen und werden von allen Webstuhlfabriken geliefert. Sie werden auf die Exzenterwelle A_2 (Fig. 162) geschoben (siehe

Fig. 171. Dreischäftiger Gegenzug. (Erstes Stuhlsystem.)

auch Fig. 161) und dann festgeschraubt. Die passenden, schon besprochenen Kammräder I—V sorgen für eine geeignete Umdrehung von A_2; für die Exzenter von Fig. 169 und 170 muß sich A_2 bei jeder Tour des Stuhles um $1/5$ drehen.

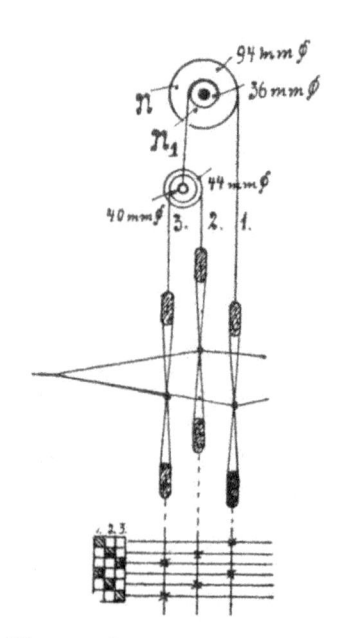

Fig. 172. Gegenzug für Exzenter in der hauptsächlichsten Ausführung. Zu Fig. 165.

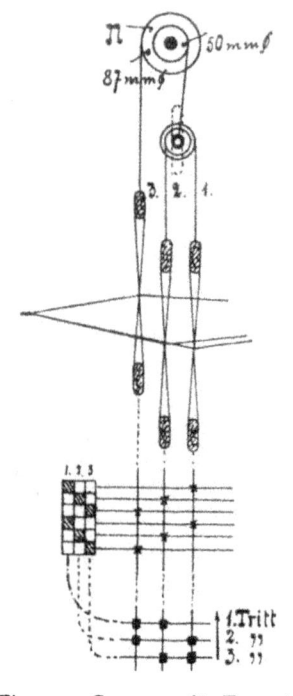

Fig. 173. Gegenzug für Exzenter.

Wo die Exzenterformen mit geeignetem Antrieb eine erschöpfende Erklärung fanden, müssen die hierzu erforderlichen Gegenzüge noch besonders besprochen werden. Für eine zweibindige Ware wurde der Gegenzug schon erwähnt, Fig. 161. Das Gesamtbild eines dreischäftigen Gegenzuges ist in Fig. 171 gegeben; es ist der obere Teil eines Webstuhles mit einem Teil der Lade und des Brustbaumes. Die Welle b mit den beiden großen Rollen liegt fest; auf und ab beweglich ist die Welle c. Durch den Exzenter a kann jedoch die obere Welle mit einem Handgriff vom Standpunkte des Webers gesenkt und das Geschirr dadurch gelockert werden.

Die Gegenzüge, Fig. 172 und 173 (und folgende), geben zu einigen interessanten Bemerkungen Anlaß. Beide Gegenzüge arbeiten für den dreischäftigen Köper Schußeffekt. Die Einzüge sind unterhalb der Schäfte

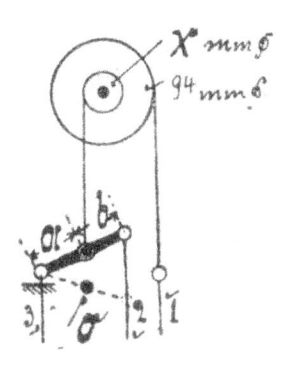

Fig. 174.

mit der Bindung gegeben, außerdem ist zu dem zweiten Gegenzug, Fig. 173, die Trittangabe hinzugefügt, Schaftstellung für den dritten Tritt; die viereckigen Felder der Bindung bedeuten im Exzenter eine Erhöhung, und es gehören hierzu die Trittexzenter von Fig. 165. Die Anordnung der großen Rolle n (Fig. 172 und 173) ist verschieden. n trägt (Fig. 172) den hinteren oder 1. Schaft und hat einen Durchmesser von 94 mm. Nach der Anordnung von Fig. 173 steht n mit dem vorderen oder 3. Schaft in direkter Verbindung und hat nur 87 mm Durchmesser. Die Differenz zwischen 94 zu 36, Fig. 172, ist sehr groß, so daß der Anordnung von Fig. 173 der Vorzug zu geben ist.

Übrigens kann das Übersetzungsverhältnis nach den beiden Rollen 94 und 36 mm Durchmesser (Fig. 172) berechnet werden, wie es an Hand der Abbildung von Fig. 174 gezeigt werden soll.

Der 1. Schaft soll einen Sprung von 96 mm, der 2. von 88 und der 3. von 80 machen. Hebel a ist 40 mm lang und trägt den 3. Schaft von 80 mm Sprunghöhe. Demnach, weil der 2. Schaft 88 mm bewegt wird:

$$\text{Hebel } b = \frac{a \cdot 88}{80} = \frac{40 \cdot 88}{80} = 44 \text{ mm (siehe auch Fig. 172).}$$

Der Weg, den der Punkt o (Fig. 174) macht, ist bei einer Senkung von Schaft 2:

$$\text{Weg o} = \frac{88 \cdot a}{a+b} = \frac{88 \times 40}{84} = 41{,}9 \text{ mm} = 42 \text{ mm}.$$

Die Sprunghöhe des 1. Schaftes beträgt 96 mm = $\frac{o \cdot 94}{x}$ (s. Fig. 174).

Demnach Rolle $x = \frac{o \cdot 94}{96} = \frac{41{,}9 \times 94}{96} = 41$ mm Durchmesser.

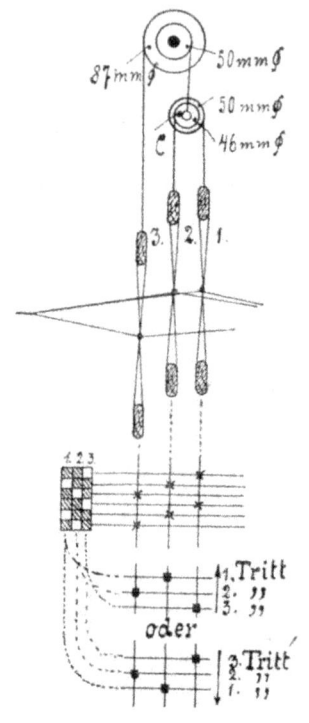

Fig. 175. Dreischäftiger Gegenzug für Exzenter Fig. 164.

Fig. 176. Vierschäftiger Gegenzug für Exzenter Fig. 167.

Die Gegenrechnung zeigt (Fig. 172 und 174):

$$\frac{96 \text{ (Sprunghöhe)} \times x}{94 \text{ (große Rolle)}} = \frac{96 \times 41}{94} = 41{,}9 \text{ mm} = \text{Weg o}.$$

Der Sprung für den 2. Schaft berechnet sich:

$$\frac{o \cdot (a+b)}{a} = \frac{41{,}9 \cdot 84}{40} = 88 \text{ mm, wie oben angegeben}.$$

Die Sprunghöhe des 3. Schaftes ist:

$$\frac{o \cdot (a+b)}{b} = \frac{41{,}9 \cdot 84}{44} = 80 \text{ mm}.$$

Soll also der Gegenzug von Fig. 172 für die Sprunghöhen der Schäfte von 96, 88 und 80 mm eingerichtet sein, so muß Rolle n_1 einen Durchmesser von 41 mm und nicht 36 mm erhalten. Die Rollen von 40 und 44 mm können selbstverständlich auch andere, beliebige Durchmesser haben, wenn sie nur den Sprunghöhen der Schäfte 2 und 3 proportional sind.

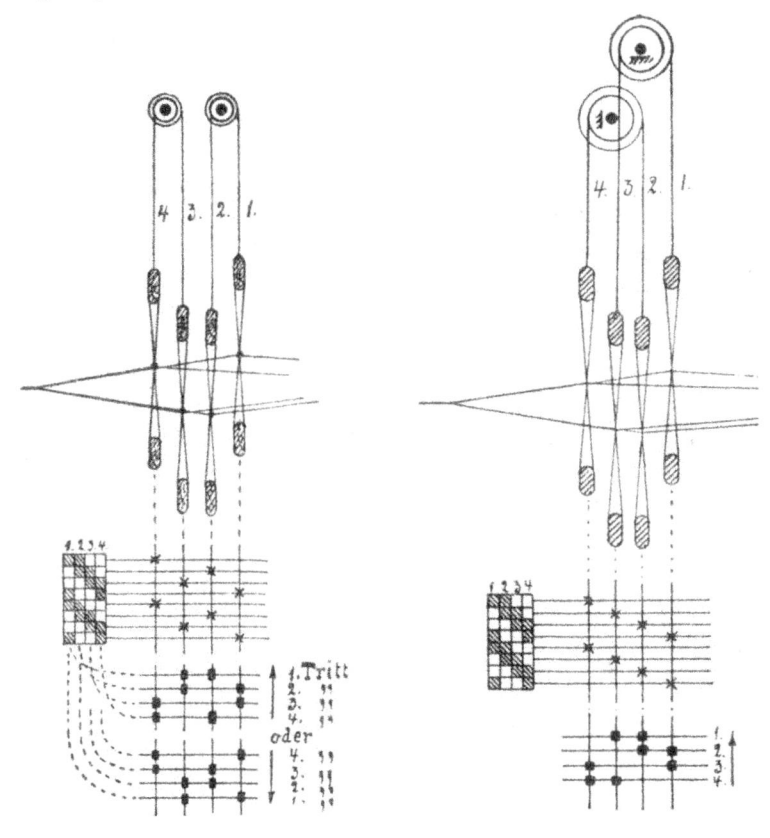

Fig. 177.
Vierschäftiger Gegenzug.

Fig. 178. Vierschäftiger Gegenzug für Exzenter Fig. 168.

Auch bei Berechnung der Rollen für den Gegenzug von Fig. 175 gehe man auf das einfache Hebelgesetz (Fig. 174) zurück.

Der Drehpunkt der Rollen von 50 und 46 mm (genau 45,83 mm, wenn die vorher genannten Sprunghöhen beibehalten werden) ist durch Riemen mit Rolle 50 mm verbunden, Fig. 175.

1. Schaft hat 96 mm Sprunghöhe, somit $\dfrac{96 \times 46}{50 + 46} = 46$ mm Sprunghöhe der Welle C.

Deshalb $\dfrac{46 \times 87 \text{ mm}}{50 \text{ mm}}$ mm (große Rolle) = 80 mm Sprunghöhe des 3. Schaftes.

9 Repenning.

Der Gegenzug von Fig. 175 wird durch die Exzenter von Fig. 164 beeinflußt. Man vergleiche die Trittbezeichnung und ihre Drehrichtung mit dem Einzug: Die Schaftstellung ist für den zweiten Tritt. Ändert sich die Richtung des Einzuges, so müssen die Exzenter entgegengesetzt angeordnet werden.

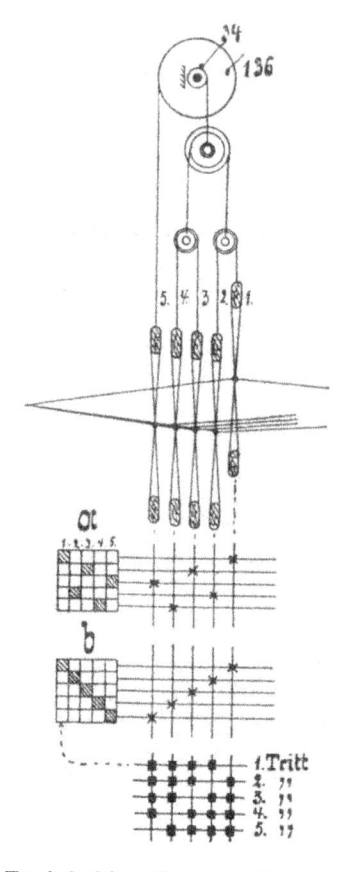

Fig. 179. Fünfschäftiger Gegenzug. Exzenter Fig. 170.

In Fig. 176 ist der Gegenzug für die Exzenter von Fig. 167 angegeben mit der Schaftstellung für den 4. Tritt. Die obere Rolle liegt fest, und die beiden gemeinsamen unteren können sich heben und senken. Derselbe Gegenzug ist auch brauchbar für den Exzenter von Fig. 166 (im Gewebe entsteht Ketteffekt) oder für den vierschäftigen beidrechten (gleichseitigen) Köper, Exzenter in Fig. 168.
Der zuletzt genannte Köper läßt sich auch mit zwei nur drehbar, also nicht heb- und senkbar gelagerten Gegenzugrollen, Fig. 177, weben, jedoch müssen der Einzug sowohl wie auch die Exzenter (siehe die Tritte) versetzt sein. Die Schaftstellung ist für den 1. Tritt.

Ordnet man die beiden Gegenzugrollen so, wie nach Fig. 178, so kann der Einzug geradedurch eingezogen sein, und die Exzenter können nach der Anordnung von Fig. 168 zusammengesetzt werden. Man achte auch hier auf die Richtung des Köpers und des Einzuges und auf die Stellung der vier Exzenterscheiben.

Der fünfschäftige Gegenzug, Fig. 179, und der Exzenter von Fig. 170, ist für Schußeffekt gezeichnet (Schaftstellung für den 1. Tritt), läßt sich aber auch für Ketteffekt einrichten. Die oberste, drehbar gelagerte Rolle hat nach einem praktischen Beispiel einen Durchmesser von 136 mm, die kleine 34 mm. Im übrigen ist die Berechnung der anderen Rollendurchmesser mit Hilfe der Hebelübersetzung, z. B. wie nach Fig. 174, leicht ausführbar.

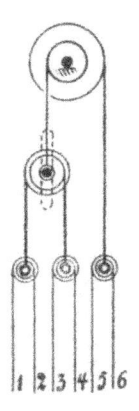

Fig. 180.

Man achte ganz besonders auf den Einzug. Bindung a kreuzt in Atlas, und der Einzug ist atlasartig gestellt; die Trittexzenter sind deshalb in Köperstellung genommen. Sind die Exzenter in Atlasstellung vereinigt, so muß der Einzug glatt durchgereiht sein.

Dagegen sind die Exzenter nach Fig. 169 köperartig vereinigt. Soll damit Kettatlas gewebt werden, so ist der Einzug so zu verreiben, wie es aus Fig. 179 in a hervorgeht.

Eine sechsschäftige Gegenzugrichtung ist in Fig. 180 abgebildet.

Es muß noch erwähnt werden, daß sich der verschieden große Hub der vorher besprochenen Trittexzenter, wie nach der Anordnung von Fig. 161, durch Verlegung des Drehpunktes der Tritthebel nach vorn unterhalb des Brustbaumes beseitigen läßt. Die Sprunghöhe der Schäfte für die Schrägfachbildung wird alsdann dadurch hergestellt, daß die Tritthebel beim Verschnüren so verschieden lang genommen werden, wie dies Sprunghöhe nötig macht. Im übrigen sind die Gegenzüge genau so zu nehmen, wie es vorher beschrieben wurde.

Die Maschinenfabrik Rüti benutzt an ihren Seidenwebstühlen eine innere Tritteinrichtung, Fig. 181, für Taft, welche die Verwendung bis zu acht Schäften gestattet. Auf der Welle A_1 (erstes Stuhlsystem) sind zwei um 180° versetzte Exzenterscheiben E und E_1 befestigt. Die Kulissenstange a und auch die zweite, welche von der ersten verdeckt wird, hat durch A_1 Führung und trägt eine an E arbeitende Rolle r. a steht mit dem Kulissenhebel b in Verbindung. Von dem Arm b_1 gehen Zugschnüre an die Schäfte. Von der Stufenscheibe d (und d_1) führen schmale Riemen nach unten, und von hier aus gehen die Schnüre an die Schäfte.

Die Stufenscheiben d und d_1 sind durch einen gekreuzten Riemen t verbunden. Die beiden Tritthebel b und c werden durch den Gegenzug der

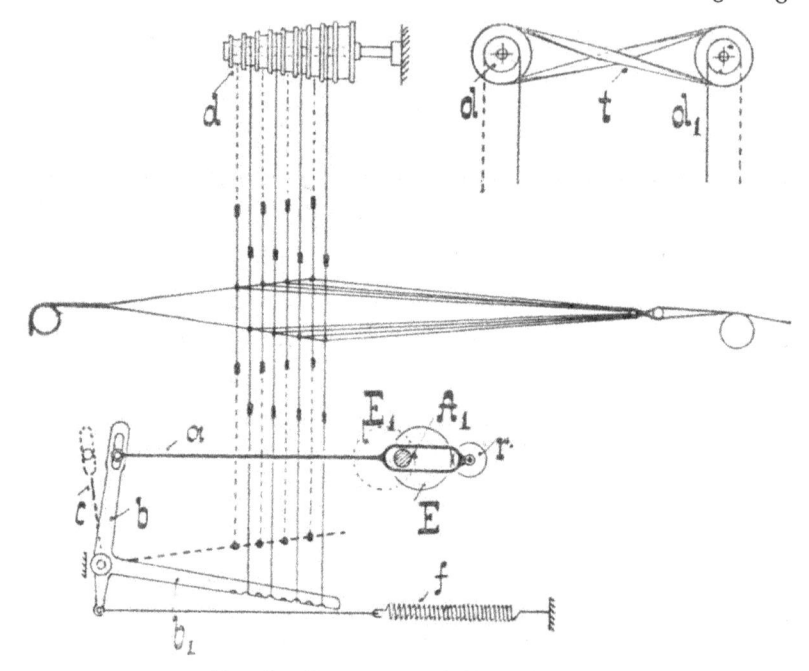

Fig. 181. Gegenzug an Seidenwebstühlen.

Stufenscheibe d zwangläufig zurückgeführt. Um aber weniger Zug in den Schnüren und Geschirrlitzen zu haben, werden b und c durch kräftige Zugfedern f (f_1 ist nicht gezeichnet) zurückgeführt bzw. gehoben.

2. Geschirrbewegung mit Außentritten

Auch bei der äußeren Tritteinrichtung, wo also die Tritthebel außerhalb des Stuhlrahmens liegen, unterscheidet man zwei Arten, nämlich erstens eine unabhängige oder beliebige und zweitens eine zwangläufige Schaftbewegung, also eine Bewegung mit Gegenzug.

Die hierbei zur Anwendung kommenden Exzenter sind schon in der Vorbesprechung bekannt geworden; jede Erhöhung bewirkt ein Heben des Schaftes. Die Mannigfaltigkeit der auf solcher Tritteinrichtung webbaren Bindungen ergibt sich aus Fig. 182. Die Bindungen und Exzenter sind zu einem Blatt von 42 Beispielen vereinigt. Die Exzenterformen sind für Offenfach bestimmt, nur in dem 42. Beispiel ist der Exzenter für Geschlossenfach konstruiert. In dem 1., 2., 3., 5., 6., 8. und 11. Beispiele sind mehrere Exzenterscheiben zusammengestellt, nämlich so viele, wie für die betreffenden Bindungen nötig sind, in allen anderen ist nur je eine abgebildet. Es sind 2-, 3-, 4-, 5-, 6-, 7- und 8 schäftige Bindungen angeführt. Die Leinewandbindung ist in den Exzentern des 1., 2., 16. und 30. Beispieles wiederholt, jedoch jedesmal in anderer Form. Das 1. Beispiel ist

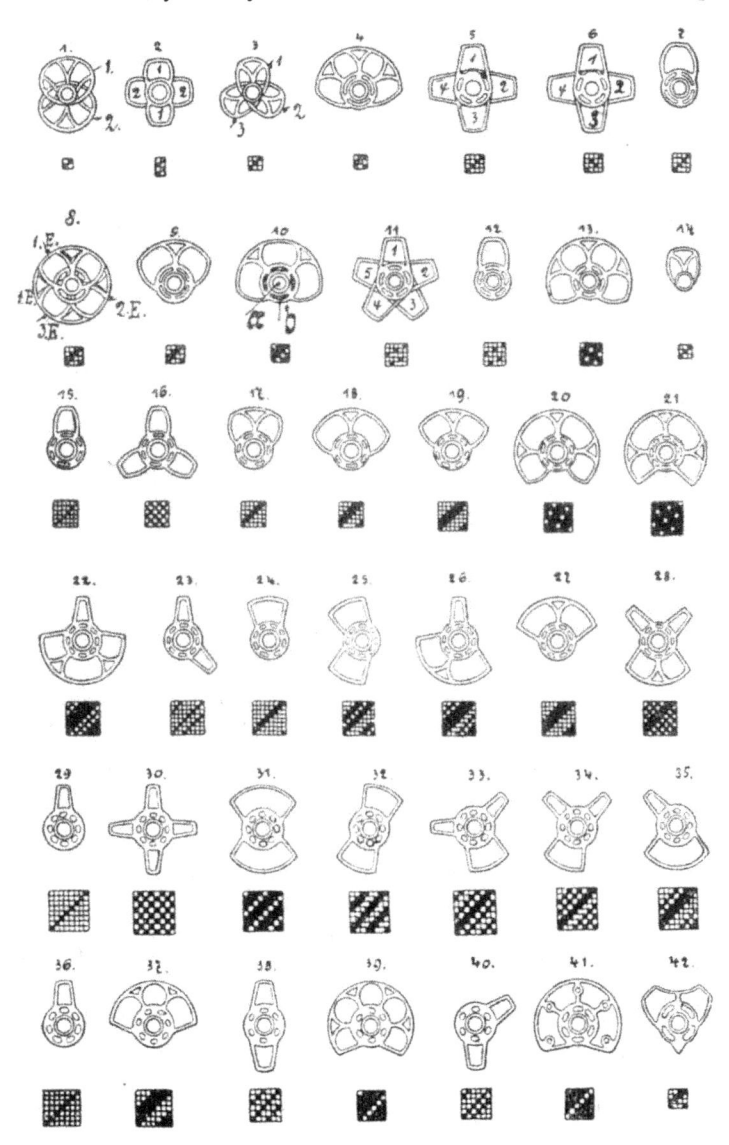

Fig. 182. Trittexzenter zu Fig. 183—185.
(Eine Erhöhung im Exzenter bedeutet ein Heben des Schaftes.)

hinlänglich bekannt, im 2. dreht sich der Exzenter nach 4 Schüssen einmal (man achte auf die Zahlen, welche sich auf gleiche Erhöhungen beziehen), im 16. nach 6 Schüssen und im 30. nach 8 Schüssen. Für zwei Schäfte sind dabei nur zwei Exzenterscheiben nötig, für vier natürlich vier Scheiben usw. Von dem 4. Beispiele ab lassen sich die Scheiben beliebig (innerhalb einer Bindung) zusammensetzen, indem man sie mit der Bohrung a (Beispiel 10) auf eine Achse oder auf eine Büchse schiebt und dann durch

Fig. 183. Äußere Trittanordnung. (Erstes Stuhlsystem.)

Schraubenbolzen verschraubt. Die Schraubenbolzen steckt man durch die Öffnungen b. Natürlich lassen sich auch die vollständig aus einem Stück gegossenen Exzentertrommeln (mit der nötigen Anzahl Scheiben) von den Maschinenfabriken beziehen. Es ist sogar vorteilhaft, die Exzenter dieser Anordnungen aus einem Stück gießen zu lassen, also nicht einzelne Scheiben zu verbolzen.

Fig. 183 gibt die Teilansicht eines Webstuhles (schräg von vorn gesehen) mit Außentritten wieder. T sind die Tritthebel, E die Exzenter, a die Verbindungsstangen an b, c die Quadrantenstangen und b die Schafthebel (Quadrantenhebel); es sind je vier Tritte, Exzenter und Quadrantenwellen usw. einmontiert. Vorgesehen ist die Einrichtung für acht Schäfte, wie es aus dem Führungsrost r und dem Quadrantenwellenlager e zu entnehmen ist. (Man vergleiche hiermit die Einrichtung von Fig. 185.)

In bekannter Weise ist A die Kurbelwelle und A_1 die Schlagwelle des Stuhles. Das Kammrad von Welle A treibt ein Zwischenrad und dieses wieder das Kammrad k. k bezeichnet man auch als Kanonenrad, weil es mit einer langen, auf die Welle A_1 aufgeschobenen Büchse, siehe auch Fig. 184, fest verbunden ist. k dreht sich somit unabhängig von A_1. Die Exzenter nach Fig. 183 haben die gleiche Form wie im Beispiel 9 (oder auch 8) von Fig. 182. Damit läßt sich also ein vierschäftiger Köper oder

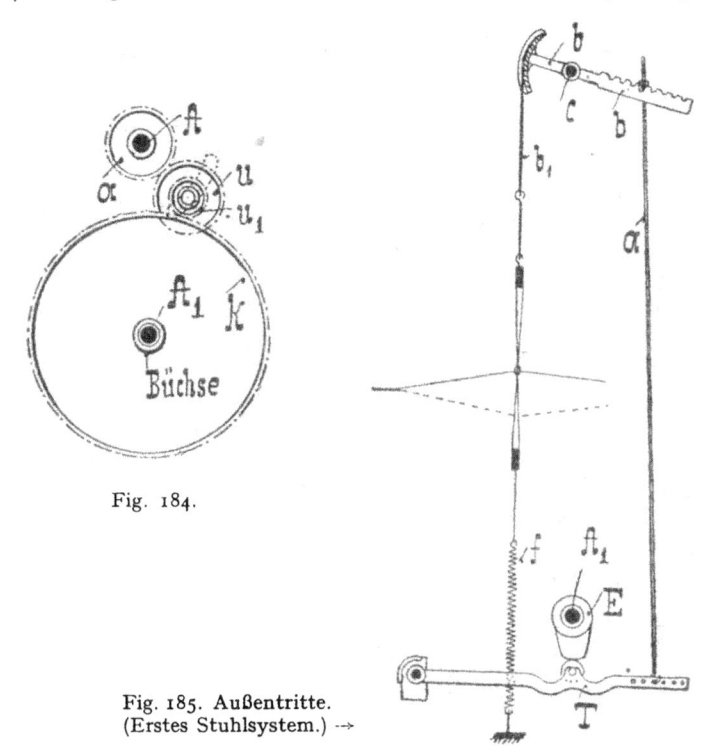

Fig. 184.

Fig. 185. Außentritte.
(Erstes Stuhlsystem.) →

die Bindung von Fig. 144 weben, weil dort auch nur vier Schäfte verwendet sind. Die Übersetzung von A auf das Kanonenrad k (Fig. 183) geschieht im Verhältnis 1:4; k dreht sich nach vier Schüssen einmal.

Je nach der Form des Trittexzenters, ob für 2-, 3- usw. -bindige Waren, muß die Drehung für k eingerichtet werden, wie es auch eingehend besprochen wurde. So muß k für das 1. Beispiel von Fig. 182 nach zwei Schüssen, für das 2. Beispiel nach vier, für das 13. Beispiel nach fünf Schüssen usw. eine Umdrehung gemacht haben. Deshalb ist der Antrieb für k veränderlich. Gewöhnlich erhält das Kanonenrad k 120 Zähne. Dann muß das Kurbelwellenrad von A haben (Fig. 183):

$a = 120:3$ (bei 3bindiger Ware) $= 40$ Zähne
$a = 120:4$,, 4 ,, ,, $= 30$,,
$a = 120:5$,, 5 ,, ,, $= 24$,,
$a = 120:6$,, 6 ,, ,, $= 20$,,

Für siebenbindige Exzenter ist die Zähnezahl von 120 an dem Kanonenrad k ungeeignet, nämlich deshalb, weil sich 120 durch 7 nicht ohne Rest teilen läßt. Das Zwischenrad muß deshalb in ein Übersetzungsrad u, u_1 verändert werden, Fig. 184.

Das Übersetzungsverhältnis ist: $\frac{1}{x} \cdot \frac{k \cdot u}{u_1 \cdot a} = 1$, also eine Umdrehung von A, wobei x die Teilung des Exzenters angibt, d. h. ob 7-, 8- usw. -bindig.

a soll 40 Zähne, $u = 42$ Zähne und $k = 120$ Zähne haben. Wie groß ist u_1, wenn eine 7- (= x) bindige Ware gewebt werden soll?

$$1 \text{ Umdrehung von A} = \frac{1}{x} \cdot \frac{k}{u_1} \cdot \frac{u}{a}$$

$$u_1 = \frac{k \cdot u}{7 \cdot a} = \frac{120 \cdot 42}{7 \cdot 40} = 18 \text{ Zähne.}$$

Bedingung ist, daß u : x ohne Rest aufgehen muß. Für eine 8bindige Ware (z. B. für $u = 40$) erhält man $40 : 8 = 5$.

$$u_1 = \frac{k \cdot u}{S \cdot a} = \frac{120 \cdot 40}{8 \cdot 40} = 15 \text{ Zähne.}$$

Oder eine 9bindige Ware $u = $ z. B. 45 Zähne, weil $45 : 9 = 5$ oder für $u = 54$ Zähne, nämlich $54 : 9 = 6$. $x = 9$.

$$\text{Also } u_1 = \frac{120 \cdot 54}{9 \cdot 40} = 18 \text{ Zähne.}$$

Als weitere Bedingung gilt, daß k : a ohne Rest teilbar sein muß, z. B. $120 : 24 = 5$.

Das Senken der Schäfte ist nach der eingangs gegebenen Erklärung in zwei Arten ausführbar. Für die erste Art wurden Federn genannt. Dabei verwendet man entweder einfache Zugfedern oder sog. Federzugregister. Man bezeichnet eine solche Einrichtung auch als »äußere unabhängige Geschirrbewegung«, weil das Heben und Senken der Schäfte nicht von der Beschränkung durch einen Gegenzug abhängig ist.

Die einfachste Betätigung des Schaftes durch eine Zugfeder f, Fig. 185, wird noch viel angewendet, ist aber aus dem Grunde nicht sehr vorteilhaft, weil die Feder um so mehr gespannt wird, je höher der Schaft zu heben ist. Die Zugorgane des Webstuhles haben dabei die Kettspannung im Oberfach und die Federspannung zu überwinden, so daß damit ein Kraftverbrauch verbunden ist und daß außerdem die Geschirrlitzen usw. leicht verschleißen. Der große Sprung macht die Feder leicht schlaff, und der Verbrauch an Federn ist nicht immer normal, weil ihre Härtung vielfach zu wünschen übrig läßt. Geschirr- und Kettfädenbeschädigungen durch zersprungene Federn kommen oft vor.

Hier erweisen sich die sog. Federzugregister als sehr vorteilhaft. Durch geeignete Hebelübersetzung wird der Zug an den Schäften trotz zunehmender Federspannung um so weniger, je höher der Schaft gehoben wird, und erst im Unterfach setzt der Federzug zur Überwindung der Kettspannung ein. Die oben kurz angeführten Nachteile fallen damit weg. Es gibt eine große Anzahl geeigneter Vorrichtungen. An erster Stelle soll das Federzugregister von Gebr. Stäubli angeführt werden, Fig. 186. Die Quadrantenhebel D_2 und E (es sind nur zwei gezeichnet) werden durch die Federn D_1 und E_1 gesenkt; der eine Quadrantenhebel ist gehoben. Man erkennt an Hebel E, daß die Kette, welche E_1 mit E verbindet, sich dem Drehpunkte von E nähert, so daß sich damit der Zug an dem Schaft verringert. Durch

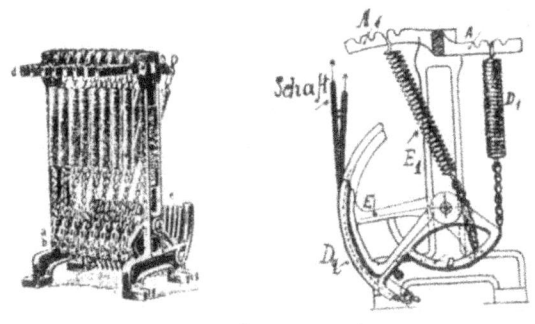

Fig. 186. Federzugregister.

Verlegung des Aufhängepunktes der Federn an den Armen A, A_1 kann der Federzug verändert werden, wodurch Spannungsdifferenzen bis zu 1,5 kg entstehen und das Register für leichte und schwere Waren verwendbar wird. Man beachte auch die Gesamtansicht des Registers. Über die Anbringung unter dem Schaft siehe unter Schaftmaschinen, Fig. 236.

In Fig. 187 ist ein anderes Federzugregister abgebildet. Die Zugverbindungen s und s_1 führen an einen gemeinsamen Schaft. Quadrantenhebel D und D_1 sind durch Feder f verbunden; beide Hebel sind gehoben. Wenn sie gesenkt werden, so nimmt die Feder die Stellung f_1 ein, und dann ist

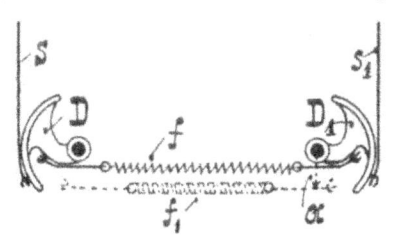

Fig. 187. Federzugregister.

die Hebellänge a bedeutend größer als bei der Federstellung f. Natürlich vergrößert sich damit der Zug an s, s_1.

Die Gegenzüge finden hauptsächlich bei geringerer Schaftzahl Anwendung. Es gibt Webstuhlfabriken, welche bis zu vier Schäften Gegenzüge und bei größerer Schaftzahl Federn empfehlen (Federzugregister).

Unter der Bezeichnung »äußere Gegenzugbewegung« oder »abhängige äußere Tritteinrichtung« versteht man demnach die Verwendung von Gegenzügen unterhalb der Schäfte. Die schon bei der inneren Tritteinrichtung besprochenen können auch hier sinngemäß Verwendung finden.

137

Sehr zweckmäßig ist der sog. Universalgegenzug. Fig. 188, welcher mit kleinen Abänderungen gleich gut für 2- bis 8schäftige Bindungen verwendet werden kann. In Fig. 188 ist der Gegenzug auf beiden Seiten für 5 Schäfte eingerichtet. Durch Versetzen des Drehpunktes von a nach b wird er für drei (Fig. 189) und sechs Schäfte (Fig. 190) verwendbar.

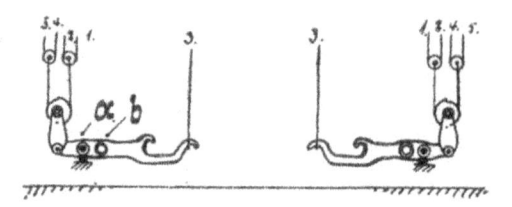

Fig. 188. Gegenzug für Außentritte.

Wird nur der Rollenzug c von Fig. 189 genommen, so können zwei Schäfte oder nur mit der Einrichtung c von Fig. 190 vier Schäfte weben.

Die in Fig. 188—190 wiedergegebenen Gegenzüge mit ihrem Dreh- oder Befestigungspunkt in a oder b sind lösbar, indem a oder b an einem Tritt befestigt werden. Dieser Tritt ist eingehängt oder gesperrt. Der Weber löst ihn mit dem Fuße und lockert auf diese Weise die Spannung des Geschirrs.

3. Geschirrbewegung mit vertikalen Tritten

Die Fig. 191 zeigt die Anordnung der vertikalen Tritte T links außerhalb des Stuhlrahmens. T ist ein zweiarmiger Hebel mit dem Schwingpunkt in g. Von T gehen oben und unten über die Rollen r und r_1 Verbindungsdrähte d und in ihrer Verlängerung eiserne Kettchen k an die Schäfte. Das Heben

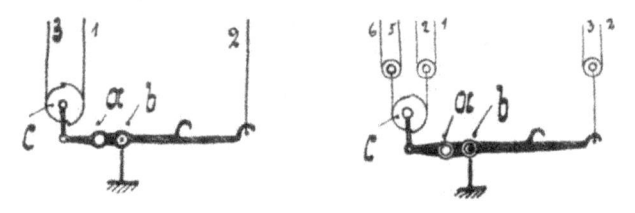

Fig. 189. Gegenzug für Außentritte. Fig. 190.

des Schaftes besorgt die starke und lange Zugfeder f, und das Senken erfolgt durch die Erhöhungen im Exzenter. Demnach üben die Exzenter hier dieselbe Wirkung aus wie bei den Innentritten.

Der Umstand, daß die Schäfte durch Federn gehoben werden, hat insofern Vorteile, weil der Weber z. B. bei der Kettfadenkontrolle leicht imstande ist, die im Oberfach nicht gewünschten Schäfte mit der Hand niederzudrücken. Man beachte auch, daß dem Unterfach vielfach etwas mehr Spannung gegeben wird als dem Oberfach.

Die Drehung der Exzenterwelle E_1 (es handelt sich hier um das zweite Stuhlsystem, spez. um Buckskinstühle) geschieht von A durch die Kamm-

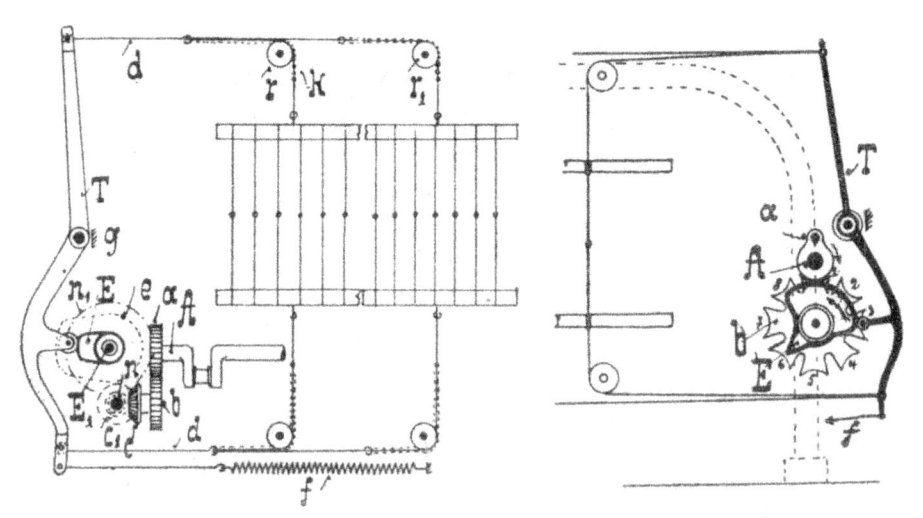

Fig. 191. Vertikale Tritte. (Zweites Stuhlsystem, Fig. 16.)

Fig. 192. (Viertes Stuhlsystem, ältere Ausführung.)

räder a, b, die Winkelräder c, c_1 und die Kammräder n, n_1. Kammrad n_1 ist auf Welle E_1 festgekeilt.

An Stelle der offenen Exzenter nimmt man vielfach geschlossene oder Nutenexzenter (siehe punktierte Linie e). Hierbei fällt die Zugfeder f weg. Die Schaftbewegung ist alsdann zwangsläufig.

Gewöhnlich verwendet man 2-, 3- und 4-, selten noch mehrbindige Exzenter. Der Hub der Exzenter muß wegen der Schrägfachbildung ungleich groß sein.

An den Schönherrschen Federschlagstühlen wird der schon in Fig. 160 gezeigte Antrieb durch Stern- und Stiftrad verwendet, Fig. 192. A ist die Antriebwelle, a das sich bei jedem Schuß einmal drehende Stiftrad und b das Sternrad. Der achtschüssige (achtbindige) Exzenter E dreht sich in der Pfeilrichtung und senkt den Schaft durch den Tritt T mit jeder Erhöhung, also hier nach der Bruchstellung: $\frac{|\ \ |\ \ |4.|5.|\ \ |7.|\ \ }{1.|2.|3.|\ \ |6.|\ \ |8.}$ Jede Zahl unter der Linie bedeutet auf dem betreffenden numerierten Schußfaden ein Senken des Schaftes (zugleich eine Erhöhung im Exzenter). An f ist die Zugfeder befestigt.

4. Geschirrbewegung durch Exzentertrommeln und Tritthebel

Die Geschirrbewegung durch außerhalb des Stuhlrahmens liegende Exzentertrommeln ist in der schrägen Ansicht von vorn (Fig. 193) und in der Schnittzeichnung (Fig. 194) gegeben. Man bezeichnet die Trommel auch als Bundscheibe (tappet wheels). Nach der Schnittzeichnung, Fig. 194, ist die Bundscheibe E für eine achtbindige Ware eingerichtet. Sie besteht aus acht Teilen (1—8) und ist beliebig zusammenstellbar. Die Teile 1, 5

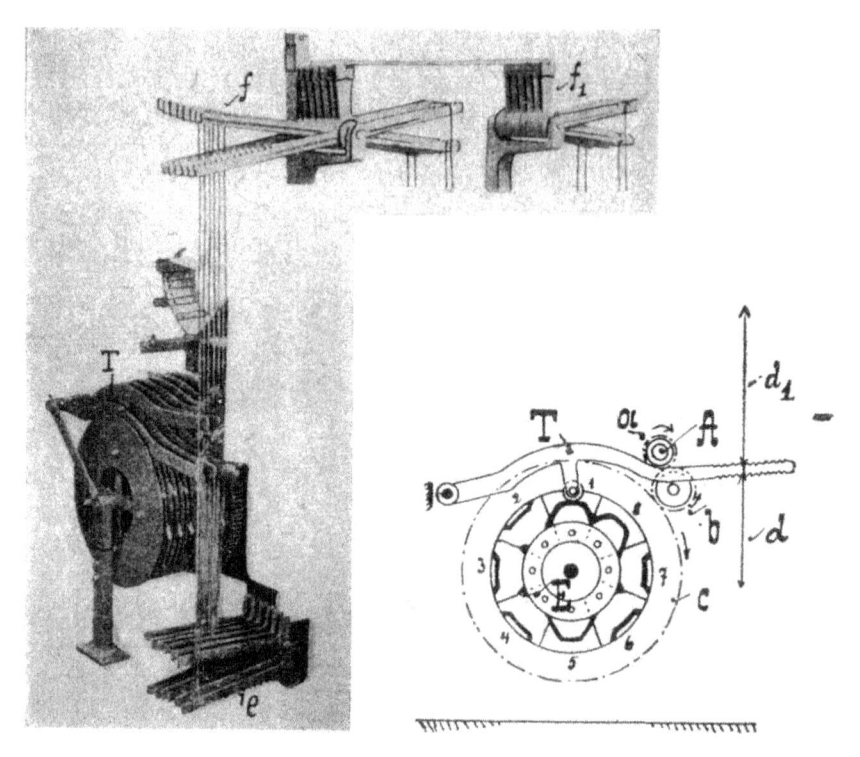

Fig. 193. Exzentertrommel und Tritthebel.   Fig. 194. Trommelexzenter.

und 8 nennt man Senker und die anderen Heber. Jeder Senker hebt den Tritt T, aber senkt den Schaft, weil die Schnurverbindung d (Fig. 194) an die unteren, zu T querstehenden Schafthebel e und d_1 an die oberen f, f_1,

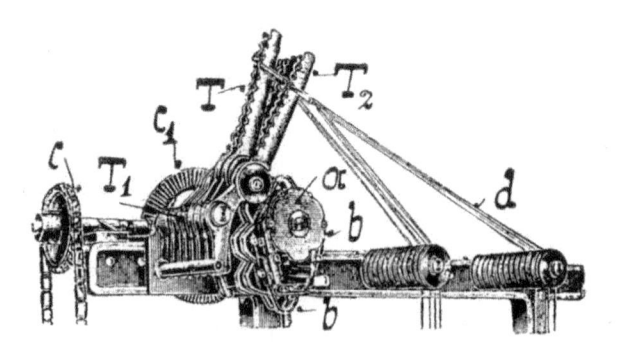

Fig. 195. Exzenterkarten.

Fig. 193, gehen. Die Schäfte werden zwangsläufig, also durch Gegenzug, aber nicht in dem vorher entwickelten Sinne, gehoben und gesenkt. Nach

140

der Schnittzeichnung (Fig. 194) geschieht das Heben und Senken des Schaftes in der Schußfolge: $\frac{|2.|3.|4.||6.|7.|}{1.||||5.|||8.}$ = Heber, = Senker.

Der Antrieb erfolgt von der Kurbelwelle A (im übrigen handelt es sich um das erste Stuhlsystem) aus; a treibt das Zwischenrad b und hierdurch c im Verhältnis 1:8.

Die Bundscheibe arbeitet mit Geschlossenfach. Jeder Heber ist oben und jeder Senker unten offen; es ist also keine geschlossene Nutenscheibe (Nutenexzenter) im engeren Sinne. Aber trotzdem arbeiten die Bundscheiben wie die Nutenexzenter, weil der Schaft bekanntlich im Ober- oder Unterfach eine Kettspannung zu überwinden hat und durch diese Spannung immer wieder in die Mittelstellung des Faches zurückgeführt wird. Also auch der Tritt T wird in der Nut der Scheibe E immer in deren Mitte gedrängt werden und kann deshalb nicht nach oben herausspringen.

5. Geschirrbewegung durch Exzenterketten

Nach Fig. 195 haben die Tritte T ihren Drehpunkt in T_1. Jede Erhöhung in der Exzenterkette b hebt einen Tritt und damit den betreffenden Schaft. Die Hebel T_2 sind gesenkt. Zum Senken der Schäfte dienen Federn oder Federzugregister. Der Antrieb des Zylinders a, der die Exzenterkette aufnimmt, erfolgt von der Kurbelwelle (oder Schlagwelle) aus durch die Kette c bzw. Kettenrad c. Auf der kurzen Welle von c sitzt ein kleines Kegelrad, das in c_1 kämmt. Die Übersetzungsverhältnisse sind so gewählt, daß sich a $1/_6$ mal bei jedem Schuß dreht. d führen an die Schäfte.

Eine in der Ausführung ganz ähnliche, ebenfalls von Gebr. Stäubli herstammende Einrichtung zeigt Fig. 196. Nur sind an Stelle der Kettenexzenter einfache, mit Offenfach arbeitende Exzenter c getreten. Der Tritt e ist mit der Rolle d versehen, und d rollt auf c. Die Welle h trägt das Kegelrad g, und g treibt die Welle von c durch das Kegelrad f.

Fig. 196.

Fig. 197 zeigt eine Tritthebelbewegung mit Exzenterkarten. Die Abbildung zeigt einen Teil eines Seidenwebstuhles mit der Exzenterkarte b und den Tritthebeln T. Die Verbindungsschnur d geht an die Wippe d_1, und von hier aus führen die Schnüre d_2 und d_3 an den Schaft. c wird von der Schlagwelle aus angetrieben. Siehe auch die Schnittzeichnung von T. Das Senken der Schäfte geschieht durch Federn. Die beschriebene Anordnung hat den Vorteil, daß die Ware durch Ölflecke nicht beschmutzt werden kann.

An dieser Stelle muß noch die Leistenbewegung durch Nutenexzenter, Fig. 198, erwähnt werden. Exzenter E dreht sich in der Pfeilrichtung und nimmt in seiner Nut den Schlitten oder die Weiche c auf. Die punktiert gezeichneten Pfeilrichtungen geben den Weg von c an, wenn E gedreht wird. Mit c bewegt sich der zweiarmige Hebel b, der links als Zahnsektor

Fig. 197.

ausgebildet ist und mit dem Kammrad a kämmt. a steht mit einer Rolle in Verbindung. An diese Rolle geht die Litzenverbindung l, die oben über Rolle d geführt ist und somit als Gegenzug arbeitet.

b) Geschirrbewegung durch Schaftmaschinen

Die Besprechung der Schaftmaschinen soll nach der bei der Fachbildung aufgestellten Reihenfolge geschehen. Demnach unterscheidet man
1. Hochfachschaftmaschinen,
2. Tieffachschaftmaschinen,

3. Hoch- und Tieffachschaftmaschinen,
4. Offenfachschaftmaschinen.

Von den genannten werden die Hochfachschaftmaschinen selten und die Tieffachschaftmaschinen fast gar nicht angewendet. Am meisten sind die Hoch- und Tieffachschaftmaschinen, hauptsächlich für schwerere Waren, und die Offenfachschaftmaschinen in Benutzung.

1. Hochfachschaftmaschinen

Zum Verständnis genügt die Besprechung der in Fig. 199 skizzierten Maschine, die nur für vier Schäfte eingerichtet ist. Man baut Schaftmaschinen bis zu 43 Schäften.

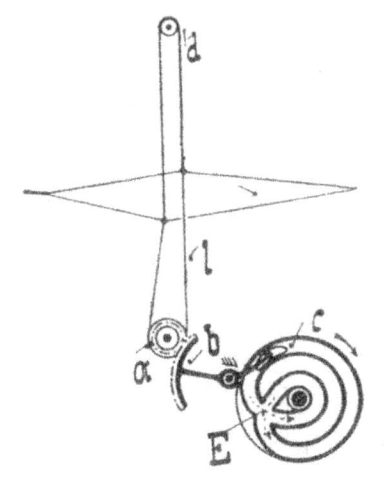

Fig. 198. Leistenbewegung.

Der Schaft s, der durch ff gesenkt wird, steht durch h_2 und h_1 mit dem Haken h in Verbindung. Es sind vier h vorgesehen; sie stehen im Zustande der Ruhe auf dem festgelagerten, also unbeweglichen, Platinenboden P, oder mit andern Worten im Unterfach. Der Messerhebel M hebt sich durch Drehung der Kurbel r, weil die Stange e die Verbindung zwischen M und r herstellt. M macht, weil der Drehpunkt in m liegt, hinten eine stärkere Bewegung als vorn. Die Haken oder Platinen h greifen auf das Messer und werden beim Hochgange mitgenommen, bilden aber durch die stärkere Bewegung von M nach hinten ein sog. Schrägfach.

Die Abbildung gestattet in bequemer Weise eine Erklärung für die Anwendung der an Hand von Fig. 144 kennengelernten Tritt- oder Kartenzeichnung. In Fig. 199 A ist die Trittbezeichnung wiederholt und in Fig. 199 B die Kartenzeichnung gegeben. Die vorliegende Zeichnung gibt eine Schaftmaschine wieder, bei der ein vierseitiges Kartenprisma K Anwendung findet; 1, 2, 3 und 4 sind Bohrungen in K. In diese Bohrungen dringen die Nadeln n, sobald das Prisma anschlägt (siehe Pfeilrichtung). Werden die Bohrungen geschlossen, so müssen n und damit h zurück-

143

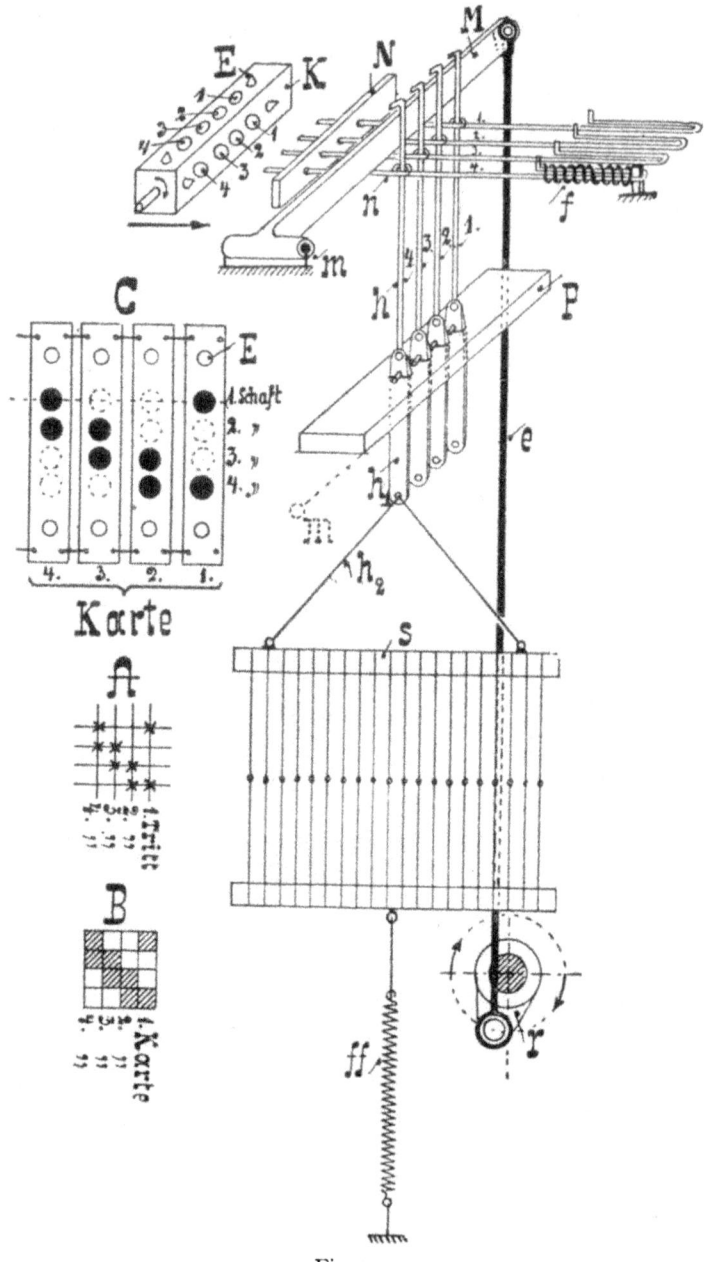

Fig. 199.
Schaftmaschine (Einführung in die Schaftweberei).

144

gedrängt und h aus dem Bereich des Messers M gebracht werden. Das Anschlagen des Kartenprismas erfolgt dann, wenn das Messer M fast gesenkt ist, und es bleibt solange vor den Nadeln, bis M wieder etwas gehoben ist, so daß die einmal zurückgedrängten Haken für den betr. Schuß nicht mehr aufgreifen können. Die Feder f schnellt die Nadel n und damit auch h in die Angriffsstellung auf M zurück.

Das Schließen der Bohrungen in K geschieht durch Karten (Papp- oder Blechkarten), wie sie in Fig. 199 (C) abgebildet sind. E sind sog. Eichellöcher, die den Karten durch die Warzen oder Eicheln (Fig. 199) Führung

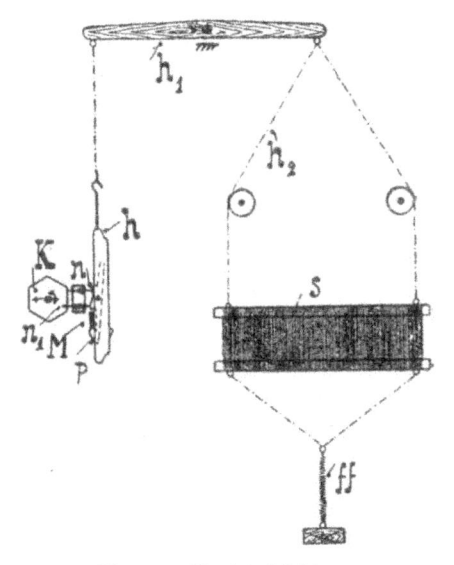

Fig. 200. Hochfachbildung.

geben. Jede geschlagene Karte (siehe die schwarzgefärbten Kreise) bedeutet ein Heben des Schaftes und jede nicht geschlagene Stelle ein Senken. Die Karten sind nach der Vorschrift der Tritt- (Fig. 199 A) oder Kartenzeichnung (Fig. 199 B) geschlagen.

Die Schaftmaschine von Fig. 200 zeigt eine Hochfachbildung für Seidenwebstühle. Die Buchstaben beziehen sich auf bekannte Teile oder Einrichtungen. Um das Verschmutzen der Ware durch Ölflecke zu vermeiden, ist die Maschine seitlich am Stuhl angeordnet. Die Platine p ist in dem Platinenführungsstück h untergebracht. Die beiden Nadeln n und n_1 beeinflussen p so, daß n sie gegen das Messer M und n_1 davon abdrückt. In der Karte müssen deshalb zwei Reihen Löcher geschlagen werden; für jeden Schaft ist ein Loch zu schlagen (z. B. für n_1) und die andere Stelle (z. B. für n) ungeschlagen zu lassen oder umgekehrt. Das Messer M senkt sich nach unten; es ist hebelartig mit seinem Drehpunkt nach vorn (wie in Fig. 199) gelagert und stellt deshalb ein Schrägfach her. Mit Hilfe der Verbindung h_1, h_2 wird der Schaft s ins Oberfach, also Hochfach, gehoben.

Über die Messerbewegung und Prismenführung siehe näheres unter Hoch- und Tieffachschaftmaschinen.

2. Die Tieffachschaftmaschinen

Die Maschinen dieser Art bieten nichts Neues, weil man nur nötig hat, die Schäfte durch eine Feder oder ein Federzugregister im Oberfach halten zu lassen. Sollen für sie die Fachbildung ins Unterfach gesenkt werden, so kann die nach Fig. 199 und 200 beschriebene Maschine so mit Zugorganen in Verbindung gebracht sein, daß durch ein Heben von h der Schaft gesenkt wird.

3. Die Hoch- und Tieffachschaftmaschinen (auch Geschlossen- oder Klappfachschaftmaschinen)

Die Hochfachmaschine, Fig. 199, läßt sich in eine Hoch- und Tieffachmaschine umändern, wenn dem Platinen- oder Hakenboden P vorn, wie es die punktierte Linie in m anzeigt, ein Schwingpunkt gegeben wird. Alsdann müssen zwei Stangen e und ebenso zwei Kurbeln r so arbeiten, daß die erste Kurbel z. B. eine senkrechte Stellung nach unten (Fig. 199) für M, und die zweite eine Stellung nach oben für P einnimmt. Werden beide Kurbeln gedreht, so wird M gehoben und P gesenkt. Es entsteht, wie für M, auch für P eine schräge Stellung, also eine Schrägfachbildung, nämlich, um es zu wiederholen, mit M in der Bewegung nach oben und mit P nach unten.

Es ist aber möglich, wenn auch unpraktisch, das Heben und Senken von M und P geradlinig vorzunehmen, so daß wohl Hoch- und Tieffach, aber nicht Schrägfach entsteht.

Gegenüber dem Hochfach hat die Bildung von Hoch- und Tieffach Vorteile aufzuweisen. Die Sprunghöhe für die Fachöffnung muß nämlich in beiden Fällen gleich sein. Aber der Messerhebel M braucht nur eine halb so große Bewegung zu machen, wie beim reinen Hochfach. Die andere Arbeit übernimmt der Platinenboden P. M und P ergänzen sich also in ihrer Arbeit, und dadurch wird die bei jedem Schuß zurückzulegende Bewegungsstrecke halb so groß. Das hier Gesagte gilt natürlich in gleichem Maße für das Geschirr und die Kettfäden, so daß eine Schonung der Kette die natürliche Folge ist. Wenn sich mit kleinen Sprunghöhen ein Nachteil bei der reinen Hochfachbildung auch nicht so sehr bemerkbar macht, so tritt er bei größerem Fach um so störender auf.

Eine Ergänzung zu der Fig. 200 gibt die Fig. 201. Diese Schaftmaschine arbeitet hiernach mit Hoch- und Tieffach und der Bildung von Schrägfach, nämlich mit M (von der Mitte aus) für Hoch- und M_1 für Tieffach. h mit der doppelnasigen Platine p steht durch Wippe h_1 mit dem Schaft nach oben und durch h_3 nach unten in Verbindung. Die Schaftbewegung ist somit zwangsläufig oder besteht als Gegenzug, während sie in der vorher besprochenen Skizze, d. h. von Fig. 200, kraftschlüssig durch ff war.

Das Geschlossen- oder Klappfach nach Fig. 201 ist noch weiter verbessert und für die Verwendung von Papierkarten eingerichtet worden, Fig. 202. Die Buchstaben weisen auf bekannte Teile hin. Man sieht, daß hier der Rost R dieselbe Arbeit übernimmt, wie nach der Einrichtung von Fig. 201

das Kartenprisma K, nämlich die Steuerung der Platine p; nur besteht für die Anwendung der Papierkarten noch ein Vorgelege mit den Nadeln o und o_1. Diese beiden Nadeln werden von der senkrechten s gemeinsam beeinflußt. Die Papierkarte k_1 hat demnach nur das Gewicht von s und o, o_1 zu heben. In der Darstellung sind die Nadeln, weil in k_1 ein Loch geschlagen ist, gesenkt, und Rost R mit dem Winkeleisen b drückt o_1 nach links und damit p von dem Messer M, aber gegen M_1. Dieser Angriff von p

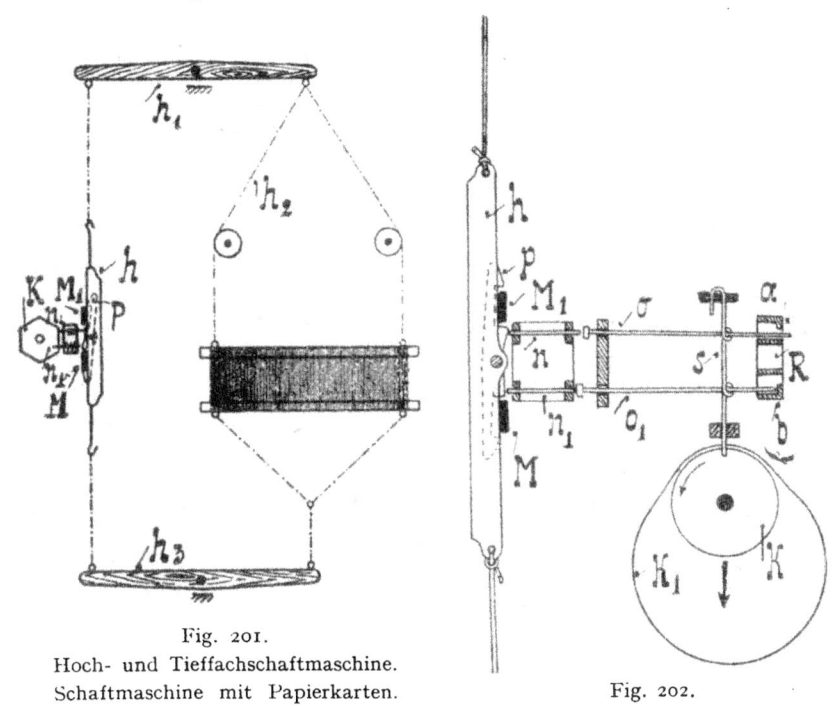

Fig. 201.
Hoch- und Tieffachschaftmaschine.
Schaftmaschine mit Papierkarten.

Fig. 202.

an M_1 ist gleichbedeutend mit dem Senken des Schaftes. Demnach bedeutet jedes geschlagene Loch in der Papierkarte ein Senken und jede ungeschlagene Stelle ein Heben der Schäfte.

Diese Gegenzugschaftmaschine (auch die in Fig. 200 und 201 gezeigten) wird meist für 28 oder aber auch für 32 Schäfte eingerichtet und auf Wunsch auch mit rotierendem Antrieb für das Kartenprisma gebaut.

Diese letztere Anordnung bewirkt ein selbsttätiges Vor- und Rückwärtsarbeiten des Kartenzylinders, entsprechend dem Drehungssinne des Webstuhls, wodurch Trittfehler in der Ware vollständig ausgeschlossen sind. Die Fachbildung und Kartenzylinderbewegung der Schaftmaschine sind bei dieser Anordnung ebenfalls unabhängig voneinander einstellbar. Besonders zu empfehlen sind diese Maschinen für Webstühle mit elektrischem Antrieb für Vor- und Rückwärtsbewegung oder da, wo die Arbeiter das »Schußsuchen« durch Rückwärtsdrehen des Webstuhls gewöhnt sind. Die

Fachbewegung wird, wie bei erstbeschriebener Maschine, durch einen auf der Kurbelwelle des Webstuhls befestigten Exzenter getätigt.

Die Crompton- oder Schemelschaftmaschine

Diese für die Buckskinweberei sehr wichtige, von Georg Crompton erbaute Maschine hat im Laufe der Zeit so viele Verbesserungen erfahren, daß sie mehr unter dem Namen Schemelschaftmaschine bekannt geworden ist.

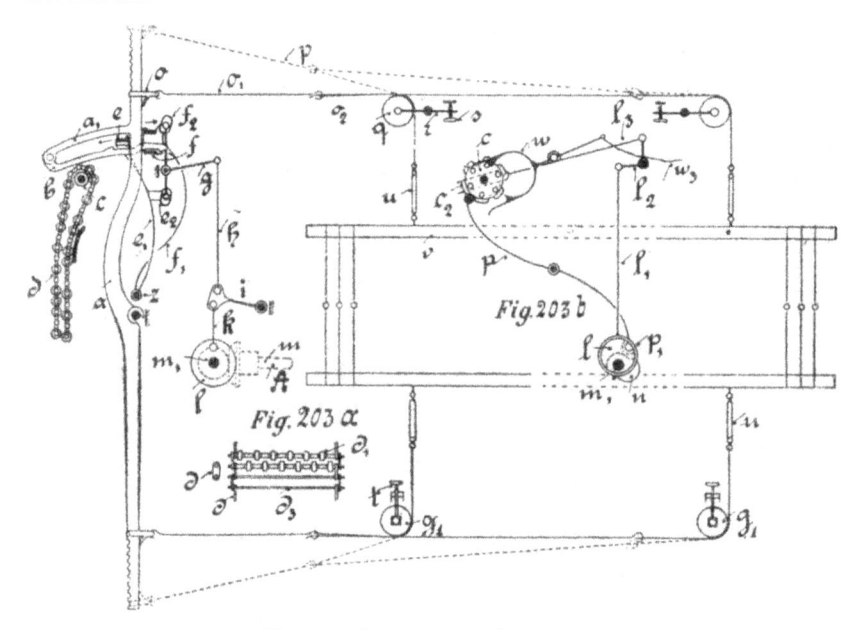

Fig. 203. Cromptonschaftmaschine.

Die älteste Ausführung ist in Fig. 203 skizziert. Die Bewegung der Schäfte geschieht durch Gegenzug von dem Schemel a aus. Alle Schemel werden gleich stark bewegt, so daß die Schrägfachbildung durch Änderung der Schemellängen von o bis p möglich ist. Außer den Schaftregulierern u lassen sich die Schäfte v durch die Rollen q und g_1 in der Höhenstellung einrichten. q ist an dem Hebel r mit der Stellschraube s gelagert; die unteren Rollen g_1 werden durch Schraubenspindeln t verstellt.

Zur Bewegung des Schemels a dient die an a_1 schwingbar gelagerte Platine b, die oben und unten mit einer Nase versehen ist. e und f sind in der Pfeilrichtung bewegliche Messer, an welche die Platine angreift. e ist an e_1 und f an f_1 befestigt. Beide haben den Drehpunkt in z. Der dreiarmige Hebel g steht oben mit f_2 und unten durch e_2 mit e in Verbindung. G wird von A aus in oszillierende Bewegung versetzt, indem das Kegelrad l die Schubstange k und diese (durch Vermittlung von i) die Stange h bewegt.

Um den Schaft heben oder senken zu können, wird b mit e oder f in Eingriff gebracht. Eine gesenkte Platine greift auf f, und damit wird der

Schaft infolge der Messerbewegung gesenkt; eine gehobene Platine wird durch e mitgenommen und der Schaft gehoben. Die Platinenbewegung erfolgt von der Karte d aus, und d ist auf der Kartenwalze c gelagert, dreht sich also mit c. Es ist hier eine Rollenkarte vorgesehen, bestehend aus Rollen und Hülsen, Fig. 203a. d_3 sind Kartenstäbe, d_1 Rollen. Zwischen den eisernen Rollen sitzen Hülsen. Die Verbindung der Stäbe geschieht durch eiserne Gelenke d. Jede Rolle in der Karte hebt also die Platine bzw. den Schaft.

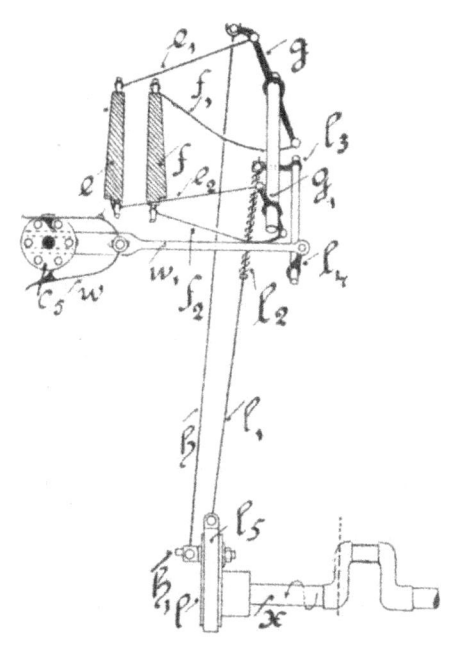

Fig. 204. Messer- und Kartenzylinderbewegung der Schemelschaftmaschine. (Zweites Stuhlsystem, Fig. 16.)

Die Drehung der Kartenwalze um $1/6$ muß bei jedem Schuß während des Fachschusses geschehen, wenn also die Schemel parallel stehen. Die Drehbewegung beginnt kurz vor dem Schließen der Messer e und f und geschah in der ersten Ausführung mit Stern- und Stiftrad. Beim Schußsuchen wurde die Schaftmaschine von der Welle A entkuppelt und die betreffenden Organe mit der Hand rückwärts gedreht, so daß der Kartenzylinder ebenfalls rückwärts lief.

Später verbesserte man die Drehung des Kartenzylinders, indem das Entkuppeln von dem Stuhl ganz wegfiel und dafür eine umsteuerbare Schaltgabel w benutzt wurde, Fig. 203b. Die Exzenterscheibe l beeinflußt die Schaltbewegung durch l_1, l_2, l_3, wobei w gegen c stößt und damit den Kartenzylinder dreht. Im Augenblick der Schaltung muß die Sperrvorrichtung p aus der Sperrscheibe c_2 ausgehoben sein. Soll Schuß gesucht oder ausgebrochen werden, so zieht der Weber an w_3, hebt w und sorgt so, ohne die Drehbewegung der Stuhlwelle zu ändern, für die Rückwärtsschaltung von c.

Die Schaltung geschieht an den jetzt gebauten Maschinen nur durch einen Haken, der ebenfalls mit Hilfe einer Schnur vom Standpunkte des Webers aus umsteuerbar ist, Fig. 204. Die oszillierende Bewegung der Schalthaken wird verschieden hergestellt; nach der Einrichtung von Fig. 204 erfolgt sie durch die Exzenterscheibe l, die auf der Kurbelwelle, hier mit x bezeichnet (zweites Stuhlsystem), festgekeilt ist (siehe auch Fig. 205). l wird von dem Exzenterring l_5 umschlossen und die an l_3 gehende Stange l_1 auf und ab bewegt. Auf l_1 ist die Feder l_2 als Sicherheitsvorrichtung gegen Bruch aufgehoben. Eine gemeinsame Welle verbindet l_3 mit l_4. Das Führungsstück w_1 geht von l_1 an die Welle des Kartenprismas, wo es durch den gabelförmigen

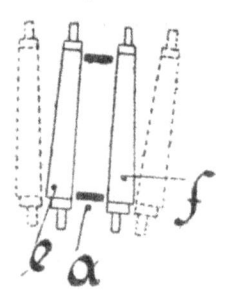

Fig. 204a.

Ausschnitt gestützt wird. Zwischen den beiden Bewegungen für das Kartenprisma und die Schaftmaschine besteht ein inniger Zusammenhang, wie es die Stellung der Kurbel von h und des Exzenters l, Fig. 205, erkennen läßt. Um den Winkel α eilt die Exzenterscheibe nach, was nötig ist, damit die oberen Nasen der Platinen b durch eine zu frühe Wendung von c nicht gegen das Messer e stoßen.

An den neueren Maschinen, wie sie in den Fig. 204 bis 206 gezeigt werden, ist vor allem die Schemelbewegung bemerkenswert. Alle Schemel sind gleich lang. Die Schrägfachbildung wird jedoch mit Hilfe der ungleich langen Hebel g und g_1 (die auf gemeinsamer Welle sitzen) hergestellt (Fig. 204). Der Antrieb erfolgt von Kurbel h_1 durch h und g.

Wie es die perspektivistische Darstellung (Fig. 204) zeigt und auch in Fig. 204a wiederholt ist, sind die Messer e und f, die a zwischen sich halten, hinten schmäler als vorn. Diese Konstruktion ist mit Rücksicht auf die stärkere Bewegung der hinteren Teile von e und f gewählt worden, so daß die Platinen trotz der Schrägstellung tunlichst gerade geführt werden. Im übrigen ist zu bemerken, daß die Messer e und f in den Schaftmaschinen-Seitenwänden Führung haben.

Der Schaftstillstand während der Fachöffnung ist hinreichend lang genug. Er ist durch die sinnreiche Stellung des Hebels g (und g_1) zu den Messern erreicht worden. Nach Fig. 206 bildet die Schubstange e_1, die g mit e verbindet, Fig. 205, während der Fachöffnung von dem Drehpunkte g bis an e eine gerade Linie; sie steht auf dem toten Punkt. Die Bewegungsdiagramme von Fig. 207 zeigen die Stellungen von g und g_1 und unten durch die Diagrammlinie den Stillstand der Schäfte von der 4. bis 6. Linie, somit gleich ¼ Tour des Webstuhles.

Interessant ist das Diagramm von Fig. 208, wo der obere Teil des Hebels g kürzer als in Fig. 207 ist, aber auch eine andere Stellung einnimmt. Hier

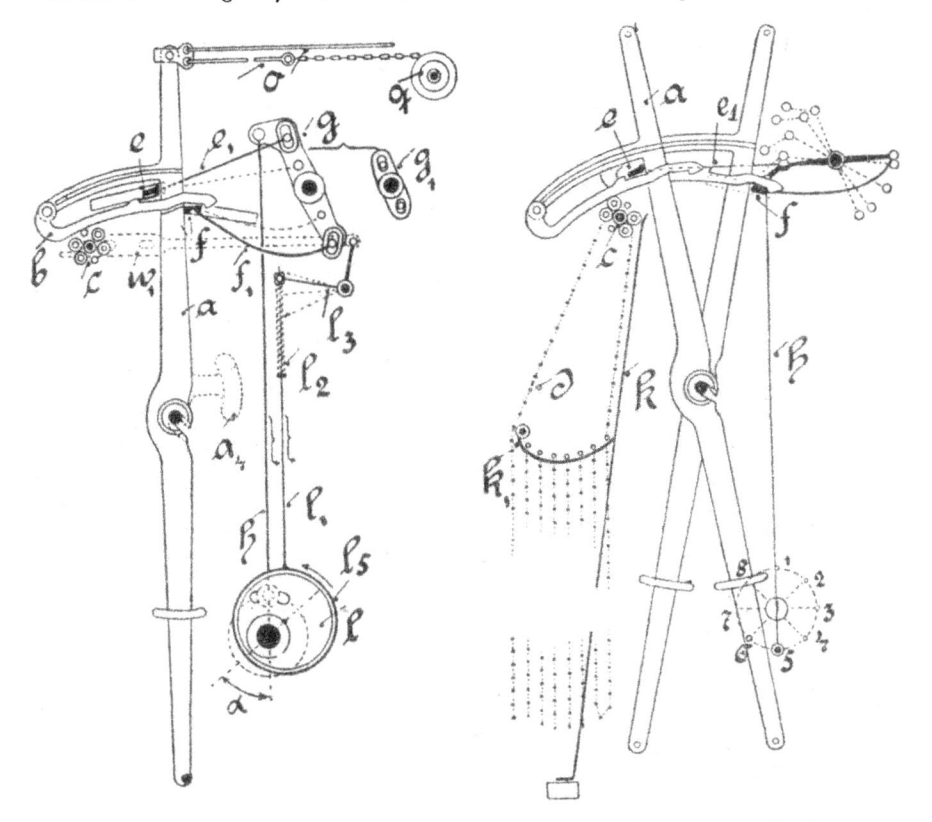

Fig. 205. Schemelschaftmaschine. (Zweites Stuhlsystem, Fig. 16.)

Fig. 206. Messerbewegung u. Rollkartenführung. (Zweites Stuhlsystem, Fig. 16.)

bedeutet I wieder das Oberfach und II das Unterfach. Die Diagrammlinie des Oberfaches zeigt keinen vollkommenen Schaftstillstand, was auch nicht so nötig ist, wie für das Unterfach, weil der Schützen nur von dem letzteren getragen wird.

Die an Hand der Beschreibung von Fig. 203b kennengelernte Sperrvorrichtung für den Kartenzylinder ist längst veraltet und durch die in Fig. 209 abgebildete ersetzt worden. c_4 ist ein auf der Achse des Kartenzylinders sitzender Stern, gegen den der Hebel c_{12} durch die Feder c_{13} gepreßt wird. Die Ansicht des Kartenzylinders im Schnitt und von oben, Fig. 210, zeigt die Anordnung bzw. Stellung der genannten Teile auf dem Kartenzylinder c. c_3 ist eine Bremsscheibe.

Auch die eisernen Rollkarten sind verbessert worden, nämlich in der Gelenkverbindung e, Fig. 211, wodurch ein geringerer Verschleiß eintritt, weil die Gelenke breiter sind. Die Kartenführung, wie sie in Fig. 206 gezeigt wird, ist für lange Karten bestimmt. Nach einer bestimmten Anzahl normal langer Kartenstäbe e (Fig. 211) folgt ein so langer, daß er sich

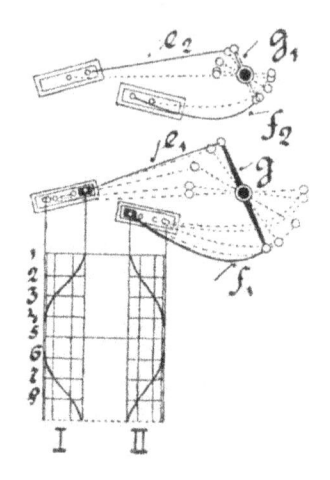

Fig. 207.
Diagramm der Schaftbewegung.

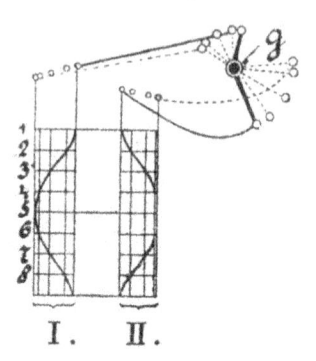

Fig. 208.

Fig. 209.

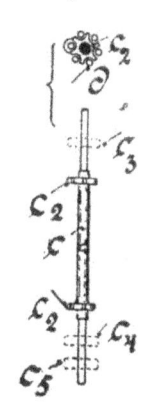

Fig. 210.

auf den Träger k aufsetzen kann und den andern Teil der Karte frei hängen läßt.

Um Maschinenfehler (Pfuscher) zu verhindern, war man gezwungen, der Platinenführung besondere Beachtung zu schenken und für ein sicheres Niederfallen (wenn die Rolle der Karte entfernt wird) Sorge zu tragen. In Fig. 212 sind Arm a_1 und Platine b scherenförmig verlängert und nehmen zwischen sich die Feder c auf, so daß b energisch niedergedrückt wird. Diese Verbesserung stammt von Schönherr. Hartmann schiebt die Spiralfeder c zwischen a_1 und b, Fig. 213. Man vergleiche auch Fig. 214. Die von Georg Schwabe herstammende Platinenlagerung, Fig. 215, zeigt die Öffnung o in a und den Einschnitt in a_1. Damit ist erreicht, daß sich die Platine nicht mit dem Nachbarschemel reiben oder hierbei aufsetzen kann.

Die schweren, eisernen Rollkarten haben neben den Vorteilen auch Nachteile. Vorteilhaft ist es, die Karten leicht umändern zu können, und ferner der Umstand, daß das Fach beim Schußsuchen, also Umsteuern des Schalthakens, sofort nach einer Tour des Stuhles richtig steht. Bei den nachfolgend zu besprechenden Papp- oder auch Papierkarteneinrichtungen an

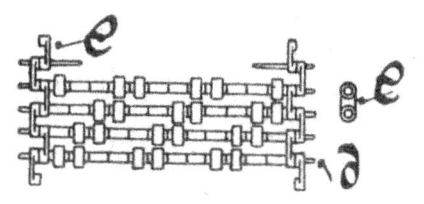

Fig. 211. Rollkarten.

Stelle der Rollkarten ist das Schußsuchen umständlicher, indem man bis zur richtigen Fachöffnung das Kartenprisma erst einige Touren rückwärts laufen lassen muß. Ebenso muß man beim Weiterweben nach dem Rückwärtsarbeiten erst einige Touren vorwärtsschalten lassen, bevor das Fach richtig steht und neuer Schuß eingetragen werden kann.

Bei den ältesten Pappkarteneinrichtungen für Cromptonstühle hatte man mit dem Fehler zu kämpfen, daß die Karten durch das Anschlagen der Nadeln leicht durchlöchert wurden und dadurch Fehler verursachten. Man hat es aber verstanden, diesen Fehler zu beseitigen und die Karten zu schonen. Selbst mit Papierkarten sind Versuche gemacht worden. Wenn sie praktisch nicht voll befriedigten, so lag es daran, daß die Papierkarten gegen Witterungseinflüsse empfindlich sind und zu vorsichtig behandelt werden müssen.

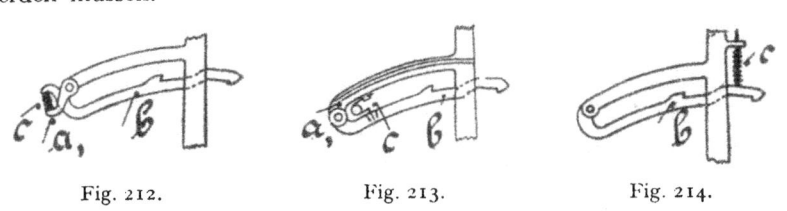

Fig. 212.   Fig. 213.   Fig. 214.

Die Pappkarteneinrichtung (Fig. 216) von Hartmann (Sächs. Maschinenfabrik) besteht aus dem an l_2 gelagerten schwingbaren Prisma c, das von der Kurbelwelle in oszillierende Bewegung versetzt wird. In der Zeichnung steht c in der Anschlagstellung und hat die Platine gehoben, weil c die Nadel n und damit v bewegt hat. Damit die Platine in Eingriff mit dem oberen Messer bleibt, sperrt Riegel r Hebel v; r wird durch Feder z kraftschlüssig gehalten, aber durch Einwirkung des Exzenter r_4 auf Rolle r_3, Hebel r_2 und Stange r_2 zurückgezogen. r muß demnach kurz vor dem Anschlag des Kartenprismas gesenkt und noch während der Anschlagstellung wieder vorgehen. Jede geschlagene Karte läßt die Nadel unberührt. Beim Kartenschlagen gilt somit die Regel, zu schlagen, was gesenkt, und nicht zu schlagen, was gehoben werden soll.

Von Franz Wächtler-Großenhain stammt die Pappkartenvorrichtung von Fig. 217. Platine b ist durch b_1 verlängert. Das in der Pfeilrichtung zu bewegende Prisma ist in der Anschlagstellung gezeichnet; die ungeschlagene

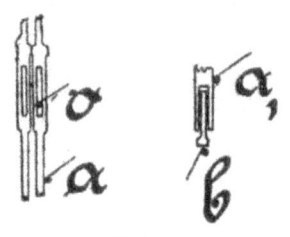

Fig. 215.

Karte hat v und damit b gehoben. Wird der Schemel a nach links bewegt, so schiebt sich b_1 unter v, wie es die punktierte Linie angibt, und b bleibt während der Linksstellung des Schemels a gehoben; b kann sich erst kurz vor Fachschluß senken. Die mit v (links) verbundene Feder bietet eine

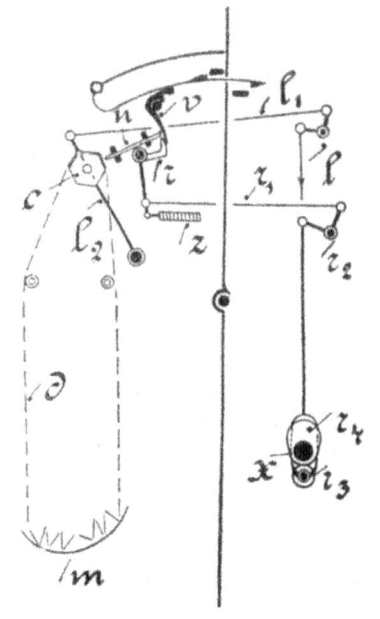

Fig. 216. Pappkarten an der Schemelmaschine.

Sicherheit gegen Bruch, wenn z. B. b nicht genügend gehoben ist und beim Linksgang gegen v stößt.

Das Kartenschlagen geschieht nach der vorher erwähnten Regel: Was in der Kartenzeichnung leer ist, muß geschlagen werden; die ungeschlagenen Stellen heben.

Die Pappkarteneinrichtung von Schönherr an den bekannten Buckskinstühlen ist in Fig. 218 (Fig. 1 bis 3) abgebildet. Die Wirkungsweise der Einrichtungen ist die folgende:

Schafthebel (Schemel) a mit Platine b wird durch die Messer c und d entweder nach außen oder innen bewegt, je nachdem die Platine mit dem Hochfachmesser c oder dem Tieffachmesser d in Eingriff gebracht wird.

An das Hochfachmesser wird die Platine mittels einer Hilfsmaschine gehoben.

Die Schaftplatine b steht in Fig. 218, 1, auf dem Tieffachmesser d ruhend, tief. Die Zylinder e mit der Musterkarte f hat sich an den Nadelkasten g angelegt und läßt die Nadel h durch ein Kartenloch in den Musterkartenzylinder e eindringen. Unter der Schaftplatine b ist ein Platinenheber i

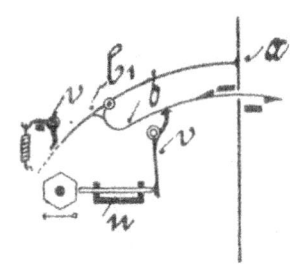

Fig. 217.

mit einem drehbar daran befestigten leichten Stößel k angeordnet, welcher vermittels des ihm gleichzeitig als Stützfalle dienenden Nadelhebels l nach oben beeinflußt wird.

Befindet sich ein Loch in der Karte, wie in Fig. 218 (Fig. 1 und 2), so folgt die Stützfalle l der Nadel h so weit, bis sie sich mit ihrem Ansatz m an den vorspringenden Platinenhebelansatz n auflegt (Fig. 2 von Fig. 218), wobei der Platinenheberstößel k jedoch tief genug fällt, um in den Bereich des um die Achse o schwingenden Hebemessers p zu treten. Durch Ausschwingen des letzteren nach rechts wird sodann mittels k und i die Schaftplatine b an das Hochfachmesser gehoben. Fig. 218 (Fig. 2) zeigt die Stellung, in welcher sich die Stützfalle l mit ihrem Ansatz m vor den Platinenheberansatz n gestellt und vollends an die Nadel h angelegt hat.

Auf diese Weise ist die zwangsläufige Hochstellung der Schaftplatine b durch die Hilfsmaschine erfolgt und die Stützfalle l-m gesichert. Soll dagegen die Schaftplatine b, nachdem sie je nach Mustervorschrift während einer beliebigen Anzahl von Arbeitsperioden hochgehalten worden ist, wieder mit dem Tieffachmesser d in Eingriff gebracht werden, so geschieht dies nicht indirekt durch die Hilfsmaschine, sondern das Niederfallen der Schaftplatine b wird unmittelbar durch Andrücken der Musterkarte eingeleitet, indem eine nicht gelochte Stelle derselben vermittels der Nadel h die Stützfalle l von dem Platinenheber i-n ablöst (Fig. 218, Fig. 3). Da es sich hierbei nur um die Überwindung der ganz geringen Reibung zweier nur leicht belasteten Stützflächen handelt, so ist der Druck auf die Karte auch nur ein ganz geringer.

Andererseits wird durch das bereits mit dem Schließen der Maschine vorbereitete Niederfallen der Schaftplatinen die für hohe Tourenzahlen des Webstuhles erforderliche Sicherheit gewährleistet.

Interessant ist auch die Einrichtung an der Cromptonschaftmaschine von Georg Schwabe in Bielitz, Fig. 219. Das Kartenprisma schwingt nicht, sondern erhält nur eine drehende Bewegung und gestaltet somit

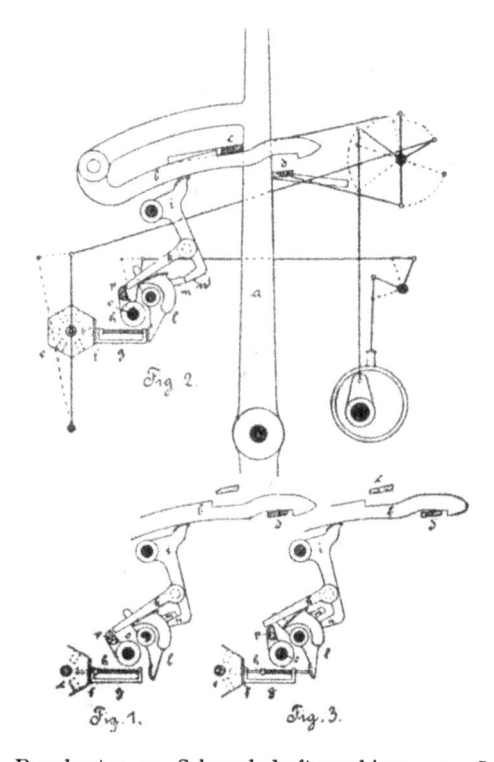

Fig. 218. Pappkarten an Schemelschaftmaschinen von Schönherr.

eine bessere Kartenführung. Die Messer e und f erhalten wieder ihre bekannte oszillierende Bewegung von g_1 (und auch g, Fig. 204) aus, und damit wird auch Stange r sowie der Hebel l mit dem quer über die Schaftmaschine gehenden Messer m bewegt. An l ist der Drehpunkt von n (es sind so viele Hebel n nötig, wie Schäfte vorhanden) und n trägt n_1. Mit l erhält auch der kurze Hebel o durch r_1 Schwingung. Die Hebel v, v werden von o bzw. Stange o_1 mitgenommen. Die quer gehende Stange o_1 legt sich dabei gegen v und bewegt ihn in die punktiert gezeichnete Stellung. Letztere Stellung behält v bei, wenn o wieder nach rechts geht und v durch eine nicht geschlagene Pappkarte Widerstand findet. Sonst wird v, v von der Feder f zurückgezogen. Steht nun v, v so, wie es die Zeichnung erkennen läßt, so stößt n bei der Bewegung nach rechts gegen v und hebt sich, so daß der untere Ansatz von n_1 auf m greifen kann und damit Platine b hebt, wodurch auf die Pappkarte kein Druck ausgeübt, sie also geschont wird. Bleibt v aber in der punktiert gezeichneten Stellung, so stößt n_1 gegen v; n_1 gleitet von m, und n und n_1 senken sich und damit auch b. Demnach bedeutet ein Loch in der Karte c ein Heben des Schaftes.

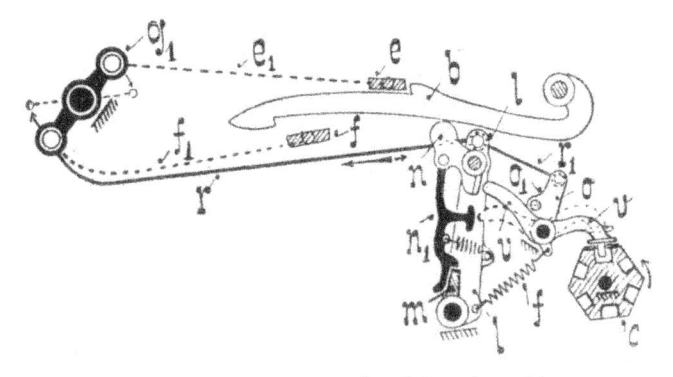

Fig. 219. Pappkarten an der Schemelmaschine.

Eine ähnlich wirkende Einrichtung ist auch der Sächsischen Webstuhlfabrik neuerdings durch ein D. R. P. geschützt worden. Von einer Besprechung dieser und anderer noch bestehenden, auch vielfach veralteten Papp- oder Papierkartenvorrichtungen kann abgesehen werden, weil die bisher angeführten einen hinreichenden Einblick gestatten.

Die Schemelschaftmaschinen werden bei grober Teilung von 13 mm Breite eines jeden Schemels bis zu 33 Schäften und bei feiner von 10 mm Breite für jeden Schemel bis zu 43 Schäften geliefert. Selten braucht man

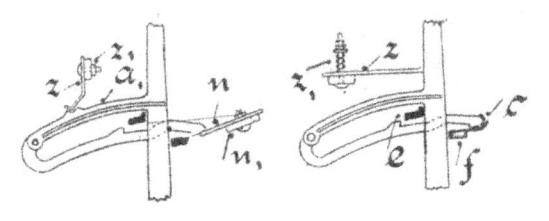

Fig. 220.   Fig. 220a.

alle Schemel. Die nicht in Benutzung stehenden schaltet man dadurch aus, daß sie trotz der Messerbewegung ihre Mittelstellung beibehalten. Solche Schemelstillstände sind möglich nach der Einrichtung von Fig. 220 oder 220a. In ersterer ist die Flachfeder (aus einem starken Blechstück) z an Riegel z_1 so angeschraubt, daß sie unten in die Einkerbung von a_1 greift. Der Platinenhalter n, an n_1 festgeschraubt, steht so, daß die Messer nicht von der Platine berührt werden, der Schemel also stillstehen muß. Ähnlich ist der Schaftstillstand von Fig. 220a. z ist der Stützpunkt des Schemels. An Messer f ist das Blechstück c angeschraubt und hindert die Platine an dem Eingriff in das Untermesser f.

Das Schädliche in der Bewegung der nicht benutzten Schemel sucht Georg Schwabe in sinngemäßer Weise dadurch zu beseitigen, daß er durch eingesetzte Stücke jeden Spielraum des Messers f zwischen Schemel a und dem Haken von b beseitigt. Die Schemel schwingen dann wohl noch mit, aber die durch einen Spielraum entstehenden Stöße der Schemel fallen ganz weg. Der Vorteil besteht darin, daß sich die nicht benutzten Schemel

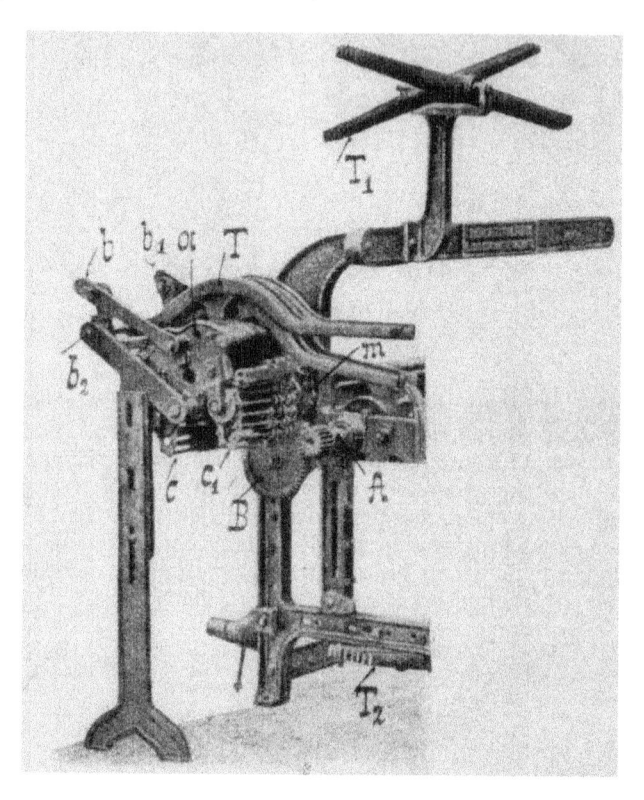

Fig. 221. Schwingtrommelschaftmaschine (Geschlossenfachmaschine).
(Zweites Stuhlsystem, Fig. 13).

auf dem Schwingpunkt ebenso einarbeiten, wie die angewendeten, so daß sie später, wenn sie doch nötig sind, ebenso mitarbeiten können.

Die Schaukel- oder Schwingtrommelschaftmaschine

Die Ansicht der Schaukelschaftmaschine (schräg von vorn gesehen), Fig. 221, erinnert insofern an die Exzentertrommel von Fig. 193, weil die Tritthebel T nach oben mit den Wippen T_1 und nach unten mit T_2 ein zwangsläufiges Heben und Senken der Schäfte gestatten. Das schräge Fach wird durch geeignetes Verschnüren von T an T_1 und T_2 (infolge verschiedener Hebellängen) hergestellt.

Näheres ist aus der Schnittzeichnung, Fig. 221a, zu entnehmen. a ist die Trommelwand (Schaftmaschinenseitenwand); es werden so viele Trommelwände durch Bolzen in h zusammengeschraubt, wie Tritte T (Anzahl der Schäfte) angewendet werden sollen: hierzu tritt eine Außenwand. Jede Wand hat die schraffiert gezeichneten Ansätze g und f. Diese Ansätze und die Weichenzungen e und e_1 geben der Rolle i die Führung. Wenn die Trommel für den ersten Schuß in der Pfeilrichtung nach rechts schwenkt, so senkt sich T, weil i zwischen f und e geht. Schwenkt die Trommel für den zweiten Schuß nach links, so hebt sich i und damit der Tritt T zwischen e_1 und g. Der erste Schuß wird also von der linken Trommelseite und der zweite von der rechten gesteuert. Demgemäß sind die Karten in c und c_1 geteilt und alle ungeradzahligen auf c, alle geradzahligen auf c_1

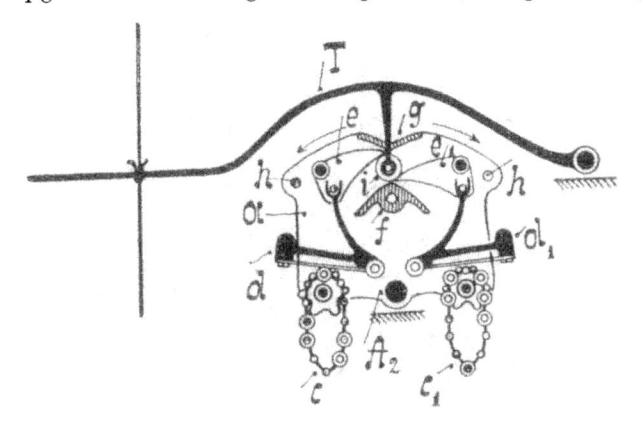

Fig. 221 a. Schwingtrommelschaftmaschine.

gebracht. Beim Anfertigen der eisernen Rollkarten, die in gleicher Weise wie bei den Cromptonstühlen konstruiert sind, muß auf diese Zweiteilung achtgegeben werden. Der Vorteil der Zweiteilung ist, daß die Maschinen trotz größerer Tourenzahl ruhig laufen. Ist eine Geschwindigkeit von 120 Touren vorgesehen, so dreht sich jede Kartenwalze mit 60 Touren. Die Drehung der Kartenwalzen geschieht durch Stern- und Stiftrad. Jede Walze trägt nach der Stuhlwand hin ein Sternrad, nämlich ein sechsteiliges. Fig. 221 zeigt in m das Sternrad für c_1. A ist das Kammrad der Kurbelwelle (zweites Stuhlsystem), das B dreht. Nun sitzt auf der Achse A_2 (Fig. 211a) lose drehbar ein Kammrad (in den Abbildungen nicht erkennbar) mit doppelt so vielen Zähnen als in A. Und dieses Kammrad ist zugleich als Stiftrad ausgebildet, wodurch die beiden Kartenwalzen abwechselnd gedreht werden. Ein weiteres Kammrad, ebenfalls doppelt so groß als A, trägt einen als Kurbel ausgebildeten Zapfen zum Aufnehmen der Schubstange b_1, Fig. 221. Der Hebel von b_1 sowohl wie auch der von b sind auf der Welle b_2 festgekeilt. Demnach setzt b_1 auch die Schubstange b, die an die Trommel a geführt ist, in oszillierende Bewegung.

Die Maschine findet Verwendung zum Weben von Baumwoll- und Leinenstoffen, wie Bettzeugen, Barchent, Drills usw., und ist im Gladbacher

Industriebezirk für die Herstellung von Gladbacher Buckskinstoffen viel vertreten. Das Schußsuchen geschieht durch Rückwärtsdrehen der Kurbelwelle entweder von der Hand oder mit Rücklaufeinrichtung, wie es schon früher beschrieben wurde, siehe I. Teil (zweites Stuhlsystem).

Die Verbesserungen an der Schwingtrommel erstrecken sich vor allem auf das Ersetzen der eisernen Rollkarten durch Papp- oder Blechkarten. Die Pappkarteneinrichtung, Fig. 222, hat die Nadeln N_1, N_2 mit den Weichenzungen W_1 und W_2 so in Verbindung gebracht, daß durch Anschlagen der Pappkarten bzw. der Kartenprismen P_1 und P_2 eine Umsteuerung vorgenommen werden kann, wie es P_2, W_2 zeigen. Ferner fallen die Weichenzungen nicht mehr vermöge ihres eigenen Gewichts in die Anfangsstellung zurück, sondern werden von einer durchgehenden Spindel s_1

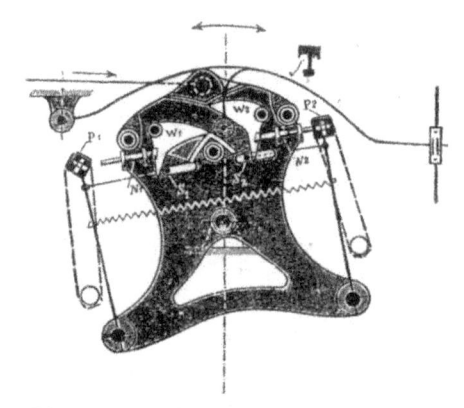

Fig. 222. Schwingtrommel mit Pappkarten.

oder s_2, die mit dem Arm von P_1 oder P_2 verbunden ist, geführt, so daß ein Versagen durch Festsetzen der Weichen und etwaige Brüche ausgeschlossen sind. Für Pappkarten können auch Blechkarten genommen werden. Letztere haben für jede Nadel gestanzte und mit einem Schieber usw. verschließbare Öffnungen.

Ein Senken von T verursacht ein Heben des Schaftes. Jede Öffnung in der Karte senkt oder läßt die Weichenzunge gesenkt, jede gehobene Zunge senkt T und hebt den Schaft. Es gilt demnach als Regel: Jede nicht geschlagene Stelle der Karte hebt den Schaft; es muß geschlagen werden, was in der Kartenzeichnung leer ist.

Die Sächs. Webstuhlfabrik, vorm. Louis Schönherr, hat dem Tritthebel T eine Schemelform gegeben, Fig. 223, so daß er als ein dreiarmiger Hebel ausgebildet ist. Auch in dieser Abbildung weisen die Buchstaben auf schon besprochene Teile hin (Fig. 221a). Die Weichenzungen e und e_1 werden durch Federn F der Hebel d und h kraftschlüssig gehoben und somit durch die Einwirkung der Nadeln n gegen d und h gesenkt. Die Nadeln n sind in dem Gehäuse n_1 so gelagert, daß sie nur gehoben und gesenkt werden können; sie nehmen also an der Schwingung von a und den hiermit verbundenen Organen nicht teil. Das Heben von n geschieht durch Einwirkung des Prismas c. c wird durch o (siehe Nebenzeichnung) mit Hilfe der Nocke o_1 gesenkt und durch eine sehr starke Zugfeder, die an dem Hebel m_1 befestigt ist, gehoben. o erhält den Antrieb von A, nämlich durch das Wickelrad t im Verhältnis 2:1. Mit o sind jedoch zwei Nocken o_1 verbunden, so daß sich r mit c bei jedem Schuß senkt und dabei

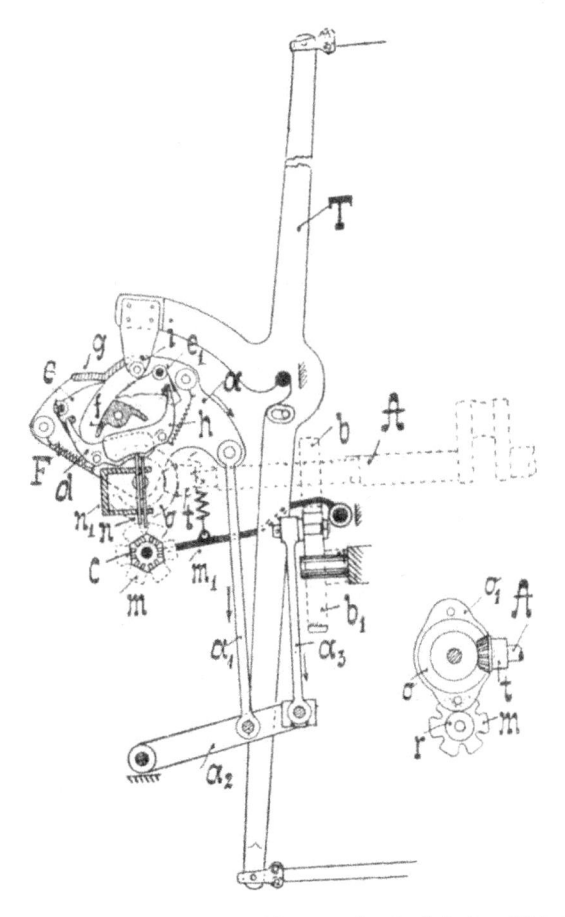

Fig. 223. Schwingtrommelschaftmaschine von der Sächsischen Webstuhlfabrik. (Zweites Stuhlsystem, Fig. 13.)

mittels des Sternrades m um $1/6$ gedreht wird. Dieses Senken durch o_1 wird dadurch ermöglicht, daß die Welle des Prismas eine Rolle r trägt und r an o, o_1 rollt.

Das Schwingen der Trommel a geschieht von A aus, indem das Kammrad b im Verhältnis 1:2 das Rad b_1 treibt. An den Kurbelzapfen von b_1 führt die Stange a_3. Weil a_2 von a_3 bewegt wird, muß a_1 folgen und damit a in der Pfeilrichtung gesenkt werden.

Als letzte Geschlossenfachmaschine soll die nach Patent Wolfrum der Sächs. Maschinenfabrik gebaute Schaftmaschine besprochen werden, Fig. 224. Bemerkenswert ist, daß jeder Schaft in einem Schaftrahmen, der mit Platinen in Verbindung steht, untergebracht ist und daß dadurch oberhalb des Stuhles der Raum frei bleibt.

Die Schäfte bestehen aus den beiden eisernen Seitenteilen 1 und 2, welche durch den unteren Holzstab 3 und den Deckel 4 starr verbunden sind. In diesen Seitenteilen sind Stahlplatinen 5 und 6 schwingbar angeordnet und

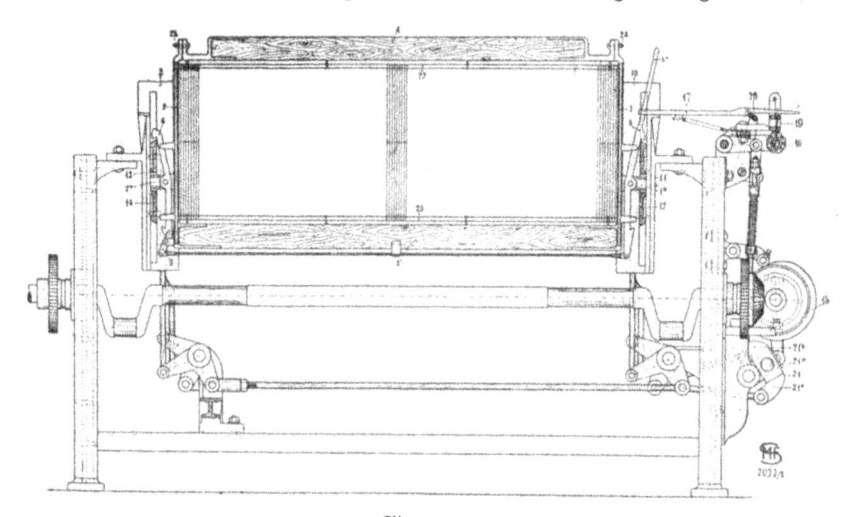

Fig. 224.

durch den Verbindungsdraht 7 und Zwischenhebel 8 miteinander verbunden. Zu beiden Seiten des Schaftrahmens sind die Führungsplatten 9 und 10 angeordnet, in denen die Schaftmesser 11, 12, 13 und 14 geführt werden. Letztere erhalten von der durch konische Räder von der Hauptwelle aus angetriebenen Kurbelscheibe 15 unter Vermittlung verschiedener Hebelpartien eine Bewegung derart, daß beim Anschlag der Lade beide Messer jeder Seite in der Richtung der Führungsplatten mitbewegt werden, wobei sie gegen die Anschläge 1a und 2a der Schaftrahmen treffen und diese sämtlich in die Mittelstellung bringen. Hierbei werden die mit 5 und 6 bezeichneten Platinen frei und können von der Karte 16 aus dirigiert werden. Zu diesem Zweck hat die Platine 5 eine Verlängerung 5a, welche durch eine Öffnung der Stoßplatine 17 greift. Letztere liegt auf der Nadel 19 auf, wird von dem Hacker 20 erfaßt und nach vorn geschoben, wenn die Nadel ein Loch in der Karte findet. Ist die Karte an dieser Stelle jedoch nicht durchlocht, so wird die Stoßplantine ausgehoben und der Hacker 20 geht darunter weg. Diese Platinen 5 und 6 werden daher von den unteren Messern 12 und 14 erfaßt, wenn die Karte an dieser Stelle geschlagen ist, von den oberen, 13 und 14 dagegen, wenn sie nicht geschlagen ist.

Die Größe des Faches wird am Hebel 21 eingestellt, und zwar erfolgt dies derart, daß die Schraube 21a gelöst wird und entweder der Teil 21b, der auf das Unterfach, oder 21c, der auf das Oberfach einwirkt, verschoben wird. Man kann nun dem Oberfach sehr viel, dem Unterfach sehr wenig Bewegung geben, oder umgekehrt, und dadurch das Aussehen der Ware sehr beeinflussen.

Das Einlegen neuer Ketten ist sehr einfach. Es werden nicht die kompletten Schaftrahmen ausgewechselt, sondern nur die Flachstäbchen 22, 23, auf denen die Litzen aufgereiht sind. Dies erfolgt, indem die Schräubchen 24 und 25 mittels eines besonderen Schlüssels gelöst werden und der Deckel 4 abgenommen wird.

Wenn mit einer geringen Anzahl Schäfte gearbeitet wird, können die überflüssigen Rahmen herausgenommen werden.

4. Die Offenfachschaftmaschinen

Am bekanntesten und jede in ihrer Art charakteristisch sind die Offenfachmaschinen von Knowles, Hodgson, Hattersley und Schönherr. Alle andern lehnen sich mehr oder weniger an eins dieser Systeme an. Die zahlreichen Verbesserungen sollen nur soweit wiedergegeben werden, wie sie allgemeines Interesse erregen.

Die Knowlesmaschine, Fig. 225, ist vorbildlich für andere Vorrichtungen, so ganz besonders für die Bewegungen der Schützenkasten, geworden. Das Verständnis für die Einrichtung erleichtert deshalb das Studium der später zu behandelnden Arbeitsvorgänge am mechanischen Webstuhl wesentlich.

Durch die Bewegung des Schemels a wird der Schaft s mittels Gegenzuges gehoben und gesenkt. Abhängig ist a von der an das Kurbelrädchen c gehenden Schubstange b. In der Darstellung ist der Schaft gesenkt. Wird c in der Pfeilrichtung gedreht, so muß b folgen und s heben. Die Drehbewegung von c geschieht mit Hilfe der Zahnwalzen d und e. Beide sind bis zum halben Umfang mit Kammzähnen besetzt, wie es die drei an d gezeichneten Zähne erkennen lassen. d steht zum Angriff an c, indem sich zwei von d in die kleine Zahnlücke von c gelegt haben. Beim Weiterdrehen wird c solange mitgenommen, bis die große Zahnlücke von c oben steht und dadurch eine weitere Drehung aufhört. Bleibt der Kurbelradhebel f, der c trägt, gehoben, so wird sich der Schemel a oder Schaft s im Oberfach halten. Das Heben von f ist abhängig von der Rollkarte g, die von den Cromptonstühlen her bekannt ist. Jede Rolle hebt f und jede Hülse läßt ihn sinken. Steht f mit c unten, so wird Zahnwalze e (unter der Voraussetzung, daß sich das Kurbelrädchen c mit der großen Zahnlücke nach oben gedreht hatte) c wieder zurückdrehen und den Schaft senken. Jede Rolle der Karte bedeutet demnach ein Heben und jede Hülse ein Senken des Schaftes.

Während des Angriffes von d oder e an c muß Hebel f aber gesperrt sein, weil die Bewegung des Schaftes einen ziemlich großen Kraftaufwand beansprucht. Aus diesem Grunde legt sich das Messer h unten gegen die Spitze von f; ist f gesenkt, so legt sich h über f. h wird von dem Exzenter k während der Fachöffnung für den Schützenlauf zurückgedrückt, weil Hebel i, gegen k liegend, mit h in Verbindung steht. Mit Rücksicht auf das Heben und Senken von f muß die Kartenwalze, die sich an den neueren

Stühlen in der Pfeilrichtung dreht (an den älteren hiervon entgegengesetzt), so eingestellt sein, daß g bei einem kontinuierlichen Lauf die Strecke l des Hebels f dann zurückgelegt hat, wenn das Messer h von k zurückgedrückt wird, um einen neuen Fachwechsel einzuleiten.

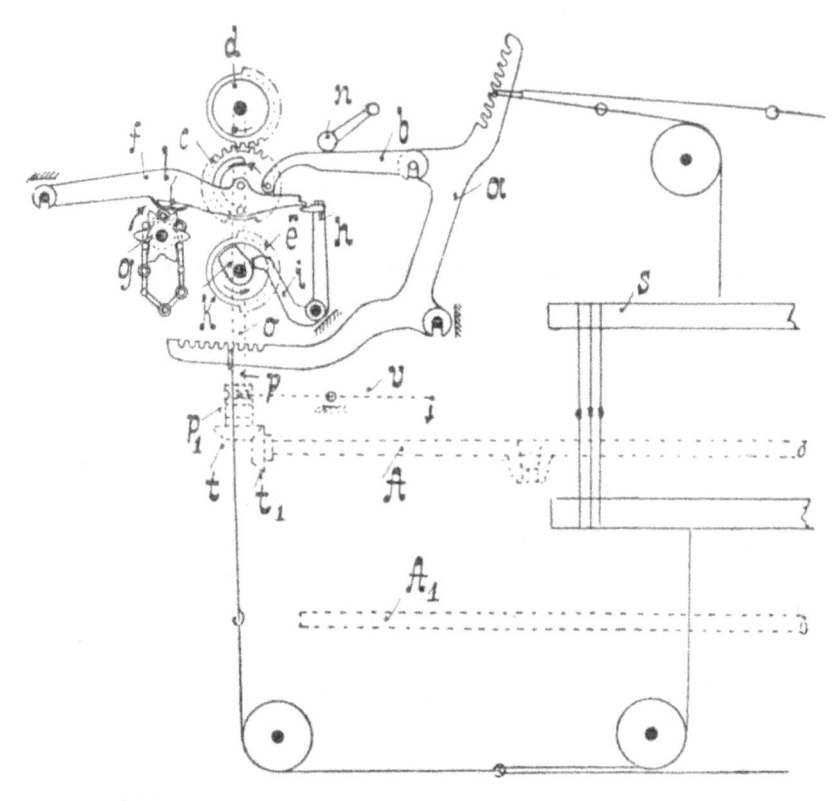

Fig. 225. Knowles-Schaftmaschine (Offenfachmaschine).
(Drittes Stuhlsystem, Fig. 21.)

Der Antrieb der Schaftmaschine erfolgt durch Winkelräder t_1, t von A aus (drittes Stuhlsystem). Die senkrechte Welle o, p treibt durch weitere, in der Zeichnung nicht angegebene Winkelräder d und e. Die Verbindung der Schaftmaschine mit A läßt sich durch die Kupplung (Stiftkupplung) p_1 lösen. Vom Standpunkte des Webers geschieht es durch Senken von v in der Pfeilrichtung. Nun sitzt auf der nach vorn verlängerten Welle von e eine Handkurbel, an der gedreht werden kann.

Beim Schußsuchen dreht der Weber an der Handkurbel in der Pfeilrichtung von e, dabei muß aber die Kartenwalze g zurücklaufen. Dieser Rücklauf wird dadurch erreicht, daß der Weber von seinem Standpunkte aus eine zweiten, nicht gezeichneten Hebel umsteuert und dadurch ein Rädergetriebe für den Vorlauf aus- und den Rücklauf einstellt. Will er nach dem Schußsuchen weiterweben, so muß die Steuerung für g umgestellt und hiernach p_1 eingekuppelt werden.

Über das auf b liegende Gewicht n ist nur zu bemerken, daß es den Zweck hat, die Stellung von b und c nach Möglichkeit festzuhalten.

Es ist auch möglich, sämtliche Schäfte, wenn es das Einziehen gerissener Kettfäden nötig macht, hochzustellen. Der Weber kuppelt p_1 aus, ebenso die Drehbewegung für g und zieht dann ebenfalls von seinem Standpunkte aus einen quer unter der Spitze von f hindurchgehenden Riegel (bei dem Buchstaben e eben angedeutet) hervor. Mittels einer schrägen Ebene hebt

Fig. 225a.

sich dieser Riegel bei dem Hervorziehen und hebt f. Dreht der Weber jetzt an der Handkurbel eine Tour, so gehen alle Schäfte hoch.

Der Antrieb des Kartenzylinders g geschieht durch ein Zwischenrad von d aus. Zylinder g trägt ein Rad, das als eine Kombination von Kamm- und Sternrad anzusehen ist. Neben der periodischen Drehbewegung macht g eine ruckartig vorschnellende, damit für f ein längerer Stützpunkt durch g vorhanden ist und beim Fachwechsel das Drehen des Kartenzylinders beschleunigt wird.

Von eigentlichen Verbesserungen an dieser Maschine kann nicht berichtet werden. Die Sächs. Webstuhlfabrik baut eine Neuerung, welche das Entkuppeln vom Webstuhl zum Schußsuchen unnötig macht. Der Weber zieht nämlich nur an einer Schnur und steuert einen bei den Cromptonmaschinen schon kennengelernten Schalthebel um, läßt einige Touren rückwärts schalten, wobei die Kurbelwelle vorwärts läuft, und hat dann das Fach für den gesuchten Schuß.

Weiterhin hat man die Knowles-Schaftmaschine für Pappkarton eingerichtet. Die Natur dieser Pappkarten läßt es nicht zu, daß sie die Schemel direkt hebe; es müssen Zwischenglieder eingeschaltet werden, ähnlich wie bei der Schemelschaftmaschine oder der Schwingtrommelschaftmaschine. Von einer näheren Besprechung soll deshalb abgesehen werden.

In Fig. 225a und 225b ist noch eine Ergänzung der an Hand von Fig. 225 beschriebenen Knowles-Schaftmaschine gegeben. Der Schemel a ist verlängert, und von hier aus gehen die Verbindungen an den Schaft S. Es ist eine originelle Anordnung, weil es dadurch möglich geworden ist, den Aufbau, wie in Fig. 225, zu umgehen. Das Knowles-Getriebe ist hier nach unten gelegt, wie es d, e und b zeigt, die Karte liegt sehr tief.

Die Einrichtung stammt von der Maschinenfabrik Rüti. Die Firma baut auch Webstühle mit derselben Offenfachmaschine mit Oberbau, wo die Schäfte von oben her mit dem Schemel in Verbindung stehen, wie es auch in Fig. 191 gezeigt ist.

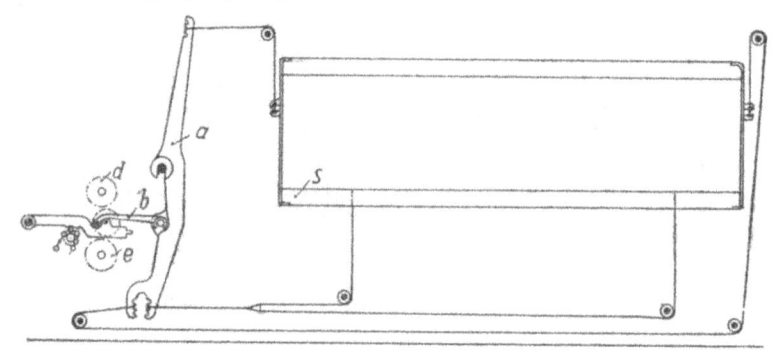

Fig. 225b.

Die Schaufelschaftmaschine von Georg Hodgson

Eine wegen ihrer einfachen Bauart und großen Leistungsfähigkeit bekannte Schaftmaschine ist unter dem Namen Schaufelmaschine allgemein eingeführt, Fig. 226. Sie hat ihren Namen von den beiden schaufelartig ausgebildeten bzw. arbeitenden Messern o und u. Verwendung findet die Maschine fast ausschließlich an dem ersten Stuhlsystem, das deshalb hierfür geeignet ist, weil die beiden Schaufeln von Welle A_1 (Fig. 3) durch Kurbeln oder Exzenter direkt angetrieben werden können. Von den Winkelhebeln gehen die Stangen o_2 und u_2 direkt an die Kurbeln, so daß jede Schaufel (beide arbeiten entgegengesetzt) nach zwei Schüssen eine vollständige Bewegung gemacht hat. Dagegen wird die Stange k_2 des Hebels k_1, der das Kartenprisma k hebt und senkt, von der Kurbelwelle A bewegt, Fig. 3. k hebt und senkt sich bei jedem Schuß und wird beim Senken von den Wendehaken i gedreht. Das Senken der Schäfte geschieht entweder durch Federn oder Federzugregister.

Die weitere Erklärung der Schaftmaschine läßt sich am besten an Hand der Regel für das Kartenschlagen geben. Diese Regel heißt: Alle ungeradzahligen Karten arbeiten mit der oberen Schaufel o und alle geradzahligen mit der unteren u. Damit der Weber diese Reihenfolge beibehält, nimmt man die Pappkarten am besten von verschiedener Färbung. Es heißt nun weiter:

1. für alle ungeradzahligen Karten: Es wird geschlagen, was in der Kartenzeichnung leer ist;
2. für alle geradzahligen Karten: Es wird geschlagen, was wechselt.

Die nicht geschlagene Karte des Prismas k hebt eine Nadel, und diese hebt die Zunge b, wodurch der Haken oder die Platine h mitgehoben wird. In gehobener Stellung wird Haken h von Schaufel (Messer) o und in gesenkter Stellung von u erfaßt und nach rechts mitgenommen.

Das Beispiel von Fig. 227 zeigt die Ausführung: a ist die Kartenzeichnung und b die geschlagene Karte. Die Kartenzeichnung a ist aus der Be-

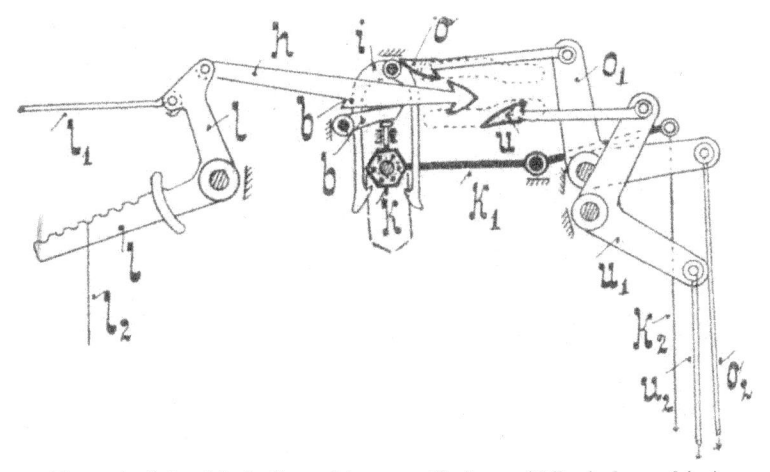

Fig. 226. Schaufelschaftmaschine von Hodgson (Offenfachmaschine).
(Erstes Stuhlsystem).

sprechung von Fig. 144 bekannt und hier, also in Fig. 227, nur um 90° gedreht. Man vergleiche weiter die Ausführungen in Fig. 228 und 229, wo wieder a die Kartenzeichnung und b die hiernach geschlagene Karte bedeutet.

Wenn die Kartenzeichnung ungeradzahlig ist, Fig. 230, so muß die Karte doppelt so lang sein, statt 5 müssen es somit 10 Karten werden. Übrigens könnte man mit 5 Karten gar nicht weben, weil das sechsseitige Prisma k dies nicht zuließe; es müssen ohnehin 10 sein.

Nach der Einrichtung von Fig. 226 besorgt der Haken h, der von Schafthebel l geführt wird, das Heben des Schaftes. l_2 ist die Schaftverbindung und l_1 führt an einen ähnlich konstruierten Hebel wie l, und von hier geht dann die Verschnürung direkt an den Schaft, wie l_2. Die Schrägfachbildung erhält man durch verschiedene Längen von l_2 bzw. l.

Die Zunge b hat die wichtige Aufgabe, den Haken h im Oberfach zu halten. Er legt sich dabei gegen die Nase b des Hakens h.

Von den Verbesserungen ist die vereinfachte Schaufelbewegung der Sächs. Maschinenfabrik bemerkenswert, Fig. 231. A ist die Kurbelwelle und A_1 die Schlagwelle (Antrieb 1:2). Die Buchstaben beziehen sich wieder auf bekannte Teile. o = u ist die gemeinsame Stange für die Messer o und u. Man erkennt an der Kurbel auf A_1 und dem Kulissenhebel o = u, daß sich der Hub der Maschine verschieden groß einstellen läßt. o und u_1 sind Hebel bzw. Schubstangen für die beiden Schaufeln oder Messer o und u. k_3 ist die Exzenterscheibe für k_2 und hebt und senkt das Kartenprisma bei jedem Schuß.

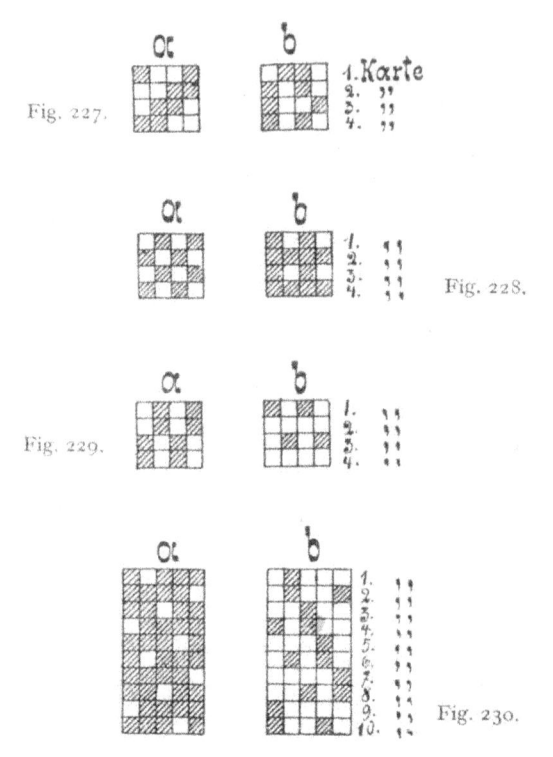

Fig. 227—30. Kartenzeichnungen (siehe Fig. 144 links).

Das Schußsuchen geschieht, indem der Weber das Kartenprisma mit der Hand zurückdreht und auch den Stuhl in gleicher Weise arbeiten oder dabei vorwärtsgehen läßt.

Gebr. Stäubli in Horgen haben die Schaufelmaschine von Grund auf verändert, Fig. 232. Die Kartenbesteckung ist so vereinfacht, daß sie ebenso wie für andere Schaftmaschinen anzufertigen ist.

Der Haken h ist doppelt, siehe h_1. Von l geht die Verbindung an die verzahnten Schwingen l_1 und l_3, und l_2 gehen an den Schaft. Es sind in Fig. 232 Holzkarten vorgesehen; die Drehung des Kartenzylinders geschieht durch Wendehaken.

Eine weitere bemerkenswerte Verbesserung genannter Firma ist die zwangsläufige Drehung des Kartenzylinders. Die Abbildung der Hinter-

Fig. 231. Verbesserte Schaufelbewegung (Erstes Stuhlsystem.)

seite der Maschine, Fig. 233, zeigt bekannte Teile und außerdem eine Neuerung, nämlich die Zwischenhebel d zwischen Karten und Zunge. Der Kartenzylinder erhält nur eine drehende Bewegung durch die eingängige Schnecke i, die von der Kette i_1 (angetrieben von A) gedreht wird. i_2 ist ein Hebel mit Rolle zum Spannen von i_1. Das Schußsuchen erfolgt dadurch, daß der Stuhl mit der Hand oder auf mechanischem Wege rückwärts gedreht wird. Zur Verwendung gelangen Holzkarten.

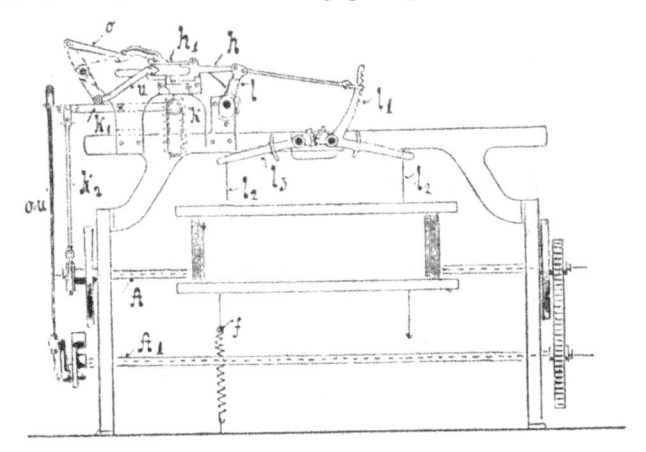

Fig. 232. (Erstes Stuhlsystem.)

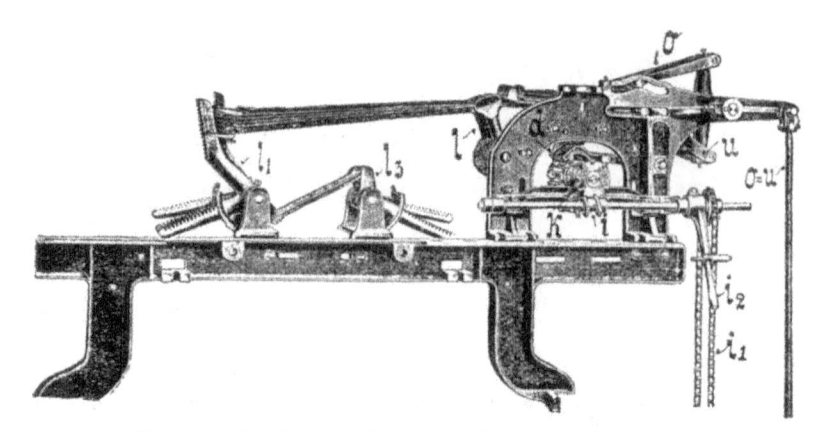

Fig. 233. Antrieb des Kartenzylinders durch Schnecke.

Lieferbar sind die Maschinen für Geschwindigkeiten bis zu 200 Touren in der Minute. Die Schaftzahl schwankt zwischen 8—20, evtl. mehr.

Verwendbar sind die Schaufelmaschinen für leichte und mittelschwere gemusterte Gewebe, sogar für mittlere Herren-Drapés, dann für Flanelle, Kaschmir, Zanella, Coatings usw.

Die Zahnstangenschaftmaschine von Hodgson, Fig. 234, ist dadurch eigenartig, daß eine kleine Zahnwalze b mit der oberen = o oder unteren = u Verzahnung der Kulissenstange a in Eingriff kommt. Das linke Ende von a ist als Zahnstange ausgebildet; sie kämmt in dem Kurbelrad c. Die Schubstange d verbindet c mit Hebel e. f ist für c und a Stützpunkt. Von dem Hebel e geht nach links die Verbindung an den Schaft zum Heben und nach rechts zum Senken derselben. Es besteht also ein Gegenzug.

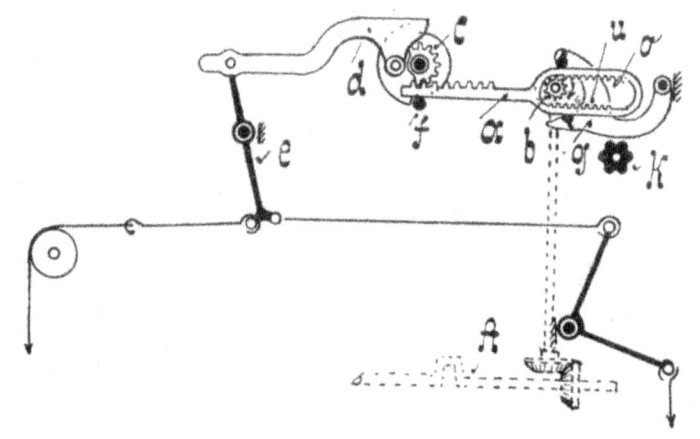

Fig. 234. Zahnradstangenschaftmaschine von Hodgson (Offenfachmaschine).

Eingeleitet wird die Bewegung der Kulissenstange a von der Kartenwalze k aus. Wird g durch die Besteckung von k gehoben, so greift b an u (der Stange a) und führt a nach links, wobei c um' $\frac{1}{2}$ gedreht und der Schaft gesenkt wird.

Von der Kurbelwelle A führt eine senkrechte Welle nach oben an b und ist durch Winkelräder verbunden.

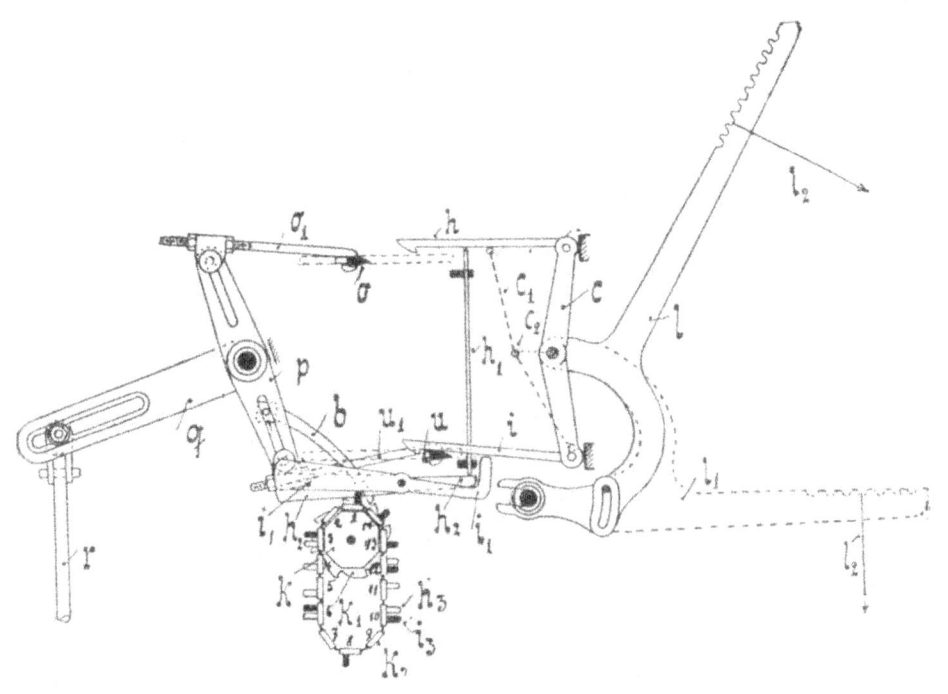

Fig. 235. Doppelhubmaschine von Hattersley (Offenfachmaschine).
(Erstes Stuhlsystem).

Die Doppelhubschaftmaschine von Hattersley

Diese selbst bei großer Tourenzahl ruhig und sicher arbeitende Doppelhubmaschine ist in Fig. 235 gezeichnet. Es treten hier zwei Messer o und u in Tätigkeit und arbeiten mit den Platinen h und i. h steht durch die Nadel h_1 mit h_2, und i direkt mit i_1 in Berührung. h_2 und i_1 werden von den Karten k_2, die auf Pirsma k gelagert sind, beeinflußt. Die Maschine enthält doppelt so viele Hebel, Nadeln, Platinen usw. als Schäfte bewegt werden können. In jeder Karte sind zwei Reihen von Stiften, nämlich h_3 und i_3. Zur besseren Unterscheidung sind sie weiß respektive schwarz gefärbt. Jede Karte muß demnach für zwei Schüsse vorliegen, nämlich das eine Mal für Messer u und das zweite Mal für o. Somit gelten zwei Reihen der Kartenzeichnung für eine Karte. Jeder Pflock in der Karte bedeutet ein Heben des Schaftes.

Die Anfertigung der Karte erläutert Fig. 235a. Hier werden die Karten von unten nach oben in Übereinstimmung mit dem Musterbild gezählt. Wird das Musterbild oder die Kartenzeichnung gestürzt und dadurch, wie in Fig. 227—230, der erste Schuß nach oben gebracht, so ändert sich natürlich die Reihenfolge in der Karte, also von oben nach unten.

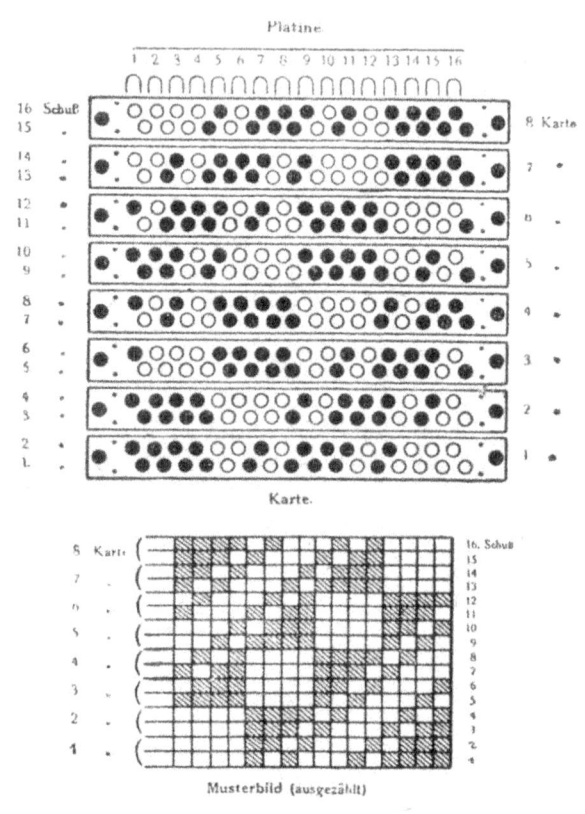

Fig. 235a.

Bewegt werden die Messer von Stange r, die an die Kurbel der Schlagwelle A_1 führt, erstes Stuhlsystem, Fig. 3. Die Placierung auf dem Stuhl, wie sie z. B. von Gebr. Stäubli und anderen Firmen vorgenommen wird, ist in Fig. 236 gezeigt. Unterhalb der Schäfte sind (für schwere Ware) zwei Federzugregister angebracht.

Die Schwingen oder Schemel l sind in verschiedenen Arten, wie es die beiden Abbildungen erkennen lassen, ausführbar, nach Fig. 235 als stehende Schwingen l oder liegende l_1 (punktiert). Wie die Stellung der Hebel c bei geöffnetem Fach ist, zeigt die punktierte Stellung c_1. Sollen die Schäfte z. B. fortwährend im Oberfach bleiben, so werden die Karten mit Pflöcken besetzt und h_2 und i_1 gehoben, wodurch h und i auf die Messer greifen, und Hebel c wird dadurch fortwährend in der Stellung c_1 mit dem oberen und unteren Ende abwechselnd hin- und herschweben. Dabei ist es eine Eigentümlichkeit der Maschine, daß Hebel c oder die Schäfte bis annähernd zur Hälfte in das Mittelfach gesenkt und dann wieder gehoben werden.

Die Doppelhubmaschinen werden auch mit Gegenzug, wenn auch verhältnismäßig wenig, geliefert. Man benutzt dann entweder für jeden Schaft zwei Schwingen l bzw. c und läßt die eine Schwinge für den Hochzug und die andere für den Tiefzug. Oder die Platinen h und i sind mit einer Rückstoßvorrichtung versehen, so daß sie durch die Messer zwangsläufig zurückführt und in der Tiefstellung von geeigneter Vorrichtung bis zum Auswechseln durch die Karte gehalten werden.

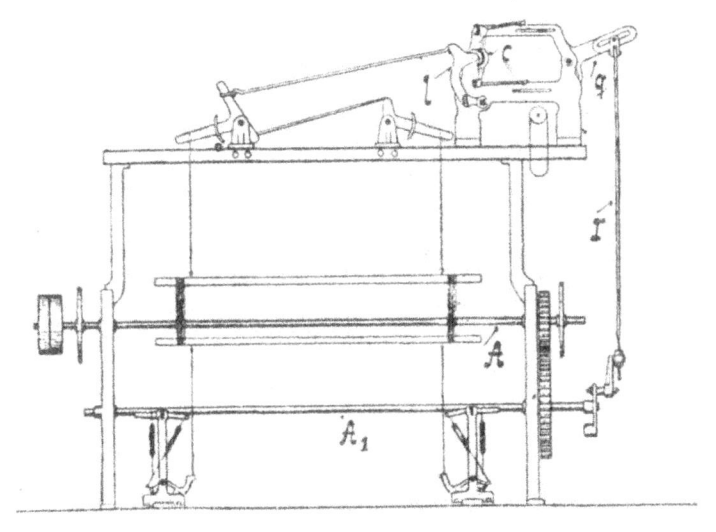

Fig. 236. Anordnung der Doppelhubmaschine von Gebr. Stäubli auf dem Webstuhl. (Erstes Stuhlsystem.)

Die Verbesserungen, die von vielen Webmaschinenfabriken ausgeführt sind, können nicht alle einzeln angeführt werden.

Die Wendung der Kartenprismen geschieht meistens, wie es in der Abbildung von Fig. 235 gezeigt wurde, durch die Schaltklinke b, nämlich nach jedem zweiten Schuß. b arbeitet gegen k_1. b kann auch als Haken ausgebildet werden; dann muß k_1 umgekehrt auf k montiert sein.

An die Stelle der Karten mit Pflöcken können Pappkarten (oder Blechkarten) treten. Solche Karten müssen eine doppelte, also nicht bloß eine drehende, sondern eine hoch- und tiefgehende und drehende Bewegung machen. Die Nadeln h_1 (Fig. 235) werden dabei nach unten verlängert und h_2 und i_1 fallen weg. Die Pappkarte tritt direkt mit h_1 von unten her (h_1 muß auch für i eingerichtet sein) in Kontakt. Jede geschlagene Karte läßt den Schaft hochgehen (weil die Platinen h dann nicht gehoben werden) und jede umgeschlagene sinken.

Auch Papierkarten zum Weben großer Dessins sind anwendbar. Weil solche Karten keinen großen Druck oder Anschlag aushalten, sind die

Hebel h_2 und i_1 (Fig. 235) z. B. mit senkrecht stehenden Platinen, also Haken, an dem linken Hebelarm versehen. Ein besonderes Messer kann diese Nebenplatinen heben. Von den Nebenplatinen führen Nadeln nach vorn, und die Papierkarte beeinflußt die Nadeln bzw. Nebenplatinen. Die nicht zurückgedrückten werden von dem Messer gehoben und damit auch h_2 oder i_1. Weil h oder i alsdann auf o oder u greifen, geht auch der Schaft hoch. Von der Veröffentlichung einer besonderen Zeichnung soll abgesehen werden.

Das Schußsuchen mit solchen Maschinen geschieht in der Regel dadurch, daß die Kartenwalze mit der Hand zurückgedreht wird und der Stuhl dann jedesmal in Antrieb zu setzen ist. Durch den Zwangslauf mit Schnecke

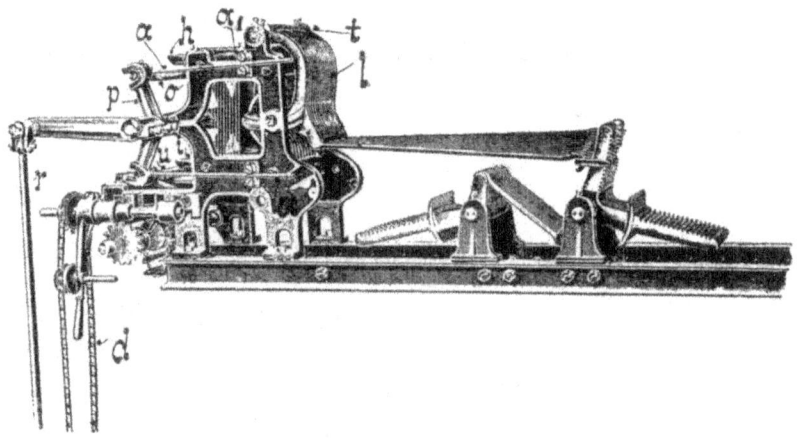

Fig. 237. Antrieb des Kartenzylinders und verbesserte Messerführung.

und Schneckenrad (System Stäubli) ist das Schußsuchen wesentlich vereinfacht. Das Kartenprisma (oder der Kartenzylinder) dreht sich mit dem Stuhl zwangsläufig vor- oder rückwärts. Der Antrieb der Schnecke (siehe auch unter dem Artikel über die Schaufelmaschine) erfolgt entweder durch eine Kette d (Fig. 237) oder durch Winkelräder von der Stuhlwelle aus. Jede Karte kann zweimal vorliegen. Ein Verstellen des Kartenprismas ist ganz ausgeschlossen. Beim Rückwärtsdrehen löst die Schaftmaschine das Gewebe Schuß um Schuß richtig auf und ist zum Vorwärtsweben sofort bereit, ohne daß noch eine schußfreie Umdrehung des Webstuhles nötig ist. Eine Kupplung dient als Sicherung gegen Bruch, wenn die Karten hängen bleiben sollten, und zum Lösen mit der Hand, um beliebig vor- oder rückwärts drehen zu können.

Noch auf eine weitere Verbesserung von Gebr. Stäubli, ebenfalls an Hand von Fig. 237, muß hingewiesen werden. Die Abbildung läßt zugleich erkennen, daß die Schwingen oder Schemel l ihren Schwingpunkt auch oberhalb der Maschine in t erhalten können.

Die Neuerung betrifft eine bessere Führung der Messer. Üblich war es bisher, die Messer in den Parallelschlitzen der Schaftmaschinenwände (Maschinenschilde) zu führen (siehe die punktierten Linien in Fig. 235

bei o und u), hier sind sie dagegen direkt an dem Hebel p (siehe o und u) gelagert. Die Stangen a sind mit den Messern fest verbunden und werden dadurch zwischen den Rollen a_1 hin und her geführt, wodurch die Messer in p eine für die Platinen stets günstige Angriffsstellung haben. Erreicht wird, und darin besteht der Wert der Neuerung, daß sich die Platinen h und i in den Gelenkhebeln c, siehe die vorletzte Abbildung, nur ganz wenig drehen, so daß Reibung vermieden ist und Kraftersparnisse erzielt werden.

In Fig. 238 ist eine von Gebr. Stäubli konstruierte Vorrichtung gezeigt, um das Fach für den Schützenlauf länger, als sonst möglich, für den Schützenlauf offen zu halten. A ist die Kurbelwelle, a ein exzentrisches

Fig. 238.   Fig. 238a.

und b ein elliptisches Rad mit doppelt so vielen Zähnen als a. d ist der Drehpunkt für b und r die aus Fig. 236 bekannte Stange. Diese eigenartige Konstruktion der Räder gestattet einen langen Fachstillstand und ein schnelleres Trennen und daher reineres Ausspringen der Kettfäden bei der Fachbildung.

Den gleichen Zweck erfüllt in noch besserem Maße die Doppelhubschaftmaschine von der Firma Carl Zangs in Krefeld, Fig. 238a. Der deutlich erkennbare Exzenter dieser Doppelhubmaschine sitzt auf einer Welle, und die Welle erhält den Antrieb durch Kette und Kettenräder von der Kurbelwelle des Stuhles. In Fig. 238b ist die Anordnung der Schaftmaschine auf der rechten Seite des Webstuhles und die auf der linken Seite nach oben an eine Querwelle der Schaftmaschine gehende Kette gezeigt.

Einige weitere interessante Ausführungen für die Verbesserung der Doppelhubmaschine sind in den Fig. 238c, 238d und 238e wiedergegeben. Es sind dies Konstruktionen der Maschinenfabrik und Eisengießerei von Oskar Schleicher in Greiz i. Thür.

In Fig. 238c sieht man für die Messerbewegung (in Fig. 235 o und u) zwei Halbexcenter auf jeder Seite der Maschine. Angetrieben werden sie von der senkrechten Stange (in Fig. 236 mit r bezeichnet), die links nach ob geht. Neben dieser Stange treibt die Welle, die von unten nach ob geht, durch Kegelräder und durch die erkennbare Schnecke den Kartenzylinder an.

Die Konstruktion von Fig. 238d zeigt vorne den senkrecht stehenden Hebel für Handbetrieb zum bequemen Schußsuchen. Wir werden dabei

Fig. 238b.

an Fig. 235 erinnert, wo das Schußsuchen nach dem Entkuppeln der Schaftmaschine von dem Webstuhl ebenfalls durch Drehen einer Handkurbel und Umsteuerung des Kartenwalzenantriebes vorgenommen wird.

Und dann zeigt Fig. 238e (Abb. 1 und 2) noch eine interessante Konstruktion, die von der genannten Firma Schleicher als Trittelier-Vorrichtung bezeichnet wird. Sie besteht aus zwei Lagerarmen l, zwei Wellen w, mehreren verzahnten und exzentrisch gebohrten Rädchen r, sowie aus Ketten und Schlaufen. Die Rädchen r verändern während des Hubes die Entfernung von der Halbschwinge h zur Schwinge s so, daß die von den betreffenden Rädchen beeinflußten Schäfte nach der Zeitweglinie (Abb. 2) teils vor, teils rückeilen, also nicht bei dem Punkte „a", sondern bei „b" oder „c" oder an einer beliebigen der Strecke b—c vertreten. Die beiden stark gezeichneten Linien des Diagrammes entsprechen der normalen Bewegung der Schäfte.

Gebr. Stäubli haben eine Doppelfachschaftmaschine als Spezialmaschine für Doppelsamt und Elastikgewebe in den Handel gebracht (Fig. 239) und schreiben darüber:

Der Zweck dieser Erfindung ist, mittels ein und derselben Schwinge 3 Stellungen der Flügel, also 2 Fächer übereinander mit unbeschränktem Übergang von einer zur andern Stellung zu erhalten, damit 2 Schützen gleichzeitig lanziert werden können, wie es in der Weberei der Doppelsamte und Elastikgewebe gebräuchlich ist. Diese Maschine umgeht mithin, in der Doppeltsamweberei beispielsweise, ebensowohl die gewöhnliche Schaft-

Fig. 238c.

maschine, welche die Grundfäden hebt, als auch die seitlichen, primitiven Trommeln, welche zur Poilfädenbewegung mit Gliedern von zweierlei Höhe versehen waren und nur wenige, in ihrem Umfange enthaltene Schußrapporte ermöglichten. Diese neue, bis jetzt in ihrer Art unbekannte Schaftmaschine dirigiert also alle Fäden und erlaubt, infolge ihrer endlosen Musterkarte, eine beliebige Effektbildung auf dem Gewebe.

Ähnlich ist es in der Elastikweberei, wo die Elastikfäden stets im Mittelfach verbleiben und die Grund- resp. Bindefäden gleichzeitig über und unter demselben mit den Schußfäden binden.

Fig. 238 d.

Die Maschine arbeitet mit 4 Messern, wovon o und u, Fig. 239, als die äußeren Messer die Hochstellung und o_1 und u_1 als die inneren die Mittelstellung der Schäfte bewirken. Die Schaftbewegung verlangt in der Karte für die Hochstellung lange und die Mittelstellung kurze Nägel.

Ohne Benutzung der Messer o_1 und u_1 kann die Maschine wie gewöhnlich arbeiten.

Gebr. Stäubli haben die Hattersley-Maschine noch weiter ausgebaut und so eingerichtet, daß sie abwechselnd, je nach Wunsch, auch als Geschlossenfachmaschine arbeiten kann. Sie findet zweckmäßige Verwendung zum Weben von Dreherstoffen oder Taftbindungen als Grundgewebe. Ihre Einrichtung läßt sich am besten an Hand von Fig. 235 beschreiben. Man denke sich zu dieser Einrichtung noch Platinen, die an c_2 den Angriffspunkt haben, sonst aber, wenn auch kürzer, wie h oder i konstruiert sind. Diese neuen Platinen kann man auch Mittelplatinen nennen. Mit ihnen arbeitet ein mittleres Messer, das aber nur eine halb so große Bewegung wie o oder u macht, und außerdem bei jeder Tour des Stuhles eine hin-

und hergehende Bewegung ausführt, also wie bei Geschlossen- oder Hochfachmaschinen.

Bei der Kartenbesteckung merke man, daß die Gewichts- oder Nadelhebel h_2 zugleich die Mittelplatinen beeinflussen; es werden hohe Nägel für die obere Platine h und niedrige für die Mittelplatine sowie auch die unteren Platinen i genommen. Die mit den Mittelplatinen ausgerüsteten Schäfte führen auch die Bezeichnung Universal. Mit ausgelöstem Universal

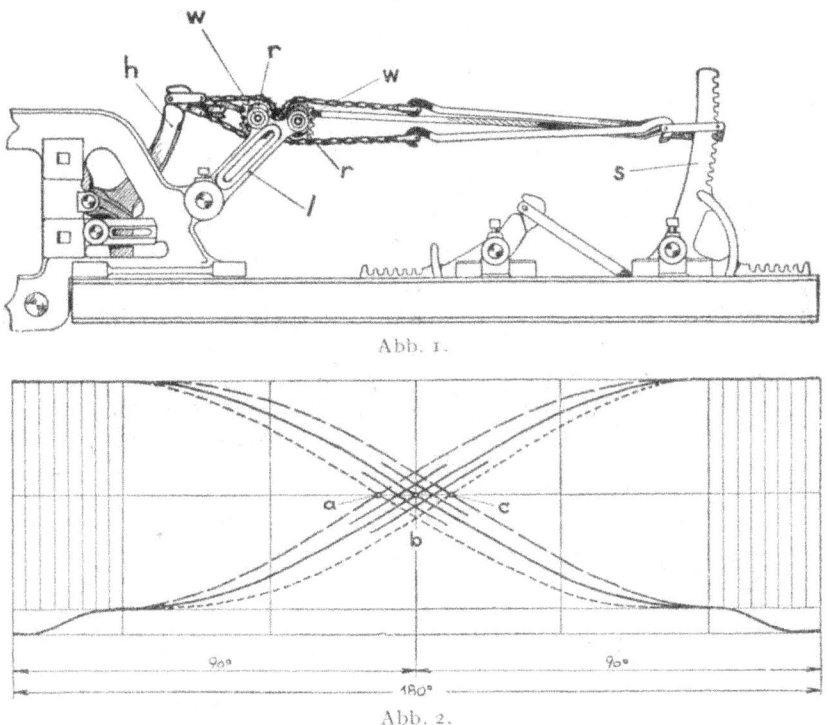

Abb. 1.

Abb. 2.

Fig. 238 e. Tritteli.r vorrichtung von Oskar Schleicher.

arbeitet die Maschine als Offenfach, bei Benutzung der Universalvorrichtung mit Hoch- und Tieffach (Geschlossen- oder Klappfach).

Schließlich verdient noch die Vorrichtung zum Gleichstellen der Schäfte an der Hattersley-Maschine Erwähnung. Dieselbe wird in zwei Arten ausgeführt, nämlich erstens dadurch, daß z. B. alle oberen Platinen vom Standpunkte des Webers ausgehoben werden, worauf die Schäfte sich sämtlich senken, und zweitens dadurch, daß nach Fig. 235 die Verbindung o_1 gelenkig konstruiert ist, so daß Messer o nach dem Umkippen der Gelenkverbindung infolge der Schaftbelastung nach rechts geht und die Schäfte senkt.

Die Schönherrsche Offenfachschaftmaschine,

wie sie an den Federschlagstühlen (viertes Stuhlsystem) Anwendung findet, ist in Fig. 240 skizziert. a ist der Schemel und durch b mit c verbunden. Der Zahnsektor d, dessen Arm d_1 eine kleine Rolle trägt und in die Gabel von c greift, kann durch die Zahnstange e um etwa ¼ gedreht und dadurch c in die punktiert gezeichnete Stellung gebracht werden. Nach der Angriffsstellung von e an Messer m muß sich e, wenn m in Bewegung kommt, senken. Von Exzenter E aus geschieht die Messerbewegung, weil Hebel o durch Stange p mit dem zweiarmigen Hebel v verbunden ist, und weil von hier aus die Stangen an m und m_1 geführt sind. Ob der Schaft gehoben oder gesenkt werden soll, ist von der Karte k abhängig. Ein Stift oder Pflock hebt t und führt e nach links gegen m; eine leere Karte

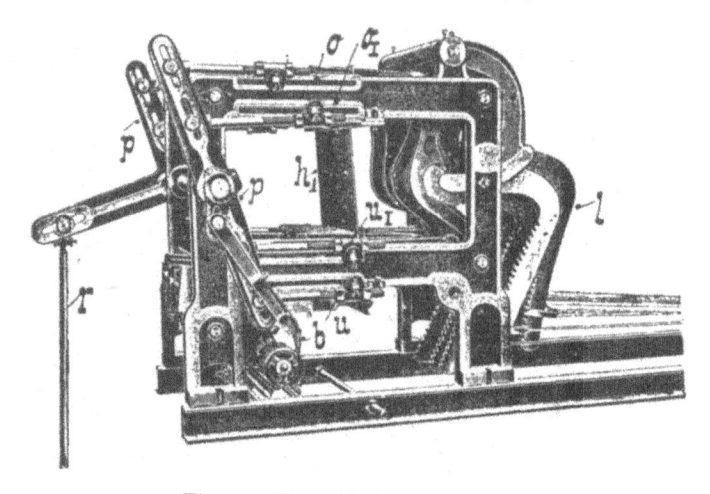

Fig. 239. Doppelfachschaftmaschine.

läßt t senken, so daß e mit m_1, falls e tief steht, in Eingriff kommt. Dadurch also, daß e hoch geht, wird der Schaft gesenkt.

Diese Schaftmaschine kann man als Vorbild für weitere Ausführungen ansprechen, so für die neueste Offenfachmaschine von Schönherr, bei der ebenfalls eine Zahnstange Verwendung findet, ferner für den Schützenwechsel, wie in Fig. 335.

Vorrichtungen an Schaftmaschinen für Ersparnisse an Karten

Zum Weben großer Dessins oder Muster sucht man Ersparnisse an Karten dadurch zu erzielen, daß die Schaftmaschine mit besonderen Vorrichtungen ausgestattet werden. Auf die Verwendung von Papierkarten wurde schon hingewiesen, und in der Tat sind die hiermit erzielbaren Ersparnisse an Unkosten sowohl wie auch an Raum ganz bedeutend.

Was an dieser Stelle zu besprechen ist, sind die Vorrichtungen besonderer Art, um sowohl an Holz-, Papp- usw., wie auch an Papierkarten zu sparen. Man kann sie einteilen in:

1. Einrichtung mit einem Kartenprisma (oder -zylinder) mit Verschiebung desselben in axialer (seitlicher) oder Breitenrichtung, wobei das Prisma eine kontinuierliche oder schließlich neben der periodisch

kontinuierlichen eine vor- und rückwärtsgehende Drehbewegung erhält.
2. Einrichtungen mit zwei oder mehreren Kartenprismen (oder -zylindern), von denen jedes mit besonderen Karten belegt ist und die abwechselnd, wie es das Dessin vorschreibt, mit den Nadeln oder Platinen der Schaftmaschine in Eingriff kommen.
3. Einrichtungen von der Art wie 1 und 2 in geeigneter Kombination, so daß z. B. das erste Prisma neben der kontinuierlichen Drehbewegung

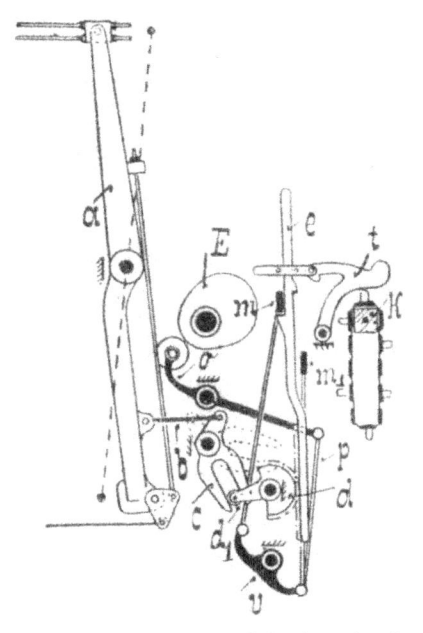

Fig. 240. Offenfachschaftmaschine von Schönherr in älterer Ausführung.

eine Verschiebung in der Breite erhält und nach Vollendung seiner Arbeit mit dem zweiten auswechselt.

Wie man sieht, sind die Möglichkeiten für die Kartenersparnisse mannigfaltigster Natur. Aus den zahlreichen maschinellen Einrichtungen sollen deshalb auch nur einige ausgewählt und besprochen werden, wobei zu bemerken ist, daß auch in der Jacquardweberei ähnliche Vorrichtungen in Benutzung sind und dort Erwähnung finden werden.

I.

Es muß zur Erklärung auf die in Fig. 199 abgebildete Schaftmaschine verwiesen werden. Das Kartenprisma ist dort einreihig. Es läßt sich auch zwei- oder dreireihig usw. und dann entsprechend breiter machen. Hier soll das dreireihige Kartenprisma mit Anwendung dreier verschiedener Bindungen besprochen werden. Unter Benutzung einer vierschüssigen Bindung genügen vier Karten. Diese Karten bindet man auf dem vierseitigen Prisma fest. Dann stellt man die Höhe so ein, daß zuerst nur die oberste Reihe der Karten gegen die Nadeln arbeitet, Fig. 241, siehe Bindung a, b und c. Die oberste Reihe a enthält die Bindung oder (weil die Bindung dieser Art der Kartenzeichnung gleichen) die Karte a. Sollen hiermit 400 Schüsse a gewebt werden (siehe das Warenbild von Fig. 242), so wird das Prisma 400 : 4 (weil es vierseitig ist) = 100 Umdrehungen machen, dabei aber 400 mal anschlagen. Jetzt soll Bindung b weben. Das Prisma hebt sich mittels geeigneter Vorrichtungen in seinen Drehpunkten so hoch, daß die mittlere Reihe der Karte, also für Bindung b, anschlägt. Wären damit 600 Schüsse zu machen, so würde es sich 600 : 4 = 150mal vollständig drehen und dabei natürlich 600mal anschlagen. Bindung c soll mit 200 Schüssen weben; also das Prisma muß 200 : 4 = 50 Umdrehungen machen. Dabei wird sich das Prisma von Reihe b auf c heben. Später senkt es sich, je nach der Bindung, die gewebt werden soll.

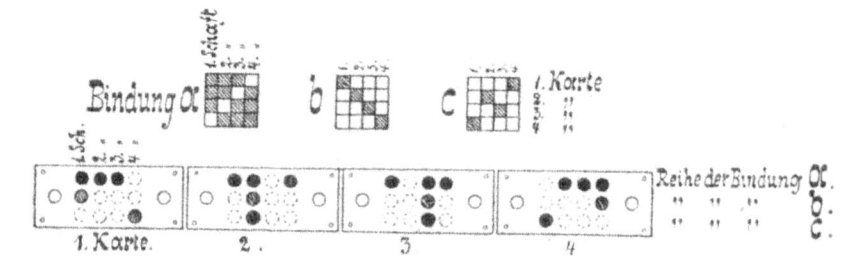

Fig. 241. Karten, die mehrere Bindungen (Kartenzeichnungen) aufnehmen.

Nach Angabe des Warenbildes, Fig. 242, ist die Reihenfolge der Bindungen

400 Schüsse der Bindung a = 1. Karte
600   ,,   ,,   ,,   b = 2. ,,
200   ,,   ,,   ,,   c = 3. ,,
600   ,,   ,,   ,,   b = 4. ,,
400   ,,   ,,   ,,   a = 1. ,,
─────
2200 Schüsse.

Unter den gegeben Verhältnissen sind zum Weben eines solchen Dessins nur 4 Karten nötig.

Solche Möglichkeiten, nämlich eine mehrreihige Karte zu verwenden, sind an den verschiedensten Arten von Schaftmaschinen ausführbar, wie z. B. an der Schaufelmaschine oder Doppelhubmaschine usw.

Es ist zu beachten, daß man anstatt der Verschiebung des mehrreihigen Kartenprismas lieber das Nadelbrett = N, Fig. 199, hebt und senkt. N ist in diesem Falle also nicht fest mit der Schaftmaschinenwand verbunden, sondern mit Hilfe geeigneter Organe in der Höhe so einstellbar, daß z. B. (nach Fig. 241) zuerst die Kartenreihe für Bindung a, dann die für b usw. mit den Nadeln der Schaftmaschine arbeitet. Über die Verschiebung des Nadelbrettes siehe näheres unter den Jacquardmaschinen.

I a.

Unter I ist die Erklärung an Hand der Fig. 199 gegeben und dabei betont worden, daß sich das Prisma nach jedem Schuß um eine Karte dreht, und daß es zur Herstellung des Bindungswechsels nötig sei, das Prisma in verschiedener Höhenstellung gegen die Nadeln zu bringen, oder daß man dem Prisma nur eine gleichmäßige Drehbewegung (Schaltbewegung) gibt und dafür das Nadelbrett z. B. mit Hilfe einer Gliederkette hebt und senkt und somit dasselbe erreicht, was nach dem Warenbild, Fig. 242, ausgeführt werden soll.

Es ist auch praktisch ausführbar, das Warenbild, Fig. 242, nur mit drei Karten weben zu lassen, wenn das Kartenprisma nicht mehr dreireihig (Fig. 214), sondern vierreihig gebaut wird. In die erste Karte wird Bindung a, in die zweite b und in die dritte c (auf je 4 Reihen der Karte verteilt) ge-

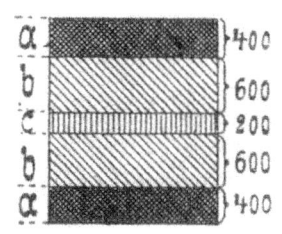

Fig. 242. Warenbild.

schlagen. Weil das Kartenprisma vierseitig ist, muß ein Kartenband aus 4 Karten hergestellt werden, also:

Es bleibt liegen 1. Karte mit Bindung a für 400 Schüsse ⎫
,, ,, ,, 2. ,, ,, ,, b ,, 600 ,, ⎪ = 2200 Schüsse,
,, ,, ,, 3. ,, ,, ,, c ,, 200 ,, ⎬ = 1 Muster-
,, ,, ,, 4. ,, ,, ,, b ,, 600 ,, ⎪ rapport.
,, ,, ,, 1. ,, ,, ,, a ,, 400 ,, ⎭

Also muß die 1. Karte für a im Anfang 400 und am Ende 400—800 Schüsse weben.

Das Nadelbrett hebt und senkt sich bei jedem Schuß in vier verschiedenen Höhenstellungen gegen die Karte, nämlich:

    1. Schuß = 1. Kartenreihe
    2. ,, = 2. ,,
    3. ,, = 3. ,,
    4. ,, = 4. ,,
    5. ,, = 1. ,,
    6. ,, = 2. ,,
    7. ,, = 3. ,,
    8. ,, = 4. ,,
    .   usw.   usw.

Die zweite Möglichkeit der Kartenersparnisse, nämlich die Anwendung von zwei evtl. drei Kartenprismen, soll an Hand von Fig. 243 besprochen werden. Es ist hier eine Hattersly-Offenfachmaschine der Firma Hohlbaum & Co. in Jägerndorf mit zwei Kartenzylindern A und B ausgerüstet. Beide werden mit besonderen Karten belegt. Zuerst arbeitet A. Nach einer bestimmten Schußzahl steuert der Weber die Zylinder so, daß B arbeiten muß, also A ausgeschaltet wird. Hebel D wird zu diesem Zwecke mit der Hand ausgehoben und soweit nach rechts bewegt, daß b die Stelle von a einnimmt. Im übrigen mag noch erwähnt sein, daß die Buchstaben von Fig. 243 auf dieselben Teile hinweisen wie die von Fig. 235.

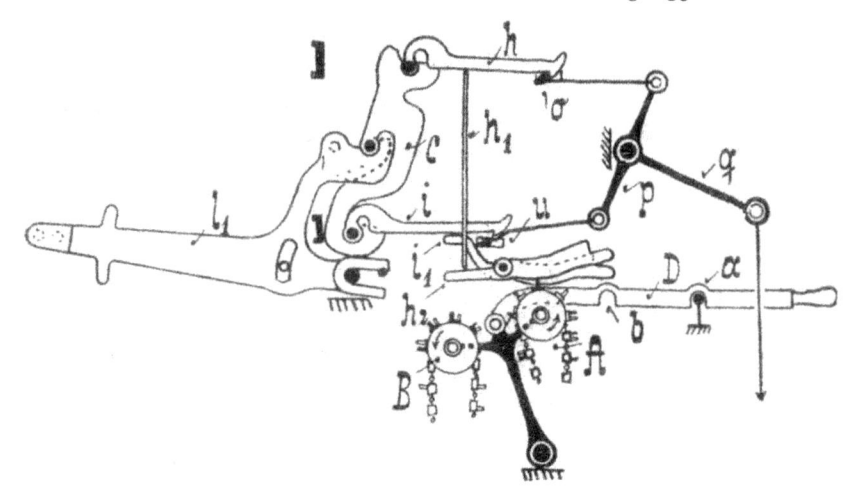

Fig. 243. Hattersley-Offenfachmaschine von Hohlbaum & Co. mit 2 Kartenzylindern.

Es ist nun in vielen Fällen sehr lästig und zeitraubend, die Zylinder mit der Hand umzusteuern, und bei einem öfteren Wechsel mit der nötigen Sicherheit auch kaum ausführbar. Die Firma Hohlbaum & Co. und andere Firmen haben den Zylinderwechsel weiter ausgebaut und lassen ihn auf mechanischem Wege arbeiten. Um den Leser nicht einseitig zu belehren, soll von der Veröffentlichung einer Zeichnung abgesehen und eine Erklärung nach der Einrichtung von Fig. 243 abgegeben werden. Jeder Zylinder wird z. B. mit 20 Karten belegt. Weil jede Karte bei den Doppelhubmaschinen dieser Art für zwei Schüsse arbeitet, so erfolgt eine Wiederholung erst nach 40 Schüssen.

Zu den beiden Zylindern A und B kommt noch ein dritter, der hier mit C bezeichnet werden soll, und der nur die Aufgabe hat, A und B umzusteuern. Umsteuerzylinder C erhält dann, wenn A arbeiten soll, z. B. einen Pflock in der Karte, oder wenn die Karte aus einer eisernen Kette besteht, eine passende Erhöhung. Jeder Pflock oder jede Erhöhung bringt Zylinder A, jede Vertiefung Zylinder B mit den Nadeln bzw. Platinen der Schaftmaschine in Eingriff. C wird wieder von Karte A oder B geschaltet, aber erst nachdem das endlose Band von 20 Karten (40 Schüssen) eine Umdrehung gemacht hat. Ein quergestreiftes Muster soll folgendermaßen gewebt werden:

$$\begin{array}{r} \text{Karte A} = 400 \text{ Schüsse,} \\ \text{,, B} = 200 \text{ ,,} \\ \text{,, A} = 120 \text{ ,,} \\ \text{,, B} = 200 \text{ ,,} \\ \underline{\text{,, A} = 400 \text{ ,,}} \\ 1320 \text{ Schüsse.} \end{array}$$

Die Ausführung dieser Arbeit geschieht nach folgender Aufstellung:

1. $\begin{cases} \text{Zylinder A} \begin{cases} \text{arbeitet mit dem endlosen Kartenband} \\ \text{mit 10 Umdrehungen} = 10 \times 20 = \\ \text{200 Karten à 2 Schüsse} \ldots \ldots = 400 \text{ Schüsse} \end{cases} \\ \text{,, C} \begin{cases} \text{hat demnach 10 Karten (jede mit einem} \\ \text{Pflock) und erhält erst nach je 20} \\ \text{Schüssen eine Schaltung} \end{cases} \end{cases}$

2. $\begin{cases} \text{,, B} \begin{cases} \text{arbeitet mit dem endlosen Kartenband} \\ 5 \times = 5 \times 20 = 100 \text{ Karten à 2} \\ \text{Schüsse} \ldots \ldots \ldots \ldots = 200 \text{ ,,} \end{cases} \\ \text{,, C hat demnach 5 Karten (jede ohne Pflock)} \end{cases}$

3. $\begin{cases} \text{,, A} \begin{cases} \text{arbeitet } 3 \times = 3 \times 20 = 60 \text{ Karten à} \\ 2 \text{ Schüsse} \ldots \ldots \ldots \ldots = 120 \text{ ,,} \end{cases} \\ \text{,, C} \begin{cases} \text{hat demnach 3 Karten (jede mit einem} \\ \text{Pflock)} \end{cases} \end{cases}$

4. $\begin{cases} \text{,, B wie unter 2} \ldots \ldots \ldots \ldots = 200 \text{ ,,} \\ \text{,, C ,, ,, 2} \end{cases}$

5. $\begin{cases} \text{,, A ,, ,, 1} \\ \text{,, C ,, ,, 1} \ldots \ldots \ldots \ldots = \underline{400 \text{ ,,}} \end{cases}$

Somit 1320 Schüsse.

Nötig sind demnach für A = 20 Karten
,, ,, ,, ,, B = 20 ,,
,, ,, ,, ,, C = 33 ,, (nämlich 10 + 5 + 3 + 5 + 10 = 33).

Die Jacquard- oder Harnischweberei

Das Weben größerer Muster mit mehr als 8, 24, 33 oder höchstens 43 verschieden kreuzenden Kettfäden ist mit Hilfe der Schaftweberei nicht möglich. Man bedient sich alsdann der Jacquardmaschine, wie sie seit ihrer Erfindung durch Jacquard im Jahre 1808 bekannt geworden ist und im Laufe der Zeiten manche Verbesserung erfahren hat.

Die Einrichtung einer Jacquardmaschine und ihre Verbindung mit dem Harnisch ist aus Fig. 244 erkennbar. h sind die Haken oder Platinen, die von den Nadeln n gesteuert werden, und die nach unten durch die Platinenschnüre h_1 verlängert sind. n erhalten in dem Nadel- und Federbrett Führung. Jede Nadel trägt auf dem rechten Ende eine Feder, welche sie und ihre Platine nach links drückt, so daß letztere auf das Messer greift. Die vier erkennbaren Messer werden in einem Rahmen vereinigt; das ganze bildet den Messerkasten, der sich hebt und senkt, ähnlich wie das an Hand von Fig. 199 besprochene Messer m. Das Kartenprisma erhält in schon bekannter Weise neben der drehenden Schaltbewegung eine nach links und

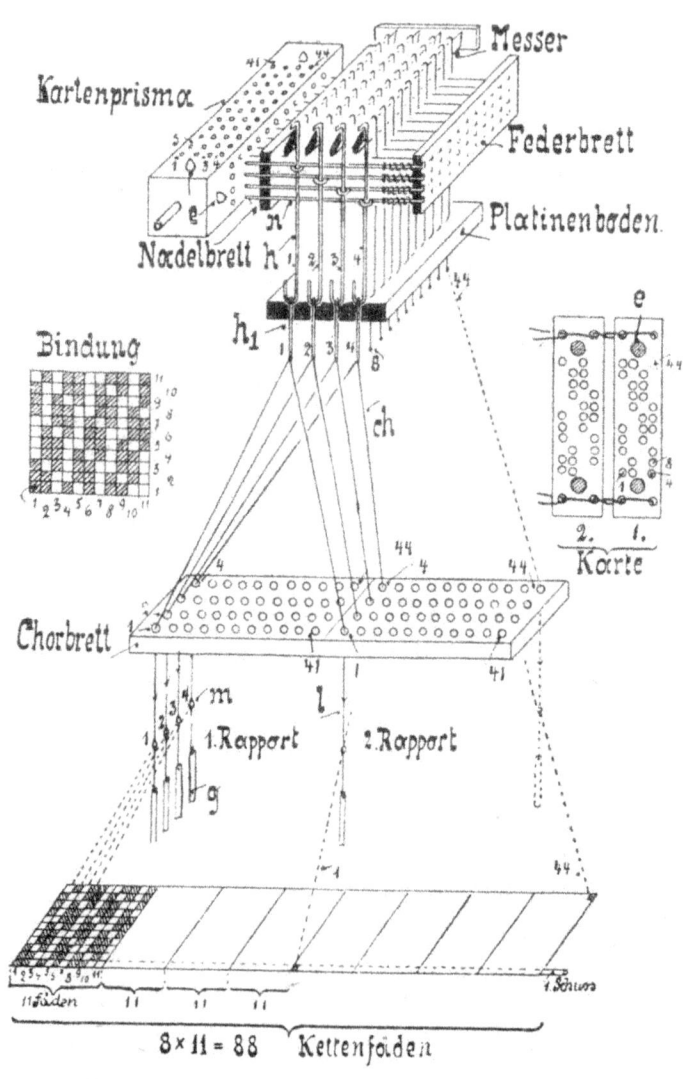

Fig. 244. Jacquardmaschine und Harnischeinrichtung
(Einführung in die Jacquardweberei).

rechts gehende Bewegung, wobei es gegen die Nadeln schlägt. Das Prisma wird vier-, fünf- und sechsseitig gebaut und hat auf jeder Seite so viele Bohrungen, wie Nadeln vorhanden sind. Ebensoviele Bohrungen zur Durchführung der Platinenschnüre h_1 erhält der Platinenboden.

Von der Bewegung des Messerkastens und Platinenbodens ist die Art der Fachbildung abhängig. Der Platinenboden kann fest und beweglich sein, seine Bewegung kann senkrecht oder schräg geschehen. In gleicher Weise, also senkrecht oder schräg, kann auch auch die Messerkastenbewegung vorgenommen werden. Auch läßt sich der Messerkasten in zwei übereinander angeordnete Gruppen teilen; jede ist für sich beweglich und arbeitet entgegengesetzt, nämlich so, wie die Messer an der Doppelhubschaftmaschine von Hattersley oder an der Schaufelschaftmaschine von Hodgson. Solche Maschinen bezeichnet man als Doppelhub-Jacquardmaschinen. Die besprochenen Bewegungsarten sind von Einfluß auf die Fachbildung. Man unterscheidet hiernach:

1. Jacquardmaschinen mit Hochfach; bei schräger Messerkastenbewegung erhält man ein schräges Hochfach. Der Platinenboden bleibt stehen.
2. Hoch- und Tieffach-Jacquardmaschinen für Geschlossen- bzw. Klappfach, wobei die Kettenfäden während des Blattanschlages in bekannter Weise die Mittelstellung einnehmen. Der Messerkasten hebt sich von der Mittelstellung aus ins Ober- oder Hochfach, und der Platinenboden senkt sich von der Mitte aus ins Unterfach. Messerkasten und Platinenboden können auch schräg gehoben und gesenkt werden; es entsteht dann ein Schrägfach.

   Die schräge Stellung der Kettfäden im Unterfach (ohne Schrägfachbildung) durch die Maschine (siehe Fig. 133) erhält man, wenn die Litzen mit dem Gewicht g oder die Harnischschnüre ch, Fig. 244, schräg angeknotet und Messerkasten und Platinenboden gerade gehoben und gesenkt werden. Dasselbe gilt auch für die Hochfach-Jacquardmaschinen, wenn hierbei keine Schrägfachbildung durch die Messerkastenbewegung vorgesehen ist.
3. Halboffenfach- oder Doppelhub-Jacquardmaschinen, wobei die oben besprochene Teilung des Messerkastens nötig ist. Der Platinenboden bleibt in der Regel stehen.
4. Offenfach-Jacquardmaschinen. Diese sollen hier nur erwähnt, aber nicht besprochen werden, weil sie zu kompliziert gebaut werden müssen und soweit das Weben, d. h. die Haltbarkeit der Kettfäden in Betracht kommt, praktisch nicht so günstig arbeiten, wie die Halboffenfachmaschinen.

Jede Jacquardmaschine wird nach ihrer Größe, d. h. der Anzahl ihrer Platinen beurteilt. Fig. 244 zeigt 44 Platinen. Mit dieser Maschine läßt sich die Bindung von Fig. 144 noch weben, weil sie ebenfalls in der Rapportbreite 44 Kettfäden hat. Würden diese 44 Fäden unter sich alle verschieden weben, so müßten 44 Schäfte (Fig. 144) angewendet werden. Der Vorteil der Jacquardweberei besteht also darin, daß man, wie es schon eingangs hervorgehoben wurde, mit mehr als 43 Schäften arbeiten kann. Die 44er

Jacquardmaschine wäre aber dann nicht mehr brauchbar, wenn die Bindung von Fig. 144, ohne die Schaftzahl zu vermehren, um einige Kettfäden breiter sein sollte. Die Größe der Jacquardmaschine, d. h. die Anzahl der Nadeln und Platinen richtet sich deshalb nach der Größe des zu webenden Musters (Bindung).

Diese Erklärung zeigt sofort, daß die Frage nach der Anwendung von Schaft- oder Jacquardweberei durch den Verwendungszweck beantwortet werden muß. Es ist auch bei der Jaquardmaschine zu beachten, daß sich die Dichtstellung des Harnisches nur innerhalb beschränkter Grenzen ändern läßt. Bei der Schaftweberei ist es anders; daß Geschirr läßt sich leicht herausnehmen und durch ein anderes ersetzen, was bei der Harnischweberei nur äußerst schwer durchführbar ist. Weil in der Maschine eine große Anzahl einzelner Organe arbeitet, entstehen in der Jacquardweberei leicht Pfusche, wodurch in der Ware leicht Fehler vorkommen. Darum ist ein gut geschultes Personal nötig. Bei schweren Waren müssen die Gewichte g (Fig. 244) so schwer sein, daß sich die Kettfäden trotz ihrer Spannung ins Unterfach senken lassen. Überhaupt belasten die einzelnen Gewichte g den Stuhl so stark, daß Jacquardwebstühle viel mehr Betriebskraft nötig haben, als Exzenter- oder Schaftwebstühle, weil ein Teil der Gewichte fortwährend gehoben werden muß. Exzenter- und Schaftwebstühle können im Durchschnitt auch schneller laufen, schon deshalb, weil sie eine größere Betriebssicherheit gegen Kettfadenfehler gewähren. Auch sind sie billiger als die Jacquardstühle, und, soweit der Harnisch in Betracht kommt, meistens nicht so leicht dem Verschleiß unterworfen; ein Geschirr läßt sich leichter ersetzen als ein Harnisch.

Fig. 244 gibt über die Gesamteinrichtung der Jacquardweberei noch weiteren Aufschluß. Das Kartenprisma, das mit den Eicheln e versehen ist, nimmt Pappkarten auf. Diese Pappkarten müssen nach einer bestimmten Regel geschlagen werden, nämlich nach einer Bindung oder Patrone; die in der Schaftweberei besprochenen Kartzeichnungen fallen ganz weg. Es ist eine 11 schäftige Bindung gewählt worden; sie rapportiert in der Jacquardmaschine 44 : 11 = 4 mal. Die erste (unterste) Schußlinie der Bindung kommt in die erste Karte, wobei das geschlagen wird, was in der Bindung gezeichnet ist. Man vergleiche die Zahlen in der Bindung mit denen der Karten und des Kartenprismas, und man sieht sofort, wie die Karte auf das Prisma gelegt werden muß. Das erste Loch der Karte arbeitet (wenn sich die Oberseite des Prismas gegen die Nadeln wendet) gegen die erste Nadel n, diese wieder mit der 1. Platine h, und weiterhin arbeitet h_1 mit der 1. Harnischschnur ch eines jeden Harnischrapports. Es sind zwei Harnischrapporte gezeichnet. In jedem Rapport müssen natürlich 44 Harnischschnüre und Litzen l sein, also zusammen 88 Kettfäden. Soll das Gewebe noch breiter werden, so sind noch mehr Harnischrapporte einzurichten, z. B. für 880 Kettfäden = 88 : 44 = 20 Harnischrapporte. An jeder Platinenschnur h_1 sind dann 20 Harnischschnüre zu befestigen.

Man vergleiche unter Beachtung der Stellung der Harnischschnüre im Chorbrett die Bindung mit der Gewebezeichnung unterhalb des Chorbretts und den Anfang der geschlagenen Karte, Fig. 244. Die Nadel- und Platinenstellung in Verbindung mit dem Harnischeinzug ist von besonderer Bedeutung für das Kartenschlagen. Im vorliegenden Falle ist der Harnisch in das Chorbrett links eingezogen, weil die erste Schnur in jedem Rapport vorn links steht.

Bevor auf andere Einzugsarten näher eingegangen werden kann, ist zuerst die Größe der Jacquardmaschine zu besprechen.

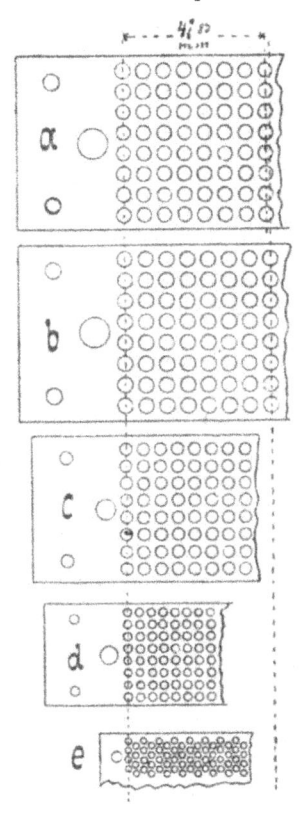

Fig. 245. Verschiedene Sticharten.

Man unterscheidet 100er (selten weniger), 200er, 400er, 600er, 840er, 1300er usw. Jacquardmaschinen, ferner vier-, acht-, zehn-, zwölf- oder sechzehnreihige Maschinen. Fig. 244 zeigt eine vierreihige Maschine, weil vier Platinenreihen hintereinander stehen. 200er Maschinen baut man vier- und achtreihig, 400er achtreihig, 600er hauptsächlich zwölfreihig und 800er usw. sechzehnreihig. Dabei spricht man auch von dem "Stich,, der Jacquardmaschine und versteht darunter die Dichtstellung der Nadeln. Im allgemeinen kann man sagen, daß die Nadeln um so dichter, d. h. enger aneinandergestellt sind, je größer die Maschine ist.

So kennt man den französischen (Lyoner), Berliner, Elberfelder, Wiener, Schroers-, Vincenzi-, Verdol-Stich usw. Aus der Fig. 245 sind die Größenunterschiede einiger Sticharten zu entnehmen. a ist der französische Stich b von unbekannter Herkunft, c der Wiener Feinstich, d der Vincenzi- und e der Verdol-Stich. Sämtliche Karten sind für achtreihige Maschinen gezeichnet.

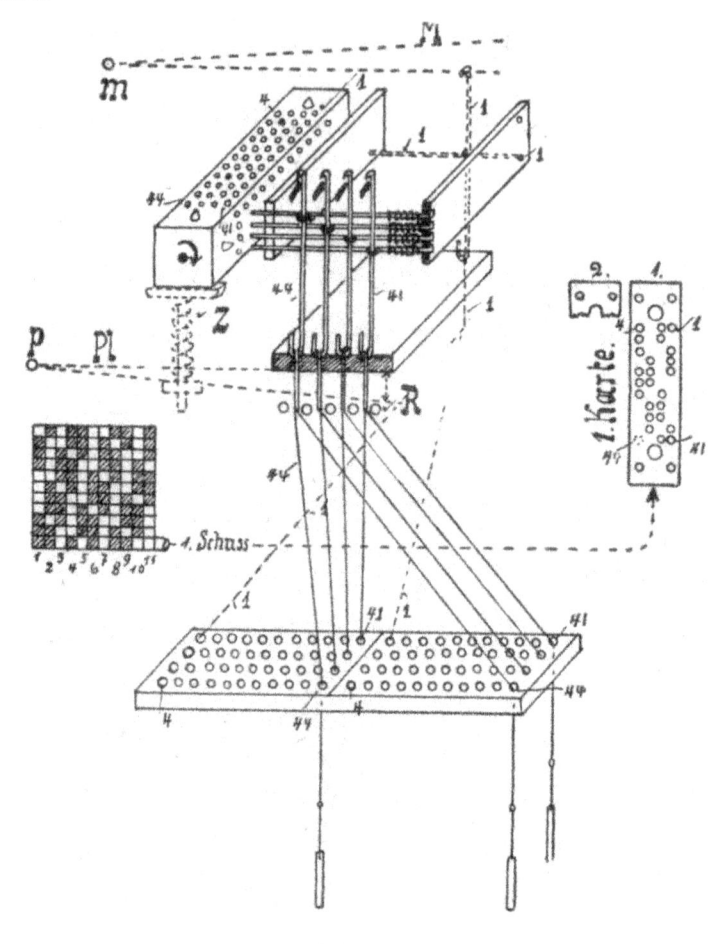

Fig. 246.

Im Gegensatz zu dem vorhergehenden Harnischeinzug beginnt der von Fig. 246 hinten links. Dieser Anfang deckt sich mit der in vielen Webereien geübten Regel in der Schaftweberei, daß die erste Litze auf dem hinteren Schaft links steht.

Man achte hier auf das Kartenschlagen, ihre Reihenfolge und auf Anordnung der Karten auf dem Kartenprisma.

Beide Jacquardmaschinen (Fig. 244 und 246) sind mit Linksantrieb hergestellt, weil das Kartenprisma von der Jacquardmaschine aus links angebracht ist. Man baut auch Maschinen mit Rechtsantrieb, d. h. man legt die Antrieb- oder Prismenseite nach rechts. Dann ändert sich die Regel für das Kartenschlagen. Es dürfte aber dem Leser nach den bisherigen Erklärungen nicht schwer fallen, die richtige Reihenfolge zu treffen.

An Stelle der oben besprochenen Harnischeinzüge (oder Gallierungen), die verschränkt sind, benutzt man auch den offenen oder englischen Einzug, Fig. 247. Die Maschine steht hierbei quer über dem Stuhl mit dem Kartenprisma nach hinten, dem Streichbaum zugekehrt. Das Kartenschlagen geschieht hierfür genau so, wie bei dem verschränkten Linkseinzug (deutsche Gallierung oder Empoutierung), Fig. 244.

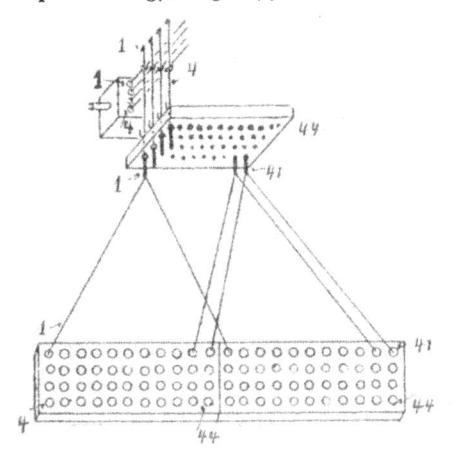

Fid. 247. Offener oder englischer Harnischeinzug.

Man findet bei dem offenen Einzug auch die Anordnung des Kartenprismas nach vorn, so daß die Karten über dem Kopf des Webers hängen. Es ist dies nur dann störend, wenn durch eine größere Anzahl von Karten zu viel Licht weggenommen wird, und wenn die Jacquardmaschine nicht sehr hoch montiert ist.

Wie in diesem Falle, also wenn das Prisma vorn ist, das Kartenschlagen vorgenommen werden muß, ist leicht festzustellen. Man denke sich das Prisma bzw. die Jacquardmaschine von Fig. 247 nach vorn gedreht und die Harnischschnur der 1. Platinenschnur in die 44. Bohrung des Chorbrettes geführt, so liegt wieder dieselbe Regel vor, wie nach der Anordnung von Fig. 246. Demnach schlägt man auf der Patrone von rechts nach links.

Die Unterschiede des verschränkten und offenen Harnischeinzuges liegen in der Reibung der Schnüre aneinander. Am wenigsten Reibung bietet der offene Einzug. Die Vorteile hiervon sind aber nicht so groß, daß er allgemeine Einführung gefunden hat. Als Nachteil kann der Umstand angesehen werden, daß die Maschine auf dem Stuhl quer steht und die Harnischschnüre an den Platinenschnüren einen schrägen Zug ausüben, daß also in den Bohrungen des Platinenbodens eine zu große Reibung entsteht. Diese Reibung kann nicht gut durch Roststäbe, z. B. durch Glasstäbe R, Fig. 246, wie sie quer zur Jacquardmaschine neben den Platinenschnüren geführt sind, beseitigt werden.

Um die gegenseitige Reibung der Harnischschnüre bei dem verschränkten Einzug möglichst unschädlich zu machen, muß der Abstand zwischen dem Chorbrett nnd dem Platinenboden sehr groß sein, z. B. bei einer Webbreite von 80 cm etwa 170 cm oder bei 140 cm Webbreite etwa 210 cm, oder bei 200 cm Breite etwa 230 cm.

Am billigsten, weil am dauerhaftesten, sind Harnischschnüre aus bestem 3 × 2fach oder 3 × 3fach Leinenzwirn. Man erhöht die Betriebs-

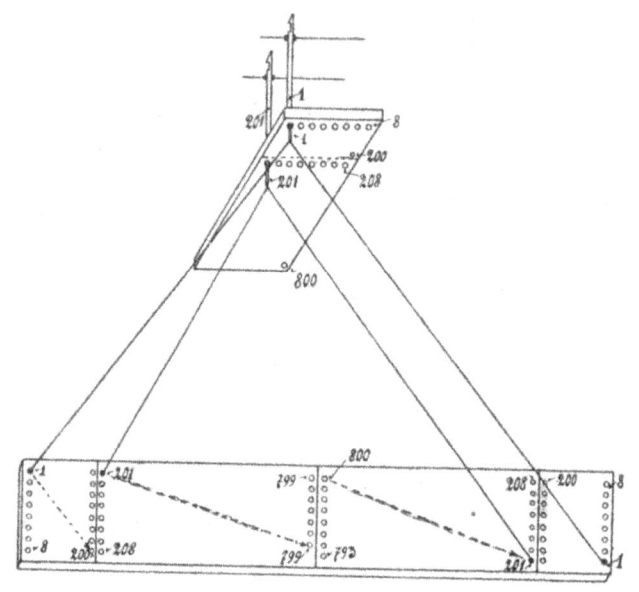

Fig. 248. Harnisch mit Spitz- und Eckeinzug.

dauer durch Wachsen, noch mehr aber durch Behandeln mit sog. Harnischöl. Dieses Ölen bzw. Firnissen verhindert auch zu einem guten Teil das so lästige Drehen der Litzen bei jedem Witterungswechsel, wodurch der Kettfaden umwickelt oder mindestens festgeklemmt wird, was Fehler in der Ware verursacht.

Die Schwere der Gewichte g, Fig. 244, ist ganz verschieden und richtet sich nach der Schwere der zu verarbeitenden Ketten und ihrer Dichtstellung. Kann man bei leichten Seidenketten usw. mit 8—10 g Schwere auskommen, so muß man für andere Zwecke 25—35 g und mehr Gewicht nehmen.

Außer den besprochenen Chorbretteinzügen gibt es für Spezialzwecke noch andere, zum Teil recht komplizierte Arten. Bei ihrer Besprechung würde man viel zu weit gehen müssen, weil man, um verständlich zu sein Spezialartikel der Weberei zu berücksichtigen hätte und damit den Rahmen des vorliegenden Lehrbuches überschritte.

Nur der Spitz- und Eckeinzug, Fig. 248, und der Gruppeneinzug, Fig. 249, sollen noch bildlich angeführt werden. Ersterer dient zum Weben von Decken usw., wobei das Musterbild von der Mitte aus gestürzt (wie der technische Ausdruck heißt), also gewendet ist. Es sind 600 Platinen für die Mitte und 200 für den Rand bestimmt. Bei der 800er Maschine tragen z. B. alle Platinenschnüre zwei Harnischlitzen, nur die 800ste hat eine einzige, weil sonst in der Mitte des Gewebes ein Doppelfaden bestände. Das Einziehen der Kettfäden in die Litzen muß hier von hinten nach vorn geschehen. Der Gruppeneinzug von Fig. 249 findet an Bandwebstühlen usw. Verwendung. Er gleicht dem Einzuge von Fig. 244 und ist nur zwischen den einzelnen Rapporten oder Bändern auseinandergezogen.

Auf den Chorbretteinzug von Fig. 244 muß noch einmal verwiesen werden Er ist vierreihig eingezogen. Bei dichten Harnischen genügt ein vierreihiges

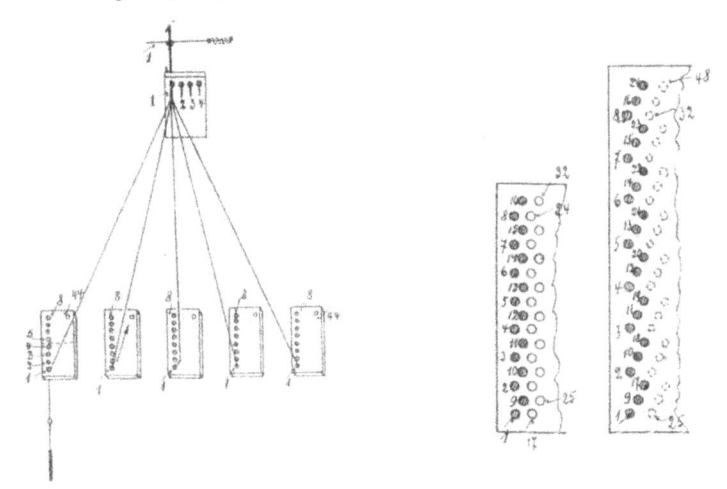

Fig. 249. Gruppeneinzug.   Fig. 250.

Chorbrett nicht, weil die Litzen zu dicht stehen und die Kettfäden zu viel Reibung erhalten. Man kann aber ein acht-, evtl. ein zwölfreihiges Chorbrett benutzen. Verwendet man ein achtreihiges, das also doppelt so tief wie das vierreihige gestochen ist, wie z. B. in Fig. 249, so kommen in die erste Chorbrettreihe die beiden ersten Reihen (1—4 und 5—8) der Jacquardmaschine, in die zweite die Reihen 3+4, in die dritte die Jacquardmaschinenreihen 5 — 6 usw. Jeder Rapport im Chorbrett wird also halb so breit, aber doppelt so tief, siehe Fig. 244. Bei achtreihigen Maschinen muß das Chorbrett mindestens achtreihig, kann aber sechzehn- oder vierundzwanzigreihig sein.

Ein solcher Chorbretteinzug genügt für eine Jacquardmaschine ohne Schrägfachbildung. Will man z. B. zwei Reihen der Jacquardmaschine auf eine Reihe des Chorbretts bringen, so muß (eben mit Rücksicht auf das schräge Fach) das Chorbrett für eine achtreihige Maschine in der aus Fig. 25 erkennbaren Weise gestochen sein, und die Harnischschnüre so eingezogen werden, wie es die Zahlen angeben. Wie man sieht, sind die Bohrungen in dem Chorbrett versetzt, nämlich entweder 1 à 1 oder 1 à 1 à 1; der erstere rapportiert auf 16 und der letzere auf 24 Bohrungen.

Für das Weben von Mustern ist es zweckmäßig, die Breite des Harnisches so ändern zu können, daß sich die Kettfäden verschieden einstellen lassen. Es ist dies durch ein verstellbares Chorbrett möglich. Dasselbe wird in der Mitte geteilt und so konstruiert, daß sich die beiden Enden, wenn die Mitte gesenkt bleibt, heben lassen. Hierdurch verkürzt sich die Breite. Zu weit darf man in diesem Verkürzen nicht gehen, weil sich die Litzenaugen sonst an den Enden zu tief senken und die Kettfäden auf der Ladenbahn schleifen würden.

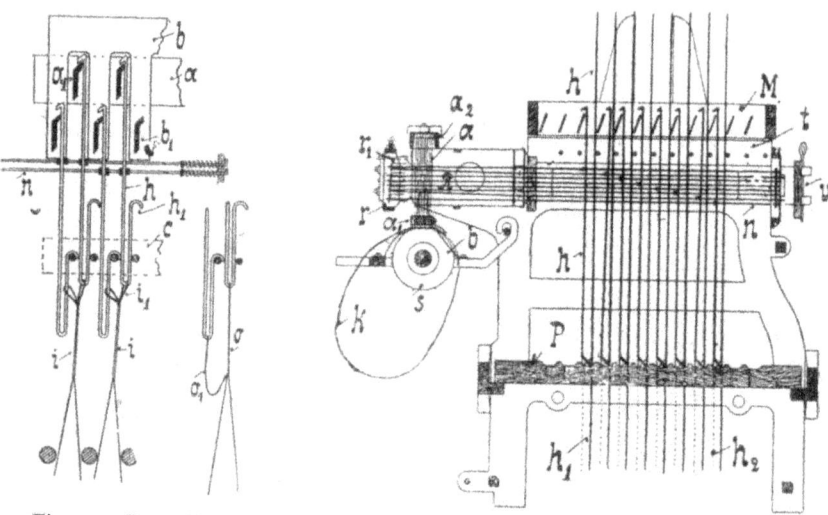

Fig. 251. Doppelhub-Jacquardmaschine. (Erstes Stuhlsystem.)

Fig. 252. Verdolmaschine.

Die Doppelhub-Jacquardmaschinen (Halboffenfach)

Dieselben zeichnen sich dadurch aus, daß sie mit großer Tourenzahl laufen können, weil jede Platinenschnur i (Fig. 251) mit zwei Platinen verbunden ist, wovon die eine für alle ungeradzahligen und die andere für alle geradzahligen Schüsse arbeitet. Aus diesem Grunde ist auch der Messerkasten geteilt, siehe a und b, wie es schon vorher erwähnt wurde. Jede Nadel n beeinflußt zwei Platinen. Sind demnach a mit den Messern a_1 gehoben, so sind b oder b_1 gesenkt. Beim Wechseln treffen sich a_1 und b_1 in der Mitte, und derjenige Haken bzw. diejenige Platinenschnur i, die fortwährend im Oberfach bleiben soll, senkt sich bis zur Mitte und wird dann von dem hochgehenden Messer mitgenommen.

Das Kartenprisma wendet sich bei jedem Schuß. Mit Rücksicht auf die große Tourenzahl, womit diese Maschinen laufen sollen, baut man das Prisma fünf- oder sechsseitig und erreicht dadurch einen besseren oder sicheren Kartenlauf als bei vierseitigen Prismen.

Wenn man der Verbindung der Harnischschnüre durch i, i_1 und o, o_1 Aufmerksamkeit zuwendet, wird man finden, daß in dieser Verbindung zwei Ausführungsformen möglich sind.

Die Verdolmaschine

Diese Maschine führt ihren Namen von dem Erfinder Jules Verdol. Es ist eine Jacquardmaschine, welche die Anwendung von Papierkarten gestattet und damit wesentliche Kartenersparnisse zuläßt. Fig. 245 zeigte schon die Größenunterschiede der Karten. Es ist außerdem zu beachten, daß die Verwendung von Papier billiger ist als von Pappe, so daß die Ersparnisse nicht ausschließlich in den Größenverhältnissen zu suchen sind.

Dem Vorteil der großen Kartenersparnisse stehen einige Nachteile gegenüber. Die feinen, senkrechten Nadeln a des Vorgeleges zu der Jacquardmaschine, Fig. 252, sind empfindlich gegen Staub und Schmutz und müssen deshalb vor Verunreinigungen geschützt werden. Es ist ferner nötig, die Feuchtigkeit des Arbeitsraumes gleichmäßig zu halten, weil sich die Papierkarten durch jeden Feuchtigkeitswechsel leicht verändern und dann Fehler verursachen.

In Fig. 252 bezeichnet h die zweischenklige Platine, die infolge ihrer Form in sich federt, so daß die Nadel ohne Feder sein kann. Übrigens werden die Nadeln nicht bloß durch die Federung der Platine, sondern auch noch durch das verschiebbare Brett v nach links gedrückt. v bewegt sich gleichmäßig mit dem Rost r. Dieser Rost besteht aus so vielen übereinandergelegten Winkeleisen r_1, wie Nadelreihen n in der Jacquardmaschine oder in dem Vorgelege R enthalten sind (siehe auch Fig. 253). Mit den horizontal gelagerten Nadeln R stehen die senkrechten a, die in a_1 und a_2 Führung haben, in Verbindung. Die Nadeln a bestehen aus ganz feinem Draht; sie haben nur das Heben der Nadeln R (die an dem rechten Ende Köpfe tragen und damit gegen die Nadeln n stoßen) zu besorgen, so daß die Papierkarte k nicht stark beansprucht wird. Die gehobenen R-Nadeln legen sich gegen die Winkeleisen r_1 und werden, wenn der Rost r nach rechts geht, mitgenommen; n wird ebenfalls nach rechts bewegt und dadurch die Platinen h von den Messern M abgedrückt. Der Platinenboden hat für die Platinenschnüre h_1 und h_2 versetzte Bohrungen.

In der vorher beschriebenen Einrichtung steht der Platinenboden P fest, und nur der Messerkasten wird gehoben. Es ist also eine Hochfachmaschine.

Der Kartenzylinder s besteht aus der Welle mit zwei, drei oder vier Scheiben s. Die Anzahl richtet sich nach der Breite der Maschine. s trägt Eicheln oder Warzen zum Transport der Karte. Bei jedem Schußwechsel wird k mit s gehoben und gesenkt, und beim Senken greift ein Wendehaken in ein auf der Welle von s befestigtes Schaltrad, das mit Rücksicht auf s neunteilig ist, Fig. 252.

Eine Verbesserung in der Kartenführung zeigt Fig. 253—253a. Der Kartenzylinder wird nämlich nicht mehr gehoben und gesenkt, sondern nur gedreht. Unzweifelhaft ist damit der Vorteil verbunden, daß die Karte geschont wird. Bedingung ist aber, während der Drehbewegung die senkrechten Nadeln d, Fig. 253 und 253a, aus der Papierkarte herauszuziehen. Zu diesem Zwecke hebt und senkt Schroers den Rost i mit den Winkeleisen h. Damit werden auch die Nadeln g und d gehoben, Fig. 253.

Der Rost i macht außer dem Heben und Senken noch eine seitliche Bewegung; er geht nämlich im Augenblicke des Senkens nach rechts. Diejenigen Nadeln d, die von der Karte (ungeschlagenen) zurückgehalten werden, bleiben hoch und die andern senken sich, und der Rost i nimmt die gehobenen mit nach rechts, wie es Fig. 253a zeigt.

Damit die an Hand der Fig. 245 in e gezeigte Lochung der Karten vorgenommen werden kann, sind die senkrechten Nadeln d in dem Nadelführungsstück a_1, Fig. 253 und 253a, versetzt. Die Karte von Fig. 245 ist demnach für eine achtreihige Maschine, wie sie in den Fig. 252 bis 254 abgebildet sind, passend. Je zwei senkrechte Lochreihen, nämlich $4 + 4 = 8$, sind für eine Nadelreihe g bestimmt. Über die Drehung der Kartenzylinder siehe Fig. 258 und 262.

In Fig. 254 ist noch die Vorrichtung für eine 896er Verdol-oder Feinstichmaschine mit 600 Karten wiedergegeben. Er ist also eine Verdolmaschine mit 896 Platinen oder Nadeln.

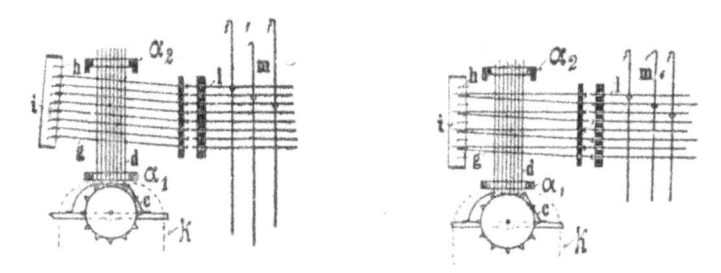

Fig. 253.   Verbesserte Verdolmaschine.   Fig. 253a.

Jacquard- und Verdolmaschinen mit Vorrichtung für Kartenersparnisse

Zugleich als Ergänzung der über die Schaftmaschinen gemachten Bemerkungen betreffend Kartenersparnisse sind die Fig. 255—257 anzusehen. Für eine achtreihige Jaquardmaschine wird ein sechzehnreihiges Kartenprisma genommen, so daß jede Nadelreihe der Maschine abwechselnd (wie es die Musterung nötig macht) mit zwei Lochreihen der Karte zusammenarbeitet. Fig. 256 gibt die Einrichtung der Karte wieder. Alle ungeradzahligen Lochreihen arbeiten für die erste Bindung (oder das erste Muster) und alle geradzahligen für das zweite Muster (zweite Bindung). Um nun die Nadelreihen mit den ungeradzahligen oder geradzahligen Lochreihen der Karte in Kontakt zu bringen, muß das Nadelbrett n_1, Fig. 255, gehoben oder gesenkt werden. n_1 steht durch die Gelenkstange n_2 mit Hebel n_3 bzw. Rolle n_4 in Verbindung. Sternrad c trägt die Gelenkkette k (mit hohen und niedrigen Gliedern), so daß jedes hohe Glied von k das Nadelbrett n_1 hebt und gegen die ungeradzahlige n Kartenreihen bringt. p ist den übrigen Platinen der Maschine entgegengesetzt gestellt, so daß die Öffnung n in der Karte, Fig. 256, stets geschlagen wird, und nur, wenn ein Wechsel eintreten soll, wird n durch ein Plättchen geschlossen. p greift dann auf m, wird dadurch gehoben und schaltet durch Hebel p_1 und Haken p_2 den Stern b. Mit b wird c und folglich auch die Gliederkette gedreht. Enthält das Prisma B, Fig. 255, z. B. ein endloses Kartenband von 40 Karten, so wird p (wenn die Öffnung n der Karte [Fig. 256] auf jeder 40. geschlossen

Fig. 254. Karten einer Verdolmaschine von Carl Zangs A-G.

ist) nach je 40 Karten einmal schalten. Sind in der Kette k 13 niedrige Glieder, so werden die geradzahligen Kartenreihen 13 × 40 = 520 Schüsse weben. Dann folgt mit dem 14. Glied ein hohes Glied und läßt die ungeradzahligen Kartenreihen für 40 Schüsse arbeiten. Von der Anzahl und Form der Gliederketten k und der Länge des endlosen Kartenbandes auf B ist die Länge des Musters abhängig.

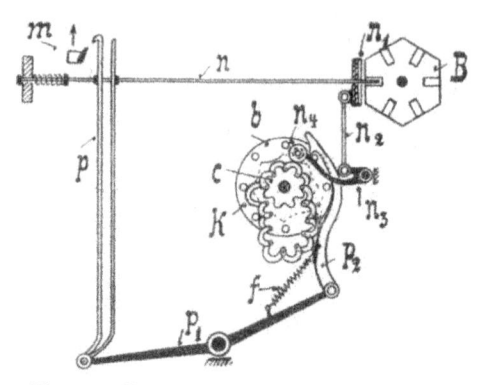

Fig. 255. Vorrichtung für Kartenersparnisse.

Weiterhin ist mit derselben Einrichtung eine Vorrichtung zum Umsteuern der Wendehaken 2 und 3, Fig. 257, verbunden. Hierfür ist ebenfalls eine Gliederkette vorgesehen. Der eigentümlich geformte Haken 4 steht den übrigen Platinen der Maschine ebenfalls entgegengesetzt, hat aber außer dem oberen Haken noch einen Ansatz 8. Der Zweck hiervon ist, daß 4 beim Senken des Messers m mitgenommen wird und daß Stößer 5 das Sternrad b_1 um eine Teilung dreht. Damit schaltet auch die Gliederkette weiter. Jedes hohe Glied der Kette k_1 hebt die Rolle r des Hebels r_1 und damit

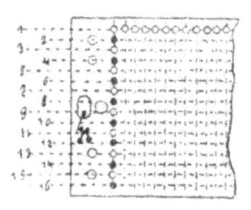

Fig. 256.

auch o. o verbindet Haken 2 und 3. Somit werden 2 und 3 durch ein hohes Kettenglied so umgesteuert, daß 3 an das Prisma B von unten angreift und es rückwärts dreht. Die an Hand von Fig. 255 und 256 beschriebene Einrichtung kann demnach erstens mit ungeradzahligen und geradzahligen Kartenreihen arbeiten und gestattet zweitens mit der Einrichtung von Fig. 257 ein Umkehren oder Stürzen des Musters, d. h. Vor- und Rückwärtsweben der Karten.

Es werden Verdolmaschinen mit zwei übereinander angeordneten Kartenzylindern gebaut, Fig. 258. Das Mittelstück des Musters wird z. B. in der oberen Karte und der Rand in der unteren geschlagen.

Weitere Kartenersparnisse lassen sich dadurch erzielen, daß zwei Prisma mit der Maschine in Verbindung treten. Zuerst arbeitet z. B. das linke Prisma B und hierauf das rechte A, so wie es das Muster vorschreibt, Fig. 259a. Wie es diese Abbildung erkennen läßt, steht Prisma A tiefer als B. A ist sechsreihig, somit auch B. Die Platinen h und h_1 sind so lang, daß sie von den Nadeln n und n_1 erfaßt werden. Weil sie zweischenklig sind und in sich federn, kann jeder Schenkel mit entgegengesetzt ge-

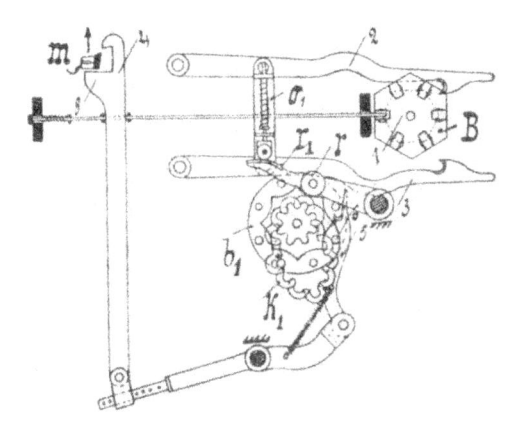

Fig. 257. Vorrichtung für Kartenersparnisse durch Umsteuerung der Haken 2 und 3.

richteten Haken versehen sein. Demnach muß auch der Messerkasten M die Doppelmesser m führen. Der Rost r ist soweit in der Pfeilrichtung r_1 nach links verschoben, daß die Platinen h, die von dem Prisma A und den Nadeln n beeinflußt werden, nicht arbeiten, d. h. nicht auf m greifen können. Der Wendehaken für A (in der Zeichnung nicht wiedergegeben) ist in dieser Arbeitsstellung außer Tätigkeit. Haben die Karten von B ihre Arbeit vollendet, so wird der Rost r von einer Karte oder Kette aus mit Hilfe besonderer Vorrichtungen nach rechts verschoben, und dadurch werden die Platinen h_1 von den Messern m abgedrückt. Zugleich werden die Wendehaken für das Drehen der Prismen so umgesteuert, daß der Haken für B außer Eingriff und der für A in Eingriff kommt.

Wie es Fig. 259 erkennen läßt, sind die beiden Prismen auf einer Seite angeordnet.

An Stelle der herzförmigen Messer m können auch bewegliche m_1, wie sie an den Messerkasten M_1 gezeichnet sind, treten. Die Messer sind wendbar und können nach Wunsch auch in die punktiert gezeichnete Stellung gebracht werden. Es geschieht dies mit denselben Mitteln, womit der Rost r verschoben wird. Bei den wendbaren Messern m_1 ist eine Verschiebung des Rostes nicht nötig.

Fig. 258. Verdolmaschine mit 2 Kartenzylindern.

Fig. 259. Jacquardmaschine für Kartenersparnisse.

Die Aufstellung und der Antrieb der Jacquardmaschinen

Die Jacquardmaschinen werden entweder auf einem hohen Gestell aufgebaut oder auf Trägern, die in dem Gebäude gestützt sind, gelagert. Das hohe Gestell, das eine Erweiterung des Webstuhlrahmens bildet, bedarf in der Regel einer seitlichen Stütze, weil sonst Schwankungen und damit ein unruhiger Gang der Jacquardmaschine unvermeidlich sind. Wenn in einem Websaal nur Jacquardstühle aufgestellt werden sollen, so benutzt man am besten eiserne Träger. Die Sächsische Maschinenfabrik

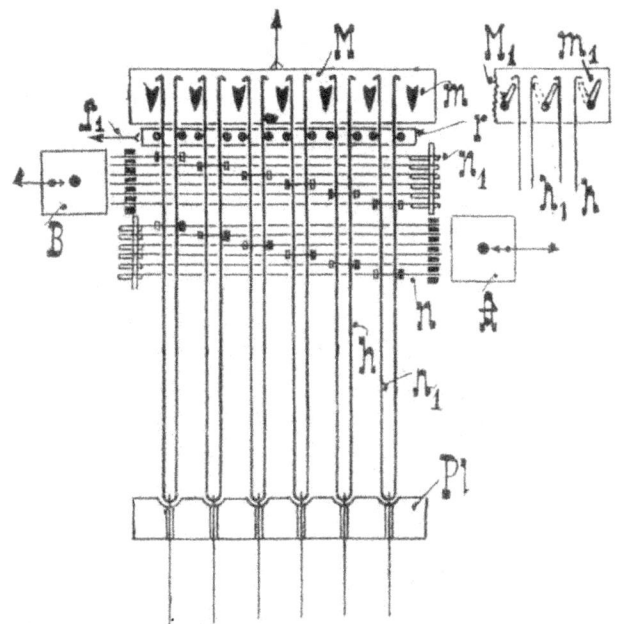

Fig. 259a. Doppelte Jacquardmaschine.

baute früher gußeiserne Stützen (erweitertes Gestell) A, die in zweckmäßiger Weise mit T-Trägern B, Fig. 260, vereinigt sind. Auf B, die im Gebäude seitliche Stütze finden, sind die hölzernen Lagerbalken C gelegt. Erst auf C ist die Jaquardmaschine J montiert. Von hier aus gehen die Harnischschnüre H in bekannter Weise nach unten durch das Chorbrett Ch und werden weiterhin mit den Litzen und Gewichten verbunden.

Der Buckskinstuhl von Fig. 260 hat Rechtsantrieb. Man erkennt nämlich in der Ansicht von vorn den Brustbaum d und den Warenbaum w. Eben über dem Brustbaum liegt die Anrückstange k, die rechts ihre Verbindung mit dem Antrieb hat. Die senkrechten Stangen a, a_1 (näheres siehe Fig. 261) gehen von dem Antrieb nach oben an die Hebel der Jacquardmaschine und heben und senken Platinenboden und Messerkasten, und Stange b bewegt die Flügel d (Hebelarme), an denen das Kartenprisma p gelagert ist.

Wenn hier an erster Stelle eine Jacquardmaschine mit Hoch- und Tieffach und nicht eine reine Hochfachmaschine besprochen wird, so geschieht es aus dem Grunde, weil es möglich ist, mit den gegebenen Einrichtungen auch nur Hochfachbildung vornehmen zu lassen. Es ist nämlich nur nötig, die Bewegung für den Platinenboden einzustellen und nur dem Messerkasten eine Bewegung zu erteilen; man vergleiche auch Fig. 199 und 244 und erinnere sich der dort gemachten Bemerkungen. Übrigens sind Hochfachmaschinen in den Fig. 258 und 259 abgebildet. In der ersteren wird

Fig. 260. Buckskinstühle mit Jacquardmaschine und Harnischeinrichtung.

Hebel H verlängert, und in Fig. 259 wird auf H ein Hebel gesetzt. Von diesen Hebeln geht ein Gestänge an die Kurbelwelle des Stuhles.

Mit der Bewegung von Messerkasten und Platinenboden (oder auch nur des Messerkastens) steht die für das Kartenprisma im engen Zusammenhang.

Fig. 261 (I—IV) läßt eine erschöpfende Erklärung über die obengenannten Bewegungen zu. Der Rahmen von dem oberen Stuhlgestell und der Jacquardmaschine ist punktiert gezeichnet. Der Messerkasten M steht durch Stange u mit Hebel o und Zugstange a, dagegen der Platinenboden P durch u_1 mit o_1 und a_1 in Verbindung, Fig. 261, I. Das Kartenprisma p an den Flügeln (Armen) d wird (bei jeder Bewegung nach links) von dem

Wendehaken w vorwärts und beim Schußsuchen (nach dem Ziehen an der Schnur w_2) von w_1 rückwärts geschaltet. Bewegt wird d (durch die Verbindung der Stange b_2 mit Hebel b_1 und Stange b) von einem in Fig. 261, IV gezeichneten Kurbelzapfen e. Dieser Zapfen ist an der Exzenter- oder Kurvenscheibe B befestigt und zum Drehpunkt A radial verstellbar. Stange b ist mit einer Kulisse versehen. Der Zweck dieser Kulisse b ist,

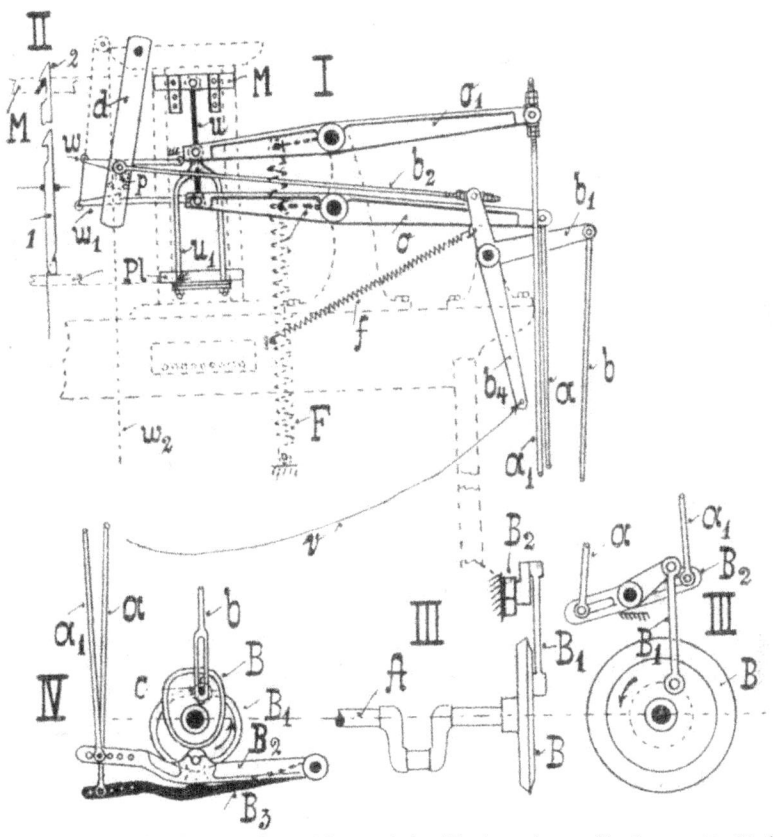

Fig. 261. Antrieb der Jacquardmaschine und des Kartenprismas für das zweite Stuhlsystem, ·Fig. 16.

das Kartenprisma beim Stillstand des Stuhls in der Stellung, wie es die Zeichnung angibt, schalten zu können. Der Weber zieht zur Ausführung dieser Arbeit an der Schnur v und bewegt damit Hebel b_4 nach links, somit Winkelhebel b_1 nach rechts bzw. nach unten und ebenso den Flügel d nach rechts. Der Wendehaken w greift alsdann an das Prisma, so daß es sich nach dem Loslassen der Schnur v deshalb drehen muß, weil Feder f die Teile b_1, b_2 und d nach links bewegt.

Die Stangen a und a_1 haben mit dem zweiarmigen Kulissenhebel B_2 Verbindung, Fig. 261, III. Dieser Kulissenhebel wird von dem Kurbelzapfen des Kegelrades B mit Hilfe der Schubstange B_1 in oszillierende Bewegung gesetzt. Es ist dies eine zwangsläufige Bewegung, so daß auch Messerkasten und Platinenboden eine entsprechende Hebung und Senkung erhalten.

Die Sächsische Webstuhlfabrik erteilt Platinenboden und Messerkasten, d. h. den Hebeln o und o_1, Fig. 261, I und 261, IV, eine Bewegung durch die Kurvenscheiben (Exzenter) B und B_1. B_1 senkt Hebel B_3 und B Hebel B_2. Somit besorgt B_1 das Heben des Messerkastens und B das Senken bzw. Heben des Platinenbodens. Damit sich M bis zur Mittelstellung des Faches und der Platinenboden Pl sicher ins Unterfach senken (oder damit Hebel die

Fig. 262. Feinstich- oder Verdolmaschine.

B_2 und B_3 kraftschlüssig mit den Exzentern R und B_1 in Verbindung bleiben) sind zwei starke Zugfedern F mit o und o_1 in Verbindung gebracht worden.

In Fig. 261, II sind zwei Platinen (Holzplatinen) gezeichnet. Platine 1 steht auf dem Platinenboden und 2 (nur in dem oberen Teile gezeichnet) greift auf ein Messer und ist gehoben.

Eine Feinstich-Jacquardmaschine für endlose Papierkarten (Verdolmaschine) für verstellbare Hoch-, Tief- und Schrägfachbildung, mit dem Antrieb durch Kette bzw. Kettenräder von der Kurbelwelle des Webstuhles aus zeigt Fig. 262. In Verbindung mit der kurzen Welle steht die Kurbel. Von hier aus geht eine Schubstange an den oberen Hebel und von diesem Hebel pflanzen sich die Bewegungen nach unten an die erkennbaren Schubstangen des Messerkastens und des Platinenbodens fort.

Die in Fig. 263 dargestellte Jacquardmaschinen für Pappkarten mit gerader Hoch- und Tieffachbildung zeigt einen Antrieb durch stehende Welle. Die Übermittlung des Antriebes von der Kurbelwelle des Webstuhles erfolgt durch die stehende Welle a auf die Querwelle b durch Winkelzahnräder c. Auch der Zylinderantrieb erfolgt durch die Welle d mittels Kegelradübertragung. Es ist hierbei noch besonders hervorzuheben, daß die beiden Winkelräder-Paare an der Kurbelwelle des Webstuhles und am Vorgelege mit entsprechend ungleicher Zähne zahlausgerüstet sind. Durch diese Anordnung ist der Verschleiß der Zahnräder, insbesondere an den Aushubstellen wie auch Schlagstellen, auf ein Minimum reduziert. An den Enden der Kurbelwelle b sitzen Kurbeln e, welche vermittels Schubstangen f dem Hebel g eine hin- und hergehende Bewegung erteilen. An die kurzen Hebel g_1 sind nun durch Hebelstangen h der Messerkorb i und der Platinenboden k angelenkt und werden durch diese auf- und abbewegt. Das 5-seitige Kartenprisma l wird sotierend geschaltet, und zwar durch Malteserrad und Mitnehmer. Durch diese Schaltung wird eine sehr schonungsvolle Bewegung des Zylinders erzielt und somit auch des Kartenmaterials.

An dieser Stelle soll noch eine Kartenrückschlagvorrichtung, Fig. 264, erwähnt werden. Das Prisma k bewegt sich in der Pfeilrichtung a und wird hierbei von Haken h mittels Sternrad s in der Pfeilrichtung b gedreht. Hat k die Stellung nach a hin eingenommen, ist also von den Nadeln entfernt, so läßt es sich, wenn der Weber mittels einer Schnur den Winkelhebel d nach unten zieht, durch h_1 bei der Bewegung in der Richtung c drehen nämlich rückwärts oder entgegengesetzt von b. h_1 hebt hierbei den Haken h hoch, damit er der Drehbewegung nicht hinderlich ist.

Fig. 263. Jacquardmaschine mit Hoch- und Tieffach.

Die Sperrvorrichtung p, die durch eine Feder auf s gepreßt wird, ist an jedem durch Wendehaken h und Stern s gesteuerten Prisma zum Festhalten nötig.

Für den Antrieb der Doppelhub-Jacquardmaschine von Fig. 251 bedarf es keiner Zeichnung, weil die Erklärung hierfür leicht verständlich ist. Man erinnere sich der Doppelhubschaftmaschine von Hattersley. Sie erhielt ihren Antrieb von der Schlagwelle aus, weil sich diese bei dem ersten Stuhlsystem nach je zwei Schüssen einmal dreht. Genau derselbe Antrieb läßt sich auch für die Doppelhub-Jacquardmaschine verwenden. Dagegen wird das Kartenprisma der Jacquardmaschine, das bei jedem Schuß anschlägt und sich jedesmal um eine Karte wendet, von der Kurbelwelle aus beeinflußt.

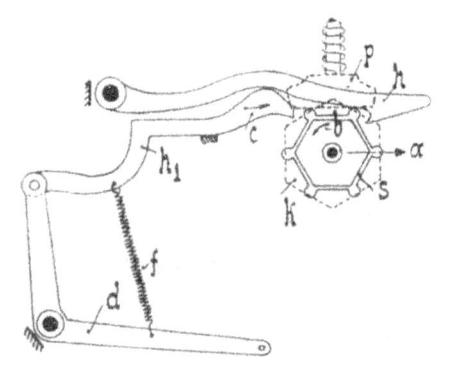

Fig. 264. Kartenrückschlagvorrichtung.

Antrieb der Jacquardmaschinen für die Schrägfachbildung

Vorrichtungen zur Herstellung von Schrägfach sind schon in Fig. 260 und 262 enthalten. Es entsteht nur die Frage, in welcher Weise das schräge Heben und Senken von Messerkasten und Platinenboden vorgenommen werden muß, weil hierbei Rücksicht auf den Harnischeinzug zu nehmen ist. Man vergleiche nur die Fig. 246 und 248, und man wird finden, daß die schräge Bewegung von dem Einzug im Chorbrett abhängig ist. Fig. 246 zeigt durch die punktierten Linien M und Pl, daß der Drehpunkt in m und p links von der Maschine anzuordnen ist. Die vierte Platine (oder mit anderen Worten, die 4. Platinenreihe) muß einen größeren Sprung nach oben oder unten machen als die erste, weil ihre Schnüre hinten im Chorbrett eingezogen sind.

Der Chorbretteinzug von Fig. 248 beginnt mit der ersten Schnur hinten links. Käme nur die linke Chorbretthälfte in Betracht, so müßte der Drehpunkt rechts von der Jacquardmaschine sein. Jedoch geht die erste Schnur in der rechten Chorbretthälfte in das erste Loch vorne rechts. Somit ist bei diesem Einzug an die Herstellung eines schrägen Faches überhaupt nicht zu denken.

Soll eine Schrägfachbildung möglich gemacht werden, so müßte die rechte Chorbretthälfte wie die linke eingezogen sein. 1 und 201 müßten also hinten rechts beginnen und so bis zur Chorbrettmitte eingezogen werden. Dieser Einzugsart steht aber ein anderes Bedenken gegenüber, nämlich der Einzug der Kettfäden in die Litzen; die Kettfäden bekämen dann in der einen Chorbretthälfte Rechtseinzug und in der anderen Linkseinzug, so daß der Weber beim Einziehen der Kettfäden diesen Umstand zu beachten hätte.

Wie Fig. 246 lehrt, brauchen für M und Pl in m und p nur Schwingpunkte eingerichtet zu werden. Man erreicht die Schrägfachbildung jedoch zweckmäßiger mit der einfachen, in Fig. 265 skizzierten Einrichtung, welche die Möglichkeit gewährt, die schräge Messerkasten- und Platinenbodenbewegung beliebig nach rechts oder links vornehmen zu können. Auch läßt sich damit die Stärke der Schrägfachbildung nach Wunsch regulieren. M bezeichnet

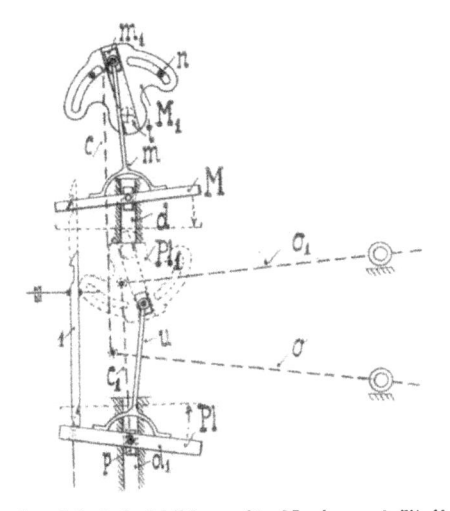

Fig. 265. Schrägfachbildung für Hoch- und Tieffach.

wieder den Messerkasten und Pl den Platinenboden. An M festgeschraubt ist der Arm m mit dem in t auf und ab beweglichen Gleitstück m_1. Das Gleitstück von M wird in d geführt. M_1 ist in t drehbar und mit Hilfe der Schrauben n einstellbar. Die Schrägstellung von m wird somit durch die Teile M_1 und Pl_1 vorgenommen. Senkt sich M bis zur Fachmitte, so richtet er sich gerade. In gleicher Weise üben für Pl die Nut in Pl_1 (punktiert gezeichnet) und die in d_1 die Schrägfachbildung aus.

Hebelarm o steht durch Stange c mit m_1 und Hebelarm o_1 durch Stange c_1 mit Pl in Verbindung. Das Gleitstück M_1 ist in der Regel an der äußeren Seite der Jacquardmaschinenwand und Pl_1 an der inneren Seite angebracht. Vergleicht man die Einrichtung von Fig. 265 mit der von Fig. 261, so wird man finden, daß sich die Hoch- und Tieffachmaschine von der zuletzt genannten Abbildung mit verhältnismäßig geringen Kosten zugleich in eine Hoch- und Tieffachmaschine mit Schrägfachbildung einrichten läßt.

Die drei genannten Antriebsarten nämlich: 1. für Hochfach, 2. für Hoch- und Tieffach und 3. für den Doppelhub zeigen im praktischen Betrieb bemerkenswerte Unterschiede.

Jacquardmaschine mit Hochfach (ohne oder mit Schrägfach) haben den Nachteil, daß der Messerkasten einen sehr großen Weg machen muß und daß die Harnischschnüre und Kettfäden an dieser Arbeitsweise teilnehmen. Deshalb kann ihre Geschwindigkeit oder Tourenzahl die sich natürlich auch nach der Hubgröße oder der Größe der Fachöffnung richtet, nicht sehr groß sein; im allgemeinen geht man über 100 Touren nicht hinaus.

Hoch- und Tieffachmaschinen gestatten eine größere Fachöffnung als die reinen Hochfachmaschinen und demnach die Verwendung größerer Schützen (besonders wenn mit Schrägfach gearbeitet wird). Wegen ihrer geteilten Arbeit, die vom Platinenboden mit übernommen wird, ist auch eine größere Tourenzahl zulässig. Man kann bis zu 130—140 Touren in der Minute gehen. Auch eignen sich diese Maschinen für alle Arten von Geweben.

Die Doppelhubmaschinen gestatten die höchste Tourenzahl, nämlich bis zu 200 in der Minute und sind für leichtere und mittelschwere Gewebe gleich gut verwendbar. Sie schonen die Ketten, weil diejenigen Fäden, die im Unterfach bleiben, infolge der Gewichtsbelastung der Litzen bei jedem Blattanschlag elastisch nachgeben und die andern, also wechselnden oder in das Hochfach zurückgehenden Kettfäden in gestreckter Lage gehalten werden.

Die Teilruten und Kettenfadenwächter

Die Teilruten oder Kreuzschienen wie auch die Kettfadenwächter sind Mittel zur Unterstützung des Webprozesses, aber hierzu nicht unbedingt nötig. So webt man u. a. Streichgarnketten ohne Teilruten. Wo sie Anwendung finden können, erleichtern sie das Aufsuchen und Einziehen gebrochener Fäden und eine bessere Teilung der Kette hinter dem Geschirr. Sie leisten dieselbe Arbeit, wie die Kettfadenwächter, nur daß diese ihren Zweck noch als Wächter erfüllen und den Webstuhl ohne Hilfe des Arbeiters abstellen, wenn ein Kettfaden zerrissen ist. Vielfach sind sie mit den Teilruten kombiniert.

Die Teilruten bestehen gewöhnlich aus Holz von rundem, ovalem oder kantigem Querschnitt, in verbesserter Form sind die Holzschienen mit Blech bekleidet. Man verwendet meistens zwei Schienen k, k_1, wie es schon in Fig. 137 gezeigt ist. Die Kettfäden werden kreuzweise als Gelese, also 1 à 1 angeordnet, selten 2 à 2 eingelesen. Die vordere Schiene ist kleiner im Querschnitt als die hintere, kann aber auch flach und dabei breit konstruiert sein. Man wählt diese Anordnung, weil die Fachbildung sonst zu ungleich stark beeinflußt wird; zur Beseitigung der verschiedenen Spannungen läßt man die Kette teilweise zwischen zwei Ruten, die zwischen Geschirr und Kreuzschienen befestigt sind, hindurchlaufen, siehe punktierte Kreise in Fig. 266.

Wo dichte Ketten oder rauhes Garn verarbeitet wird, finden drei oder vier Schienen Verwendung, wie in Fig. 266 und 267. Die Fäden laufen teilweise paarig und trennen sich wieder durch die nächste Schiene, so daß jede scharfe Teilung vermieden ist.

Damit die Teilruten zurückgehalten werden, also nicht mit der fortschreitenden Kette nach vorn gehen, bindet man sie am Stuhlgestellt oder dem Streichbaum fest. Zweckmäßiger ist es, ihnen eine kleine Bewegung von einem hierfür geeigneten Organe des Webstuhles aus zu geben, weil sich die Kettfäden dabei besser teilen.

Die Kettfadenwächter erlangen mit ihrer fortschreitenden Verbesserung insbesondere seit der zunehmenden Verwendung der sogenannten Automatenstühle, immer mehr Bedeutung. Sie können allerdings nicht für alle

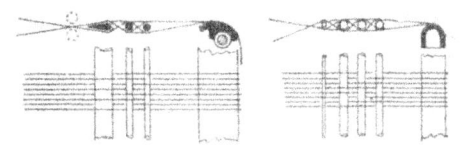

Fig. 266. Fig. 267.
Teilruten und Kreuzschienen.

Webarten angewendet werden, weil sie unter vielen Verhältnissen eher hinderlich als förderlich auf den Webprozeß einwirken. Es ist jedoch nicht ausgeschlossen, daß es mit geeigneten Konstruktionen möglich sein wird, ihre Anwendung auch in solchen Webereien verwirklicht zu sehen, wo man bisher jeden Erfolg für ausgeschlossen hielt.

Die hauptsächlichsten Gründe, die der allgemeinen Einführung der Kettfadenwächter entgegenstehen, sind:

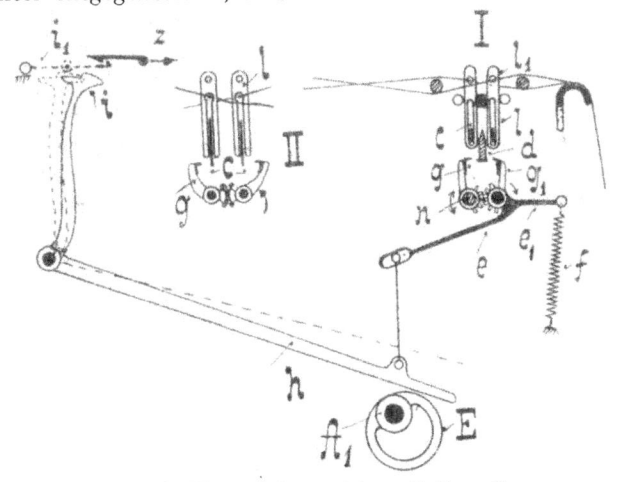

Fig. 268. Kettenfadenwächter mit Lamellen.

1. dichtgestellte Ketten, weil sich ihre Fäden schwer teilen und eine zu große Reibung haben, so daß die Wächterorgane an der Arbeit gehindert werden;
2. verleimte oder zu stark geschlichtete Ketten, welche sich ohne Wächterorgane gut verarbeiten lassen, aber ihre Anwendung unmöglich machen;
3. Staubentwicklung usw. und Ansammlung von Schleiß unter dem Webstuhl und im Geschirr oder in den Harnischschlitzen; der Staub

entwickelt sich durch die abfallende Schlichte und der Schleiß durch abgeriebene Wollhaare z. B. bei Streichgarn- und Kammgarnketten, weil die Kettfäden bei der Fachbildung mehr oder weniger stark gescheuert werden;

4. ungleiche Kettfadenspannung. Diese ungleiche Spannung kann verschiedene Ursachen haben. Sie tritt gern auf in Ketten, die mit der Hand geschert sind, auch die Gänge sind dabei meistens verdreht. Fernerhin kann die Ursache auch in der Webart liegen, z. B. bei Drehergeweben.

Die angeführten Gründe können einzeln oder sämtlich zusammen wirken, so daß es unter diesen letzten Verhältnissen unmöglich ist, einen Wächter zu konstruieren, der sicher arbeitet. Von einer vollkommenen Konstruktion muß verlangt werden, daß der Kettfadenbruch sofort angezeigt wird, damit möglichst wenige Fehler in der Ware entstehen. Auch darf der Wächter den Faden nicht schwächen oder selbst Ursache von Fehlern werden.

Die Stellen in der Kette, wo die Fadenbrüche vorkommen, sind nicht genau zu bezeichnen. Die meisten Brüche entstehen zwischen Geschirr und Warenende, weil das Blatt fortwährend scheuert; auch reibt die Ladenbahn, wie auch der Schützenlauf viele Fadenbrüche verursacht. An zweiter Stelle kommen die meisten Fadenbrüche in den Litzen vor; hier ist die Reibung um so größer, je dichter die Litzen stehen, wobei die Konstruktion der Litzen in der äußeren Form sowohl wie auch in dem Litzenauge nachteilig sein kann.

Noch weniger Brüche entstehen zwischen Geschirr und Streichbaum und die wenigsten zwischen Kett- und Streichbaum; ihre Ursache liegt hauptsächlich im schlechten Garn oder in einer zu großen Kettspannung.

Beachtet man die letzte Ausführung und die Gründe, welche der Einführung von Kettfadenwächtern entgegenstehen, so zeigt sich, daß es unter Umständen schwer ist, alle Punkte zu berücksichtigen, d. h. ihn (den Wächter) dort anzubringen, wo er in allen Fällen am besten arbeitet.

Die bisher bekannt gewordenen Kettfadenwächter sind so zahlreich, daß nur einzelne besprochen werden können. Es lassen sich zwei Hauptarten unterscheiden:

1. Wächter, die an Stelle der Teilruten treten oder mit ihnen zusammen arbeiten, und
2. Wächter, die mit den Litzen für die Fachbildung verbunden sind.

Die Wächter der ersten Art werden aus Stahlbandstreifen als Lamellen I, Fig. 268, I und 268, II, angefertigt oder bestehen aus federnden Stahldrähten I, Fig. 269.

Die Formen der Lamellen sind mit den beiden Beispielen nicht alle wiedergegeben. Nach Fig. 268, I sind die Kettfäden vor dem Einziehen in die Litzenaugen oder vor dem Andrehen (Anknoten) durch die Ösen l_1 zu führen. Der Vorteil nach der Ausführung von Fig. 268, II besteht darin, daß die Lamellen, die unten offen sind, später, also nach dem Vorrichten der Kette, aufgesteckt werden können.

Von A_1 mittels E wird der sogenannte Säbel h und damit der Hammer i in schwingende Bewegung gesetzt. Damit bewegen sich e, e_1 und die Hebel g,

g_1 (die auf n den Drehpunkt haben und durch die erkennbaren Zahnsegmente verbunden sind) in den Pfeilrichtungen. Hebel g_1 tragen quer über den Stuhl gehende zahnartige Schienen g, und ebenso ist die unten an d befestigte Schiene mit Einkerbungen versehen.

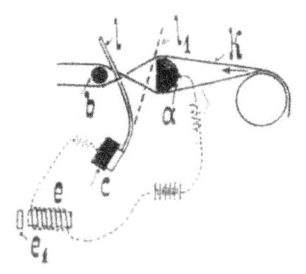

Fig. 269. Glasgow-Wächter.

Fällt nach dem Reißen eines Kettfadens eine Lamelle soweit, wie es die Schiene c zuläßt, so kommt sie zwischen d und g und hindert g oder g_1 an der Bewegung nach der Mitte, aber auch h bleibt in der punktiert angedeuteten Stellung.

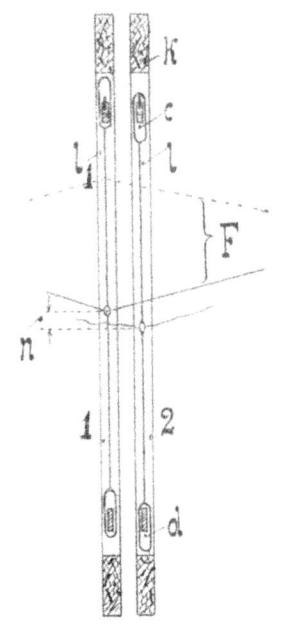

Fig. 270. Geschirr-Wächter.

Die Folge hiervon ist, daß ein auf i geführter Haken i_1, der mit dem Ausrücker verbunden ist, nicht gesenkt werden kann, und von dem ebenfalls schematisch wiedergegebenen Haken z, der mit der Lade schwingt, erfaßt und in der Pfeilrichtung gezogen und daß somit der Stuhl ausgerückt wird.

Die an e_1 befestigte Feder f hat nur den Zweck, das Gewicht von e und h etwas auszugleichen, damit die dünnen Lamellen geschont werden.

Es ist hiernach leicht verständlich, daß das Abstellen des Webstuhles auch auf elektrischem Wege vorgenommen werden kann. Man braucht nur dafür Sorge zu tragen, daß mit dem Herabfallen der Lamelle ein Stromkreis geschlossen und dadurch ein Elektromagnet erregt wird. Letzterer zieht den Ausrücker k, Fig. 3, von dem Ansatz ab und rückt den Stuhl aus. Weil das sichere Arbeiten eines solchen elektrischen Wächters durch herabfallenden Staub usw. leicht gestört wird, ist es zweckmäßig, die Schienen c, Fig. 268, oberhalb der Kette zu legen und zu diesem Zwecke die Lamellen etwas anders zu konstruieren.

Die federnden Stahldrähte oder -nadeln, Fig. 269, die an c befestigt sind, haben ihre zweckmäßigste Verwendung in dem sogenannten Glasgow-Wächter gefunden. Von den kreuzweise zwischen Teilruten geführten Kettenfäden k nehmen je zwei eine Nadel l auf. Reißt ein Faden, so legt sich l_1 gegen Teilrute a und leitet den elektrischen Strom zu dem Magneten e, der e_1 anzieht und den Stuhl ausrückt.

Die Wächter der zweiten Art lassen sich an Hand von Fig. 270 hinreichend erklären. Die rahmenartig gebauten Schäfte 1 und 2 stehen im Unterfach; auf 1 ist der Kettfaden gespannt und hebt Litze l_1, dagegen auf 2 gerissen, so daß Litze l um den Unterschied n tiefer als l_1 steht. l hat sich auf die Schiene c, die oben eine Kontaktschiene trägt, gesenkt und leitet dadurch den Strom von d nach c und weiter zu einem Elektromagneten.

Es ist zu bemerken, daß die Schäfte nur in der Stellung im Unterfach mit einem elektrischen Stromleiter in Berührung treten dürfen, weil die Litzen im Oberfach infolge der Kettspannung auf den Schienen c ruhen, und somit würde im Oberfach mit allen Litzen unbeabsichtigt Stromschluß eintreten.

4. Teil

Die Bewegungen des Schusses

Die technischen Hilfsmittel, die für das Eintragen des Schusses nötig sind, lassen sich in fünf Arten unterscheiden. Es gibt nämlich:
- A. gewöhnliche oder glatte Gewebe,
- B. broschierte Gewebe,
- C. Gewebebildungen durch Eintragnadeln und Greiferschützen,
- D. Bandstuhlgewebe,
- E. Rutengewebe.

In den Besprechungen sollen hauptsächlich die Hilfsmittel der ersten Art eingehend berücksichtigt, die der andern aber nur soweit berührt werden, als zum Verständnis nötig ist.

A. Die gewöhnlichen oder glatten Gewebe

Die Träger der Schußgarne der gewöhnlichen Gewebe sind die Schützen (Schütze, Schiffchen), wie es schon Fig. 1 zeigte. Die Schützen werden fast ausnahmslos aus Holz, seltener aus Eisen (Stahlblech) verfertigt. An den Enden tragen die Holzschützen eiserne Spitzen.

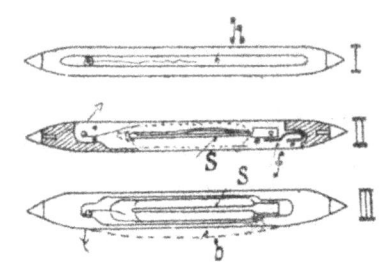

Fig. 271. Holzschützen mit Spindel.

Nach den Verwendungszwecken unterscheidet man Spindel- und Copsschützen. Erstere (Fig. 271, I bis III) nehmen im Innern eine Spindel s auf. Diese Spindel ist in der Regel aufklappbar, in vielen Fällen auch ganz herausnehmbar, und dient dazu, die Schußspule zu befestigen. Man hat viel mit dem Übelstand zu kämpfen, daß die Spule von der Spindel oder das Garn von der Spule abgeschleudert wird, und deshalb auf Mittel gesonnen, um den Fehler zu beseitigen. Aus diesem Umstande und den verschiedenartigen Gespinstmaterialien erklären sich auch die mannigfaltigen Spindelformen, die zugleich den Blech-, Papier- oder Holzspulen angepaßt sein müssen.

Die Copsschützen sind so gebaut, daß der innere, hohle Raum mit einem aufklappbaren Deckel d verschlossen und d von c gehalten wird, Fig. 272, damit der Cop (Schußgarn ohne feste Spule, daher Schlauchspule) nicht herausfliegen kann. Das Garn wird aus dem Hinterende, aus dem Innern der Spule herausgezogen. Die innern Wandungen des Schützens sind mit Rippen, Fig. 273, versehen oder mit Plüsch bekleidet, so daß der Cop c festgehalten wird und nicht hin- und hergleiten kann. Vorteilhaft sind die

Fig. 272. Copsschützen.   Fig. 273.

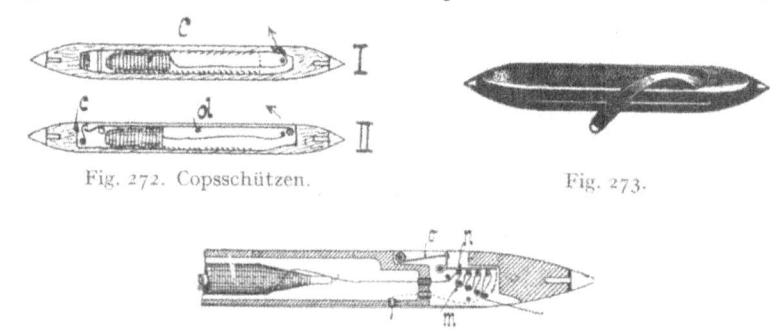

Fig. 274. Seidenwebschützen. (Schnittzeichnung von oben gesehen.)

Copsschützen nur für dickere Garne, weil sie mehr Material fassen als die Spindelschützen; sie sind also für dicke Streichgarne, ferner für Jutegarne und in Teppichwebereien zweckmäßig.

Es gibt weiterhin Schützen für Baumwoll-, Seiden- und Wollgarne usw. Die Baumwollschützen und die Seidenschützen unterscheiden sich nicht wesentlich in ihrer Größe, nur sind die Seidenschützen im Innern mit einer Fadenrückzugvorrichtung versehen, damit der Schußfaden zwischen Leiste und Schützenkasten gleichmäßig gespannt bleibt. (Siehe Schnittzeichnung von Fig. 274.) In der Abzugrichtung geht der Schußfaden um Stifte m und durch Ösen oder Ringelchen, die an dem Hebel n befestigt sind. Hebel n wird durch die nachstellbare Gummischnur o so gespannt, daß der Schußfaden den Hebel n beim Ablaufen nach vorn in der Pfeilrichtung bewegt und nach dem Lockerwerden zurückgehen läßt.

Größer als die Baumwollschützen sind die Schützen für Buckskinwebereien usw. Die Spulen müssen dicker und länger sein, damit sie mehr Garn fassen und der Webprozeß durch Einlegen neuer Spulen nicht so oft zu unterbrechen ist. Beide Arten von Schützen haben im übrigen die in Fig. 271, I bis III gezeichnete Form.

Ob die Form von Fig. 271, I oder Fig. 271, III zu nehmen ist, wird durch die Konstruktion der Schützenkasten bestimmt. Die Schützen müssen im Kasten gebremst werden, und hierzu dient die Kastenklappe, die später noch zu besprechen ist. Die Klappe kann nun an der Vorder- oder Hinterseite der Schützenkasten angebracht sein. Der Schützen von Fig. 271, III, in der Aufsicht gezeichnet, läßt die punktiert angedeutete Backe b erkennen. Solche Backenschützen kommen nur zur Anwendung in Schützenkasten mit Vorderklappen. Ohne Backen finden die Schützen hauptsächlich Verwendung an Hinterklappenkasten, seltener bei Vorderklappen.

Die Gesamtansicht eines Holzschützen ohne Backe, wie ihn auch die Fig. 271, I in der Voderansicht zeigt, ist in Fig. 275 gegeben. Es ist dies ein Schützen für Automatenstühle (Northrop) von bemerkenswerten Verbesserungen. So ist aus der bisherigen Besprechung zu entnehmen, daß

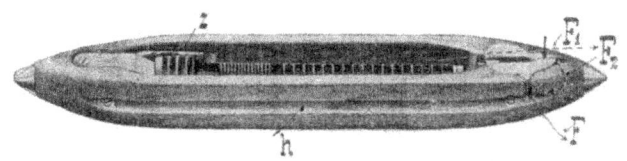

Fig. 275. Schützen für Northropstühle.

der Schußfaden mit einem Haken oder (wo es angängig) mit einer Saugvorrichtung (auch in schädlicher und von der Fabrikinspektion verbotenerweise von den Webern mit dem Munde) durch das oder die Schützenaugen geführt wird. Wo der Schußfaden zwecks genügender Spannung vor dem Verlassen des Schützens mittels mehrfacher Führungen über Stifte oder durch Ösen oder an Plüschbeschlägen, an eingesetzten Fadenenden oder an Borsten vorbeigeleitet werden muß, bedient man sich der Haken.

An Automatenstühlen mit Spulenwechsel (siehe später) ist das Einziehen des Schußfadens in oben geschilderter Weise ausgeschlossen. Hierbei wird die Spindel, die vorher von dem Arbeiter mit der Spule zu beschicken ist, während des Webens automatisch, sobald das Garn abgewickelt ist, aus dem Schützen gedrückt und sofort durch eine neue ersetzt. Der Schußfaden F legt sich selbsttätig in das Schützenauge, Fig. 275. Wird nämlich der Schützen nach links geschleudert, so wickelt sich der Faden in bekannter Weise von der Spule ab und legt sich in die punktiert angedeutete

Fig. 276. Schützenspindel.   Fig. 277. Schußspule für Northropstühle.

Stellung F_1 bzw. senkt sich in der Pfeilrichtung in den Längsschnitt. Beim nächsten Schuß nimmt der Schützen seinen Weg nach rechts und der Faden gleitet, wie es F_2 erkennen läßt, nach unten in die Stellung F.

Ganz besondere Aufmerksamkeit verdient weiterhin die Vorrichtung zum Festklemmen der Spindel, wovon das Fußende von drei Ringen umschlossen ist, Fig. 276. Dieser wichtigste Teil der Spindel kann auch direkt mit einer Spule verbunden sein, Fig. 277. Fig. 275 zeigt die Klammer z zum Festhalten des Spindelfußes im Schützen.

Die eisernen Schützen sind meistens mit Rollen versehen und führen daher den Namen Rollschützen, Fig. 278, im Gegensatz zu den Schützen ohne Rollen, die als Gleitschützen bekannt sind. Die Rollschützen finden hauptsächlich an den breiten Filztuchwebstühlen Verwendung. Die ausaneinandergepreßten Lederscheiben gebildete und dann abgedrehte Rolle r ist an den Hebeln mit Hilfe des Gummitropfens g elastisch gelagert.

Der Faden F wird so hoch durch das Auge a geführt, daß er sich über den Backen b legt und dadurch im Schützenkasten nicht geklemmt und abgeschnitten werden kann. Die Längsnut h, Fig. 271 und 275, erfüllt an Schützen ohne Backen denselben Zweck.

Um das Fach niedrig zu halten und den Schützen für große Garnmengen aufnahmefähig zu machen, baut Carl Zangs A.-G. Flachspulen. Diese Spulen sind nicht rund, sondern flach und finden vorteilhaft an Seidenstühlen Verwendung.

Am besten bewähren sich Schützen aus bestem Buchsbaumholz und dergl. Von der Anschaffung billiger Holzschützen ist man abgekommen; sie haben zu viele Nachteile, weil das Holz leicht rauh und splitterig wird und dadurch Kettenfadenbrüche verursacht. Ihr billiger Anschaffungspreis steht in

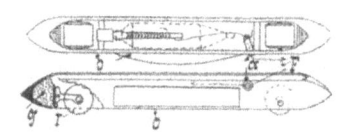

Fig. 278. Eiserner Rollschützen.

keinem Verhältnis zu ihrem Nachteil. Es ist außerordentlich wichtig, die Holzschützen richtig zu behandeln und vor ihrer Verwendung, um ihre Haltbarkeit zu erhöhen, einige Wochen in Öl, wenn möglich in heißes Öl von zirka 45°, zu legen.

Über die Haltbarkeit der hölzernen oder eisernen Schützen lassen sich keine bestimmten Angaben machen. Die eisernen, die wesentlich teurer als die hölzernen Schützen sind, bedürfen großer Reparaturen. Werden sie aus ihrer Bahn geschleudert und treffen dann gegen einen harten Widerstand, so springen sie gewöhnlich in ihren Nähten auf und müssen wieder gelötet werden. Auch die Rollen nutzen sich leicht ab. Beim nassen Verweben der Schußgarne entstehen leicht Rostflecke, so daß Vorsicht nötig ist. Es ist nicht zu verkennen, daß die eisernen Schützen das Blatt leicht schärfen, d. h. durch die Reibung erhalten die Rietstäbe messerscharfe Kanten und werden dann Ursache von Kettenfadenbrüchen. Auch die Holzschützen mit eisernen Rückwänden, die man früher noch mehr als jetzt an den Buckskinstühlen verwendete, rufen denselben Übelstand hervor. Sie verschleißen außerdem leicht den eisernen Schützenkasten und sind deshalb zu verwerfen.

Die Lade- und Ladenbewegung

Der Zweck der Lade und ihrer Bewegung ist: a) dem Schützen eine Führung zu geben und ihn in der Ruhestellung aufzunehmen und b) den Schußfaden anzuschlagen.

Die Führung des Schützens übernimmt bekanntlich der Ladenklotz und das zwischen Ladendeckel und -klotz eingeklemmte Blatt; die Ruhestellung gewährt der Schützenkasten oder die Schützenzelle. Die Bewegung oder Schwingung der Lade wird in bereits bekannter Weise von der Hauptwelle aus besorgt. In den Fällen, wo keine Kurbeln Verwendung finden, treten an ihre Stelle Exzenter oder Kurvenscheiben.

Man unterscheidet:
1. Stehladen, Fig. 1, vgl. auch andere Abbildungen,
2. Hängeladen, Fig. 19,
3. Schlitten- (Gleit-) Laden.

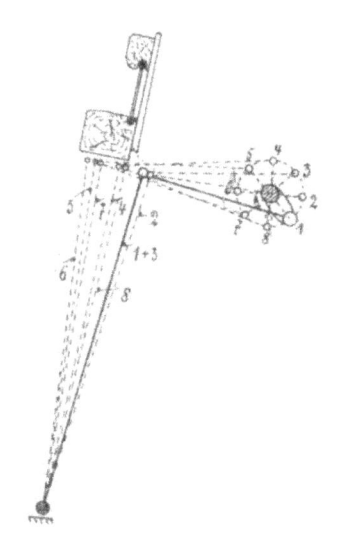

Fig. 279. Ladenbewegung an Stehladen. (Erstes Stuhlsystem.)

Die erste Art ist bereits hinlänglich bekannt geworden und findet an allen Stuhlsystemen Anwendung, die Hängeladen dagegen nur noch an den Bandwebstühlen. An letzteren kommen auch Schlittenladen vor; die Versuche zur Einführung an Baumwollwebstühlen usw. sind bisher aus dem Anfangsstadium nicht herausgetreten.

a) Die Ladenbewegung durch Kurbeln

Es ist bekannt, daß die Bewegung von der Kurbelwelle aus durch Schubstangen, die an den Ladenklotz (Schlägerklotz der Bandwebstühle) gehen, übertragen wird. Man kennt lange und kurze Schubstangen. Die Länge ist von Einfluß auf den Ladenstillstand während der Zeit der Schützenbewegung über die Lade oder Schützenbahn. Lange Schubstangen geben einen kurzen, Fig. 279, kurze Schubstangen einen langen Ladenstillstand, Fig. 280. Die Zeitintervalle 1, 2 und 3 nach Fig. 279 und 4, 5 und 6 nach Fig. 280 zeigen die Bewegungen oder Stellungen der Lade während der Schützenbewegung an. Die Einrichtung von Fig. 280, die einem D. R. P. vom Jahre 1884 zugrunde liegt, wurde lange nach dem Verfall derselben von den namhaftesten Maschinenfabriken für Buckskinwebstühle angewendet und hat den früher üblichen Ladenwinkel w, Fig. 111, vollständig verdrängt.

Auch an dem ersten Stuhlsystem, speziell an Seidenwebstühlen, engl. Buckskinstühlen usw. hat man eine kurze Schubstange dadurch möglich

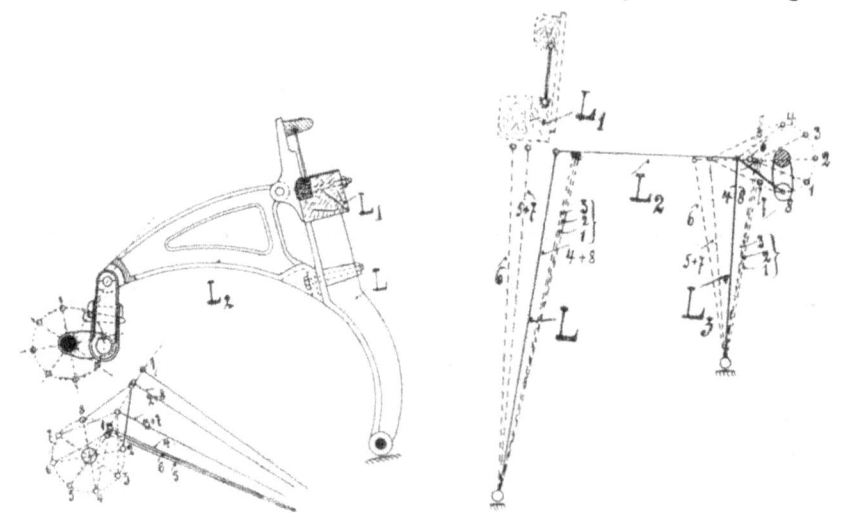

Fig. 280. Ladenbewegung an Buckskinstühlen. (Zweites Stuhlsystem.)

Fig. 281. Ladenbewegung mit kurzer Schubstange. (Erstes Stuhlsystem.)

gemacht, daß man einen Zwischenhebel L_3 mit Schubstange L_2, Fig. 281, einschaltete. Die Stellungen 1, 2 und 3 zeigen, daß der Ladenstillstand über ¼ der Kurbelumdrehung fast vollständig erreicht ist.

Fig. 282 zeigt eine Doppelkurbelbewegung für einen großen Ladenstillstand, wie es aus dem Diagramm hervorgeht. Von den 12 Intervallen der Be-

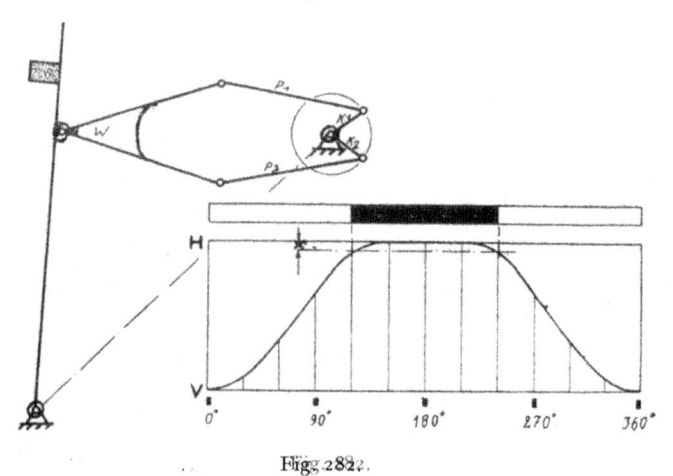

Figg. 282.

wegung kommen allein 4 auf den Stillstand. Es ist dies für breite Webstühle recht günstig, wenn daneben auch die Schaftbewegung diesem Verhältnis Rechnung trägt, so daß der Schützen in dem Fach einen ruhigen Lauf nimmt. Erreicht wird diese Bewegung durch eine Doppelkurbel, die um ¼ der Umdrehung oder um 90° ersetzt ist. Die Schubstangen P_1 und P_2 gehen an den Ladenwinkel W und rufen bei der Kurbelumdrehung die geschilderte Ladenbewegung hervor.

Diese Darstellung ist den Monatshefte für Seide und Kunstseide Nr. 5, 1937, entnommen. Die Skizze ist in dem proportionalen Verhältnis etwas ungewöhnlich, läßt aber das Wesen der Doppelkurbel erkennen.

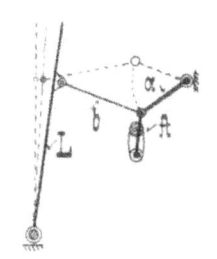

Fig. 283. Ladenbewegung mit doppeltem Blattanschlag.

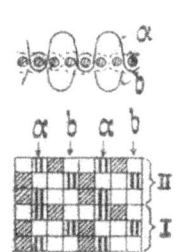

Fig. 284.

b) Ladenbewegung durch Kurbel mit doppeltem Blattanschlag

Für besondere Zwecke, nämlich an schweren Webstühlen, wo der Schußfaden mit einem Anschlag nicht fest genug an das Warenende angedrückt werden kann, z. B. bei Teppichgeweben usw. (früher auch in vereinzelten Fällen an Buckskinstühlen), benutzt man einen doppelten Blattanschlag, Fig. 283. Die Schubstange der Kurbelwelle A geht an die Zwischenhebel a und b, von denen b an die Ladestelle L führt. Die punktierten Stellungen zeigen, daß a und b beim Ladenvorgang durchknicken, dabei den ersten Blattanschlag ausüben und bei der weiteren Drehbewegung von A den zweiten Anschlag machen, bevor L wieder den Rückgang ausführt.

c) Ladenbewegung durch Kurbeln mit zwei Anschlagstellungen

Bei Besprechung des Streich- und Brustbaumes wurde schon auf eine kombinierte Bewegung zur Herstellung von Frottiertüchern hingewiesen. Denselben Zweck erreicht man mit zwei verschiedenen Anschlagstellungen der Lade. Je drei Schüsse bilden hierbei eine Periode, Fig. 284, indem die beiden ersten Schußfäden nicht ganz an das Warenende angeschlagen werden; erst nach dem Eintragen des dritten Schusses drückt die Lade alle drei zusammen an das Warenende. Hierbei bleiben die Grundkettfäden gespannt und nur die Poilfäden, welche die Schleifen oder Schlingen an der Oberfläche des Gewebes zu bilden haben, werden mitgeschleift. Die Länge der Schleifenbildung ist abhängig von der Strecke, in welcher die drei Schußfäden jeder Periode geschleift werden.

Fig. 285 zeigt eine Ausführungsform für zwei verschiedene Ladenstellungen. Von der Kurbelwelle A wird der Nutenexzenter E im Verhältnis 1 : 3 gedreht. E steht so, daß Hebel a und Stange b gehoben sind, und daß damit der Ladenwinkel e nach oben gedreht ist. Die Lade drückt die drei Schußfäden auf dem 3. Schuß bzw. Blattanschlag einer Periode an das

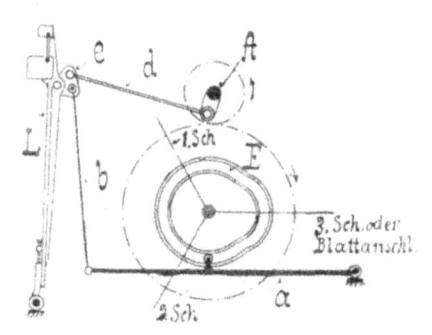

Fig. 285. Ladenbewegung mit zwei Anschlagstellungen. (Erstes Stuhlsystem.)

Warenende, weil e durch a und b gesenkt und die Lade dann vorgeschoben wird. Die Stellungen von a, b und e zeigen die Ladenbewegung für den 1. und 2. Schuß.

In ähnlicher Weise kann E nach je vier Schüssen eine Periode vollenden.

d) Ladenbewegung mit Exzenterantrieb

Die Ladenbewegung dieser Art kann mit Nuten oder offenen Exzentern vorgenommen werden. Auch Schraubengangnuten sind benutzt worden. Von einer Beschreibung der veralteten Ladenbewegung an Buckskin-

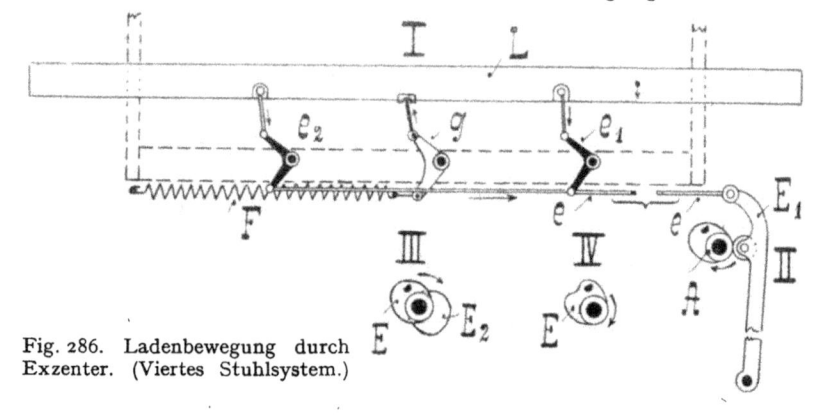

Fig. 286. Ladenbewegung durch Exzenter. (Viertes Stuhlsystem.)

stühlen, wo an Stelle der Kröpfungen Exzenterscheiben (die von einem Ring umschlossen waren) traten, soll abgesehen werden.

Mehr in Gebrauch ist die Einrichtung, die an den Schönherrschen Federschlagstühlen Verwendung findet. Sie ist in Fig. 27 abgebildet und in Fig. 286 in den Details gezeigt. Der Exzenterhebel E_1, Fig. 286, II, steht durch die Zugstange e mit den Winkelhebeln e_1 und e_2 so in Verbindung, daß die Lade L bei der Drehung von A nach vorn oder in der Pfeilrichtung bewegt und von der Feder F mittels Winkelhebels g zurückgedrückt wird. L, e_1, e_2, g und F sind von oben gesehen, II, III und IV dagegen von vorne.

Um die Stuhlgeschwindigkeit und den sichern Gang der Lade zu erhöhen, finden Doppelexzenter E und E_2 Anwendung, Fig. 286, III. Die Vorwärtsbewegung geschieht dabei so, wie sie aus der Fig. 286, I bekannt geworden ist, wogegen der zweite Exzenter F_2 unter Anpassung an die erste Form den Ladenrückgang besorgt; es ist also eine zwangsläufige Ladenbewegung.

An den Federschlagstühlen kann auch ein doppelter Ladenanschlag eingerichtet werden; es ist nur nötig, dem Exzenter E die in Fig. 286, IV abgebildete Form zu geben.

e) Die Ladenbewegung mit Nachschlag oder Blattschlag

Soll eine Ware fest geschlagen werden, so muß die Kette eine stärkere Spannung erhalten. Der Druck beim Blattanschlag wird hierbei erhöht. Indessen genügt ein solches Mittel nicht, den Schußfaden in gewissen Stoffen fest genug an das Warenende zu legen. Man bedient sich in solchen Fällen des Blattschlages. Hierbei wird die Lade in gewöhnlicher Weise bewegt, und das in einem beweglichen Rahmen befestigte und mit der Lade schwingende Blatt kurz vor dem Anschlag zurückgehalten und dabei eine Feder gespannt. Im nächsten Augenblicke gibt der Widerstand das Blatt frei; s schlägt jetzt mit großer, von der Federspannung abhängiger Kraft gegen das Warenende, so daß sich der Schußfaden fest an das Warenende legt.

f) Freifallende Laden

Man versteht unter dieser Bezeichnung eine Vorrichtung an Hängeladen. Die Lade wird durch eine geeignete Vorrichtung zurückgezogen und im geeigneten Augenblicke freigegeben, so daß sie jetzt den Blattanschlag freischwingend ausführen kann.

Die Schützenbewegung

An Webstühlen für gewöhnliche oder glatte Gewebe und dergleichen wird dem Schützen durch geeignete Organe eine schnelle Bewegung, ein Schlag erteilt, so daß er mit hinreichender Geschwindigkeit durch das Fach eilt und dabei aus dem Schützenkasten der einen Seite in den der entgegengesetzten fliegt. Besondere Organe überwachen den Schützenlauf. Kommen Störungen vor, so daß der Schützen den Kasten nicht erreicht oder im Fache liegen bleibt, so treten Sicherheitsvorrichtungen in Tätigkeit. Entweder rückt der Stuhl aus und die Lade wird plötzlich vor dem Anschlage gestoppt, oder das Blatt gibt so viel nach, daß Kette und Blatt von dem festgeklemmten Schützen nicht beschädigt werden. Die Webstühle bezeichnet man hiernach:

a) als Zungenabsteller oder Stecherwebstühle (Ladenstecher) und
b) als Blattflieger oder Losblattwebstühle (Blattstecher).

Beide Arten sollen später näher beschrieben werden. Die Losblatteinrichtung benutzt man hauptsächlich an leichten, sehr schnell laufenden Webstühlen.

Die Mittel zur Ausführung des Schützenschlages werden unterschieden in:
1. Exzenterschlag,
2. Kurbelschlag,
3. Federschlag.

Die beiden zuerst genannten Arten sind in ihrer Wirkungsweise miteinander verwandt; sie haben die Eigenschaft, daß der Schlag mit zunehmender Stuhlgeschwindigkeit stärker wird. Die Schlagstärke sinkt demnach mit abnehmender Tourenzahl.

Hiergegen verhält sich der Federschlag anders; er wird seine Stärke weder mit zu-, noch abnehmender Tourenzahl des Stuhles verändern. Demnach kann der Stuhl von einer Höchstleistung bis herab zu der denkbar geringsten Geschwindigkeit laufen, ohne an Schlagstärke einzubüßen. Geht man über die Höchstleistung hinaus, so wird der Stuhl schneller laufen, als für die Schützengeschwindigkeit zulässig ist: Der Schützen bleibt entweder im Fach stecken oder er trifft nicht rechtzeitig in dem Kasten ein, so daß der Stuhl ausrückt bzw. der schon im 1. Teil kennengelernte Ausrücker (Stößer) o, Fig. 52, abstellt. Es handelt sich also hier um einen Zungenabsteller (Ladenstecher).

Bedeutend empfindlicher sind der Exzenter- und Kurbelschlag. Die Schwankungen in der Tourenzahl des Stuhles sind höchstens mit einigen Prozenten nach oben oder unten, von der normalen aus gerechnet, zulässig. Bei jeder Steigerung der Schlagstärke trifft der Schützen zu heftig auf die im Schützenkasten angebrachten Auffangvorrichtungen. Die Folge dieses heftigen Anpralles wird sein, daß der Schützen entweder

1. so weit aus dem Kasten zurückschnellt, daß er beim nachfolgenden Schlag keine hinreichende Geschwindigkeit erhält, also nicht zeitig genug in seine Zelle trifft,
2. nur ein wenig zurückprallt und den Schußfaden dabei so viel lockert, daß in der Ware Schußschlingen entstehen, und
3. die Schußspulen von der Schützenspindel oder das Garn von der Spule abschleudert.

Vermindert sich dagegen die Tourenzahl, so erhält der Schützen keine hinreichende Fluggeschwindigkeit, und der Webstuhl stellt selbsttätig ab.

Der Arbeitsvorgang eines Exzenterschlages soll nun an Hand einer graphischen Darstellung, Fig. 287, näher beschrieben werden.

Die Zeichnung besteht aus zwei Teilen, dem oberen und unteren. Unten ist die Ladenbahn L mit den Schützenkasten auf beiden Seiten schematisch abgebildet. Der Schützen s soll in der Pfeilrichtung, also von rechts nach links bewegt werden. Diese Arbeit leistet der Schlagexzenter A mit seiner Schlagnase N, indem letztere gegen die sog. Schlagrolle t trifft und dadurch Hebel a mit dem Schlagarm b in Bewegung setzt. Die Schnelligkeit, d. h. die Zeiteinheit, in der b den Weg bis b_1 macht, ist abhängig von der Nasenform N. In vorliegendem Falle ist die Zeiteinheit mit $\frac{1}{8}$ der Umdrehung oder mit 45° angenommen, siehe den oberen Teil von Fig. 287.

Der obere Teil der Abbildung ist folgendermaßen zu verstehen: Die Breite der Schützenkasten ist nach oben projiziert und durch die Linien n,

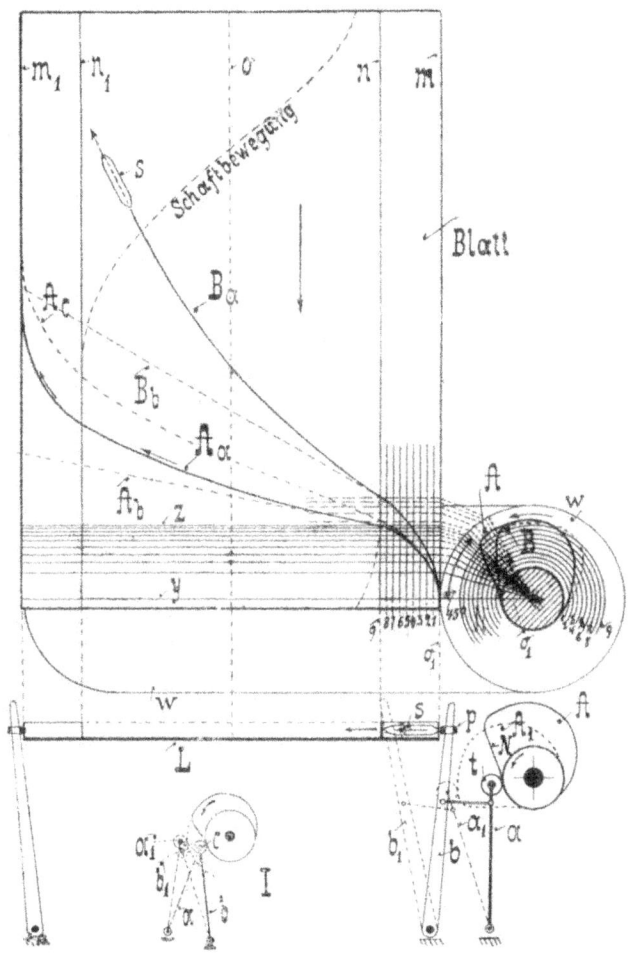

Fig. 287. Graphische Darstellung der Schützenbewegung.

m und n_1, m_1 angegeben worden. Das »Blatt«, auf dem die genannten Linien gezeichnet sind, ist der Mantel eines zylindrischen Körpers, einer Walze, gewesen. Diese Walze ist mit w bezeichnet. w mit der Umhüllung, d. h. dem Mantel oder »Blatt«, kann man sich mit der Tourenzahl des Webstuhles in Umdrehung versetzt denken. Ein Griffel oder Stift (an dem Schützen befestigt) schreibt dann die Bewegung, d. h. die Zeitdauer für den Schützenlauf und die Schaftbewegung, nieder, der, man denke sich das »Blatt« auf die Ladenbahn gelegt und in der Pfeilrichtung, wenn der Schützen über die Ladenbahn fliegt und seinen Weg mit einem Griffel aufzeichnet, gezogen.

Hier handelt es sich um die zeichnerische Wiedergabe des Schützenlaufes mittelst Projektion von dem Schlagexcenter A aus; es sind von o_1 ab 9 Kreise gezogen und ebenso in der Breite des rechten Schützenkastens m—n, d. h. von o_1 neun senkrechte Linien gefällt worden. Von der Mitte der Achse A ist ferner eine horizontale Linie y nach links über das »Blatt« geführt. Diese Linie bedeutet den Beginn des Schützenschlages, wobei die Schlagkurve der Schlagnase einen Winkel von 45° einnimmt, wie es schon oben bemerkt wurde. Dort, wo die Schlagkurvenlinie die Kreise von 1—9 schneidet, ist bis zum Mittelpunkt der Achse eine Linie gezogen und nach oben an den Umfang der Walze w weitergeführt. Von dem Schnittpunkt an w ist der Abstand jeder Linie unter Berücksichtigung des Kreisbogens auf die Linie m übertragen und dann, wie die Fußlinie y, nach links weitergezeichnet.

Nunmehr beginnt man mit der Übertragung der Schlagkurve auf das »Blatt« von Linie o_1—9 oder von m nach links an n. Die so entstandene Diagrammlinie ist gleichbedeutend mit dem Schützenlauf. Zwischen den senkrechten Linien 8—9 erhält der Schützen demnach die schnellste Bewegung, d. h. mit andern Worten, daß er von der Fußlinie y bis an z einen Flug mit gleichförmig beschleunigter Bewegung macht. Würde der Schützen von rechts nach links oder quer über das »Blatt« (wobei man sich das »Blatt« gleich der Tourenzahl des Webstuhles weiterbewegt denken kann) mit der zuletzt erhaltenen Fluggeschwindigkeit eilen, so müßte die Diagrammlinie mit A zum Ausdruck gebracht werden.

Aber in Wirklichkeit besteht diese gleichförmige Bewegung nicht, weil der Schützen auf seiner Flugbahn Widerstände zu überwinden hat. Er reibt auf der Ladenbahn und am Blatt, abgesehen von dem hier wohl nicht in Betracht kommenden Luftwiderstand. Somit muß sich seine Fluggeschwindigkeit gleichförmig verzögern. Deshalb ist die Laufbahn durch die Diagrammlinie A zum Ausdruck gebracht worden. In dem linken Schützenkasten, also zwischen den senkrechten Linien n_1 und m_1, erhält der Schützen durch Bremsen einen noch größeren Widerstand, so daß sich die Fluggeschwindigkeit plötzlich stark vermindert und in einen Stillstand übergeht.

Vergleicht man A mit der Diagrammlinie der »Schaftbewegung«, so wird man finden, daß der Schützenschlag schwächer sein kann, um für den Schützenlauf mehr Zeit zu gewinnen, wie es Linie A angibt. Es ist nur nötig, die Schlagnase N mehr abzurunden.

Lehrreich ist auch die Arbeit des Schlagexcenters B, Fig. 287. Der Schlag ist viel zu schwach, wie es die Diagrammlinie B zeigt. Hätte der Schützen keine Reibung zu überwinden, würde er also, ohne Widerstand zu finden, fortbewegt, so müßte er den durch die punktierte Linie Bb gezeigten Weg nehmen. Die gleichförmig verzögerte Bewegung infolge der Widerstände ist aber bei einem schwachen Schützenschlag prozentual stärker zum Ausdruck zu bringen, und es zeigt sich auch, daß schon die

Diagrammlinie Bb mit der Linie der Schaftbewegung kreuzt, noch mehr aber Ba.

Aber kräftig genug wäre der Schlag des Exzenters B, wenn der Webstuhl nur die halbe Arbeitsbreite hätte, wie es die punktierte senkrechte Linie o zum Ausdruck bringt. o müßte als Linie n_1 angesehen werden.

Aus dieser Erklärung folgt: Die Schlagstärke muß zunehmen mit der Breite des Webstuhles.

Aus den Diagrammlinien A und B ergibt sich: Die Schlagstärke ist abhängig von der Form der Schlagnase; sie vergrößert sich dadurch, daß man der Nase eine ansteigende oder hohle (konkave) Form gibt.

Aus der Bewegung der Schlagarme a und b ist zu entnehmen: Die Schlagstärke nimmt bei gegebener Schlagnasenform zu, wenn der Weg des Schlagarmes (b bis b_1) verlängert wird (was auch durch Verlängerung der Schlagnase möglich ist).

Aus der eingangs abgegebenen Erklärung weiß man: Die Schlagstärke steigert sich mit der zunehmenden Stuhlgeschwindigkeit. Übrigens ist auch die Stellung des Schlaghebels bzw. die Anordnung seines Drehpunktes auf die Schlagstärke von Einfluß, Fig. 287, I. Die beiden Schlaghebel a und b zeigen die gemeinsame Stellung der Schlagrolle in c, nach dem Ausschwingen aber in a_1 und b_1. Demnach ist der Schlag (bei gleicher Schlagnasenform) von a stärker als von h.

Die Konstruktion der Schlagorgane und Schützenkasten

Man bezeichnet den Schützenschlag weiterhin nicht allein nach den verwendeten Mitteln, sondern auch nach der Konstruktion der Schlagorgane. Hiernach kennt man:

I. den Oberschlag (Oberschlagwebstühle) und
II. den Unterschlag (Unterschlagwebstühle).

Aus den früheren Handwebstühlen hatte man den eigentlichen Oberschlag übernommen. Er ist vollständig veraltet, so daß der ursprüngliche Mittelschlag jetzt unter der Bezeichnung Oberschlag bekannt ist.

Nach der Konstruktion der Schützenkasten unterscheidet man:

1. einschützige (einspulige) Webstühle oder Webstühle mit glatter Lade,
2. Wechselstühle mit Steigladen oder Steigkasten,
3. Wechselstühle mit Revolverladen oder Revolverkasten,
4. Automatenstühle mit Schützen- und Spulenwechsel.

Die Konstruktionen der Schützenkasten einspuliger Webstühle werden bei Besprechung des Ober- und Unterschlages näher bekannt werden.

Unter der Bezeichnung Steigladen versteht man Schützenkasten mit mehreren übereinander geordneten Zellen, wogegen die Zellen der Revolverladen kreisförmig zusammengebaut sind. Näheres siehe unter der folgenden Besprechung und unter Schützenwechsel.

1. Oberschlagwebstühle

Der Oberschlag findet Anwendung für leichte bis mittelschwere, selten für schwere Stühle von größerer Geschwindigkeit, Fig. 288. Man erkennt aus dieser Abbildung, daß er für das erste Stuhlsystem mit zwei Wellen von ungleicher Tourenzahl typisch ist. Oben ist die Kurbel- und unten die Schlagwelle, so daß sich der Schlagexzenter E mit halber Tourenzahl dreht. Aus diesem Umstande erklärt sich die von der vorher besprochenen Schlagnase abweichende Form; der Winkel vom Fuße der Nase bis an die Spitze muß halb so groß, also zirka 22½ Grad sein. Will man die Schlagstärke vergrößern, so kann erstens die Schlagnase mehr ausgehöhlt, d. h. konkaver werden, und zweitens kann der Schlagarm b, der mit der senkrechten Welle (Schlagwelle) a verbunden ist, so verstellt werden, daß er mehr nach der

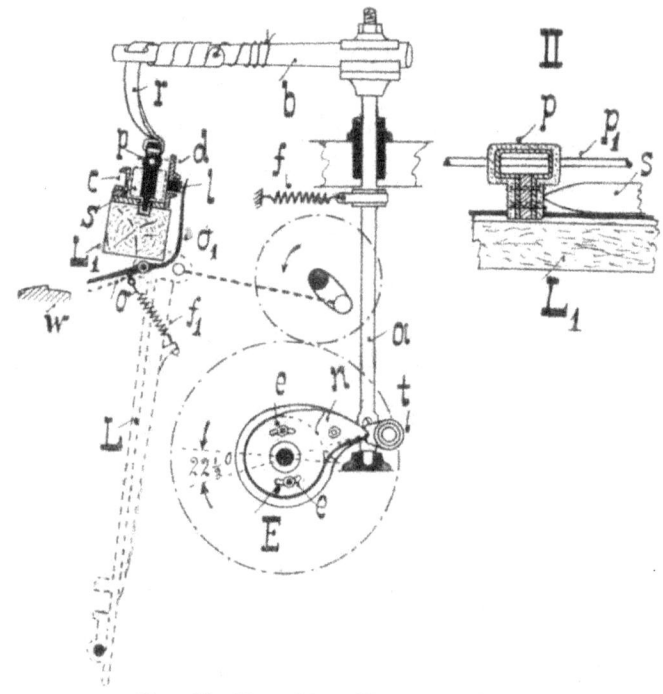

Fig. 288. Oberschlag. (Erstes Stuhlsystem.)

Stuhlmitte steht und daß sich der Riemen r, der den Picker p mit dem hölzernen Arm b verbindet, mehr spannt. Dasselbe erreicht man durch Verkürzen von r. Man braucht r nämlich nur von b zu lösen und die Anzahl der Wicklungen etwas zu vermehren; ein Bruchteil leistet oft viel. Übrigens erkennt man, daß die Welle a unten kulissenartig ausgebildet ist, um die konische Schlagrolle t höher oder tiefer stellen zu können. Auch hiermit läßt sich die Schlagstärke vergrößern; man braucht die Rolle nur tiefer zu stellen, vorausgesetzt, daß der Schlaghebel weit genug ausschwingt. Damit verändert sich auch der Beginn des Schlages, indem er ein wenig später einsetzt. Schließlich kann man dadurch einen stärkeren Schlag erreichen, daß man den Schlagexzenter E löst und näher an die Schlagwelle a setzt.

Auf dem Ladenklotz L_1 ist die Schützenkastenvorderwand c und -hinterwand d befestigt. In d ist die Kastenklappe l drehbar gelagert. Sie wird durch den Schützen s (punktiert gezeichnet) zurückgedrückt und beeinflußt den Stecher oder Stößer o_1, o, so daß dieser über w hinweggleitet. Trifft s nicht in den Kasten, so nimmt o die punktiert gezeichnete Stellung ein, stößt gegen w und stoppt den Stuhl, wobei der Ausrücker abstellt, wie es im 1. Teil bereits beschrieben wurde, Fig. 9.

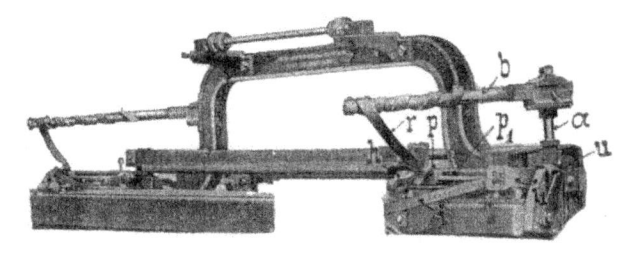

Fig. 289. Oberschlag.

Der Picker oder Treiber p hat oben auf der Pickerstange P_1 und unten in der Nut der Schützenbahn und dem Ladenklotz seine Führung, siehe auch Fig. 288, II und Fig. 289.

Vor dem Gebrauch müssen die Picker richtig behandelt werden, damit ihre Haltbarkeit tunlichst erhöht wird. Es ist sehr zu empfehlen, sie auf eine Schnur aufzureihen und so in einem trockenen, nicht zu warmen Raum aufgehängt $\frac{1}{4}$ Jahr lang gut zu trocknen, dann 2—3 Monate in einem fetten Öl (tierisches oder pflanzliches) zu tränken, einige Tage nach dem Herausnehmen abtropfen zu lassen und alsdann nochmals in einem trockenen Raum in aufgehängtem Zustande mindestens $\frac{1}{4}$ Jahr oder länger zu trocknen. Nur so präparierte Picker sollten Verwendung finden.

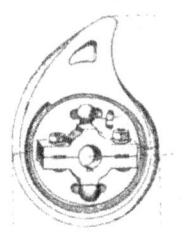

Fig. 290, I.    Fig. 290, II.

Auf der Pickerstange p_1 haben weiterhin das Prelleder h und der Fangriemen i, i_1 Platz gefunden. h dient zum Auffangen des Pickers. Der Schlagarm b mit dem Riemen r darf jedoch niemals ganz fest gegen h anschlagen, sondern muß so gestellt sein, daß zwischen p und h noch zirka 6—8 cm Spielraum bleibt und somit die Schlagorgane frei ausschwingen können.

Der Fangriemen i, i_1 unterstützt in Verbindung mit der Kastenklappe l, Fig. 288 und 289, das elastische Auffangen des Schützens.

Das Vor- und Rückwärtsstellen des Schlagexzenters, um den Schlag früher oder später betätigen zu lassen, ist nach dem Lösen der Schrauben e, Fig. 288, leicht möglich. Man vergleiche Fig. 290, I und 290, II. Beide Nasenformen unterscheiden sich in der Länge und Aushöhlung, indem die erste für breite und langsam laufende Stühle passend ist und einen langen Weg des Pickers machen läßt, wogegen sich die zweite für schnellaufende oder schmälere Stühle eignet.

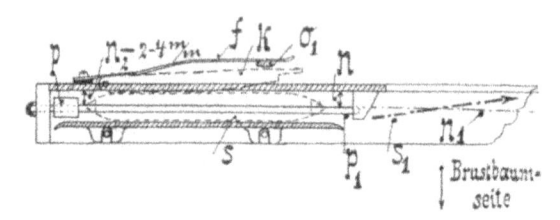

Fig. 291. Stellung der Pickerspindel.

Besondere Aufmerksamkeit hat der Meister der Pickerstange zuzuwenden. Von ihrer richtigen Stellung ist der Schützenlauf abhängig. Die Pickerstange darf nämlich mit der Schützenbahn und Kastenrückwand nicht genau parallel laufen, sondern muß so gestellt sein, daß die hintere Schützenspitze etwas anhebt und von der Kastenrückwand abführt; in Fig. 291 ist die Aufsicht gezeigt. Demnach muß p_1 nach der Ladenmitte hin mehr nach vorn und ein wenig höher gestellt werden. Bezeichnet man den Abstand zwischen p und Schützenkastenhinterwand mit n, so ist n_2 um 2—4 mm kürzer. Die Linie n_1 gibt die Stellung der Pickerstange wieder. Man erreicht dadurch, daß der Schützen s mit der Spitze mehr gegen das Blatt gerichtet ist, wie es s_1 übertrieben andeutet.

An Wechselstühlen richtet man die Pickerstange vielfach mit dem Schützenkasten parallel, aber den ganzen Kasten mit dem äußeren Ende mehr nach vorn, nämlich so, wie es s_1, Fig. 291, übertrieben wiedergibt.

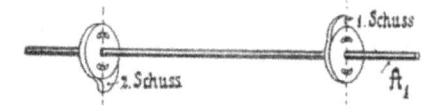

Fig. 292. Stellung der Schlagexzenter an einschützigen Webstühlen.
(Erstes Stuhlsystem.)

o_1, Fig. 291, ist aus Fig. 288 her bekannt. Die Feder f drückt gegen o_1 und die Kastenklappe k. Aus der Schnittzeichnung von Fig. 288 ist noch die Feder f_1 bekannt; sie erfüllt dieselbe Aufgabe wie Flachfeder f.

Für einschützige Webstühle des ersten Stuhlsystems, also solche mit glatter Lade, werden die Schlagexzenter mit ihren Schlagnasen um 180° versetzt, Fig. 292.

a) Der Oberschlag an Wechselstühlen mit Steigkasten

An Wechselstühlen genügt die Schlageinrichtung von Fig. 292 nur dann, wenn auf der einen Seite ein fester Kasten, auf der andern aber Wechselvorrichtung besteht. An Webstühlen mit einer Welle (2. Stuhlsystem), tritt eine Schlagfallsteuerung in Tätigkeit, siehe später. Nach Fig. 293 hat die Wechselseite vier Zellen. Zelle 2 ist gegen die Ladenbahn gestellt. Der Picker p ist hier eigentümlich geformt. Überhaupt sind die Pickerformen ziemlich mannigfaltig, siehe auch Fig. 602.

Wechselstühle mit beliebigem Schützenwechsel

können mit der Einrichtung von Fig. 292 nicht arbeiten. Es ist vielmehr ein sog. beliebiger Schützenschlag nötig. Man kann ihn in zwei Gruppen einteilen, nämlich:

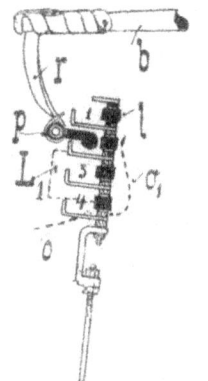

Fig. 293. Oberschlag mit Steigkasten.   Fig. 294.

erstens in Vorrichtungen zum Lösen der Schlagrolle t von der Schlagwelle a, indem die Schlagfalle c von a_1 abgehoben wird, Fig. 294, und

zweitens in Mitteln zum axialen Verschieben der Schlagexzenter auf der Schlagwelle.

Bedingung bei dem beliebigen Schützenschlag des ersten Stuhlsystems ist aber, daß die Schlagexzenter, wenn sich ihre Welle im Verhältnis 1 : 2 dreht, wie in Fig. 259, I, gestellt sind.

Weiterhin muß man bei dem beliebigen Schützenschlag zwei Arten von Schlagsteuerungen unterscheiden, nämlich:

1. Steuerungen, die von den Stellungen der Schützen im Kasten beeinflußt werden, und

2. Steuerungen durch besondere Karten.

Die Steuerungen der zweiten Art finden auch bei dem Unterschlag Verwendung. An dieser Stelle soll er erklärt werden an

Oberschlagwebstühlen mit axial verschiebbaren Schlagexzentern

In Fig. 295, I, und 295, II, ist eine solche Einrichtung im Prinzip wiedergegeben. Auf A_1 sind die Führungsscheiben h und i festgekeilt, und E mit E_1 haben mit ihren Zapfen h_1 und i_1 in h und i Führung, so daß sich die Schlagexzenter mit ihren Führungsscheiben drehen müssen. E ist nach links verschoben und läßt t unberührt, wogegen t_1 (von E_1 beeinflußt) zum Schlage ausholt. Das Gestänge n, n_1, m, m_1, o, r, s steht mit der Platine p in Verbindung. Die Messer M heben und senken sich und nehmen p mit, wie es die Karte k vorschreibt. Infolge dieser Einrichtung ist es möglich, E und E_1 nach Belieben rechts oder links für den Schlag einzusetzen. Ähnliche Einrichtungen siehe bei Besprechung des Unterschlages (Fig. 301).

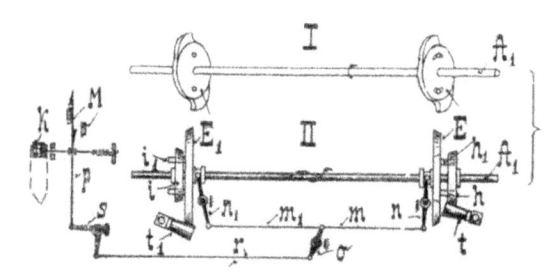

Fig. 295. Oberschlag mit axial verschiebbaren Schlagexzentren.
(Erstes Stuhlsystem.)

b) Der Oberschlag für Revolverwechsel.

Für den Revolverwechsel kommen dieselben Grundbedingungen zur Geltung wie bei den Steigladen. Handelt es sich um einseitigen Wechsel, so müssen die Schlagexzenter beim ersten Stuhlsystem nach Fig. 292 gestellt sein. Der Schützenwechsel ist auch hier 2 à 2, d. h. ist stets geradzahlig. Im übrigen kommen die beiden oben genannten Schlagsteuerungen, hauptsächlich der zweiten Art, in Anwendung.

In Fig. 296, I und II, ist ein sechszelliger Revolverkasten gezeigt. Auf der Pickerstange p_1 ist wieder das Prelleder h und der Schützenauffangriemen i mit dem Halterriemen u erkennbar. Der Picker p muß nun, weil der Kasten Drehungen macht und er sich sonst klemmt, stets nach rechts zurückgeführt werden. Es geschieht dies mit der punktiert gezeichneten Einrichtung q, q_1.

Auf den Zweck der Rolle d muß noch hingewiesen werden. In der Regel dringt der Schützen etwas weit in den Kasten, trotzdem ihn der Picker auffängt. Dreht sich nun der Kasten, so geht die Schützenspitze gegen d und rollt dabei so an d ab, daß ein Schleifen nicht vorkommt (die Schützenspitze also unbeschädigt bleibt), wogegen der Schützen um das im Kasten zu weit vorgedrungene Stück zurückweicht. Es sind natürlich zwei Rollen d nötig, siehe später unter den Unterschlagwebstühlen.

Die Schützenkasteneinrichtung von Fig. 296, II, ist nur für Losblatteinrichtungen brauchbar. Soll der Revolverwechsel für Zungenabsteller

(Ladenstecher) Verwendung finden, so kann die Einrichtung von Fig. 297 benutzt werden. In der oberen Zelle drückt der Schützen s die Klappe l und diese den Hebel l_1 so zurück, daß sich l_1 und damit o_1 heben. o_1 beeinflußt durch o_3 den Hebel o_2 und damit den Stecher o.

Zum Verständnis und als Ergänzung der vorhergehenden Besprechung soll hier

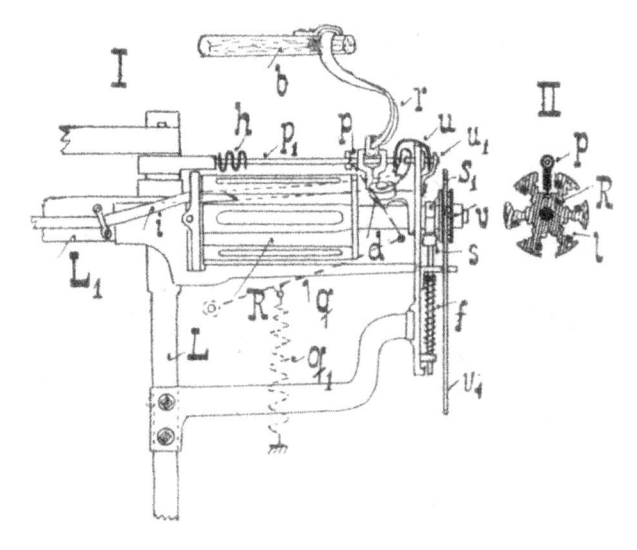

Fig. 296. Oberschlag an Revolverladen.

c) die Losblatteinrichtung (Blattflieger)

erwähnt werden.

Die Losblatteinrichtungen, die bekanntlich den Zweck haben, eine Beschädigung von Kette und Blatt beim Klemmen des Schützens zu vermeiden, werden verschieden ausgeführt. Als Beispiel soll die durch Patent geschützte Konstruktion der Sächsischen Maschinenfabrik angeführt werden. Diese Losblatteinrichtung arbeitet selbst bei 200 Touren sicher und gestattet die Herstellung von fast ebenso schweren Waren wie mit dem festen Blatt. Das Blatt t, Fig. 298, ist im Ladendeckel nach rechts so ausschwingbar gelagert, wie es die punktiert gezeichnete Stellung angibt. Im regelmäßigen Betrieb wird t von d gehalten. d ist ein quer über den Stuhl gehender, an Hebel c, c befestigter hölzerner Riegel mit dem Drehpunkt in a. Er wird mit c durch eine Feder kraftschlüssig an t gepreßt. Kurz vor dem Blattanschlag wird c von i so verriegelt, daß t nicht mehr ausweichen kann, und der Schußfaden wird fest angeschlagen. i ist nämlich mit h in f drehbar gelagert und werden beim Ladenvorgang kurz vor dem Blattanschlag durch Anstoßen von h an einen festen Widerstand nach hinten ausschwingen, so daß sich i gegen c legt. Geht die Lade nach hinten, so schnellt die Feder u den Hebel h in die Anfangsstellung zurück. u ist auf einen Bolzen, der an h geht und in l verschiebbar ist, aufgehoben. k ist ein

Stellring für den Bolzen. d wird durch eine nicht gezeichnete Feder an t gepreßt. Klemmt sich der Schützen s im Fach, so wird t, bevor c oder d verriegelt sind, zurückgedrückt, c geht an i vorbei und das Blatt kann nach hinten ausweichen. In diesem Falle sorgen in bekannter Weise die weiteren Organe die an r anstoßen, für das Ausrücken des Stuhles.

II. Unterschlagwebstühle

Während der Oberschlag verhältnismäßig einseitig ist und nur als Exzenterschlag ausgeführt wird, kennt man den Unterschlag in verschiedenen Konstruktionen, sowohl mit Exzenter- und Kurbel- als auch mit Federantrieb. Der Exzenterschlag zerfällt wieder in Unterabteilungen.

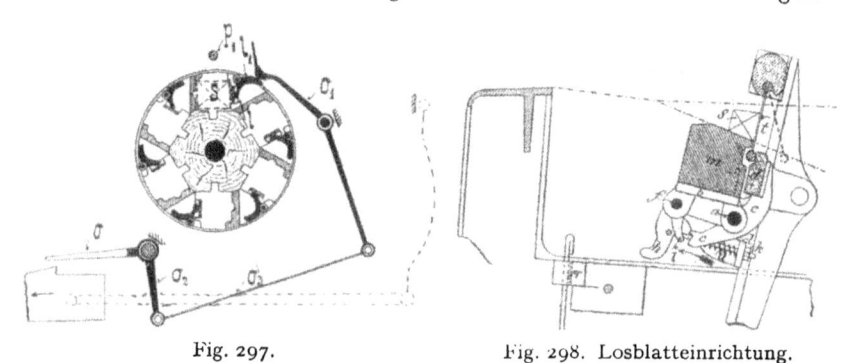

Fig. 297.

Fig. 298. Losblatteinrichtung.

a) Exzenterschlag mit Rollenkurbel

Die Schlagwelle A_1, Fig. 299, wird im Verhältnis 1 : 2 angetrieben. t und t_1 sind die Schlagrollen, L_1 der Schützenkasten mit d als Hinterwand (die Kastenklappe ist nicht erkennbar) und c als Vorderwand. Der Schlag ist also für einschützige Webstühle eingerichtet. a ist der in dem gußeisernen Schuh a_1 festgeschraubte hölzerne Schlaghebel, der in n den Schlagexzenter und in a_2 die Schutzbacke trägt. Der den Picker treibende Schlagarm b (Näheres folgt in späteren Abbildungen) ist unten ebenfalls in einem gußeisernen Schuh b_1 befestigt. b_1 ist in der Höhe seines Drehpunktes nach rechts winkelförmig verlängert. Gegen diesen Winkel arbeitet Hebel a mit a_2. Dreht sich A_1 in der Pfeilrichtung, so nimmt n den Schlag auf und überträgt ihn durch a auf b.

Die Feder f steht durch einen in b_2 mit b_1 befestigten Riemen (der unter Rolle c führt) in Verbindung und zieht b zurück, wobei auch a gehoben wird.

In der Hinteransicht eines Schützenkastens, Fig. 300, holt die Schlagrolle, die an der Kurbel t befestigt ist, zum Schlage aus. Der Unterschied zwischen dieser und der vorher besprochenen Einrichtung besteht nur darin, daß b_1 eine Lederkappe (Lederschleife) trägt. a ist durch diese Kappe hindurchgesteckt und dadurch mit b verbunden. Feder f_1 zieht b zurück und f hebt a.

b) Exzenterschlag mit Schlagmuschel

Auch dieser ist, ebenso wie der vorher besprochene, englischen Ursprungs. Er stammt von den Buckskinstühlen der Firma Hutchinson, Hollingworth & Co. Ltd., Dobcross, und ist gekennzeichnet durch die Schlagmuschel m, Fig. 301, die an der kleinen Schlagwelle a befestigt ist und sich nach Lösen der Verschraubung auf a axial verschieben läßt. Die Schlagwelle A_1 erinnert an das dritte Stuhlsystem, Fig. 21, wo sich Kurbel- und Schlagwelle mit gleicher Tourenzahl drehen.

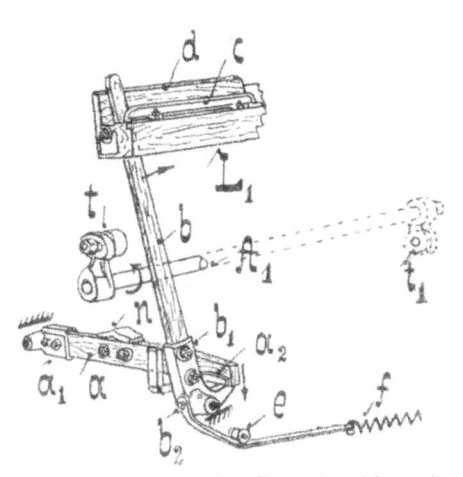

Fig. 299. Unterschlag. Exzenterschlag mit Rollenkurbel. (Erstes Stuhlsystem.)

Fig. 300. (Erstes Stuhlsystem.)

Hierbei ist es nötig, die Schlagrollen t, die auf beiden Seiten des Webstuhles gleich gestellt sind, axial ähnlich so zu verschieben, wie es an Hand der Fig. 295 erklärt wurde.

Bekannt ist das Knowlesgetriebe d, e, g und i, das den Winkelhebel f so bewegt, daß sich h senken muß. Dadurch wird k, der an der Nabe von l_2 angreift, mitbewegt und Schlagrolle t mit t_2 nach links geführt. t kommt dadurch aus dem Bereich von m, Fig. 301. Von k aus geht eine Verbindungsstange auf die andere Seite bzw. das linke Schlagzeug.

Die Karten des Knowlesgetriebes stehen mit den Karten des Schützenwechsels in Verbindung, siehe unter Schützenwechsel, Fig. 333. Jede Rolle in der Karte beeinflußt das Schlagzeug so, daß es links, und jede Hülse in der Karte, daß es rechts, wie in Fig. 301, in Tätigkeit tritt.

c) Exzenterschlag an Buckskinstühlen

An den Buckskinwebstühlen sächsischer Bauart hat man einen charakteristischen Schützenschlag ausgebildet, Fig. 302. Es handelt sich hierbei bekanntlich um Stühle mit einer Welle. Der Schlagexzenter E, Fig. 303, I und 303, II, mit der dazu gehörigen Anordnung des Schlaghebels wurde im

Jahre 1894 von Schönherr konstruiert und wird heute allgemein verwendet. Der Exzenter ist seitlich außerhalb des Gestells auf der Kurbelwelle befestigt und mit dem großen Kegelrad A_1 (siehe auch zweites Stuhlsystem) durch die Bolzen c verschraubt. E kann somit nach Lösen von c verstellt werden. Der Beginn des Schützenschlages richtet sich nach der

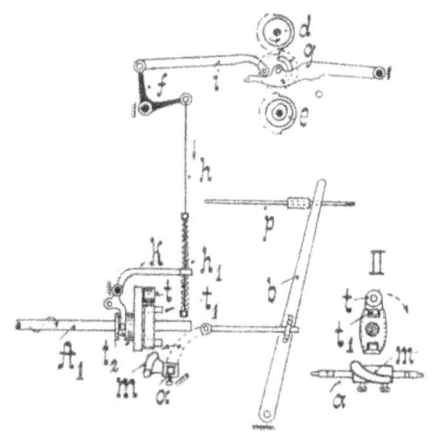

Fig. 301. Muschelschlag mit axial verschiebbaren Schlagrollen.
(Drittes Stuhlsystem.)

Kurbelstellung c_1 für die Lade L, Fig. 303, I. Die Schlagnase wirkt auf die Schlagrolle von a. a ist durch die Stange a_1 mit a_2 verbunden. Mit a_2 schwingt Schlagsektor a_3, Hebel a_4, Verbindungsstange a_5 und Schlagsektor a_6, Fig. 302. Die Bewegung in der Pfeilrichtung erfolgt bei jedem Schuß.

Der Schützenschlag wird durch die Schlagfallen v und v_1 gesteuert. Greift die Falle an den Sektor a_3 oder a_6, so wird sie mitgenommen und setzt den Hebel w (oder w_1), die Riemenverbindung r und den Schlagarm b in Bewegung. Gesteuert werden v und v_1 von der Schützenkastenklappe k_1

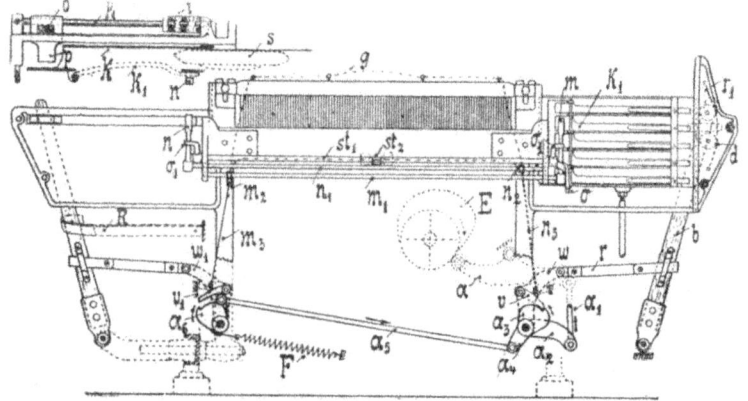

Fig. 302. Schützenschlag an Buckskinstühlen. (Zweites Stuhlsystem, Fig. 16.)

aus, siehe die Aufsicht von Fig. 302 oben links. Von dieser Seite geht die Verbindung von dem Fühlerhebel n aus mit Hilfe der Stange n_1, des Hebels n_2 und des Verbindungsriemens n_3 (oder Schnur) an v. Wird der Schützen s (oben links punktiert gezeichnet) in den Kasten k geführt, so hebt sich v mittels der beschriebenen Einrichtung, und der Schützenschlag wird auf der entgegengesetzten Seite aufgehoben. In gleicher Weise geht von dem Fühlerhebel m aus die Verbindung von rechts nach links durch m_1, m_2 und m_3 an v_1. v_1 ist durch einen Schützen im rechten Kasten ausgehoben.

Sind die Schützenkasten auf beiden Seiten mit Schützen beschickt, so ist der Schlag auf beiden Seiten aufgehoben.

Außer den Wellen n_1 und m_1 ist noch die Puffer- oder Stoppwelle st_1 vorhanden, Fig. 6304. Sie wird von den Fühlerhebeln n und m durch Hebel o_1 bewegt (Fig. 302). Auf der rechten Stuhlseite ist o_1 mit dem Stecher

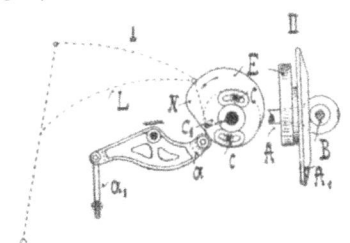

Fig. 303. Schlagexzenter und Ladenstellung.

oder Stößer o verbunden. Trifft der Schützen nicht in den Kasten, so rückt o aus (siehe Fig. 17). Welle st_1 trägt außerdem in der Mitte den Pufferarm st_2. Mit seiner Hilfe wird der Stuhl, falls der Schützen nicht regelmäßig läuft, plötzlich gestoppt. Er stößt dabei gegen eine in der Mitte der Lade angebrachte lange Pufferfeder B (bzw. gegen B_1) aus starkem Flachfederstahl (oder Flacheisen), so daß die Lade elastisch aufgefangen wird. Strenggenommen, ist die Feder hierfür bei großer Tourenzahl viel zu schwach, aber die lange Lade und der Brustbaum geben, wenn die Feder angepreßt ist, ein elastisches Mittel.

Ganz besonders muß auf die richtige Stellung von st_2 und o aufmerksam gemacht werden, weil die meisten Ladenklotzbrüche auf eine mangelhafte Wartung zurückzuführen sind. Ein gewissenhafter Stuhlmeister soll nach jeder abgewebten Kette untersuchen, ob st_2 ebenso gegen die Einkerbung von B_1 trifft, wie o gegen die von z. Steht o zu tief, so geht dieser Finger unter z hinweg und st_2 trifft gegen B_1. Dann muß entweder die früher besprochene Friktionskupplung oder der Riemen rutschen. Weil die Kupplung aber meistens fest genug angreift und deshalb nicht gleiten kann, so rutscht in der Regel der Riemen von der Scheibe, oder es kommen bei Wiederholungen Brüche vor.

Aus Fig. 304 ist weiterhin zu entnehmen, daß o länger ist als st_2. Bevor st_2 stoppt, hat somit o abgestellt.

Feder f dreht ts_1 stets zurück, so daß o_1 gegen m und n liegen, Fig. 302 und 304.

Das elastische Auffangen der Schützen im Kasten besorgt der Fangriemen R, Fig. 302. Außerdem legt man hinter die Rollen d, deren Zweck aus der Besprechung des Oberschlages von Fig. 296 bekannt geworden ist, einen kurzen Riemen r_1 (oder eine Feder, einen Gummipuffer usw.).

Die Großenhainer Webstuhl-Maschinenfabrik bringt dagegen an ihren Buckskinwebstühlen eine verbesserte Schützenauffangvorrichtung an (D. R. P.), welche sehr zu empfehlen ist, da der Picker direkt abgefangen und dadurch geschont wird, Fig. 304a. Zu diesem Zwecke rollt 9 auf der Kurvenscheibe 10 und spannt durch 8 und 12 den Riemen 11 beim

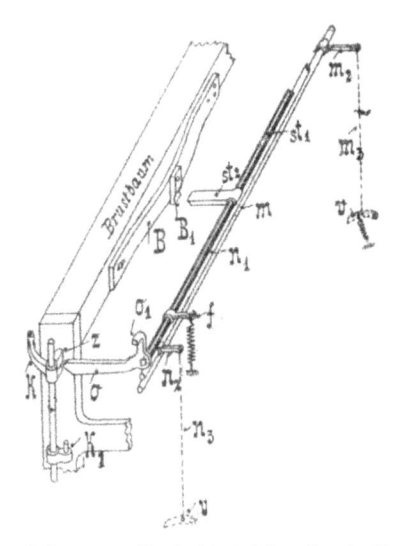

Fig. 304. Ausrückung an Buckskinstühlen durch die Pufferwelle.

Eintreffen des Schützens in den Kasten. 11 wirkt auf 3 und 4. Da der hölzerne Hebel 5 mit 4 in Verbindung steht, muß sich 5 von hinten gegen P legen und den Schützen 6 auffangen.

Die schon erwähnte Steuerung der Schlagfallen v, v_1 funktioniert dann nicht immer gut, wenn die Schützenkasten stark wechseln müssen, d. h. bei jeder Tour um mehrere Zellen gehoben oder gesenkt werden. Man hat deshalb Verbesserungen eingeführt. Auch der Druck der Finger n und m gegen die Kastenklappen verursacht ein starkes Bremsen der Schützen und deshalb eine starke Belastung des Schützenschlages sowohl an Unterschlag- wie auch an Oberschlagwebstühlen. Die verbesserten Schlagfallensteuerungen und Vorrichtungen zur Entlastung des Bremsdruckes auf die Schützen sollen später erwähnt werden.

Zu bemerken ist an dieser Stelle nur noch, daß der Weber die Schlagfallen v und v_1 dann aufhebt, wenn er Schuß sucht. Es geschieht dies mit Hilfe der Schnur g, die entweder direkt an v und v_1 oder an die Hebel m_2 und n_2 führt und oben hinter dem Ladendeckel quer über den Stuhl geht und leicht erfaßt und angezogen werden kann, Fig. 302.

d) Exzenterschlag an Seidenwebstühlen und Northropstühlen

Dieser meistens an Seidenwebstühlen gebräuchliche Unterschlag, Fig. 305, zeigt nicht viel Neues. Die Schlagwelle A_1 (Antrieb 1 : 2) trägt wieder zwei Exzenter E und E_1 mit entgegengesetzt gerichteten Schlagnasen für einschützige Laden. An Wechselstühlen muß jeder Exzenter mit zwei Schlagnasen ausgerüstet sein. Hierbei wird der Schützenschlag wieder durch

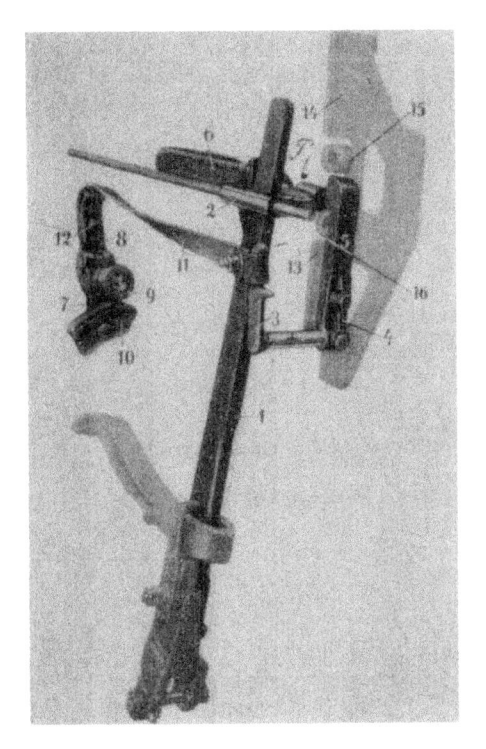

Fig. 304 a.

Schlagfallen, wie sie im Vorhergehenden besprochen worden sind, gesteuert. Die Fühlerwellen n_1 und m_1, Fig. 302, schwingen dabei gewöhnlich nicht mit der Lade, sondern sind tief, etwas unterhalb der Schlagwelle a, Fig. 305, gelagert.

E schlägt gegen t und dreht a in der Pfeilrichtung. a_2 ist an a nach Lösen der Kopfschraube verstellbar. Von a_2 geht die Riemenverbindung a_1 an b_2. b_2 ist mit b_1 aus einem Stück gegossen. Mit b_1 ist b verschraubt.

Unterhalb des Schützenkastens ist der Fangriemen h für b angebracht. Überhaupt hat man an Wechselstühlen für Seide die Schützenauffangvorrichtung außerordentlich verbessert.

Der Unterschlag an den später zu besprechenden Northropstühlen unterscheidet sich hauptsächlich durch den Schuh o, Fig. 356, der auf i ruht. o ist bogenförmig. Man hat diese Form gewählt, damit der Schlagarm b am Picker eine gerade, nicht, wie sonst, eine bogenförmige Führung erhält, und erwartet davon einen besseren Schützenlauf.

e) Exzenterschlag durch Schlagdaumen

Einen Unterschlag von origineller Konstruktion zeigen die Fig. 306—308. Der Schlagdaumen d ist mit der aus dem zweiten Stuhlsystem her bekannten Kurbelwelle A verschraubt. Eine Anzahl aneinanderschließender Bohrungen in s gestattet das Einstellen von d im Beginn des Schützenschlages. d schlägt gegen den in a befestigten Arm oder Daumen c, so daß sich a in der Pfeilrichtung drehen muß. An dem unteren Ende der Welle a sitzt der Arm a_1,

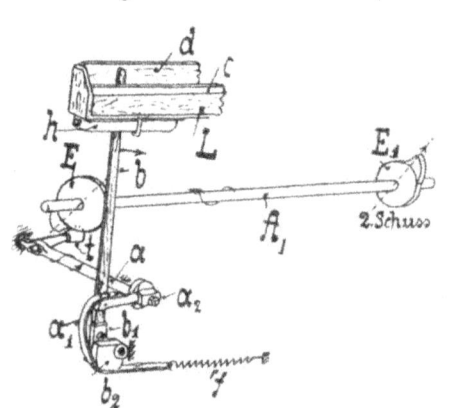

Fig. 305. Exzenterschlag an Seidenwebstühlen.
(Erstes Stuhlsystem.)

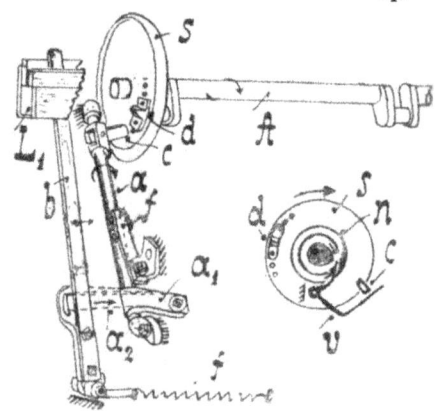

Fig. 306. Exzenterschlag durch Schlagdaumen (Smith-Schlag).
(Zweites Stuhlsystem, Fig. 13.)

und von diesem führt der Riemen a_2 an b. Die Schlagwelle a ist schräg mit einer Steigung von ungefähr 45° gestellt. Fast parallel mit a läuft die Flachfeder f und hält a mit Hilfe des kleinen Ansatzes e (siehe Fig. 308) in der Anfangsstellung des Schlages.

Weil sich A bei jedem Schuß einmal dreht, muß der Schlagdaumen c gesteuert werden. Die Konstruktion derselben ist abhängig von den Schützenkasten. An einschützigen Stühlen benutzt man meistens die in Fig. 306 unten rechts abgebildete und bereits an Hand von Fig. 198 kennengelernte Zungenweiche, welche c nach jedem zweiten Schuß gegen d bringt, indem Winkelhebel v an c greift.

Fig. 307 zeigt den Schützenschlag an Wechselstühlen mit Steiglade. k ist der vierzellige Schützenkasten, p_1 die Pickerstange, und r und u sind die Fangriemen. Der Prellriemen h, der an vorspringenden Gestellzapfen befestigt ist, fängt den Schlaghebel b auf.

Der beliebige Schützenschlag kann durch die Kastenklappen oder von besonderen Karten aus gesteuert werden. Diese Schlagkarten sind zugleich mit den Schützenwechselkarten verbunden, siehe Schützenwechsel.

In Fig. 308 ist eine Kastenklappensteuerung abgebildet. Der Schützen drückt die Klappe nach hinten und bewegt damit den Führerhebel m.

m ist durch einen Finger verlängert. Dieser Finger stößt gegen m_2 und dreht dabei zugleich m_3 nach unten, so daß sich c von der punktiert gezeichneten Stellung c_1 aus gesenkt hat und der Schlagdaumen den Arm c unberührt läßt. Man merke sich auch hier, daß die Welle m_1 quer über

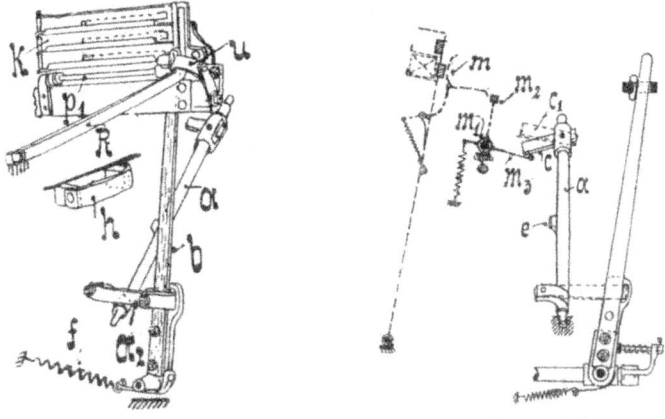

Fig. 307. Schützenschlag an Wechselstühlen. (Zweites Stuhlsystem, Fig. 13.)

Fig. 308. Schützenschlagsteuerung.

den Stuhl geht und m_2 z. B. an der linken, m_3 aber an der rechten Stuhlseite sitzen, ähnlich so wie an dem Unterschlag für Buckskinstühle.

Von der Besprechung anderer Schlagsteuerungen soll abgesehen werden.

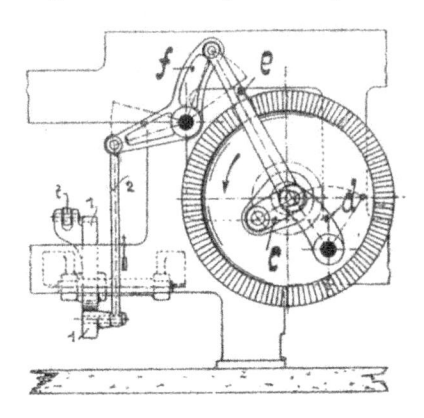

Fig. 309. Kurbelschlag. (Zweites Stuhlsystem, Fig. 16.)

f) Der Kurbelschlag

Mit Hilfe einer Kurbel und einer kurzen Schubstange läßt sich eine schlagartige Bewegung ausführen. Es ist aber nötig, die Schubstange so kurz wie möglich zu nehmen, damit — wie es bei der Ladenbewegung schon ausgeführt wurde — ein möglichst langer Stillstand erreicht wird. Beim

Schützenschlag muß dieser Stillstand bedeutend größer sein, weil sich die Schlagdauer nur über eine kurze Zeiteinheit erstrecken darf.

Die hohe Vollkommenheit, die Georg Schwabe in Bielitz seinem Kurbelschlag an den Buckskinstühlen gegeben hat, soll an dieser Stelle gewürdigt werden.

In Fig. 309 ist ein Teil des Buckskinstuhles mit dem hinlänglich bekannten großen Kegelrad abgebildet. Die Kurbel ist durch einen in dem Kegelrad befestigten Zapfen hergestellt und der Weg durch den punktiert

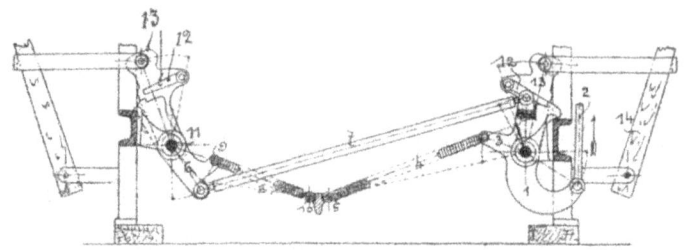

Fig. 310.

gezeichneten Kreis markiert. c ist die Schubstange; sie ist nur um ein wenig länger als die Radius der Kurbel (d. h. von der Achsenmitte bis an den Kurbelzapfen gemessen). c führt von dem Kurbelzapfen an den Arm d; die Ausschwingung von d ist punktiert gezeichnet. Mit c ist auch noch die Schubstange e an d verbolzt, und e verbindet demnach d mit f. Die Schwingung von f ist ebenfalls punktiert gezeichnet.

Die schlagartige Bewegung von c, d, e und f wird durch Zugstange 2 auf den Hebel 1, Fig. 309 und 310, bzw. mittels der Verbindungsstange 7 auf die Schlagsektoren beider Seiten übertragen.

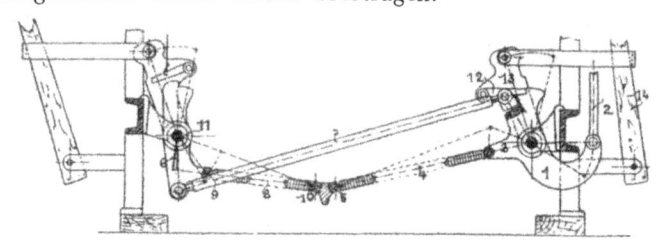

Fig. 311. Kurbelschlag durch Federn unterstützt.

Die beiden Abbildungen 310 und 311, die der D.-R.-Patentschrift Nr. 200415 entnommen sind, lassen die Schlaghebel 13 mit der Schlagfalle 12 und das Ausschwingen des Schlagarmes 14 deutlich erkennen. Dem genannten Patent liegt eine Neuerung, nämlich die Unterstützung des Kurbelschlages durch Federspannung, zugrunde. Die Feder 4 geht an Hebel 3. 3 wird somit in der Schlagrichtung gezogen. Es bedeutet dies eine Kraftersparnis bzw. Entlastung des Kurbelschlages.

Feder 8 hat die Aufgabe, die Schwingung der Schlagzeugteile anzuhalten. Man erkennt dies aus dem punktiert angedeuteten Weg.

Soweit nun die Steuerung der Schlagfallen usw. in Frage kommt, vergleiche man den Exzenterschlag von Fig. 302.

g) Der Federschlag

Erwähnung soll nun der Federschlag von Schönherr (Sächs. Webstuhlfabrik) finden. Die hiermit ausgerüsteten Stühle sind unter der Bezeichnung »Federschlagstühle« im Gebrauch und finden für Filztuche, Militärtuche usw. dauernde Anerkennung.

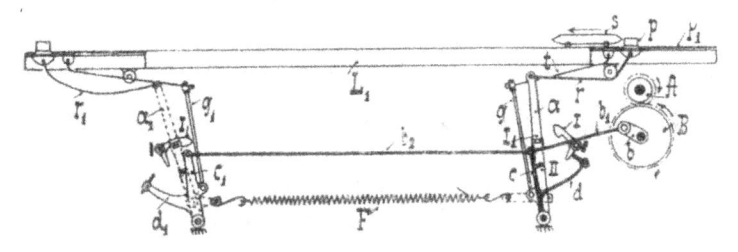

Fig. 312. Federschlag an einschützigen Webstühlen.
(Viertes Stuhlsystem, Fig. 22.)

Für einschützige Stühle ist der Federschlag in Fig. 312 abgebildet. Die Schlagfeder F ist so stark, daß sie den Schlagarm a mit hinreichender Kraft treibt. a steht durch r mit p in Verbindung. p besteht aus einem Metallgehäuse, das mit einer elastischen Masse, gegen die die Schützenspitze trifft, gefüttert ist, p hat in p_1 schlittenartige Führung.

In Fig. 313 ist die Ansicht des Schützenkastens von oben gegeben. d ist die Hinter- und c die Vorderwand, k Kastenklappe und f ihre Feder, i Fangriemen für den Schützen, p der Picker.

Nach jedem Schlag muß F, Fig. 312, gespannt werden. Deshalb wird von A aus Kurbelrad B im Verhältnis 1 : 2 angetrieben. b_1 führt an c und

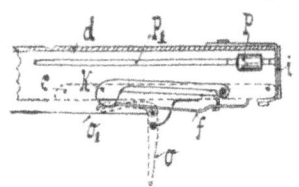

Fig. 313. Schützenkasten an Federschlagstühlen.

von hier aus b_2 an c_1. Links hat c_1 den Arm a_1 zurückgedrängt, so daß die Sperrklinke I (siehe links) an den Zapfen des Hebels a_1 angreift und F solange gespannt läßt, bis der Arm d_1 so gegen I stößt, daß die Klinke ausgehoben wird, wie es rechts durch d gezeigt ist.

Bei der weiteren Drehung von B bzw. b geht c mit d nach rechts, c stößt gegen einen Zapfen des Schlagarmes a und nimmt diesen mit zurück in den Anfang der Schlagstellung; ebenso schiebt g, weil mit a verbunden, durch die Stange t und seinen Schieber des Picker zurück, also nach rechts.

Schlagarm a (und a_1) wird von einem besonderen in Fig. 314 abgebildeten Puffer y aufgefangen.

Der Stößer o, Fig. 313, arbeitet in bereits bekannter Weise, siehe viertes Stuhlsystem.

An Wechselstühlen mit beliebigem Schützenschlag ist das Übersetzungsverhältnis von A auf B 1 : 1, Fig. 314, so daß die Schlagarme a und a_1 bei jedem Schuß, noch bevor die Schützenkasten ihren Wechsel beginnen, in die Anfangsstellung zurückgeführt sein müssen. (Die Schützenkasten haben während des Hebens und Senkens ihren Weg beim Blattanschlag halb vollendet.)

Der Schützenschlag wird von den Kastenklappen k, Fig. 314, II, gesteuert. Die Fühlrolle n steht durch das schematisch gezeichnete Gestänge n_1 mit dem Bolzen n_2 in Verbindung. Der rechts stehende Schützen hebt n_2, so daß die linke Sperrklinke I von d_1 nicht ausgelöst werden kann, und der

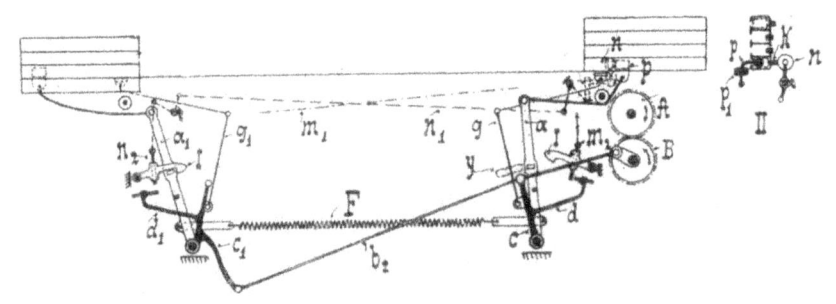

Fig. 314. Federschlag an Wechselstühlen. (Viertes Stuhlsystem, Fig. 22.)

Schlag von dieser Seite nicht erfolgt. Auf der rechten Seite konnte m_2 nicht gehoben werden. weil der Schützenkasten links für den von rechts kommenden Schützen frei sein muß. Dadurch stößt d gegen die Klinke I (rechts) und läßt den Schlagarm a in Tätigkeit treten.

Der Schützenschlag mit Mittelschlägern

An Webstühlen, auf denen zwei Gewebe nebeneinander gewebt werden, und bei denen beide Warenseiten mit fester oder geschlossener Leiste versehen sein sollen, benutzt man den Doppelschlag, für den in der Mitte des Webstuhles ein Schlagarm vorgesehen ist. Dieser mittlere Arm schlägt bei jedem Schuß den abwechselnd von rechts oder links kommenden Schützen zurück. Der Mittelschläger kann von den Außenschlägern, wie sie an Unterschlagwebstühlen üblich sind, abhängig oder unabhängig sein. Im ersteren Falle übertragen die Außenschläger ihre Bewegung durch Verbindungsorgane auf den Mittelschläger.

Die Schußfadenwächter

Um das Reißen oder Fehlen eines Schußfadens anzuzeigen und durch Abstellen des Webstuhles Fehler zu vermeiden, bedient man sich der Schußfühler. Es gibt zwei Arten, 1. Gabelschußwächter und 2. Nadelschußwächter.

Ein Gabelschußwächter ist abgebildet in Fig. 315, I und 315, II. Er findet Anwendung an einschiffligen (einschützigen) Webstühlen, hauptsächlich am ersten Stuhlsystem. Von dem Exzenter der Schlagwelle A_1 wird der bei den Kettenfadenwächtern besprochene Hammer h in eine über zwei Schüsse sich erstreckende oszillierende Bewegung versetzt. Die mit drei Zinken versehene Gabel a hat ihren Drehpunkt an der Stange c, und c ist mit dem Hebelarm c_1 verschraubt. Nimmt a die gezeichnete Stellung ein, so greift der Haken a_1, Fig. 315, II, an h und wird von ihm mitgenommen, wobei sich c und c_1 in der Pfeilrichtung bewegen müssen und der Anrücker k von seinem Stützpunkt abgleitet und den Stuhl ab-

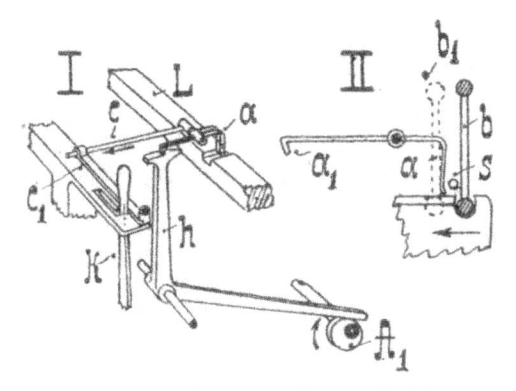

Fig. 315. Gabelschußwächter. (Erstes Stuhlsystem.)

stellt. Dieser Arbeitsvorgang tritt aber nur bei fehlendem Schuß ein. Der Schußfaden s legt sich im andern Falle gegen a, so daß a_1 beim Blattanschlag von b gehoben und aus dem Bereich des Hammers h kommt. Fehlt s, so dringt a durch die Öffnungen im Blatt, weil b bis b_1 vorgeht. Angeordnet wird der Wächter nur seitwärts von der Ware, also zwischen Breithalter und Schützenkasten.

Einen Nadelschußwächter für beliebigen Schützenwechsel zeigt Fig. 316, I und 316, II. Er wird in der Mitte des Ladenklotzes, der meistens den in L erkennbaren Ausschnitt erhält, angebracht. Als Wächter werden in der Regel zwei Nadeln aus Rund- oder Flachstahl in a verwendet. Beim Ladenrückgang greift a durch die Kettenfäden und legt sich über den Schußfaden. Fehlt der Schuß, so senkt sich a früh und der kleine Winkelhebel a_1 legt sich gegen den Ansatz b_1 des Schiebers B. B wird somit an seiner Bewegung in der Pfeilrichtung gehindert. Weil B durch die Schnur e mit c verbunden ist, so wird die Nase von c, nämlich o, nicht weit genug nach links gehen können und beim Ladenvorgang den Stuhl durch Anstoßen an den Anrücker abstellen. B wird mittels der Stange d, die ihren federnden Stützpunkt am Brustbaum bei d_1 hat, beim Ladenvorgang nach links und beim Rückgang nach rechts bewegt.

Der kleine Winkelhebel a_1, a_2 und die Formen des Schiebers B in b, hauptsächlich aber in b_1 und b_2, sind auf das richtige Arbeiten des Wächters von großem Einfluß. b_2 übt auf a_2 einen ganz leichten Stoß oder Schlag aus, damit sich a energischer senkt, als es durch sein Eigengewicht möglich ist. Hindert ein Schußfaden a am Niederfallen, so gleitet b_1 unter a_1 hinweg, und der Webstuhl behält seinen regelmäßigen Gang.

Der Doppelschußwächter lehnt sich an den in Fig. 316 beschriebenen an, nur ist er nicht in der Mitte der Lade angebracht, sondern verteilt, wie es Fig. 316a gezeigt wird, siehe 12 und 14 dieser Abbildung. Es hat dies den Vorteil, daß ein Schußfadenbruch auf 2 Stellen angezeigt wird. Auch wird

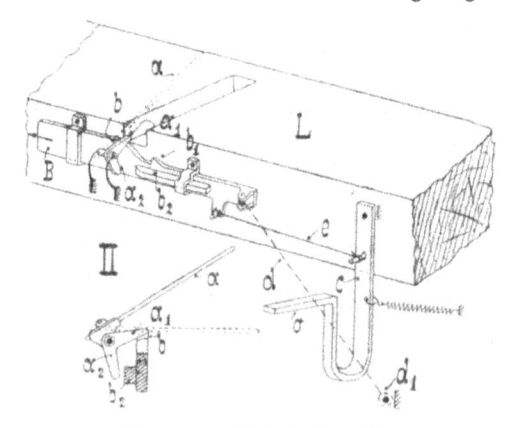

Fig. 316. Nadelschußwächter.

der Schieber B, Fig. 316, nicht mehr durch das Vorgehen der Lade mittels d_1 beeinflußt, sondern durch einen Exzenter 1, Fig. 316a. Man ist also von der Ladenbewegung unabhängig. Die Arbeitsweise dieser Schußwächter ist folgende:

Das auf der Kurbelwelle festgeklemmte Exzenter 1 überträgt durch Rollenwinkelhebel 2 und Zugstange 3 über den Winkel 4, Zugstange 5, Winkelhebel 6, Zugstangen 11 und 13 die Bewegung zu den Schiebern der Schußwächter 12 und 14. Der Winkelhebel 6 besitzt seinen Drehpunkt auf dem geraden Hebel 7, dessen Drehpunkt sich wiederum auf der am Ladenklotz geschraubten Platte 8 befindet. Der Hebel 7 wird durch Feder 9 an den Anschlag 10 gezogen. Am Hebel 7 greift die mit einem Schlitz und einem Anschlagstift versehene Zugstange 15 an, die den Hebel 7 mit dem Ausrückstößer 17 verbindet. Eine leichte Feder 16 zieht die Zugstange stets nach rechts, so daß das linke Ende des Schlitzes am Bolzen des Hebels anliegt.

Durch den Zug der Feder 20, die die Rolle des Winkels 2 an die Laufbahn des Exzenters 1 drückt, werden die Nadeln des Schußwächters angehoben. In bekannter Weise kann bei vorhandenem Schuß das Nadelwellchen nicht durchfallen und läßt somit den Schieber beim Zurückgehen vorbei. Fehlt der Schuß, dann fällt das Nadelwellchen in den Bereich der Schiebernase und sperrt den Schieber. Da in diesem Fall der Winkelhebel 6 gleichfalls mit gesperrt würde, das Exzenter 1 jedoch noch nicht auf dem höchsten Punkt angelangt ist, wird der letzte Rest des Exzenterhubes auf den Hebel 7 übertragen, der naturgemäß nach rechts ausschwingen muß. Die Feder 16 zieht die Zugstange 15 gleichfalls nach rechts, die den Stößer 17 somit in den Bereich der Ausrückteile bringt.

Dieser Wächter läßt sich mit der Rücklaufvorrichtung von Fig. 17a in Verbindung bringen.

Es gibt noch eine Reihe sehr interessanter Schußwächter, um die Momentabstellung des Webstuhles bei einem Schußbruch durchzuführen. Im

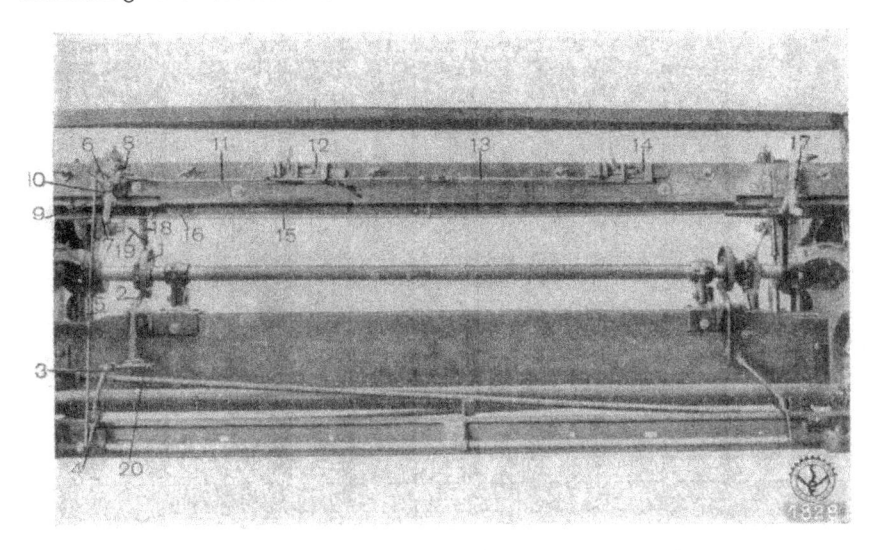

Fig. 316a. Doppelschußwächter der Sächs-Webstuhlfabrik.

Rahmen eines Lehrbuches ist es aber unmöglich, alle zu besprechen. Es soll deshalb noch der Schußwächter der Maschinenfabrik von Carl Zangs A.-G. erwähnt werden, Fig. 317.

Der Nadelwächter 6 liegt im Ausschnitt des Ladenklotzes. Um die Nadeln richtig einzustellen, müssen sie bei rückstehender Lade 4—5 nun über dem Schützen stehen. Man kann dies durch Vor- oder Rückstellen des Lagers im Drehpunkt 27 erreichen. Hierauf dreht man den Stuhl soweit nach vorne, daß die Nadeln gerade den Schußfaden berühren und stellt den Federspanner 20 unter dem Federhebel 10 auf der Achse fest. Man erreicht dadurch, daß die Gabel 7 beim Hochgehen mehr gespannt wird, sich ruhiger bewegt und beim Aufliegen auf dem Schußfaden die Spannung geschwächt wird. Sonst ist noch zu bemerken, daß die Länge des Stechers zum Abstellen 23 so sein muß, daß zwischen Abstellnocken 26 und dem Stecher 23 ein Abstand von 15 mm sein muß. Im übrigen erklärt sich die Einrichtung ohne weiteres, wenn man bedenkt, daß Hebel 20 unter Hebel 10 greift, dieser mit Feder 9 in Verbindung steht und der Hebel 10 durch eine Stellschraube von unten in der Bewegung begrenzt ist.

Die Großenhainer Webstuhl- und Maschinenfabrik A.-G. schreibt über ihren neuen vollautomatischen Rücklauf beim Schußsuchen folgendes:

Mit Hilfe unserer neuen Sofort-Abstellung ist es auf denkbar einfachste Weise erreicht worden, in Verbindung mit einem absolut sicheren Umkehr-Getriebe einen äußerst sanften Ladenrücklauf zu erreichen. Das Abbremsen sämtlicher Schwungmassen erfolgt bei unserer Einrichtung erst nach einem vollkommen automatischen zeitlich begrenzten Stillstand. Damit ist aber zugleich die Gewähr vorhanden, daß zunächst alle Schwungmassen vollständig zur Ruhe kommen, bevor eine gegenläufige Bewegung eingeleitet

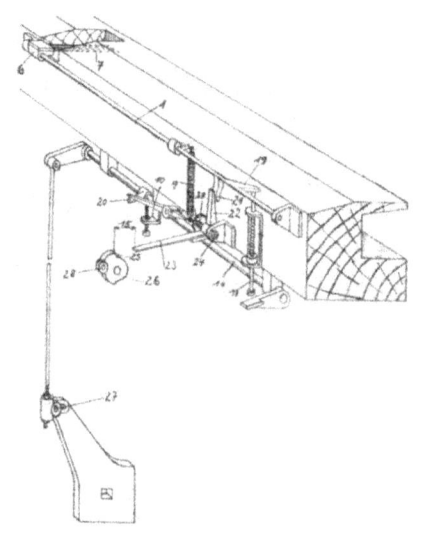

Fig. 316b.

wird, wodurch in erster Linie eine größtmöglichste Schonung aller Antriebsteile erreicht wird.

Außerdem ist das gesamte Triebwerk während des Normal-Betriebes des Webstuhles außer Tätigkeit und erfordert deshalb keinen unnötigen Kraftverbrauch.

Sobald nun nach Schußfadenbruch und Stillsetzung der Lade vor dem Blattanschlag das Getriebe für die Umkehrbewegung bzw. für den Ladenrückgang in Tätigkeit gesetzt wird, geht dieser Arbeitsgang mit etwa 5-fach verminderter Geschwindigkeit absolut stoß- und erschütterungsfrei vor sich. In sinnfälliger Weise wird während dieses Arbeitsvorgangs in der Schaftmaschine die Hackersicherung zusätzlich gesperrt und der Zylinder blockiert, bzw. der Wendehaken in eine indifferente Stellung gebracht. Bei besonders losen Waren wird außerdem, sofern ein positiver Warbaum-Regulator vorhanden ist, die Regulatorbewegung unterbrochen.

Die Einleitung des Rücklauf-Getriebes erfolgt vermittels eines kleinen Ablöshebels, der im Moment der Ausrückung in den Bereich eines umlaufenden Daumens geschwenkt wird, wodurch nach Passieren eines bestimmten Sperrbezirkes Letzterer die Ablösung bewirkt.

Vorrichtungen zur Entlastung der Schützen vom Bremsdruck der Kastenklappen

Der Federdruck, der auf den Schützenkastenklappen (Kastenzungen) ausgeübt wird, bremst den Schützen, so daß sich die Schlagorgane bei dem Abschleudern spannen und der Schlag kräftiger wird. Der Bremsdruck kann aber zu groß sein, wodurch die Schlagorgane übermäßig belastet und der Verschleiß am Webstuhl und den Pickern oder Schlägern zu groß wird, auch ein unnötiger Kraftverbrauch eintritt.

Wird der Schützen während der Schlaggebung von jedem Bremsdruck befreit, so können sich die elastischen Teile des Schlagzeuges nicht genügend spannen, und das Ausschwingen des Schlagarmes muß alsdann entsprechend verstärkt oder beschleunigt werden, um eine hinreichende Schützengeschwindigkeit zu erhalten, was auch wieder ungünstig ist.

Der auf den Schützenkastenklappen lastende Federdruck ist verschiedener Art. Zunächst wird die Kastenklappe mit einer Feder in Verbindung gebracht. Ferner drückt der Stecher, der mit Federn gespannt wird, gegen die Klappe. Und schließlich werden die Schlagfallen vielfach mit Federn kraftschlüssig gesenkt und drücken mittels ihrer Fühler ebenfalls auf die Kastenklappen.

Um den Einfluß der Schützenbremsung auf den Kraftverbrauch zu finden, wurden an einem neuen Buckskinstuhl sächs. Bauart, der mit elektrischem Einzelantrieb versehen war und mit 87 Touren bei 220 cm Webbreite lief, Versuche gemacht. Im regelmäßigen Betrieb, wobei die Federn der Stoppwelle und der Schlagfallen auf die Kastenklappen drückten, spielte der Zeiger des Wattmeters beim Schützenschlag durchschnittlich auf Teilstrich 30,5 und ohne diesen Federdruck (nur der Federdruck der Kastenklappe wurde gelassen) durchschnittlich auf Teilstrich 28 bis 28,5 aus. Es entspricht dies im Moment des Schützenschlages einer Kraftersparnis von 7 bis fast 9%, wobei zu berücksichtigen ist, daß die Ersparnisse noch größer wären, wenn die Schwungmassen des Webstuhles, die über den schweren Arbeitsmoment hinweghelfen, in Abzug gebracht werden könnten.

Die Versuche lehren aber, daß ein schwacher Bremsdruck auf dem Schützen am vorteilhaftesten ist und nicht allein Kraftersparnisse, sondern auch Schonung der Schlagzeugteile bzw. des ganzen Stuhles zuläßt.

Will man den Bremsdruck, der auf dem Schützen lastet, teilweise heben, so sind besondere Vorrichtungen nötig.

In Fig. 317 ist ein D. R. G. M. der Firma May & Kühling in Chemnitz aus dem Jahre 1896 abgebildet. Es ist hier ein bekanntes Prinzip in neuer Form angewendet. Der Stecher o wird mit f belastet und drückt gegen I. f führt aber an g, und h verbindet g mit Schubstange L_2. L_2, h und g sind mit den punktierten Linien in zwei Stellungen gezeichnet. Die punktierte ist die Stellung beim Ladenvorgang oder im Augenblick des Eintreffens des Schützens in den Kasten, wobei es vorteilhaft ist, f noch mehr zu spannen, damit der Schützen elastischer aufgefangen wird. Die voll gezeichnete Stellung zeigt den Augenblick des Schützenschlages; die Schubstange L_2 steht unten, g hat sich mit dem linken Arm gesenkt und mit dem rechten gehoben, und somit ist Feder f weniger gespannt als in der punktiert angedeuteten Stellung, und der Bremsdruck auf den Schützen ist dadurch vermindert.

In Fig. 318 ist eine vollständige Entlastung der Kastenklappe vom Druck des Stechers gezeigt, wie sie von der Maschinenfabrik Rüti ausgeführt wird. L_2 ist nach unten durch v verlängert. Die Stellschraube von v stößt gegen Stecher o und hebt ihn während des Ladenrückganges, so daß o beim Ladenvorgang eingreifen und, wenn der Schützen seinen Kasten nicht erreicht, stoppen kann.

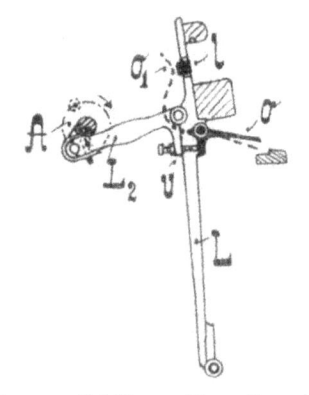

Fig. 317. Schützenschlagentlastung.
(Erstes Stuhlsystem.)

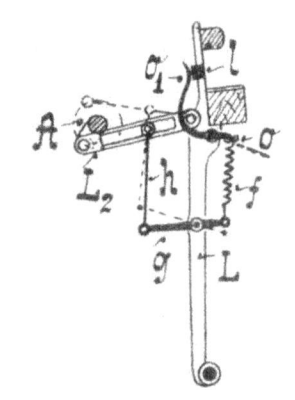

Fig. 318. Schützenschlagentlastung.
(Erstes Stuhlsystem.)

Eine andere Einrichtung besteht darin, daß die Welle von o einen pendelartigen, mit Gewicht belasteten Arm trägt. Schwingt die Lade zurück, so wird das Gewicht den Hebelarm zurückhalten, also auch die Welle des Stechers o etwas drehen und den Federdruck auf der Kastenklappe aufheben.

Ferner kann man dasselbe erreichen, wenn man auf A eine Kurvenscheibe setzt und sie so mit o verbindet, daß o ebenfalls während des Schützenschlages angehoben wird. Weitere Beispiele der Bremsdruckentlastung siehe unter nachfolgender Besprechung.

Steuerungen für den Schützenschlag und Sicherheitsvorrichtungen gegen Bruch am Schlagzeug

Die Schützenschlagsteuerungen, die von den Kastenklappen aus beeinflußt werden, versagen leicht. Man hat deshalb insbesondere in Buckskinstühlen Verbesserungen getroffen.

Fig. 319 zeigt eine Schlagfallensteuerung von Schönherr. Welle A trägt eine Kurvenscheibe z. Der zweiarmige Hebel y erhält von z aus Bewegung und überträgt sie durch x und w auf die Welle v. Feder u drückt die Rolle von y gegen z.

Auf Welle v sind die Hebel g, g_1 befestigt. An diesen sind wieder die Hebel F und F_1 gelagert. Mit F (oder F_1) ist der Haken h und die nach oben an d führende Stange e gelenkig verbunden. d ist auf der Fühlerwelle b und d_1 auf b_1 lose drehbar gelagert, dagegen sind c und c_1 verschraubt.

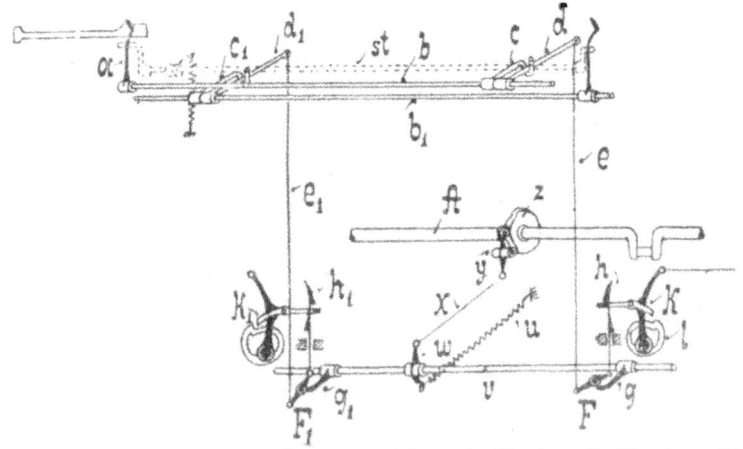

Fig. 319. Schlagfallensteuerung (ältere Ausführung). (Zweites Stuhlsystem, Fig. 16.)

Demnach wird von Fühler a aus Welle b und Hebel c bewegt. d ruht in dem Haken von c; ebenso verhält es sich mit b_1 und c_1.

Steht links ein Schützen im Kasten, so senkt a den Haken h bis an den schraffiert gezeichneten Widerstand, wobei Schlagfalle k aus dem Schlagexzenter l ausgehoben wird.

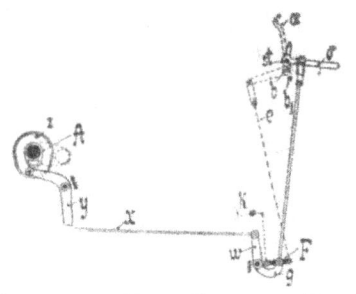

Fig. 319a. Entlastung der Kastenklappe vom Druck der Stoppwelle.

Auf der entgegengesetzten Seite ist h_1 nicht gesenkt, so daß k_1 an den Schlagsektor greift. Diese Angriffsstellung wird von dem Fühler rechts beeinflußt, weil rechts kein Schützen steht.

Dreht sich A weiter, so dreht die Erhöhung von z Welle v. Damit heben sich g und g_1.

Ergänzt wird die vorstehend beschriebene Einrichtung durch Fig. 319a. z ist hier als Nutenscheibe ausgebildet und dadurch Feder u überflüssig geworden. Während des Schützenschlages wird Stopp- oder Pufferwelle st durch den Exzenterantrieb von z aus gesenkt, d. h. die Kastenklappe von dem Federdruck dieser Welle befreit, so daß der Schützen nur durch die Kastenklappenfeder gebremst wird.

Die Schlagfallensteuerung der Großenhainer Webstuhl- und Maschinenfabrik von Fig. 320 hat auch das Ziel, das Zittern der Schlagfallen beim Heben und Senken durch die Schützenkastenklappen und die Entlastung

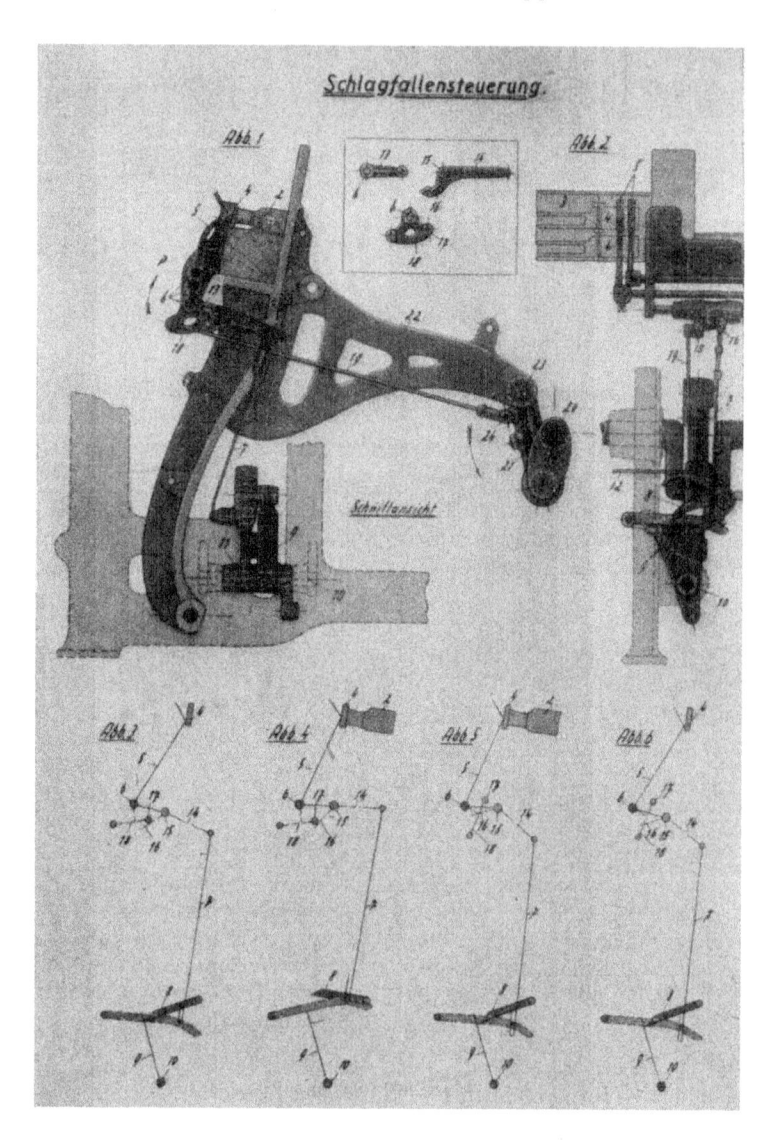

Fig. 320. (Von der Großenhainer Webstuhl- und Maschinenfabrik.)

der Schützen von dem Druck bei der Schlaggebung zu beseitigen, siehe Abb. 1—6 von Fig. 320.

Der Knickschlag derselben Firma ist deshalb beachtenswert, weil er die Schlagfallen vermeidet und ein durchknickbares Gelenk verwendet. In Fig. 320a in den Abbildungen I—III ist die Vorrichtung erläutert. I zeigt den Schlag in Tätigkeit; der Schlaghebel ist mit 2 bezeichnet und das Knickgelenk mit 3. In II wird gezeigt, wie der Hebel 4 durch 7 das Knickgelenk 3 anhebt und wie in III das Gelenk 3 durchgeknickt ist.

Bemerkenswert ist die Stange 19, die rechts durch 24 mit der Schubstange verbolzt ist. Bei der Bewegung dieser Schubstange wird 19 folgen,

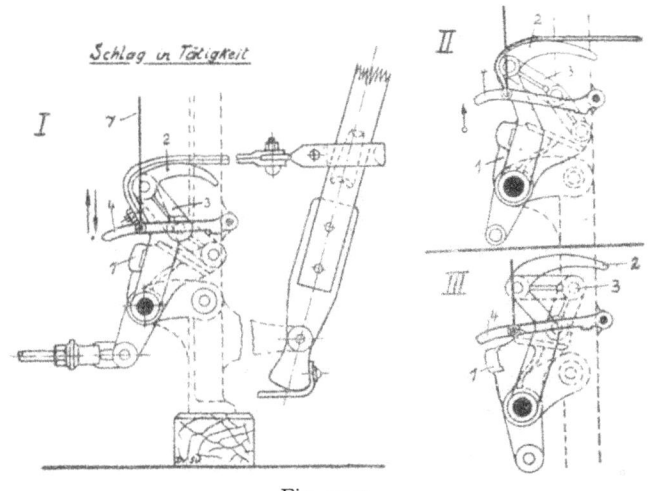

Fig. 320a.

so daß der Fühlerhebel 5 auf die Kastenklappe einen geringeren Druck ausübt als beim Eintreffen des Schützens in den Kasten, also beim Vorgehen der Lade. Zugleich wird die Schlagfalle in der gezeichneten Stellung gesenkt, so daß sie dann in den Schlagsektor eingreifen kann.

Georg Schwabe baut an seinen Buckskinstühlen eine Schlagfallensteuerung von der in Fig. 303 schon gezeigten Art, indessen hat er eine kleine Ergänzung hinzugefügt und dadurch ermöglicht, daß die Fallen ruhiger arbeiten, d. h. beim Heben und Senken der Schützenkasten, wenn die Fühlerhebel an den Kastenklappen vorbeistreichen, nicht so stark vibrieren. Jede der beiden Fühlwellen, d. h. deren Fühlhebel, ist mit einem nach unten gehenden Hebel versehen. Diese Hebel stoßen beim Ladenvorgang bzw. Blattanschlag gegen einen Widerstand und heben damit die Schlagfallen aus den Sektoren, die Fühler aber von den Kastenklappen. Kurz vor dem Schlag senken sich die Fallen.

Die Sicherheitsvorrichtungen gegen Bruch am Schlagzeug kommen nur an Wechselstühlen und fast ausschließlich nur an den schweren Buckskinstühlen vor, weil sich die Beschädigungen nicht immer auf den Bruch der hölzernen Schlagerarme beschränken, sondern oft weitgreifender Natur sind. Die zahlreichen Bruchsicherungen lassen sich trotz ihrer Mannigfaltigkeit in drei Klassen einteilen.

In der 1. Klasse müssen alle diejenigen zusammengefaßt werden, welche auf Federspannung, d. h. auf elastische Lagerung irgendeines zum Schlagzeug gehörigen Hebels oder Verbindungsteiles beruhen, wovon nur einige erwähnt werden sollen.

In Fig. 321 werden a und a_1 von Feder f zusammengepreßt. Die Kupplung löst sich von b, wenn der Widerstand zu groß ist. Ebenso, aber bedeutend sicherer, arbeitet die Kupplung der Großenhainer Webstuhl- und Maschinenfabrik, Fig. 322, die außerdem noch den Vorteil hat, daß Schlagarm b in

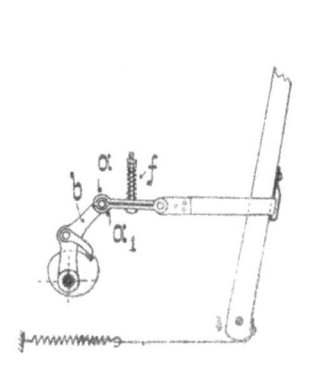

Fig. 321. Sicherheitsvorrichtung gegen Bruch. (Zweites Stuhlsystem, Fig. 16.)

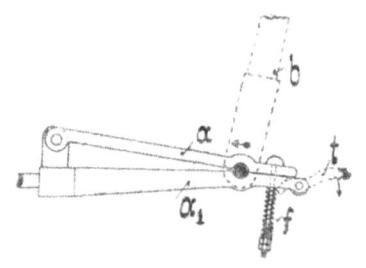

Fig. 322. Sicherheitsvorrichtung gegen Bruch. (Zweites Stuhlsystem, Fig. 16.) (Diese Bruchsicherung der Großenhainer Webstuhlfabrik ist in neuerer Zeit dadurch bedeutend verbessert, daß der Schlagarm b automatisch in seine Anfangsstellung zurückgeführt wird. Der Tritt t ist dabei überflüssig geworden.)

die Anfangsstellung durch eine nicht gezeichnete Feder nach Senken des Trittes t zurückkehrt.

Bei derartigen Klemmkupplungen, Fig. 321, verschleißen Lager und Bolzen nach kurzer Zeit, und die Kupplung funktioniert dann nicht mehr sicher.

Eine vom Verfasser im Jahre 1904 erprobte und durchaus sicher arbeitende Kupplung (eine Verbesserung der alten Schönherrschen Kupplung) zeigen die Fig. 323a und 323b, erstere in Funktion und letztere in der Ruhestellung. Der Drehpunkt a_1 des Schlagarmes a ruht an dem Hebel c. c dreht sich in c_1. a_1 wird in der Kulisse b kraftschlüssig von e gehalten, Fig. 323b. Infolge der ungleichen Hebellänge c_1 bis a_1 und c_1 bis d_1 wirkt die Feder e annähernd dreimal so stark als bei der älteren Konstruktion mit der Leitung der Kette d über eine Rolle, so daß a_1 vollkommen elastisch gehalten wird, aber nur bei einem zu großen Widerstand nachgibt.

Später folgte die Sächsische Webstuhlfabrik mit dem exzentrischen Kettenrad c, Fig. 324, welches im Prinzip genau so arbeitet, wie der vorher beschriebene Hebel c. Auch hier geht die Kupplung nach der Funktion in die Anfangsstellung selbsttätig zurück.

Die 2. Klasse umfaßt Kupplungen zum positiven Festhalten des Schlagarmdrehpunktes, wie es das D. R. P. Nr. 117229 oder die neueste Ausführung in Fig. 325 und Fig. 325a der Sächsischen Maschinenfabrik vorsieht. Steht der Schützenkasten falsch, wie in Fig. 325, so trifft der Schieber g nicht gegen die Falle F, wie bei richtiger Kastenstellung (Fig. 325 a), und weicht dann mit dem Holzschläger n in die gezeichnete Stellung nach

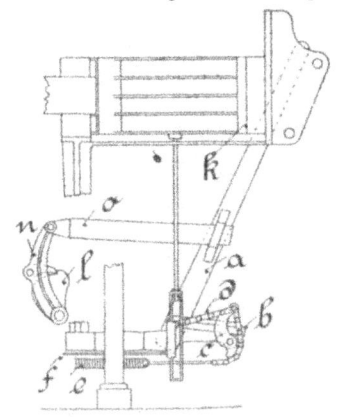

Fig. 323a. Sicherheitskupplung. (Zweites Stuhlsystem, Fig. 16.)

rechts aus. Ist die Schlagbewegung vollendet, so werden g, n durch die Feder r nach links in die Anfangsstellung, wie in Fig. 325 a, zurückgezogen, und man erkennt, wenn sich der Schützenkasten richtig eingestellt hat, wie dann g gegen f trifft und den Schlagarm n unten durch g festhält. f wird beeinflußt durch e, d und die Schützenkastenstange b mit den Einkerbungen c.

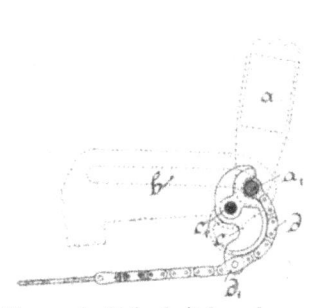

Fig. 323b Sicherheitskupplung.   Fig. 324. Sicherheitskupplung.

In der 3. Klasse vereinigten sich alle diejenigen Vorrichtungen, welche das Ausheben der Schlagfallen dann vorsehen, wenn die Schützenkasten falsch stehen, wie es die im Jahre 1902 von der Rheinischen Webstuhlfabrik ausgeführte und in Fig. 326 skizzierte Einrichtung zeigt. Die Kurvenscheibe a zieht durch das Gestänge a_1, a_2, g_1, g, e_1 und e den Fühler d während des Schützenwechsels von dem Zapfen c des Schützenkastens ab. Stellt sich c nicht richtig gegen d, so geht d zwischen c und hebt die Schlagfalle v mit Hilfe der Feder f aus dem Schlagsektor.

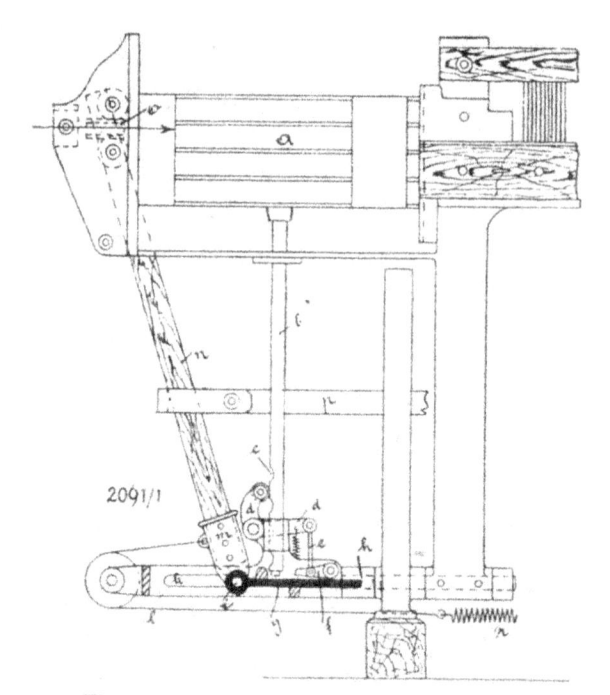

Fig. 325. Sicherheitsvorrichtung gegen Bruch.

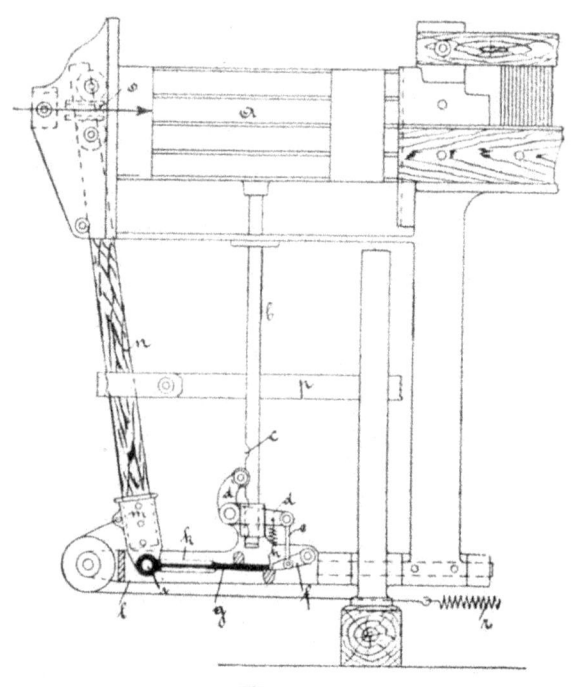

Fig. 325a.

Man kann auch die Arbeitsweise von a und d dahin abändern, daß die Schlagfallen v jedesmal beim Kastenwechsel ausgehoben werden. Kurz vor dem Schlag senkt sich d zwischen die Zapfen c (wenn die Schützenkasten richtig stehen) und die Schlagfalle auf den Sektor t. Die Schlagfallen arbeiten dann genau so ruhig, wie mit jeder anderen Einrichtung.

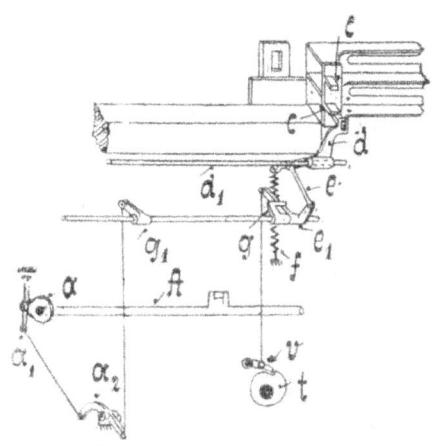

Fig. 326. Sicherheitsvorrichtung gegen Bruch.

Einen andern Weg, die Schlagfalle aus dem Sektor t zu heben, wenn der Schützenkasten nicht richtig steht und dadurch ein Bruch am Schlagzeug eintreten kann, hat die Sächsische Webstulfabrik von Schönherr eingeschlagen, Fig. 326 a.

Wir sehen hier den Kastenhebel b, der durch d, d mit dem Hebel C\ lösbar verbunden ist. Ist beim Heben oder Senken der Kasten geklemmt,

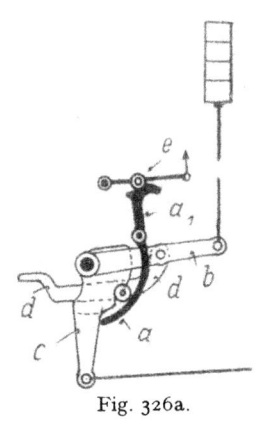

Fig. 326a.

so daß er sich nicht bewegen läßt, so tritt die Kupplung d in Tätigkeit. Die Rolle von d rollt dann an dem bogenförmigen Teil von c ab und hebt sich aus der Vertiefung von c. Weil aber der schwarz gezeichnete Hebel a mit dem unteren Ende bogenförmig an a liegt, muß bei dem Auskuppeln von d der hierzugehörige Rolle den Hebel a auslösen. Damit bewegt sich der Exzenter von a_1 und hebt die Rolle bzw. den Hebel c. Weil aber c mit der Schlagfalle in Verbindung steht, muß sich die Schlagfalle zur Vermeidung eines Bruches aus dem Sektor t (vgl. Fig. 326) auslösen.

Der Schützenwechsel

Die Wechselkastenvorrichtungen teilt man bekanntlich ein in Steigladen und Revolverladen. Ferner unterscheidet man:

a) einseitige Wechselstühle,
b) zweiseitige Wechselstühle mit abhängiger Schützenkastenbewegung,
c) zweiseitige Wechselstühle mit unabhängigen Schützenkasten für beliebigen Schützenwechsel.

Auf den einseitigen Schützenwechsel für Steig- und Revolverladen und die Einrichtung des hierfür zur Anwendung kommenden Schlagzeuges wurde bereits hingewiesen, und ebenso die unter b und c genannten Wechselstühle besprochen.

Die zweiseitige, abhängige Schützenkastenbewegung läßt nur einen beschränkten Schützenwechsel zu, weil die Bewegungen der Kasten auf beiden Seiten voneinander abhängig sind, siehe auch die Bemerkungen über Fig. 336. An Revolverladen ist eine abhängige Kastenbewegung unbekannt und wird auch an Steigladen selten angewendet.

Den unter c genannten beliebigen Schützenwechsel mit der unabhängigen oder getrennten Kastenbewegung auf beiden Seiten bezeichnet man nach der Anzahl der verwendbaren Schützen. Unter dem Ausdruck »siebenfacher Schützenwechsel« versteht man die Möglichkeit, mit sieben Schützen in acht Kasten, also vier Kasten auf jeder Seite, weben zu können. Hiernach unterscheidet man weiterhin drei-, fünf-, neun- und elffachen Wechsel.

1. Der Schützenwechsel mit Steigladen

Die Steigkasten werden mit zwei bis zehn, am meisten mit vier Zellen gebaut.

Die Klassifizierung erfolgt am besten mit Rücksicht auf die Art der Bewegung. Hiernach unterscheidet man:

1. eine negative oder freifallende Steigkastenbewegung, wobei die Kasten durch das eigene Gewicht fallen, und
2. eine positive oder zwangsläufige Kastenbewegung.

Der Unterschied beider Arten liegt darin, daß die negative Steigkastenbewegung nur eine beschränkte Tourenzahl zuläßt, weil der freifallende Kasten unsicher arbeitet. Er kann sich nicht schnell genug senken und wird daran auch durch die Schützenspitzen, die an den Rollen d (Fig. 302) oder einem sonstigen festen Gleitstück vorbeistreichen müssen, vielfach gehindert. Beim Heben schießt der Kasten leicht über seine Bewegungsstrecke hinweg und macht dadurch eine zitternde Bewegung, so daß der Schützenlauf nachteilig beeinflußt wird.

Die zwangsläufige Bewegung ist von diesen Fehlern frei, so daß der Stuhl schneller und sicherer laufen kann. Allerdings beschränkt jeder Schützenwechsel die Tourenzahl, weil sonst die Sicherheit der Schützenbewegung verloren geht. Insbesondere hindert der Picker, der nach jedem Schlag in seine Anfangsstellung zurückfallen muß, den Schützenkasten an der freien Bewegung. Ist der Sprung der Kasten und die Geschwindigkeit zu groß, so wird der Kasten zittern oder hüpfen und der Schützen leicht aus seiner Bahn fliegen. An schweren Webstühlen ist dieser Übelstand naturgemäß größer als an leichten.

Auch ist die Konstruktion der den Schützenkasten bewegenden Organe auf den ruhigen Gang von Einfluß. Je mehr Zwischenglieder, d. h. Hebelübersetzungen zwischen dem eigentlichen Hubkörper für die Kastenbewegung und dem Schützenkasten eingeschaltet sind, um so unsicherer wird die Kastenführung.

Um die Sicherheit zu erhöhen, d. h. das Hüpfen zu beseitigen, hat sich an schweren Webstühlen ein Bremsen der Kasten als zweckmäßig erwiesen.

Im übrigen sucht man, wenn dies auf den ruhigen Gang nicht nachteilig einwirkt, das Gewicht der Schützenkasten durch Gegenfedern (oder Gewichte) auszubalancieren und dadurch den Antrieb zu entlasten.

Schließlich ist noch zu erwähnen, daß die Art der Sicherheitsvorrichtung gegen Bruch auf die ruhige Kastenbewegung nicht ohne Einfluß ist.

I. Die negative oder freifallende Kastenbewegung

Von den zahlreichen veralteten Konstruktionen dieser Art sollen nur einige angeführt werden.

In Fig. 327 ist eine Vorrichtung zum Heben der Kasten mittels Daumenkette k_1 abgebildet. Die Glieder 1, 2 und 3 zeigen drei verschiedene, den Kastenstellungen angepaßte Größen.

Der Stern k, der die Kette k_1 trägt, erhält seinen Antrieb von der Kurbelwelle A aus, indem Kammrad I dasjenige des Stiftrades c, also II, im Verhältnis 1 : 2 dreht. c dreht Sternrad b und somit k. b und k sind achtteilig.

Der Wechsel ist deshalb einseitig bzw. kann als einseitiger angesehen werden, weil sich c erst nach je zwei Schüssen einmal dreht und k_1 um ein Glied schaltet und somit der Schützen in seine Zelle zurückkehren kann.

Mittels Sternrad d, wovon d_1 eine Karte trägt, lassen sich Kartenersparnisse erzielen. Zu diesem Zwecke ist Stift c axial (von d_1 aus) verschiebbar. Wird c zurückgezogen, so kann b nicht gedreht werden. Wie oft c außer Tätigkeit gesetzt werden kann, ist abhängig von der auf d_1 anzubringenden Kette.

II. Die positive Schützenkastenbewegung

Die Vorrichtungen an Wechselstühlen mit positiven oder zwangsläufigen Kastenbewegungen sind so mannigfaltiger Art, daß nur einige angeführt werden können. Ihre Auswahl in nachfolgender Besprechung ist aber so getroffen, daß auch das Verständnis weiterer Wechselkastenvorrichtungen erleichtert sein dürfte.

Es lassen sich zwei Hauptgruppen nach den zur Anwendung kommenden Kartenbesteckungen unterscheiden:

a) Wechselvorrichtungen mit verschiedenartigen Karten für gleiche Kastenstellungen.

b) Wechselvorrichtungen mit gleichen Karten für gleiche Kastenstellungen.

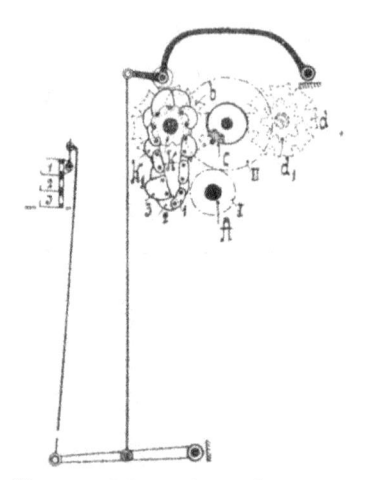

Fig. 327. Schützenkastenbewegung mittels Daumenkette.

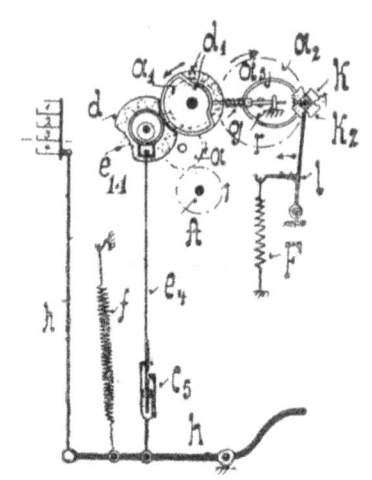

Fig. 328. Hackingwechsel.

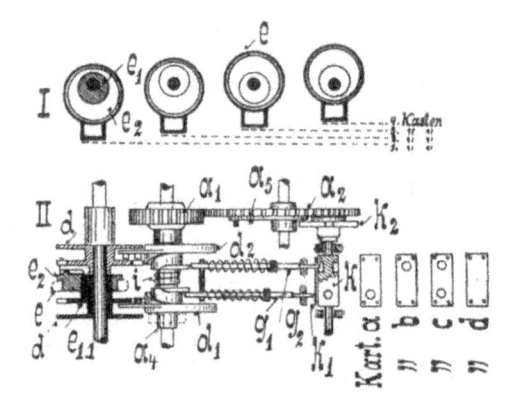

Fig. 329. Hackingwechsel, in zweiter Ansicht von oben.

Für die unter a genannten Vorrichtungen ist als einziges Beispiel der Hackingwechsel, Fig. 328 und 329, angeführt. Als Hubkörper für vier Zellen sind zwei ineinandergeschobene Exzenterscheiben e_1 und e_2 vorhanden, wovon e_1 den Hub einer und e_2 den zweier Zellen besorgt, Fig. 329, I. Der Ring e steht durch e_4 mit h in Verbindung, Fig. 328. Von h geht h_1 an den Schützenkasten. Feder f gleicht das Gewicht der Schützenkasten aus.

Der Antrieb der Hubkörper erfolgt von A (Kurbelwelle) aus durch die Kammräder a, a_1, Fig. 328 und 329, II. Die Nabe des Kammrades a_1 ist durch eine Büchse a_4 verlängert, und auf a_4 sind die Zapfenscheiben d_1 und d_2 so befestigt, daß sich beide axial zusammenschieben lassen und durch Feder i auseinandergedrückt werden, wobei sie die Drehbewegung von a_1 mitmachen. Nadel g_1 hat d_1 mit Hilfe der Nutenkurve an d_1 eingerückt, und d_1 dreht dadurch e_1 bzw. dessen Kammrad $e_{1.1}$. Die Feder drückt g_1 zurück, sobald k nach rechts geht. Schlägt beim nächsten Schuß die gleiche Karte k_1 gegen g_1, so wird d_1 wieder eingerückt und der Hubkörper gedreht.

d sind die Sperrscheiben für die Hubkörper e_1 und e_2, indem d von d_1 oder d_2 an der Drehung nach ihrem Stillstand gehindert werden.

Ungeschlagene Karten (d), Fig. 329, II, drücken die Nadeln g_1, g_2 vor und lassen die Hubkörper unausgesetzt drehen, so daß ein fortwährender Kastenwechsel eintritt.

Karte a läßt Hubkörper e_1 und Karte b Hubkörper e_2, Karte c dagegen beide stillstehen. Demnach müssen die Karten bei einem nach bestimmten Vorschriften auszuführenden Schützenwechsel entsprechend angeordnet werden, weil sie, wenn die Hubkörper e_1 und e_2 beim Beginn des Webens nicht richtig stehen, einen falschen Schützenwechsel ausführen.

k dreht sich nach je zwei Schüssen um eine Karte, Fig. 328, weil a_2 doppelt so groß als a_1 ist. a_2 ist mit einer Kurvenscheibe a_5 versehen. Von a_5 wird k mit dem Hebelarm l nach rechts bewegt und von F kraftschlüssig geführt. Der Stift an a_5 dreht den Stern k_2.

Weil k erst nach je zwei Schüssen geschaltet wird, ist der Wechsel einseitig. Er läßt sich dadurch leicht zu einem zweiseitigen abändern, daß sich a_2 ebenso schnell wie a_1 dreht, daß also k nach jedem Schuß schaltet. Dabei müssen natürlich auf beiden Seiten des Webstuhles Wechselvorrichtungen angebracht werden.

Für fünf oder sechs Zellen verwendet man drei ineinandergeschobene Kreisexzenter als Hubkörper.

Bemerkenswert an diesem Schützenwechsel ist, daß der Webstuhl zum Zwecke des Schußsuchens rückwärts laufen kann und daß sich die Schützenkastenzellen dabei richtig einstellen. Dieser Vorteil besteht nicht bei allen Schützenkastenwechselvorrichtungen.

b) Wechselvorrichtungen mit gleichen Karten für gleiche Kastenstellungen

In Fig. 330 ist ein Hackingwechsel nach einer praktisch erprobten Verbesserung des Verfassers skizziert. Die beiden Hubkörper I und II für vier Zellen, ebenso das Kammrad $e_{1.1}$ und die Zapfenscheibe d_1 (die mit $e_{1.1}$ kämmt), wie überhaupt alle vorher besprochenen Teile sind auch hierbei nötig; nur die Nadel g_1 (und g_2) hat eine Abänderung erfahren. Sie steht durch n mit Hebel m in Verbindung. Eine Rolle in k senkt g_1, so daß sie bei einer Hülse von der Feder m_1 gehoben wird. Der in der Pfeilrichtung arbeitende Stößer t wird in seiner Höhenstellung von dem Hebel t_1 dirigiert; t_1 wird wieder von u (u ist mit I verbunden und dreht sich damit) beeinflußt und nimmt, wenn sich u um 180° gedreht hat, die punktiert gezeichnete Stellung ein. In dem Arbeitsmoment, wo sich v weiter dreht, stößt t kraftschlüssig, von w freigegeben, gegen g_1 und rückt die Zapfenscheibe d_1 ein.

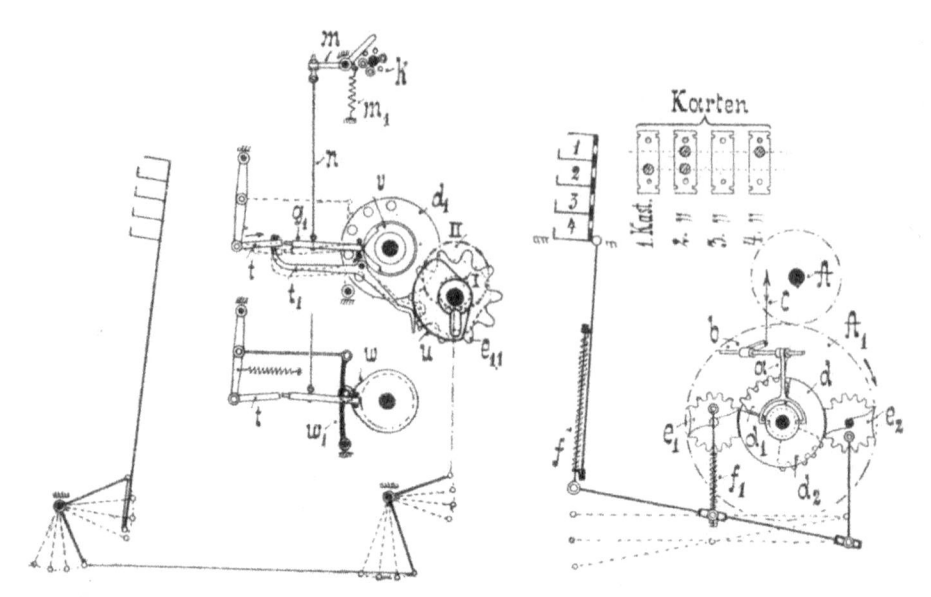

Fig. 330. Verbesserter Hackingwechsel.   Fig. 331. Hodgsonwechsel.

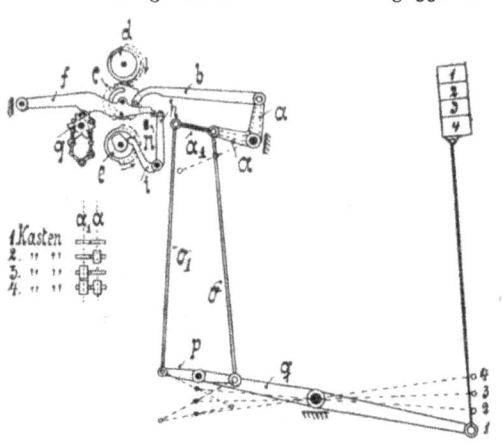

Fig. 332. Knowleswechsel.

Nachdem sich I gedreht hat, senkt sich f_1 und f; und t wird (wenn g_1 gehoben bleibt) unter g_1 hinweggehen.

Demnach wird jede Hülse in k den Kasten senken und jede Rolle ihn heben.

An Stelle der Rollkarten können auch Pappkarten usw. treten.

Für einen beliebigen Wechsel wird k nach jedem Schuß, bei einem einseitigen dagegen erst nach je zwei Schüssen geschaltet.

Eine ähnliche Einrichtung, wie der Hackingwechsel, zeigt Fig. 331. Es ist dies ein Hodgsonwechsel, wobei zwei getrennte Kurbelscheiben e_1 und e_2

als Hubkörper für den Kastenwechsel arbeiten. Beide Hubkörper werden von der Scheibe d gesperrt, so daß sie sich unbeabsichtigt nicht drehen können. Zahnsektor d_1 dreht e_1 und d_2 den Hubkörper e_2. d_1 und d_2 mit ihrer Sperrscheibe lassen sich axial verschieben. Es ist nur die Vorrichtung für d_1 skizziert; Gabel a greift an die Nabe von d_1. Mit a steht b in Verbindung. Die Stange c führt an einen mit der Karte arbeitenden, hier nicht wiedergegebenen Mechanismus, so daß es nur nötig ist, c zu heben oder zu senken, um einen Wechsel herbeizuführen.

Die Zeichnung oben gibt an, wie die Karten auf die Kastenstellung von Einfluß sind.

Es ist in der Abbildung nur ein einseitiger Wechsel vorgesehen, weil A die Schlagwelle A_1 bzw. d_1 und d_2 nach je zwei Schüssen nur einmal dreht.

Ein Schützenwechsel mit Knowlesgetriebe ist in Fig. 332 abgebildet. Man vergleiche hiermit die Einrichtung an der Knowlesschaftmaschine.

Für einen Schützenkasten mit vier Zellen sind zwei nebeneinander gelagerte Hebel f und Kurbelräder e mit Schubstangen b nötig. b führt demnach an a und b_1 (nicht gezeichnet) an a_1. a_1 ist doppelt so lang als a. Von beiden gehen die Stangen o und o_1 an p; letzterer ist mit q verbunden.

Zahnwalze d steht in Eingriff mit c, so daß c nach vollendeter Drehbewegung den Wechselkasten gehoben haben wird. Demnach wird jede Rolle in g den Kasten heben, jede Hülse ihn senken. Der Einfluß von Rolle und Hülse auf die Kastenstellung ist aus der Kartenzeichnung zu entnehmen.

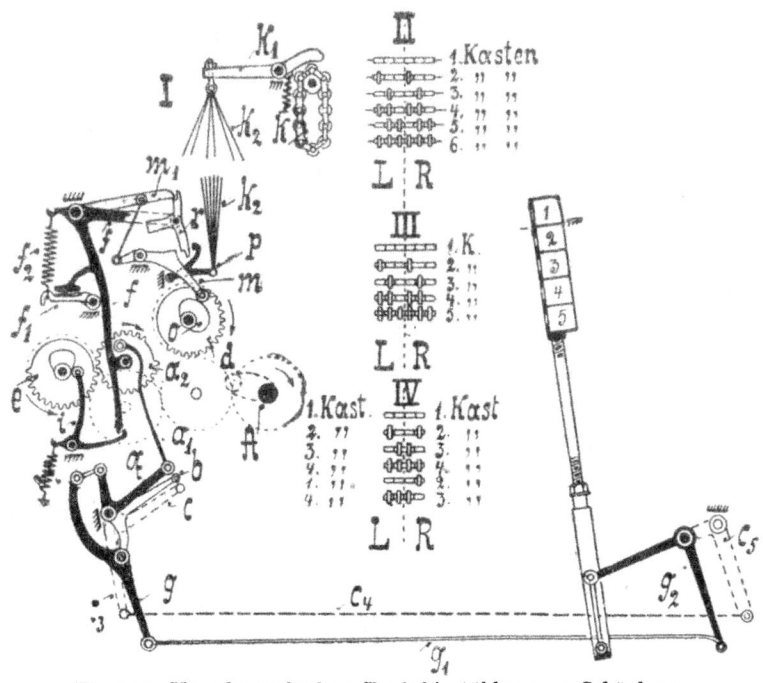

Fig. 333. Knowleswechsel an Buckskinstühlen von Schönherr.

An Stelle der Rollkarten können auch Papp- und Papierkarten treten. Indessen bedarf es hierfür Mechanismen, welche, von den Papp- oder Papierkarten eingeleitet, f heben.

Die Verwendung des Knowlesgetriebes an den Schönherrschen Buckskin, stühlen (Modell C B) zeigt Fig. 333. Der Wechselkasten besteht aus fün- Zellen. Ihre verschiedenen Höhenstellungen besorgen die Hebel a, b und cf deren Schubstangen in gleicher Weise an die bekannten Kurbelräder gehen,

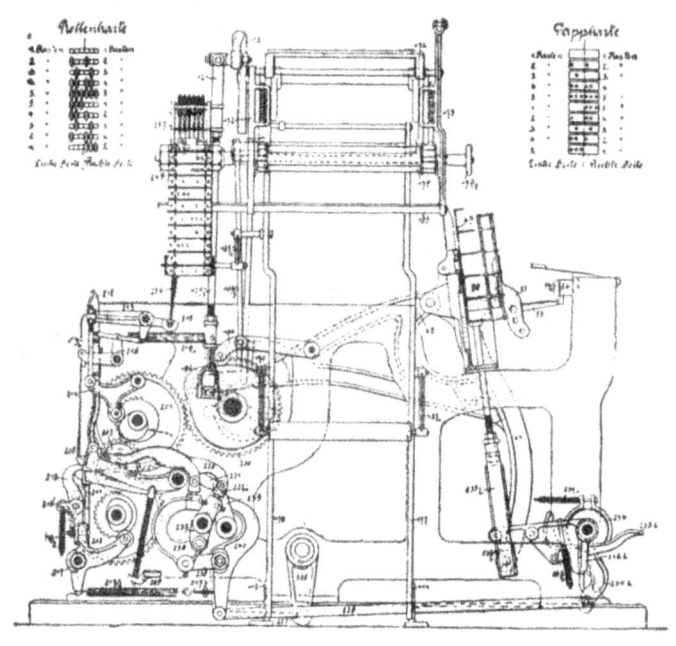

Fig. 334.

wie a_1 den Hebel a mit a_2 verbindet. a und b sind mit g, d_1 und g_2, dagegen c mit c_3, c_4 und c_5 vereinigt.

Im übrigen ist der Arbeitsvorgang von d und e bekannt. Damit der Hebel f sicher arbeitet, wird er von f_1 mit Hilfe der Feder f_2 gebremst; er muß von dem Messer m oder m_1, die von o aus Bewegung erhalten, gegen die Zahnwalze d oder e gebracht werden. Eingeleitet wird diese Verschiebung von der Karte k, Fig. 333, I, dem Hebel k_1 und den Verbindungsdrähten k_2. Letztere sind mit p verbunden. Bei einer Hülse in k wird k_1 bzw. k_2 von der Feder an k_1 gehoben, so daß p Hebel r umsteuert. r kommt dabei mit m in Eingriff. Weil r an f gelagert ist, so muß mit f mit a_2 nach d hin bewegt werden.

Die Rollenkarten für einen neunfachen Schützenwechsel (fünf Zellen auf jeder Seite) sind in Fig. 333, III, abgebildet; sie erhalten mit dem Kartenzylinder der Schaftmaschine gleiche Bewegung.

Für den elffachen Schützenwechsel (sechs Kasten auf jeder Seite) sind die Karten in Fig. 333, II, wiedergegeben.

Der siebenfache Wechsel ist mit der Karte in Fig. 333, IV, vorzunehmen; die Angabe zeigt den Einfluß von Rolle und Hülse auf die Stellung der Zellen. Für den Schützenkasten mit vier Zellen auf einer Seite sind nur die Hebel a und b mit g, g_1 und g_2 nötig.

Der neueste verbesserte Schützenwechsel der Sächsischen Webstuhlfabrik am Modell C F, ebenfalls mit Knowlesgetriebe, zeigt Fig. 334. Es ist

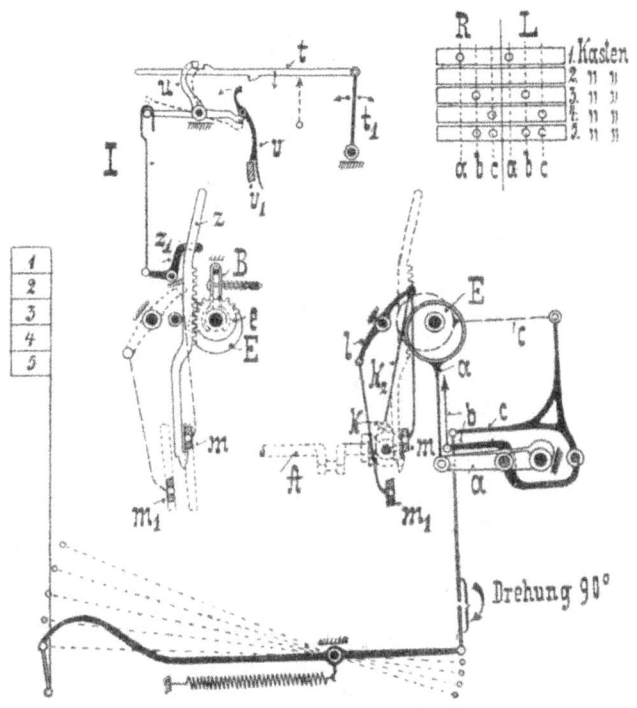

Fig. 335. Schwabewechsel.

das Gesamtbild des Webstuhles in der Seitenansicht mit den Hauptteilen der Schemelschaftmaschine und mit Ladenbewegung. Es sind 5 Kasten oder Zellen vorgesehen. Von einer näheren Besprechung soll an dieser Stelle abgesehen werden, weil die Wirkungsweise aus der Besprechung der Fig. 333 bis zu einem gewissen Grade auch für Fig. 334 zutrifft.

An den Buckskinstühlen von Georg Schwabe in Bielitz findet der in Fig. 335 skizzierte Wechsel Verwendung. Die Hubkörper für die Kastenbewegung bestehen aus Scheibenexzentern E. Für einen fünfzelligen Schützenkasten sind drei solche Exzenter nötig; die Stangen der Hebel a, b und c führen je an einen Exzenter.

Jeder Hubkörper E ist mit einem Zahnrad e und einer Bremsscheibe für die Bremse B verbunden. Die Zahnstange z dreht e und damit E. Weil z das treibende Maschinenelement für die Hubkörper ist, kann man die Einrichtung auch als Zahnstangenwechsel bezeichnen.

Von der Karte aus wird die Zahnstange z platinenartig gesteuert und kommt dann mit den Messern m oder m_1 in Eingriff. m senkt die Stange z, und m_1 hebt sie. Beide Messer werden von der Kurbelwelle A aus zunächst durch Winkelräder und weiterhin von der Kurbel k des zweiten Winkelrades und der Stange k_2, die an Hebel l führt, auf- und abbewegt.

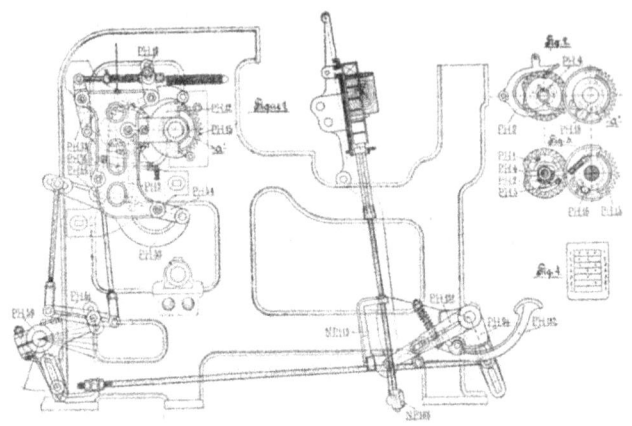

Fig. 336. Schützenwechsel mit 7 Zellen.

Die Pappkarten mit der Vorschrift für die verschiedenen Kastenstellungen sind oben rechts abgebildet; sie arbeiten mit der, bei den Schemelschaftmaschinen besprochenen Einrichtung für Pappkarten, Fig. 219. Jedes Loch in der Pappkarte (wie jede Rolle der eisernen Karte) hebt die Platine t, so daß sie bei ihrer schwingenden Bewegung nach links oben gegen u stößt und u soweit hebt, daß v auf v_1 greifen kann. In dieser Stellung bleibt v

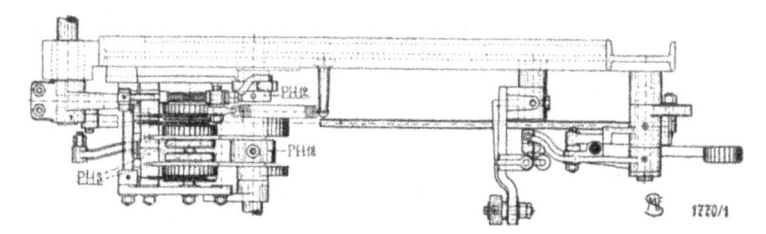

Fig. 336a.

solange und läßt z mit m arbeiten, bis t von den Karten gesenkt wird. Die untere Nase von t stößt alsdann v in der Pfeilrichtung vorwärts, so daß v von v_1 abgleitet. Hierdurch wird u die punktiert gezeichnete Stellung einnehmen und z_1 die Zahnstange z mit m_1 in Eingriff bringen. t mit t_1 erhalten ihre Schwingung von der Schaftmaschine aus.

Recht beachtenswert ist der Schützenwechsel nach dem D.R.P. 192147. wie Fig. 336 und 336a zeigen die Vorrichtung mit 7 Zellen übereinander, die Kasten auf beiden Seiten gleichzeitig arbeitend. Man verwendet diese Einrichtung, wenn die Schützenkästen nicht allzu groß sind, häufig an Stelle von beidseitig 4 kästig beliebigem Wechsel. Der Vorteil liegt darin, daß man in der Farbenfolge völlig unabhängig ist und auch ein ungeübter Weber verwendet werden kann, da die Schützen bei Schußbruch niemals umgesteckt zu werden brauchen.

Als Hubkörper für die Kastenbewegung sind wieder die gleichen Exzenter (E) vorgesehen wie in Fig. 335, aber diese Exzenter sind mit dem Wechselrad P H 1 von Fig. 336 (3) verbunden. Der Exzenter selbst ist in der

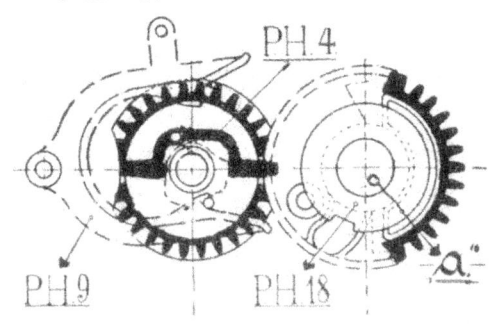

Fig. 336 b.

Zeichnung punktiert erkennbar und steht durch die Stange P H 3 mit dem Hebel P H 53, P H 61 usw. mit dem Schützenkasten in Zusammenhang. Soll demnach der Schützenkasten gehoben oder gesenkt werden, so ist das Wechselrad P H 1 durch das auf der Kurbelwelle a befestigte und mit einer Sicherheitsvorrichtung gegen Bruch versehene Halbmondrad P H 18 zu drehen. Fig. 336 b zeigt das Wechselrad P H 1 und den Zahnriegel

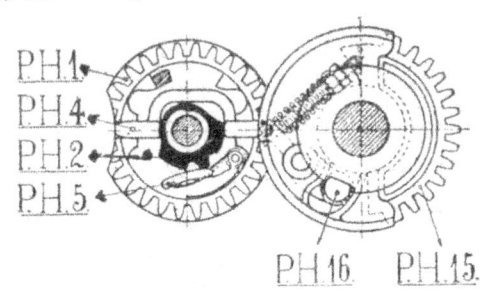

Fig. 336 c.

P H 4. Die Verschiebung dieses Zahnriegels nach rechts, wie gezeigt, ist die Einleitung zur Drehbewegung durch das Halbmondrad P H 18.

Fig. 336 c zeigt die Vorrichtung für die Zahnriegelverschiebung mittels P H 2 und die Sperrung von P H 2 durch P H 5. Die Verschiebung der Hubscheibe P H 2 wird durch P H 9 besorgt, und P K 9 wird durch die Karten gehoben und gesenkt, Fig. 336 b.

Der sog. Schweizer Wechsel, wie er hauptsächlich von Honegger (Maschinenfabrik Rüti) ausgeführt wird, ist schematisch in Fig. 337 abgebildet.

Die Platinen p (1, 2, 3 und 4 für einen vierzelligen Kasten) sind mit Handgriffen p_1 versehen und mittels Ketten an den Walzen E_1 und E_2 befestigt. E_1 ist mit Exzenter e_1 und E_2 mit e_2 verbunden.

Es ist dem Weber möglich, durch Hochziehen einer der vier Platinen p den jedesmal gewünschten Kasten gegen die Schützenbahn zu bringen, so daß Platine 1 den ersten Kasten, Platine 2 den zweiten usw. hebt, oder, wenn sie zu hoch stehen, senkt. Die oben rechts gezeichneten Karten geben den Einfluß ihrer Lochung auf die Kastenstellung an.

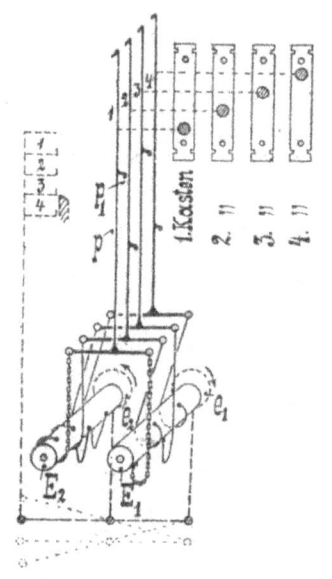

Fig. 337. Schweizer Wechsel.

Die nähere Einrichtung dieses interessanten, von Friedr. Hofmann in Turin erfundenen Wechsels, der in Seiden- und Buntwebereien viel angewendet wird, ist aus den Fig. 337, I bis IV, zu entnehmen.

Von A_1, Fig. 337 a, I, wird die Kurvenscheibe d mitgedreht, so daß sich der Hebel c nach jedem zweiten Schluß senkt. Von c wird durch m_1 das Messer m gehoben. m nimmt die Platine p mit, wenn sie von der Karte k nicht zurückgedrückt ist. Die Nadel n der Platine p ist in bekannter Weise mit einer Feder versehen.

k wird infolge des Angriffes von w an k_1 mittels des Scheibenexzenters s_2, der Stange s_1 (deren Feder eine Sicherheit gegen Bruch bietet) und des Hebels s, an dem k drehbar gelagert ist, nach jedem zweiten Schuß gewendet, Fig. 337 a, I und 337 a, II.

In Fig. 337 a, III ist die gelenkige Verbindung von p mit dem Kulissenschieber a gezeigt. Die beiden Walzen E_1 und E_2 und ihre Verbindung durch eiserne Ketten mit a (die richtige Anordnung der Ketten ist in Fig. 337 skizziert) ist ebenfalls erkennbar. Damit der Wechsel sicher funktioniert, und die Exzenter e_1 und e_2 in ihrer Hoch- oder Tiefstellung gehalten werden, sind an E_1 und E_2 kleine Kurbelzapfen eingesetzt und mit den Federn f_1 und f_2 verbunden.

Sicherheitsvorrichtungen gegen Bruch an Steigkasten

Das Heben und Senken der Wechselkasten kann nur richtig vonstatten gehen, wenn der Picker nach jedem Schlag in seine Anfangsstellung schnell genug zurückgeführt und hier sicher gehalten wird. Weil aber zu oft Störungen eintreten, indem sich der Picker (oder auch der Schützen) klemmt, sind Sicherheitsvorrichtungen unbedingt nötig.

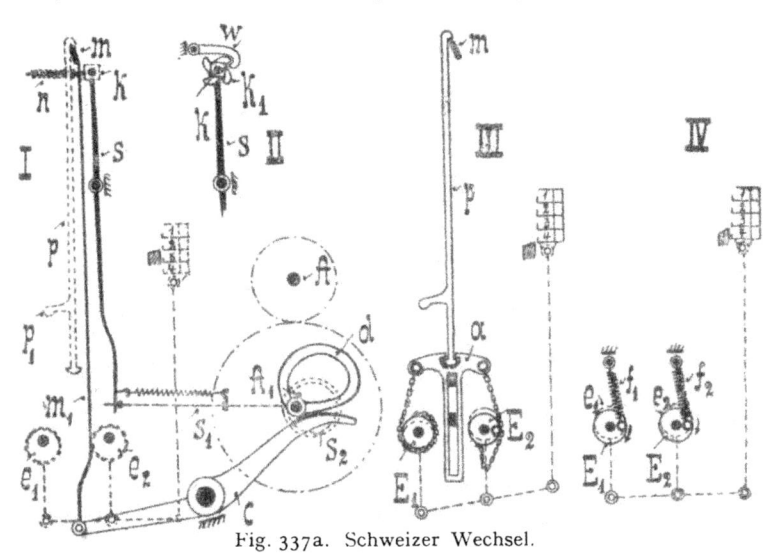

Fig. 337a. Schweizer Wechsel.

In Fig. 329 ist eine solche Vorrichtung skizziert; c_4 kann sich bei einem zu großen Widerstand in c_5 verschieben. Die Sicherheitsvorrichtung, die Fig. 332 zeigt, ist unvollkommen, weil die Federn f beim Heben und f_1 beim Senken der Kasten (falls Widerstand eintritt) und bei einem Sprung von der 1. auf die 4. Zelle oder umgekehrt zu stark zusammengepreßt werden müssen. Der Kasten kann nicht sicher genug arbeiten, weil er zu viel federt.

Es gibt aber noch eine große Anzahl Konstruktionen von großer Vollkommenheit, wie z. B. an den Buckskinstühlen. Dabei ist der Weber imstande, den Kasten nach dem Entkuppeln mit Hilfe eines Trittes leicht einrichten oder jede gewünschte Zelle mit demselben Tritt gegen die Schützenbahn bringen zu können, so daß sich der Schützen leicht auswechseln läßt.

Die Ausführung des Schützenwechsels an Steigladen

An einseitigen Wechselstühlen, wo der Schützen stets in die Anfangszelle zurückkehren muß und der Wechsel nur mit einer geraden Anzahl Schüsse vorgenommen werden kann, ist die Bestimmung der Zellenfolge nicht schwierig. Dagegen gestaltet sich die Wechselfolge für einen zweiseitigen oder beliebigen Schützenwechsel oft sehr umständlich.

Um eine Übersicht zu gewinnen und bestimmen zu können, ob eine gewünschte Schußfolge ausführbar ist, und wie die Schützen in den Zellen wechseln müssen, bedient man sich einer schematischen Aufstellung. In Fig. 338, I ist ein dreifacher Schützenwechsel angegeben. Im oberen Teil sind die beiden Zellen noch übereinander, im unteren dagegen schematisch nebeneinander angeordnet. Jeder Schützen ist eingezeichnet, die Flugrichtung angegeben und diejenige Zelle bezeichnet, wo der Schützen eintrifft.

Um Übersicht zu behalten, ist es für den Anfänger zweckmäßig, jedesmal alle Schützen (mit Zahlen oder Buchstaben) einzuzeichnen und den

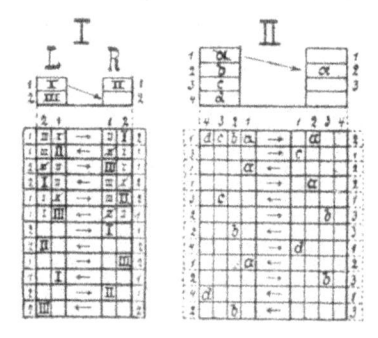

Fig. 338. Schema für den Schützenwechsel.

Fig. 339. Schema für den Schützenwechsel.

wechselnden Schützen in derjenigen Zelle, in der er eintrifft, mit dem gleichen, aber größeren Zeichen zu belegen. In dem oberen Teile von Fig. 338, I ist diese Übung vorgenommen, wogegen unten nur die wechselnden Schützen bezeichnet sind.

Neben den schematisch gezeichneten Schützenkasten sind diejenigen Zellen angegeben, welche gehoben sein müssen. Es ist dies zugleich die Vorschrift für die Wechselkarte. Während sich die Stellung der Schützen in den Kasten erst nach zwölf Schüssen wiederholt, rapportiert die Wechselkarte schon nach vier.

In einem andern Beispiel, Fig. 338, II, ist die Schußfolge:

1	Faden	schwarzen Oberschuß	= a
1	,,	Unterschuß	= c
2	,,	schwarzen Oberschuß	= a
1	,,	Unterschuß	= cW
2	,,	grauen Oberschuß	= b
1	,,	Unterschuß	= d
1	,,	schwarzen Oberschuß	= a
1	,,	grauen Oberschuß	= b
1	,,	Unterschuß	= d
1	,,	grauen Oberschuß	= b

12 Fäden.

Es ist zweckmäßig, die beiden Schützen für Unterschuß (c und d) jedesmal auf einer Seite in die oberste Zelle kommen zu lassen, damit der Weber den Inhalt besser übersehen kann. Man braucht im ganzen sieben Zellen, nämlich vier links und drei rechts, Fig. 338, II. Auf dem ersten Schuß (es wird von oben nach unten gezählt) sind alle Schützen eingezeichnet, später nur noch die wechselnden. Man findet hiervon links und rechts wieder die Kastenstellung bezeichnet, was auch hier Vorschrift für die Wechselkarte ist.

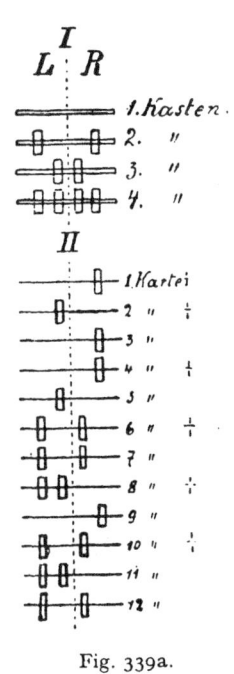

Fig. 339a.

Die Pfeilrichtungen in der Mitte für den Schützenflug können aber auch auf diejenige Zelle gesetzt werden, wo der Schützen den Kasten verläßt, Fig. 339, was eine bessere Übersicht gewährt als nach der Methode von Fig. 338, II.

Beispiele für die Anfertigung von Schützenwechselkarten

a) Anfertigung der Karten für den Wechsel nach Fig. 339 der Schützenwechseleinrichtung, Fig. 334, IV, also für einen 7fachen beliebigen Wechsel. In Fig. 339a, I sind die Vorschriften für die Wechselkarten wiederholt; in Fig. 339, II ist an Hand von Fig. 339 die Ausführung vorgenommen. Man beachte: gleiche Karten, gleiche Kastenstellung.

Weil für den Schützenwechsel, Fig. 334, die Schlagsteuerung nach Fig. 302 besteht, also eine selbsttätige Schlagsteuerung durch die Schützen vorgenommen wird, bedarf es keiner Ergänzung der Wechselkarten. — Soll eine Wechselkarte dagegen in Verbindung mit dem Schützenschlag von

Fig. 301 angefertigt werden, so kommt noch eine Kartenreihe, von oben nach unten gerechnet, hinzu, wie es in Fig. 339 a, II an der rechten Seite mit Kreuzen ausgeführt ist. Demnach sind die Karten nicht 4reihig, sondern 5reihig, nämlich 4 Reihen für die Wechselkarten und 1 Reihe für den Schlag.

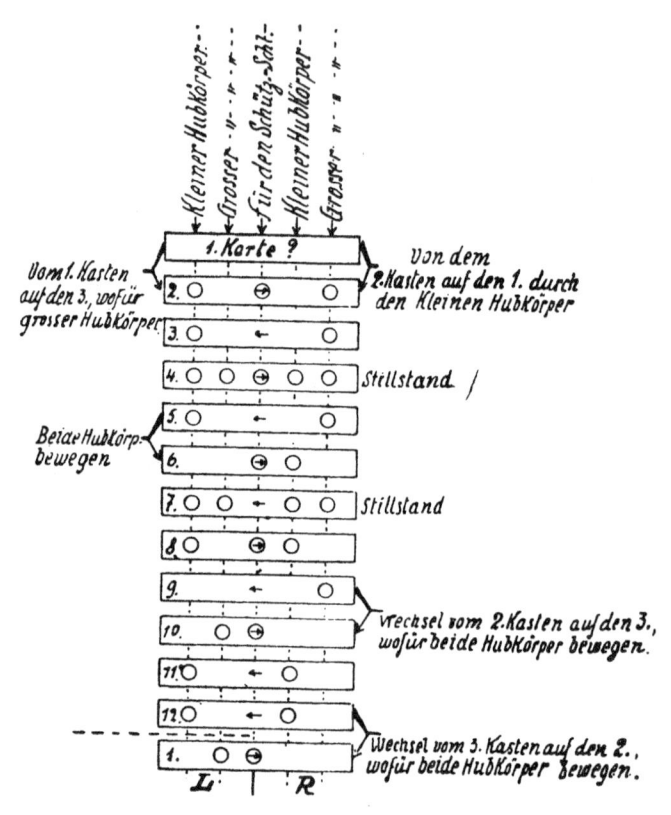

Fig. 339b.

b) Anfertigung der Karten für den Hackingwechsel und dergleichen nach Fig. 329 und 330. Man beachte: jede ungeschlagene Karte verursacht eine Drehung der Hubkörper e_1 oder e_2 von Fig. 330, jede geschlagene dagegen einen Stillstand.

In Fig. 339 b ist für Fig. 339 insofern eine Abänderung des Wechsels nach Fig. 329 vorgesehen, daß Schuß um Schuß gewechselt wird und nicht nach je zwei Schüssen. Ferner muß ein 2seitiger beliebiger Wechsel mit 4 Kasten auf jeder Seite bestehen. Demnach erkennt man in Fig. 339 b oben die Bezeichnung »Kleiner Hubkörper« für den Wechsel der Kasten um 1 Zelle und »Großer Hubkörper« für den Wechsel um 2 Zellen. In der Mitte der Karten ist die Reihe für den Schützenschlag, der durch Karten gesteuert wird, siehe Fig. 295, vorgesehen.

Es sind auch hier 12 Karten nötig. Wie soll aber die erste Karte sein? Diese Frage ergibt sich aus der Entwicklung. Nach Fig. 339 erkennt man, daß von dem 1. auf den 2. Schuß links der Kasten von der 1. Zelle auf die 3. gehoben werden muß = großer Hubkörper, rechts dagegen von der 2. Zelle auf die 1. zu senden ist = kleiner Hubkörper. Man verfolge die weiteren Angaben und kommt von der 12. Karte auf die 1.; links muß von der 2. Zelle auf die 1. gesenkt werden und rechts von der 3. auf die 2. Zelle.

2. Der Schützenwechsel mit Revolverladen

Die Konstruktion der Revolverkasten ist bereits erwähnt worden, Fig. 296 und 297. Man baut sie mit zwei, vier, meistens jedoch mit sechs, mitunter auch mit acht bis zehn Zellen.

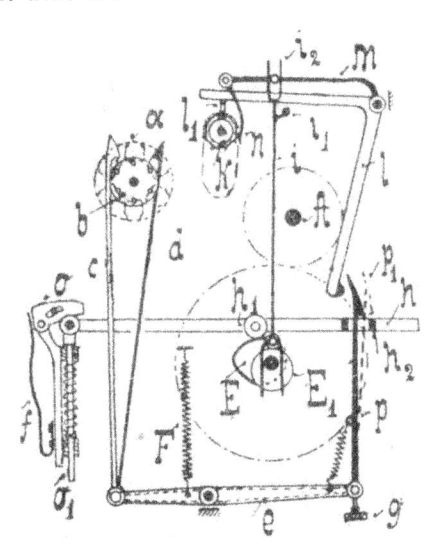

Fig. 340. Revolverwechsel der Reihe nach.

Am äußeren Ladenende trägt der Revolver einen in einem Lager drehbaren Zapfen, auf dem die Schalt- und Sperr- (Brems-) Vorrichtungen zum Einstellen der Karten montiert sind. Nach innen ist der Revolverkasten von einem halben Ring als nachstellbare und zugleich zum Bremsen verwendbare Lagerstütze umspannt. Hierbei hat man deshalb einen Zapfen vermieden, weil sich das Schußgarn sonst bei der Drehung des Revolvers nach einer Richtung um ihn wickeln würde. Die Möglichkeit der Drehung nach einer Richtung ist zugleich ein Vorteil vor den Steigladen und gestattet einen Schützenwechsel, der mit ihm nur schwer ausführbar ist.

Die Schaltvorrichtungen zum Drehen des Revolvers sind verschieden, je nachdem, ob jedesmal um eine Zelle vor- oder rückwärts, d. h. der Reihe nach, oder um mehrere Zellen, also sprungweise mit einem sogenannten Überspringer gewechselt werden soll.

a) Revolverwechsel der Reihe nach

In Fig. 340 ist ein solcher Wechsel mit sechs Zellen, der nur eine beschränkte Wechselfolge zuläßt, skizziert; er ist einseitig angenommen. a ist der bekannte Revolver und b dessen Laterne oder Sternrad. Haken c schaltet nach links und d nach rechts; beide sind an getrennten Hebeln e der Platine p angelenkt. Die Hebel e werden von F stets gehoben. Die Schaltbewegung von c besorgt p und die von d Platine p_1 durch Aufgreifen auf Messer h_2 des Hebels h. h_1 rollt auf E und wird damit gehoben und gesenkt. Links ist h an der Sicherheitskupplung o, o_1, f drehbar gelagert.

Soll der Revolver wechseln, so muß in der Karte k ein Loch geschlagen sein, damit der Stift l_1 eindringen, Hebel l nach rechts schwingen und p bzw. p_1 nach rechts auf h_2 drücken kann. Es sind somit zwei Hebel l nötig.

Stange i wird von E_1, ebenso wie h von E nach jedem zweiten Schuß gehoben und gesenkt. Ansatz i_1 hebt zuerst l_1 aus der Karte, und dann hebt Gabel i_2 den Hebel m mit der Schaltklinke n, damit k gedreht werden kann.

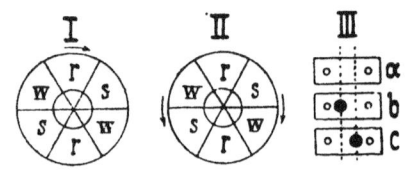

Fig. 341. Revolverwechsel der Rolle nach.

Für den Wechsel sind drei verschiedene Karten nötig, Fig. 341, III. a gibt den Wechselstillstand, b die Drehung nach rechts und c diejenige nach links. Die Drehung der Kasten kann aber auch nur nach einer Richtung vorgenommen werden, z. B. für die Schlußfolge:

2 rot	=	1	Karte b
2 weiß	=	1	,, b
2 schwarz	=	1	,, b

6 Schußfäden, Fig. 341, I.

Ist die Schußfolge:

12 rot
40 weiß
20 schwarz
10 weiß
20 schwarz
2 rot
12 weiß
10 schwarz

126 Schüsse,

so ordnet man die Schützen nach Fig. 341, II mit vor- und rückwärtsgehender Drehrichtung. Die Karten sind zu nehmen:

```
 12 rot     =  5 Karten a, 1 Karte b
 40 weiß    = 19    ,,   a, 1   ,,  b
 20 schwarz =  9    ,,   a, 1   ,,  c
 10 weiß    =  4    ,,   a, 1   ,,  b
 20 schwarz =  9    ,,   a, 1   ,,  b
  2 rot    =  —    ,,   — 1   ,,  b
 12 weiß    =  5    ,,   a, 1   ,,  b
 10 schwarz =  4    ,,   a, 1   ,,  b
```
126 Schüsse = 55 Karten a, 7 Karten b und 1 Karte c.

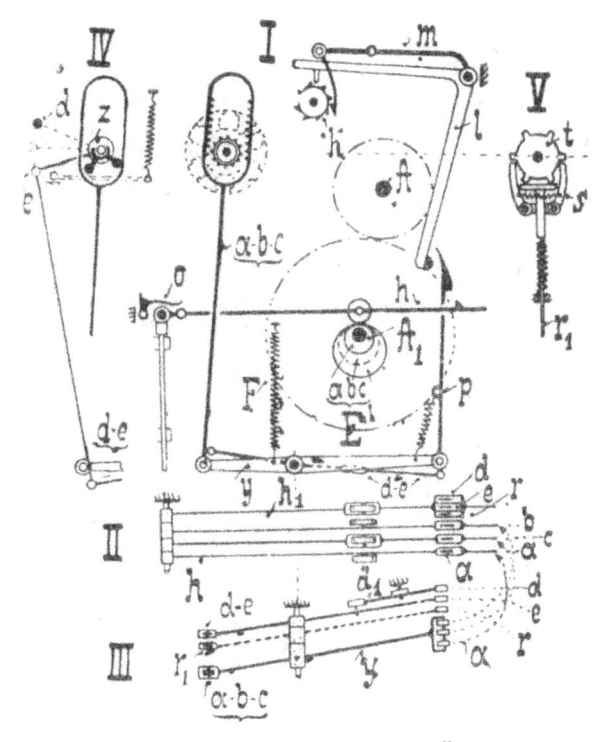

Fig. 342. Beliebiger Revolverwechsel oder Überspringer.

Für einen zweiseitigen Revolverwechsel oder Wechsel Schuß um Schuß müssen sich E und E_1 nach jedem Schuß drehen, oder E und E_1 sind mit zwei Erhöhungen zu konstruieren. Die Karten sind hierbei mit 3 Lochreihen vorgesehen, wobei die zwei äußeren für den Revolver, nämlich so wie an Hand von Fig. 341, III erklärt, gelten, und die mittlere Reihe für den Schützenschlag reserviert ist, der in Fig. 295 erwähnt wurde.

b) Der beliebige Revolverwechsel oder Überspringer

Dieser Wechsel wird nur einseitig gebaut, weil er für beide Seiten, wie es aus der nachfolgenden Besprechung hervorgeht, zu kompliziert ist.

Mit Hilfe der Kulissenzahnstange a—b—c, die mit dem Kammrade des Revolvers arbeitet, läßt sich der Kasten um drei Zellen vor- oder zurückdrehen, und es ist dadurch möglich, jede beliebige Zelle gegen die Ladenbahn zu bringen, Fig. 344, I bis 342, V. Die drei Exzenter in E, nämlich a, b und c, bewegen drei nebeneinanderliegende Hebel h, Fig. 342, I und II. Auf A_1 sitzt noch ein vierter, nicht abgebildeter Exzenter für h_1. Die Hebel h erhalten somit drei verschieden große Bewegungen: a für eine, b für zwei und c für drei Zellen. Platinen p (oder a), b und c, sind gemeinsam an y drehbar befestigt, Fig. 342, III. Man vergleiche die hinweisenden Buchstaben und Zeichen.

Kulissenzahnstange a—b—c muß je nach Vorschrift rechts oder links an das Kammrad des Revolvers angreifen. Dies besorgt Wippe z, Fig. 342, IV, wobei die Stellung e links und d rechts angreifen läßt. Im Augenblick der Schaltung muß die Sicherung an t, nämlich die Klinken s durch r_1 von r gesenkt sein, Fig. 342, V, 342, II und 342, III.

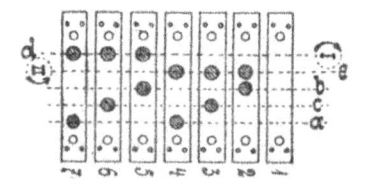

Fig. 342a. Karten für den Revolverwechsel mit Überspringer.

Die Platinen r, e und d (siehe p) sind an Hebel h_1 befestigt, Fig. 342, II und 342, III; sie werden von l (es stehen fünf l nebeneinander) so gesteuert, daß l und d und e jedesmal auch Platine r mit dem Messer der Hebel h_1 in Angriff bringen. r braucht demnach in der Karte nicht berücksichtigt zu werden. Platine d an dem kurzen Hebel d_1, Fig. 342, III, dreht z in Stellung d, Fig. 342, IV.

Nebenstehende Karten, Fig. 342a, geben die gewünschten Kastenstellungen.

Die 1. Karte besorgt den Kastenstillstand
                            (siehe Fig. 342, I mit den Exzentern a, b, c),
,, 2. ,,   ,,   die Kastendrehung um zwei Zellen nach links,
,, 3. ,,   ,,   ,,   ,,   ,, drei   ,,   ,,   ,,
,, 4. ,,   ,,   ,,   ,,   ,, eine Zelle   ,,   ,,
,, 5. ,,   ,,   ,,   ,,   ,, zwei Zellen   ,, rechts,
,, 6. ,,   ,,   ,,   ,,   ,, drei   ,,   ,,   ,,
,, 7. ,,   ,,   ,,   ,,   ,, eine Zelle   ,,   ,,

Zu dem Revolverwechsel ist noch folgendes zu bemerken: In neuerer Zeit ist es der Webstuhlfabrik von C. A. Roscher in Neugersdorf i. Sachs. nach den Patenten Benker Nr. 236698, 236699 und 240821 gelungen, recht beachtenswerte Verbesserungen durchzuführen.

Das Patent Nr. 236698 bezieht sich auf einen Revolverüberspringer, wobei die Zahnstangen, die sonst an Revolverüberspringern üblich sind, durch mehrfach gezahnte Schalthaken ersetzt sind. Diese mehrfach gezahnten Zughaken sind weiterhin durch eine Feder und durch ein Expansionsglied unter sich verbunden. Der Webstuhl arbeitet demzufolge selbst mit 170 Touren ruhig und sicher. Hierzu kommt, daß der Revolverkasten nach dem Ladenklotz hin an seinem ganzen Umfange nach dem D. R. P. 240821 vom Rande einer einstellbaren Scheibe umfaßt und von einem Kugellagerring geführt wird.

Das D. R. P. 236699 schützt eine Sicherung gegen Bruch am Revolverwechsel.

Die selbsttätige oder automatische Schützen- und Spulauswechselung

Das selbsttätige Einlegen neuer Schützen oder Spulen (d. h. der Ersatz leergelaufener durch neue) auf mechanischem Wege steigert die Leistungsfähigkeit des Webstuhles und spart Arbeitskräfte. Erfolge sind besonders in Baumwollwebereien erreicht worden, wo ein Weber bisher durchschnittlich 4 Webstühle bediente. Von den sogenannten automatischen Webstühlen können einem Arbeiter 8 bis 12, teilweise 16 bis 30 unterstellt werden.

Wenn der selbsttätige Ersatz des Schußgarnes bei Wollwaren nur wenig eingeführt ist, so liegt der Grund in dem teueren Material und in der Gefahr einer bei weniger Aufsicht vorkommenden fehlerhaften Ware. Darauf ist es zurückzuführen, daß die Automatenstühle in Seidenwebereien usw. nicht Eingang finden können. Auch läuft eine Spule solange, daß ein automatischer Spulenaustausch wenig Zweck hat. Man hat aber weitere Verbesserungen eingeführt und den Automatenstuhl auch für diese Gewebe nutzbringend gestaltet.

In Buntwebereien ist man über allgemeine Versuche weiter hinausgekommen und hat beachtenswerte Verbesserungen getroffen.

Es lassen sich zwei Arten von automatischen Webstühlen unterscheiden, nämlich 1. solche mit Schützenwechsel und 2. solche mit Spulenwechsel.

In diesen beiden Arten ist der Erfolg wesentlich von der Herstellung einer reinen, möglichst fehlerfreien Ware abhängig. Neben den Kettenfadenwächtern, die den Stuhl rechtzeitig abstellen, sind sog. Spulen- und Schußfadenwächter nötig. Bei billigeren Waren arbeitet man vielfach nur mit Schußfadenwächtern, welche die mechanischen Vorrichtungen zum Ersatz des Schußgarnes sofort in Tätigkeit setzen, wenn ein Faden gerissen oder eine Spule leergelaufen ist. Rücksicht auf Doppelflächen oder Schußbrüche kann dabei nicht genommen werden.

Die Spulenwächter, die den Stand des Schußgarnes vor dem gänzlichen Ablaufen rechtzeitig anzeigen, damit Schußfehler vermieden werden, sind ein wichtiger Bestandteil zur Herstellung fehlerfreier Waren. Man kennt folgende Spulenwächter:

a) Spulen- oder Stoßtaster, Fig. 343. Gegen den Taster t stößt die Schußspule s während des Ladenvorganges bzw. Blattanschlages und setzt ihn in Bewegung, solange noch Garn vorrätig ist. Es gelingt, das Garn mit solchen

Tastern bis auf einen kleinen Rest aufzuarbeiten. Kann t und t_1 nach dem Leerlaufen der Schußspule durch s nicht mehr bewegt werden, so wird der früher beschriebene Schußwächterhammer, Fig. 268, der hier noch mit passenden, nicht gezeichneten Vorrichtungen verbunden sein muß, das Wechseln des Schützens oder der Spule einleiten. Die Spulentaster sind weiter vervollständigt und greifen z. B. als zweizinkige Gabel über die Spule. Ist die Spule so weit leergelaufen, daß die Gabel sich ganz senken kann, so werden die Wechselorgane in Tätigkeit treten.

Man wendet ferner an

b) Kontakttaster. Diese arbeiten auf elektrischem Wege durch Erregung eines Magneten. Fig. 344 zeigt eine Ausführungsform. t ist der mit der Schützenkastenhinterwand verbundene Taster. Er trägt vorne zwei federnde Kontaktstifte t_1. Ist die Spule, die aus Metall sein kann oder sonst in geeigneter Weise mit einem elektrischen Leiter versehen werden muß, von den Garnwicklungen entblößt, so wird der elektrische Strom

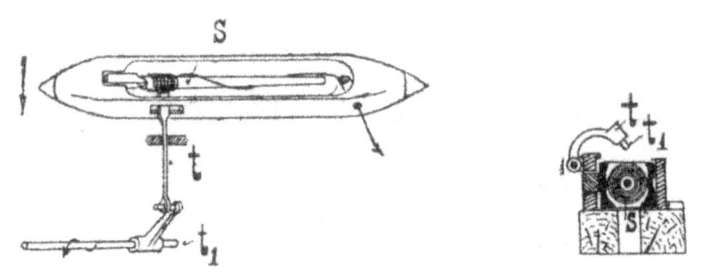

Fig. 343. Spulen- und Stoßtaster an Automatenstühlen. Fig. 344. Kontakttaster.

durch die Spule und den Schützen und weiterhin durch andere Webstuhlteile zum Elektromagneten geleitet. Dieser leitet den Wechsel oder den Schußgarnersatz ein.

Außer diesem Taster hat die Maschinenfabrik Rüti im Innern des Schützens noch Metallbürsten angebracht. Ist das Garn abgewickelt, so berührt die Metallbürste die Spule und stellt ebenfalls Stromschluß her.

Bedingung bei beiden Arten von Kontakttastern ist, daß die Garnwicklungen nach Angabe von Fig. 345 angeordnet werden. s ist die Schußspule, c der Rest der Garnwicklung, für eine doppelte Webbreite ausreichend, und a das Fußende der Spule, wo die Kontakte anlegen. Bekannt ist ferner:

c) der elektrische Federwächter, Fig. 346. Die Spule hat am Fußende einen Einschnitt. Solange die Spule mit Garn bewickelt ist, wird die Feder t_1 der Spindel p niedergehalten. Ist die Strecke a, wie in Fig. 345, entblößt, so schnellt die Feder hervor und legt sich gegen t, wodurch Stromschluß hergestellt wird, so daß der Magnet den Wechsel besorgt. Endlich wird

d) ein Spulenwächter mit Zählwerk benutzt. Die Garnlänge der Spule ist auf Spulmaschinen vorher abgemessen. Das Zählwerk am Webstuhl ist unter Berücksichtigung der Arbeitsbreite so eingestellt, daß die Auswechslung nach einer bestimmten Anzahl Schüsse vorgenommen wird. Wer sich hierfür besonders interessiert, möge unter andern die D.-R.-Patentschrift, Nr. 206940, durchlesen.

Alle andern Arten sind den vorgenannten mehr oder weniger angepaßt, so daß man sich auf die Besprechung beschränken kann.

1. Webstühle mit automatischer Schützenauswechslung

Die älteste Vorrichtung eines selbsttätigen Schußgarnersatzes ist durch das D. R. P. Nr. 47872 des Herrn Jacob Jucker in Manchester vom 4. Mai 1888 geschützt gewesen. Es ist dies eine automatische Schützenauswechslung von unvollkommener Arbeitsweise. Der Webstuhl muß beim Schützenwechsel zwei blinde, also verlorene, Schüsse machen; deshalb ist diese Vorrichtung nur für zweibindige Waren, insbesondere Leinenbindung, brauchbar. Der Schußwächter besorgt das Lösen des Schützenkastenrahmens von der Lade. Dabei wird der Schützen, wenn die Lade zurückgeht, hinausgeworfen, ein Vorratsbehälter senkt sich, und beim zweiten Ladenvorgang wird der neue Schützen eingelegt und der Schützenkasten

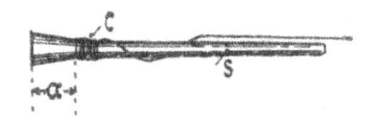

Fig. 345. Schußspule mit geeigneter Garnwicklung.

Fig. 346. Elektrischer Federwächter.

von dem Rahmen geschlossen, so daß erst mit dem dritten Schuß nach dem Auswechseln gewebt werden kann.

Die späteren Patente, deren Zahl außerordentlich groß ist, besorgen meistens den Wechsel ohne Zeitverlust nach der Einleitung durch den Spulentaster oder Schußfadenwächter. Dagegen hat die andere Firma Vorrichtungen getroffen, daß der Webstuhl während der Zeitdauer von $2\frac{1}{4}$ Sekunden stillsteht, während die automatische Vorrichtung weiterarbeitet, den alten Schützen nach Hebung der Vorderwand auswirft und einen neuen auf demselben Wege einführt. Hiernach setzt der Stuhl seine Arbeit fort. In anderen Fällen wird die Tourenzahl des Webstuhles auf $\frac{1}{2}$ oder $\frac{1}{3}$ vermindert, sobald ein Wechsel der dadurch sicherer erfolgen kann, vorzunehmen ist.

Um zu immer weiteren, patentierbaren Neuerungen zu gelangen, hat man oft absonderliche Wege eingeschlagen und Vorrichtungen erdacht, die praktisch ohne Aussicht auf Erfolg waren. Zur besseren Übersicht sollen einige Möglichkeiten des Schützenwechsels angeführt werden. Im übrigen vergleiche man die zahlreichen Patentschriften.

1. Der leere Schützen wird nach seinem Eintreffen in den Kasten durch Öffnen des Kastenbodens gesenkt und der neue von oben oder seitwärts eingeführt.

2. Unter Ergänzung der obigen Ausführung hebt sich der klappenartig konstruierte Kastenboden nach dem Innern der Lade, so daß der eintreffende Schützen schräg nach unten fliegt und aufgefangen wird. Der Bodendeckel schließt sich sofort, und der neue Schützen kann beim Ladenvorgang eingeführt werden.

Fig. 347. Automatische Schützenauswechslung von Carl Zangs.

3. Der neue Schützen wird von unten in den sich klappenartig öffnenden Kasten geführt und dabei der alte nach oben ausgeworfen.
4. Der Picker wird entfernt, auch die Kastenklappe zurückgezogen, so daß der Schützen durch den Kasten fliegt und hinten aufgefangen wird. Der neue Schützen kann sofort von unten, oben oder seitwärts eingeführt werden.

5. Die Schützenkastenvorderwand legt sich klappenartig nach dem Innern der Lade gegen die Rückwand, so daß der alte Schützen in einem Bogen vorn herausfliegt und aufgefangen wird; der neue kann in geeigneter Weise eingeführt werden.
6. Es wird ein Steigkasten mit zwei Zellen benutzt. Der leere Schützen trifft in die untere Zelle, die sich sofort senkt, damit die obere mit dem neuen Schützen weben kann. Beim Senken öffnet sich der Boden, der sich nach Entfernung des Schützens sofort wieder schließt und dadurch das Heben der unteren Zelle zum Weiterweben gestattet. Die obere Zelle wird unterdessen wieder beschickt.

Fig. 347a.
Automatische Schützenauswechslung von Schönherr.

Die Zellen können auch umgekehrt arbeiten, d. h. der alte Schützen kann oben ausgeworfen und der neue von unten zugeführt werden. Auch können die Zellen horizontal gelagert sein.

7. An Stelle der Steigkasten werden Revolverladen benutzt, siehe später.

Bei dem Webstuhl von Carl Zangs A.-G. in Krefeld wird der Schützen s mit der abgelaufenen Spule nach vorne ausgeschoben und gleitet in den Schützenablegekasten, Fig. 347. Dieser Vorgang ist deutlich erkennbar.

Hierauf wird durch eine besondere Einrichtung ein Schützen aus dem Magazin M freigegeben und durch einen Zubringer in den leeren Schützenkasten eingelegt. Dann schließt sich die Schützenkastenklappe und der Stuhl, der während dieses Vorganges selbsttätig stillstand, setzt sich darauf wieder selbsttätig in Bewegung. Dieser Webvorgang wird dadurch erzielt, daß kurz vor Erschöpfung des Vorrats auf der Schußspule der Webstuhl für kurze Zeit (ca. 4 Sekunden) selbsttätig anhält.

Fig. 348. Automatische Spulenauswechslung.

Schönherr baut ebenfalls den automatischen Schützenwechsel, wie es Fig. 347a zeigt. Es ist der Teilabschnitt eines Seidenwebstuhles mit dem Schützenmagazin M. Die Ansicht ist von vorne gegeben.

Unter andern Firmen baut auch die Elsässische Maschinenbau A.-G. in Mülhausen i. E. einen automatischen Schützenwechsel in zwei Ausführungen und zwar 1. den einschützigen Webstuhl für Baumwolle und Mischgewebe und 2. den zweischützigen Webstuhl für Seide und Kunstseide.

II. Webstühle mit automatischer Spulenauswechslung

Die erste Anregung für den selbsttätigen oder automatischen Spulenwechsel stammt von J. H. Northrop in Hopedale, Mass., dessen erstes D. R. P. Nr. 63687 vom 23. Juni 1891 datiert ist. Die amerikanischen Patente werden von der Maschinenfabrik Geo Draper & Sons in Hopedale ausgeführt. Die Erfolge dieser Fabrik mit den nach dem Erfinder benannten Northropstühlen wirkten außerordentlich anregend und fördernd auf den Bau der sämtlichen automatischen Schußgarnerneuerungen. Im allgemeinen kann man behaupten, daß sich diese Automatenstühle am besten für Spinnweber eignen, also für Textilfabriken, deren Spinnereien auf Northropspulen, Fig. 277, spinnen.

In Deutschland erwarb die Elsässische Maschinenbau-Gesellschaft in Mülhausen i. E. und in der Schweiz die Maschinenfabrik Rüti das Ausführungsrecht. Die Oberlausitzer Webstuhlfabrik von C. A. Roscher in Neugersdorf i. Sachsen ist an dem Bau dieser Automatenwechsel beteiligt.

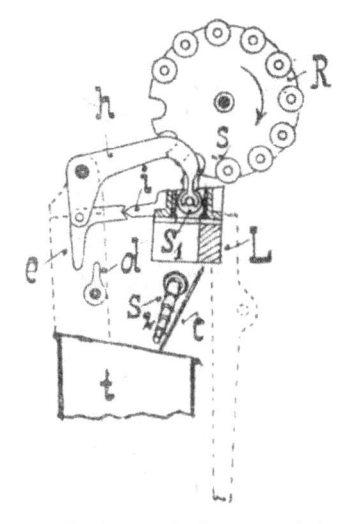

Fig. 349. Northrops Spulenauswechslung.

Die zuerst genannte Firma baut jetzt ein anderes System nach eigenen Patenten und die zweite neben den Northropstühlen auch Stühle nach dem System Köchlin (Steinen).

Ein zweischäftiger Northropwebstuhl mit Unterschlag der Maschinenfabrik Rüti ist in Fig. 348 gezeigt. Der Stuhl arbeitet mit negativem Kettenbaum- und positivem Warenbaumregulator, Kettenfadenwächter, Spulentaster, Schußfühler und Schußfadenabschneider. Das Modell gehört zu dem ersten Stuhlsystem.

Die Schußspulen mit den Schützenspindeln s, siehe auch Fig. 275 und 276, sind nach Fig. 348 in dem Revolver zwischen den Scheiben a und b mittels Federverschlüsse eingeklemmt. Die Fadenenden gehen von b an c und sind bei c_1 durch Umwickeln befestigt.

Das Wesentlichste der Erfindung beruht in dem in Fig. 349 dargestellten Arbeitsvorgang und in dem selbsttätigen Einfädeln des Schußfadens in das Schützenauge, Fig. 275. Fig. 349 zeigt den Hammer h in Tätigkeit, nämlich den Augenblick der äußersten Ladenstellung L links, wo die Spule bzw. Schützenspindel s_1 in den im Schnitt gezeichneten Schützen, der sich im Kasten befindet, eingeschlagen wird und die alte Spule s_2 dadurch ausgeworfen hat. Das schräg gestellte Blech c leitet s_2 in den Spulenkasten t. Im Augenblick des Ladenrückganges hebt sich h wieder und gibt die Schützenspindel frei.

Eingeleitet wird die Bewegung von h durch den auf einer Querwelle d_1, Fig. 348, befestigten Finger d, Fig. 349, weil d mit dem Schußfühler bzw. dem Spulentaster (hier nicht wiedergegeben) in Verbindung steht und von hier aus so gedreht wird, daß e aus der Stellung von Fig. 350 in die punktiert gezeichnete Stellung e_1 kommt. Geht L mit dem Stößer i nach links, so trifft i gegen e_1, und damit wiederholt sich der oben geschilderte Arbeitsvorgang, Fig. 349.

Der Revolver R, der die mit Spulen beschickte Schützenspindeln trägt, nimmt in Fig. 349 zwölf, in Fig. 348 zwanzig Spulen s auf. Man hat den Revolver noch mehr vergrößert, so daß er an den neueren Stühlen 36 Spulen aufnimmt.

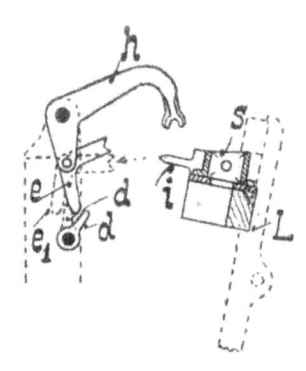

Fig. 350. Northrops Spulenauswechslung.

Außer den oben beschriebenen Einrichtungen ist der Schützenwächter oder -protektor u (ausgeführt von The British Northrop Soom Co. Ltd., Daisy-field, Blackburn), Fig. 351, für ein sicheres Arbeiten nötig. Er steht in Verbindung mit der zum Abschneiden des Schußfadens f dienenden Schere sch und bewegt sich, wenn der Spulenwechsel in Tätigkeit tritt, mit sch nach der Lade hin. Steht der Schützen nicht richtig im Kasten, so hindert u die Tätigkeit des Hammers, also die Einführung einer neuen Spule. sch schneidet beim Vorgang gegen die Lade durch Anschlagen an einen Widerstand f ab.

Das Trommelsystem für Spulenwechsel, wie es in Fig. 348—350 abgebildet ist, scheint in letzter Zeit entgegen allen andern Ausführungen immer mehr Anerkennung zu finden.

Die Elsässische Maschinenbau-Gesellschaft hat den Revolver an den älteren Stühlen ersetzt und dafür ein bandförmiges Spulenmagazin M, einen sog. Laden, eingeführt, Fig. 352 und 353. Das Spulenmagazin wird im Garnlager von jugendlichen Arbeitern gefüllt und geht von hier aus an den Webstuhl, wo es in der Lage von M_1 und M_2 zur Verfügung des Webers steht, Fig. 352.

Diese Abbildung zeigt einen zweischäftigen Baumwollwebstuhl des ersten Stuhlsystems mit Unterschlag und Innentritten sowie positivem Waren- und negativem Kettbaumregulator. Die Details der automatischen Spulenerneuerung sind in Fig. 352b übersichtlich gegeben. b ist der Schlagarm und p der Picker.

Der an Hand von Fig. 349 und 350 schon besprochene Hammer ist in Fig. 352 mit F und F bezeichnet. F_1 ist eine Feder zum Heben von F, F und B die erste Schußspule, die von F, F dann in den Schützen s getrieben wird, wenn die Lage den Blattanschlag ausführt, nachdem ein Schußfadenbruch oder ein Leerwerden der Schußspule angezeigt worden war.

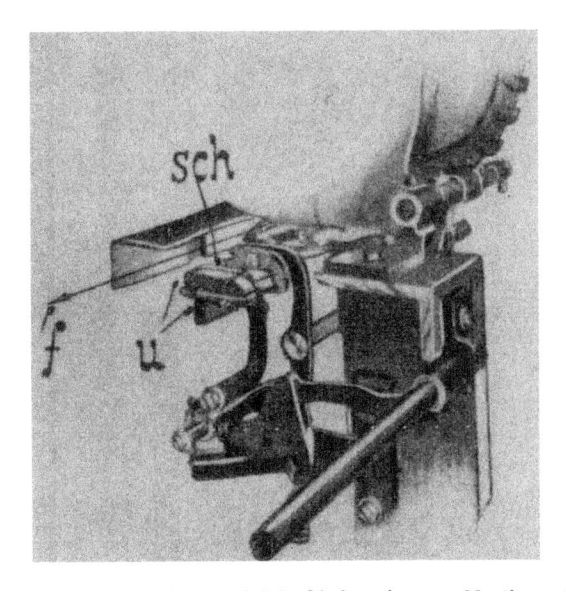

Fig. 351. Schützenwächter und Schußfadenschere an Northropstühlen.

Die Befestigung der Spulen in dem Magazin M, Fig. 352, geschieht mittels Halter A auf der Blechschiene D, Fig. 352a. D ist u-förmig gebogen und erhält dadurch größere Festigkeit. D ist Gleitschiene für die Spulenhalter A. Die verschiedenen Ansichten von A, von der Seite, Fig. 352, I, und von unten, Fig. 352b, II (Fig. 354, III, ohne Spindel), lassen die Konstruktion erkennen. In dem Augenblicke, wo F, F eine Spule aus A getrieben hat und in seine gehobene Stellung zurückgekehrt ist, rückt der leere Halter vor, um einem gefüllten Platz zu machen. Alle andern Halter mit ihren Spulen gleiten durch das Eigengewicht nach vorn, so daß sie

Fig. 352 und 352a. Automatische Spulenauswechslung.

sämtlich aneinanderstoßend von E gehalten werden. Treibt F F eine Spule in den Schützen, so läßt E einen leeren Halter A passieren.

Das Magazin M wird jedesmal in N, Fig. 352, angesetzt. Die Strecke der Gleitschiene von N bis an den Kasten t ist der mit dem Stuhl verbundene feste Teil. Auf dieser Strecke können 10—12 Spulen Platz finden. Ist das Magazin soweit entleert, so setzt der Weber ein neues ein, so daß es nicht zum Stillstand kommt.

Die genannte Firma schreibt: Es ist zu bemerken, daß in dem Falle eines Ketten- und Schußgarnes von mittlerer Nummer 26—28, französisch und guter Qualität, wie es alle Webstühle mit automatischer Spulenauswechslung erfordern, drei auf dem Stuhle gefüllte Lader (einer in Tätigkeit und zwei andere als Ersatz) dem Weber genügen für einen Arbeitstag von 10 effektiven Stunden.

Br ist der Breithalter und G das nach Br immer weiter vorrückende Schußfadenende, das von der Schere an Br abgeschnitten wird, Fig. 352a.

Neuerdings baut die Firma den automatischen Spulenauswechselung nach Fig. 353. Zwischen den Scheiben a und b werden die Spulen eingeklemmt. C ist wieder zur Aufnahme der Schußfadenenden bestimmt. N ist der aus Fig. 349 bekannte Hammer. Im übrigen ist es eine oberbaulose Ausführung, d. h. das Geschirr hat für die Hebung und Senkung keinen Aufbau.

Die automatische Schußspulenerneuerung nach System Köchlin von der Spinnerei und Weberei Steinen, A.-G., in Steinen, ist durch das D. R. P. Nr. 206694 geschützt und wird von der schon genannten Maschinenfabrik Rüti und der Webstuhlfabrik A. Kluge in Arnau (Böhmen) gebaut. Die Gesamtansicht, Fig. 354, zeigt das Spulenmagazin M, das etwa 150 Spulen faßt, womit der Stuhl mehrere Tage laufen kann. Die Patentinhaber geben an, daß 48 Webstühle von einem Weber und zwei Mädchen, die das Füllen der Magazine mit neuen Spulen besorgen, bedient werden können. Das Eigenartige liegt nun in dem aus mehreren Fächern bestehenden Magazin; ist das erste senkrechte Fach leer, so folgt das zweite usw. bis zur letzten Spule. Ferner ist auch noch die Schußspule mit einer an der Spitze aufgesetzten fingerhutartigen Kapsel charakteristisch. Sie bedarf einer besonderen Vorbereitung in der Spinnerei, indem zum Schluß die Kapsel 29, Fig. 355, aufgesetzt und von dem Garnende umwickelt wird. Aus diesem Grunde bedarf es keiner besonderen Befestigung des Schußfadens, weil die Kapsel mit dem Fadenende in dem Augenblick von der Spule durch einen Preßluftstrom geblasen wird, wo sie aus dem Magazin in den Zubringer kommt, Fig. 355. Die Kapsel fliegt durch den Kanal t_1 in den Sammelbehälter t, Fig. 354.

Die Schußspule s ist mit dem von den Northropstühlen her bekannten Fußteile 38 und der aufgesetzten Kapsel 29 im Schnitt gezeichnet, Fig. 355. Sie liegt gegen das Rohr 25, das von einer Zentralstelle aus oder neuerdings von einer durch den Webstuhl in Betrieb gesetzten Pumpe mit Preßluft gespeist wird. Die Luft wird durch 28 geblasen, und 29 fliegt in 31. Der Schützen 21 hat die Spule aufgenommen und läßt die Lage des Schußfadens in 31 und 33 erkennen.

Fig. 356 zeigt einen Schnitt durch die arbeitenden Teile. 1 ist der untere Magazinteil und 2 der Zufuhrkanal für die Spulen, der an das erste Patent von Northrop angelehnt ist. Der Hammer 20, 20 schlägt nach dem be-

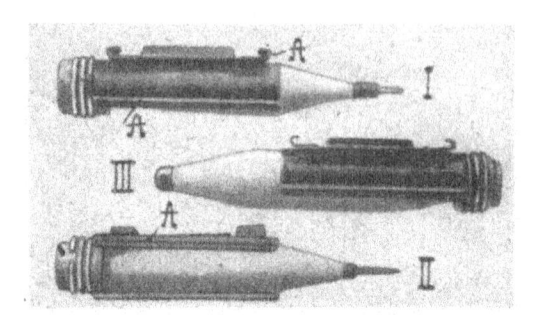

Fig. 352b. Schußspulenhalter.

kannten Arbeitsvorgang von Fig. 349 gerade eine Spule s in den Schützen. Spule 24 liegt in Vorbereitung. Wenn Hammer 20 hochgeht, wird der Schließer 36, der mit Finger 5 Spule 4 hält, nach rechts umkippen und 4 gegen 24 legen. Der Bügel 36 hindert die nachfolgende Spule am Senken.

Fig. 353. Automatische Spulenauswechslung.

Der Drehpunkt von 36 liegt in 6 oder 10 und die Feder für 36 ist mit 12 bezeichnet.

Die Schußfadenenden werden an zwei Stellen abgeschnitten, nämlich am Magazin, weil die Kapsel 29 das erste Fadenende hält, und am Breithalter, also an der Leiste.

Fig. 354. Automatische Spulenauswechslung nach dem System Köchlin (Steinen).

Es versteht sich wohl von selbst, daß für eine fehlerfreie Ware ein Spulenwächter, nämlich der schon erwähnte und von der Maschinenfabrik Rüti gebaute Kontakttaster a, Fig. 354, in Tätigkeit tritt, siehe Fig. 344 oder auch in noch weiterer Verbesserung. Ferner ist der Stuhl mit Schußfühler und Kettenwächter ausgerüstet. Steht ein Webstuhl außer Betrieb, so wird es dem Weber durch eine aufleuchtende elektrische Lampe angezeigt.

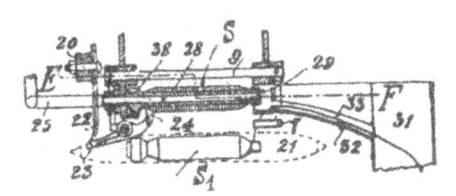

Fig. 355. Schußspulenauswechslung nach dem System Köchlin.

Eine weitere automatische Spulenauswechselung ist in Fig. 358 gezeigt. Die Spulen s sind in dem Magazin a, das 20 Spulen faßt, untergebracht. Mit diesem Spulenvorrat kann der Stuhl 1—1½ Stunden ohne Nachfüllung arbeiten. Dadurch, daß die Spulen mit der Spitze vollkommen frei schweben ist man nicht an bestimmte Längen und Formen der Spulen gebunden und kann alle Sorten verwenden.

Das Erneuern der leergelaufenen Spulen geschieht in ähnlicher Weise wie an den Northropstühlen. Es finden somit die besprochenen Schützenspindeln, auf denen die Spulen befestigt werden, Verwendung. Besonders

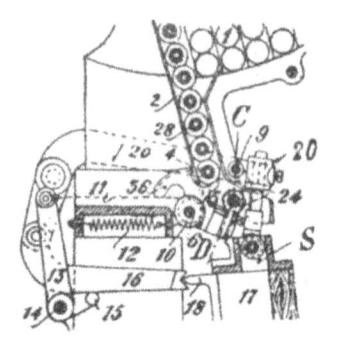

Fig. 356.

hervorzuheben ist das D. R. P. Nr. 219537, das eine mit der Schützenkastenklappe in Verbindung stehende Neuerung schützt, sich aber dabei an den Spulenhammer der Northropstühle, der die neuen Spulen in den Schützen schlägt, anlehnt. Mit diesem Hammer steht die Schützenkasten-

Fig. 357. Automatische Spulenauswechslung.

klappe in Verbindung, so daß die Spulenerneuerung nicht eintreten kann wenn der Schützen nicht richtig in seinen Kasten trifft.

Der Schußwächter stellt den Stuhl ab, wenn die Spulenauswechslung zweimal unmittelbar hintereinander eintritt, wenn also Störungen vorkommen oder wenn das Spulenmagazin leer ist.

Auf einem andern Arbeitsvorgang beruht die selbsttätige Spulenauswechslung an den Webstühlen der Sächsischen Webstuhlfabrik in Chemnitz, Fig. 359. Das Schaubild eines mit Oberschlag und fünf Innentritten arbeitenden Stuhles, dessen Federzugregister rechts oberhalb des Stuhles liegt, läßt das Spulenmagazin M, M_1 erkennen. Es ist als endlose Karte mit muldenförmigen Erhöhungen zur Auflage der Spulen konstruiert. Links unterhalb des Schützenkastens liegt die Spule s, von dem Magazin abgenommen, in Vorbereitung auf dem Zubringer. Wenn der Spulentaster das Leerlaufen angezeigt hat, wird die Platine p auf das Messer des Hebels p_1, der sich mit dem Exzenter p_2 hebt und senkt, gedrückt; zugleich wird

Fig. 358. Automatische Spulenauswechslung der Sächsischen Webstuhlfabrik.

die Nase e des Nebenexzenters von p_2 seitwärts geschoben, greift dadurch unter Hebel i und schlägt den Zubringer mit der Spule s von unten in den Schützen, so daß die alte Spule oben herausfliegt und von dem über dem Sammelkasten t erkennbaren, gebogenen Blechstück aufgefangen und in t geleitet wird.

Stößer a an dem Hebel a ist ein Schützenwächter, der den Schützen während des Spulenwechsels in eine für die Beschickung mit der neuen Spule geeignete Lage schiebt, aber den Stuhl abrückt, wenn die Schützenstellung zu ungünstig ist.

Im übrigen arbeitet der Stuhl mit Ketten- und Schußwächter und Schere zum Abschneiden der Schußenden an der Leiste.

Die neuere Ausführung des automatischen Spulenwechsels der Sächsischen Webstuhlfabrik zeigt Fig. 359. Es ist ein zweischäftiger Webstuhl. Das Magazin M erinnert wieder an den Northropstuhl. Die selbsttätige

Spulenauswechslung ist mit dem Dreiklinken-Schalt- und Sperrwerk D. R. P. ausgerüstet.

Schließlich muß noch das D. R. P. Nr. 196236 der Gabler Webstühle, A.-G., in Basel, erwähnt werden. Der Schützen wird hierbei auf die Seite gelegt, d. h. er gleitet mit einer Seitenwand auf der Ladenbahn, wodurch es möglich ist, die Spulenauswechslung äußerst einfach vorzunehmen. Der Zubringer erfaßt die unterste Spule des Magazins, schiebt sie vor und erwartet in dieser Stellung den Ladenanschlag. Die neue Spule dringt dabei von vorn in den Schützen und drückt die alte hinten heraus.

Fig. 359.

Im übrigen arbeiten die Stühle dieser Gesellschaft ebenfalls mit allen Sicherheitsvorrichtungen in einfacher und sicherer Weise. Das Einstellen der Webschützen in den Kasten für eine sichere Einführung der neuen Spulen nach dem D. R. P. Nr. 211022 zeigt Fig. 360. Es ist dies eine Ansicht von oben, wobei die Lade in der Pfeilrichtung p bewegt wird. Der Zubringer g, g hält die Spule h in der Anfangsstellung. Von g bzw. k aus ist eine Schnur l an den Hebel d geführt. Soll Spulenauswechslung eintreten, so rückt h durch g in die Stellung i_2 und Hebel d mit der Spitze d_1, von der Feder e geführt, in die punktiert gezeichnete Stellung. An dem Schützen ist bei i_1 eine Auskerbung, in die sich d_1 legt. Geht die Lade weiter vor, so wird der Schützen von d nach links in die richtige Stellung geschoben, und Spule i_2 kann in den Schützen gedrückt werden.

Als einziger Nachteil der von der bisher üblichen Weise abweichenden verkehrten Schützenlage wäre anzuführen, daß das Fach sehr groß sein muß, um dem Schützen mit seiner hohen Seite nach oben freien Durchgang zu gewähren, und daß schwache Ketten bei großer Tourenzahl dadurch leiden.

Der Automat für Spulenwechsel von Rauschenbach in Singen/Hohentwiel hat für das Magazin M eine halbrunde Form, Fig. 361. Siehe auch Fig. 349. Zur Sicherung des Spulenwechsels kann der Stuhl mit einem sog. Gleitfühler oder mit einem elektrischen Schußwächter ausgerüstet werden.

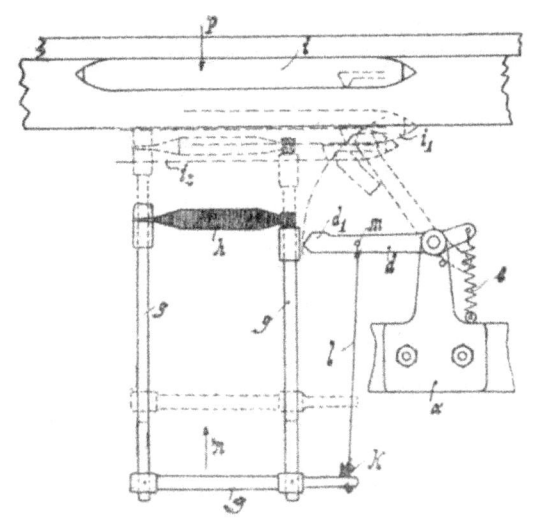

Fig. 360. Spulenzuführung.

Fig. 361.

In Verbindung hiermit ist noch die Auffangvorrichtung für den Schützen hervorzuheben. Man nennt es Blockierung, wobei der Fangriemen wegfällt.

III. Die Spulenauswechslung für Buntwebereien

welche das Weben mit vier Farben gestattet, wird nach der in Fig. 362 erkennbaren Anordnung des Spulenmagazins M gebaut. Das Magazin hat vier Fächer nebeneinander. Jedes Fach steht mit einer Zelle des an der linken Seite befindlichen Schützenkastens in Verbindung. Der Schützenwechselkasten mit vier Zellen links ist im vorhergehenden bekannt geworden. Die oberste Zelle links arbeitet mit dem ersten Fach des Magazins M in der Weise, daß das erste Fach beim Ladenanschlag gerade über dem

Fig. 362. Spulenauswechslung für mehrere Farben.

Schützenkasten steht und die neu einzuführende Spule von dem schon bekannten Hammer h, Fig. 349 und 350, in den Schützen getrieben und die alte nach unten entleert wird. Während also der vierzellige Schützenkasten mit der Lade schwingt und je nach dem Farbenwechsel gehoben und gesenkt wird, verschiebt sich das Magazin nur horizontal, so daß jedesmal dasjenige Magazinfach beim Ladenanschlag über dem Schützenkasten steht, dessen Schützenkastenzelle gerade arbeitet. Der Farbenwechsel kann nur mit geradzahligen Schüssen geschehen.

Das Spulenmagazin M bewegt sich sehr ruhig, weil seine horizontale Verschiebung nicht so plötzlich oder schnell zu geschehen braucht, wie die Zellenkasten gehoben und gesenkt werden müssen. Die Verschiebung kann sich annähernd über die Zeiteinheit von zwei Touren des Webstuhles erstrecken.

Die Bedeutung der automatischen Spulenauswechselung ist erst durch den Schwabe-Stuhl für Wollwaren in Erscheinung getreten. Er wird für einen 7 oder 11 fachen Schützenwechsel, also für vier oder fünf Schützenstraßen auf jeder Seite gebaut. Der Wert für die Modenstoffe der Woll-

Fig. 363.

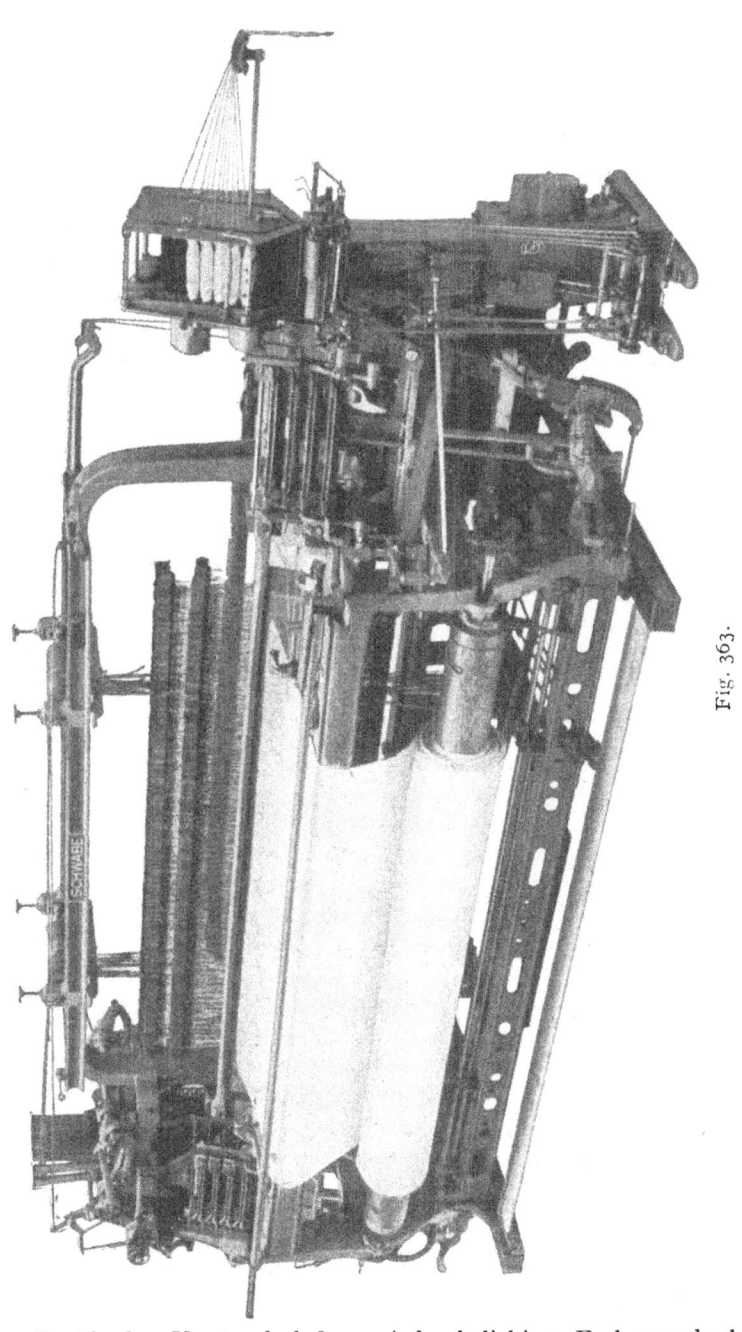

waren liegt in dem Umstand, daß man jeden beliebigen Farbenwechsel **ausführen** kann. Fig. 363 läßt die Bauweise des Buckskinwebstuhles erkennen. Wenn das Spulenmagazin rechts vom Webstuhl weggenommen wird, unterscheidet er sich nicht von jedem Buckskinstuhl mit der Schemelschaftmaschine (Fig. 204) und dem Schützenwechsel für 4 Kasten auf jeder Seite (Fig. 335). Die Neuerung ist Kurt Schwabe durch D. R. P. Nr. 637170 geschützt.

Die Spulen im Schützen werden auf der linken Seite elektrisch abgefühlt. Ist das Garn bis auf die Reservewicklung verbraucht, so wird ebenfalls elektrisch der Spulenwechsel eingeleitet. Wie im normalen Arbeitsverlauf wird der die leere Spule enthaltende Schützen nach der rechten, der Auswechselseite, geschossen, wo er aber nicht, wie im normalen Arbeitsgang,

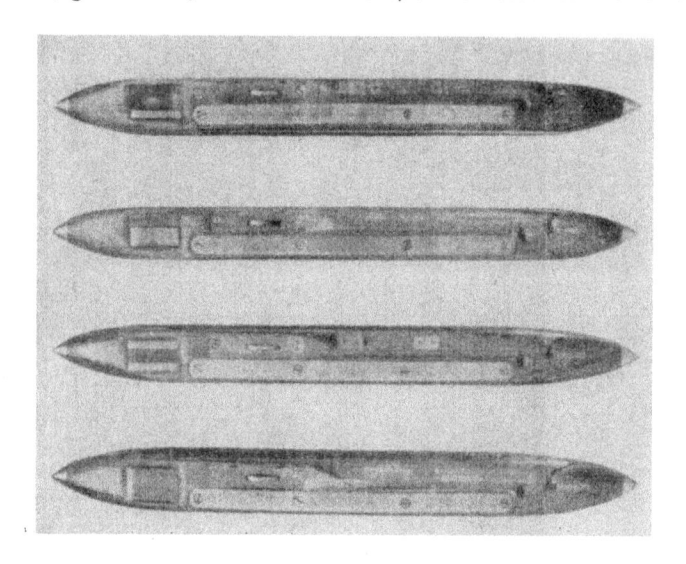

Fig. 363a.

in rechtsseitigen Schützenkasten abgebremst und aufgefangen wird, sondern in einen dahinterliegenden besonderen Auswechselkasten gelangt (Fig. 363 rechts). — Der Eintritt in diesen Auswechselkasten wird dem Schützen nur bei eingeleitetem Spulenwechsel freigegeben. Im Auswechselkasten wird die leere Spule gegen eine inzwischen ausgewählte und bereitgestellte neue Spule derselben Farbe oder Qualität ausgetauscht. Nach vollendetem Spulenwechsel wird der Schützen zwangsläufig wieder in diejenige Zelle des Schützenkastens zurückgeschoben, in der er auch gelangt wäre, wenn kein Spulenwechsel stattgefunden hätte.

Der Spulenwechsel erfolgt in hinterster Ladenstellung, wobei der Stuhl für Bruchteile einer Sekunde ausrückt. Das Hineindrücken der neuen Spule in den Schützen erfolgt bei Stillstand der Lade, was ein unbedingt sicheres Auswechseln verbürgt. Nach vollzogenem Spulenwechsel rückt der Stuhl automatisch wieder ein.

Das Auswählen der jeweils benötigten Spule aus den verschiedenen Spulengruppen erfolgt unabhängig von der Schützenkastenstellung durch am Schützen selbst angebrachte Kennzeichen. Schützen, die verschiedene

Spulen enthalten, tragen verschiedene Kennzeichen. Die Wähleinrichtung arbeitet ebenfalls elektrisch (Fig. 363a).

Die Spulenauswechselvorrichtung ist gesondert vom Webstuhl aufgestellt, d. h. sie ist auf einem besonderen Ständer, der seinerseits auf Spannschienen montiert ist, aufgebaut, Fig. 363b.

Vor Ausstoßen der leeren Spule wird der ablaufende Faden von einer auf der Lade angebrachten Schere erfaßt, geklemmt und geschnitten. Der mit der Spule verbundene Fadenrest wird beim Ausstoßen von ersterer

Fig. 363b.

mitgenommen. Wird der Schützen mit der ersetzten vollen Spule erstmalig nach der linken Stuhlseite geschossen, so wird dieser neu ins Gewebe einlaufende Faden von der Schere erfaßt, unter die Nadeln des Schußwächters gezogen und ebenfalls abgeschnitten. Hiebei ist es gleichgültig, wieviel Schuß der Stuhl zwischen dem erfolgten Spulenwechsel und dem erstmaligen Hinausschießen des Schützens inzwischen gemacht hat. Der zwischen dem Fadenhalter und der Schere verbleibende Fadenrest wird von einer besonderen Ausziehvorrichtung entfernt. In beiden Fällen werden jedoch die vom Geweberand nach anderen Zellen des rechtsseitigen Schützenkastens laufenden Fäden nicht versehrt.

Es sind Sicherheitseinrichtungen getroffen für den Fall, daß der Schützen im Auswechselkasten eine ungenaue Lage einnehmen und die Gefahr eines fehlerhaften Einstoßens bestehen sollte. Der Auswechselvorgang wird dann unterbrochen und der Stuhl bleibt in hinterster Ladenstellung stehen. Dasselbe geschieht, wenn keine Spule bereitgestellt wurde, weil der betreffende Spulenbehälter erschöpft ist oder wenn aus irgendeiner Ursache eine falsche Spule, d. h. eine nach Farbe oder Beschaffenheit mit der leeren Spule im Schützen nicht übereinstimmende, ausgewählt wurde.

IV. Die halbautomatischen Webstühle

Die halbautomatischen Webstühle haben den Zweck, die Produktion des Webers zu erhöhen. Es sind dies Webstühle mit Dauerbetrieb, die beim Erneuern der Schützen oder Spulen nicht stillgestellt werden brauchen. Der Weber entfernt während des Betriebes den leergelaufenen Schützen mit der Hand und ersetzt ihn durch einen frisch gefüllten. Schützen- oder Spulenmagazine treten nicht in Benutzung.

Die Mehrleistung der halbautomatischen Webstühle gegen die der gewöhnlichen ist abhängig von den zu verarbeitenden Garnen. Bei groben Garnen wird eine öftere Erneuerung der Spulen nötig sein als bei feinen, so daß auch der Webstuhl öfter stillstehen muß. Wenn es somit gelingt, den Webstuhl dauernd im Betriebe zu halten, so muß die Produktion erhöht werden. Die Weber suchen vielfach, insbesondere an den Buckskinstühlen, die nicht als halbautomatische Webstühle eingerichtet sind, durch Erneuern der Schützen während des Betriebes eine Mehrleistung zu erzielen. Es ist dies jedoch nur möglich an Wechselstühlen mit geeignetem Schützenwechsel, z. B. 2 : 2 oder 1 : 1 : 1, mit nicht zu großer Tourenzahl, aber immer gefährlich und nur von geschickten Webern ausführbar, weil die Auswechslung in der Zeit von einer oder zwei usw. Touren des Stuhles vollendet sein muß.

Im übrigen ist zu bemerken, daß sich die Hoffnungen der Mehrleistung, die auf die Konstruktion von Halbautomatenstühlen gesetzt wurden, bisher nicht erfüllt haben.

B. Die Bewegungen des Schusses bei broschierten Geweben

Das Broschieren geschieht zum Zwecke der Verzierung eines gewöhnlichen oder lancierten Gewebes mit einem Broschier- oder Figurschuß, Fig. 364. G ist das Gewebe und B der Broschierschuß. G kreuzt in Taft-

oder Leinewandbindung; es kann aber auch jede beliebige Bindung genommen werden. Das durch die Broschierung, also den Figurschuß, hervorzubringende Musterbild, das in den Formen sehr mannigfaltig sein kann, läßt sich ein- oder mehrfarbig ausführen.

An mechanischen Webstühlen kennt man hauptsächlich zwei Arten von Broschierladen: a) Kreisladen, b) Schiebeladen.

Fig. 364 zeigt eine Kreislade A. b ist das Schiffchen, das den Broschierschuß i (oder B) aufnimmt. b wird von dem Kreisbogen b_1 aus bewegt, siehe Fig. 364a. Hier sind drei Kreisladen (I bis III) abgebildet. Die Schnitt-

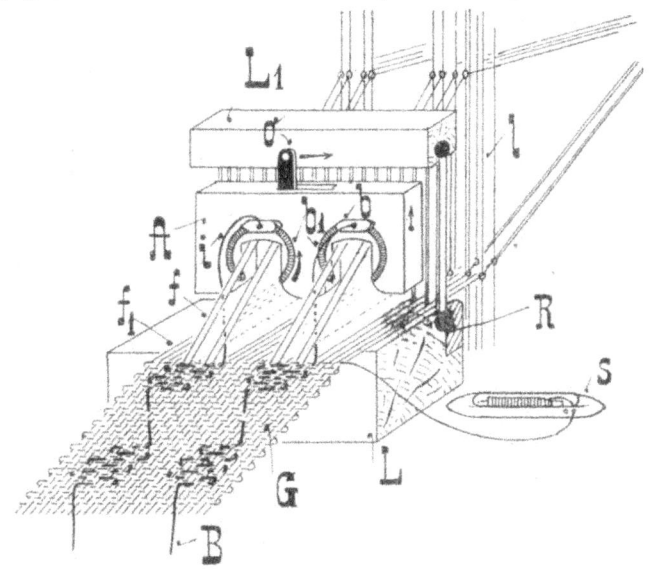

Fig. 364. Broschierung mit einer Kreislade.

zeichnung läßt das Schiffchen b mit der Schlußspule i_1 erkennen, wie b mit b_1 verbunden ist. b_1 muß, um den in Fig. 364 gezeigten Arbeitsvorgang auszuführen, gedreht werden. Wird o in der Pfeilrichtung nach rechts bewegt, so dreht sich b_1 nach links, siehe Pfeilrichtung. In Fig. 364a erkennt man die Verbindung von o mit der Zahnstange o_1. o_1 dreht c und c wieder b_2. Die Verzahnung von b_2 ist mit b_1 fest verbunden. b_1 bzw. b_2 muß somit, wenn der Figur- oder Broschierschuß einzutragen ist, jedesmal um eine Tour nach rechts (vorwärts) oder links (rückwärts) gedreht werden, so daß der Schieber o ebenfalls abwechselnd nach links oder rechts zu schieben ist. Damit der Broschierschuß i stets eine hinreichende Spannung behält, ist die kleine Scheibenspule i_1 auf ihrer Spindel mit einer Rückzugfeder versehen.

Der Arbeitsvorgang an den Broschierwebstühlen ist folgender: Soll broschiert werden, so heben sich die Kettfäden, die an der Musterbildung beteiligt sind; alle andern senken sich. Bei zurückgehender Lade L, L_1, Fig. 364, senkt sich die Broschierlade A, und der Schieber o wird seitlich verschoben, so daß b_1 mit b eine Drehung macht. Der Grundschützen s bleibt während dieser Broschierbewegung in seinem Kasten.

In Fig. 365 ist der einschützige Seidenwebstuhl, wie er in ähnlicher Form von Schönherr, Tonnar (Dülken) und Zangs gebaut wird, mit einer Kreislade A, die 16 Kreisschiffchen trägt, ausgerüstet. A ist gesenkt, so daß der Ladendeckel nicht sichtbar ist. o ist der bekannte Schieber, der von dem Knowlesgetriebe k (siehe unter Schützenwechsel) aus durch a_1 und Stange a bewegt wird. An beiden Seiten der Lade sind senkrechte, mit der Lade schwingende Stangen e vorhanden, an denen A so befestigt ist, daß A von e bzw. dem Knowlesgetriebe k gehoben und gesenkt werden kann. Von der

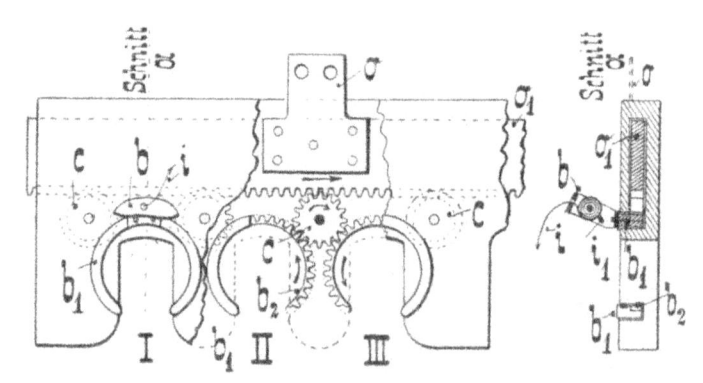

Fig. 364a. Kreislade (Ansicht und Schnitt).

Jacquardmaschine aus, die in Fig. 365 weggelassen ist, gehen die Verbindungsschnüre an k_2, und k_2 steht weiterhin durch k_1 mit k in Verbindung.

Die Kreislade A ist ferner seitlich verschiebbar, damit die Figurenbildung durch den Broschierschuß mannigfaltiger gemacht werden kann. So können z. B. die Kreisschiffchen 1, 3, 5 usw. mit einem roten = ◆ und 2, 4, 6 usw. mit einem blauen = ▮ Figurenschuß belegt werden. Soll die z. B. punktartige Musterung, wie in Fig. 365, I, ausgeführt werden, so bleibt die Kreislade ohne seitlichen Versatz, wobei das eine Mal der rote Figurschuß mit den gehobenen Kettenfäden bindet; auch die mit dem grünen Figurschuß = ▮ belegten Schiffchen kreisen dabei, können aber, weil die betreffenden Kettenfäden nicht gehoben sind, auch nicht binden. Das nächstemal werden die grünen Figurschüsse in gleicher Weise, wie vorher die roten, mit den gehobenen Kettenfäden binden.

Das Musterbild von Fig. 365, II, läßt sich dagegen ohne Versatz der Kreislade nicht weben. Die Broschierlade muß dafür zwei verschiedene Stellungen einnehmen.

Die Broschierlade des einschützigen Broschierwebstuhls von Fig. 365 kann mit einem vierfachen Versatz arbeiten, also vier verschiedene seitliche Stellungen von A einnehmen. Man nennt eine solche an Hand von Fig. 365, II, besprochene Einrichtung »springenden Versatz«.

Dafür kann auch ein »Schneckenversatz« eingerichtet werden, wobei ein Schneckengetriebe das seitliche Versetzen oder Verschieben der Broschierlade besorgt. Die Schnecken können mit verschiedenen Steigungen versehen sein und ausgewechselt werden, so daß es möglich ist, die seitliche Verschiebung der Broschierlade mit jeder Kurbelumdrehung zwischen 2—8 mm einzurichten.

Der springende und der Schneckenversatz lassen sich als kombinierten Versatz vereinigen.

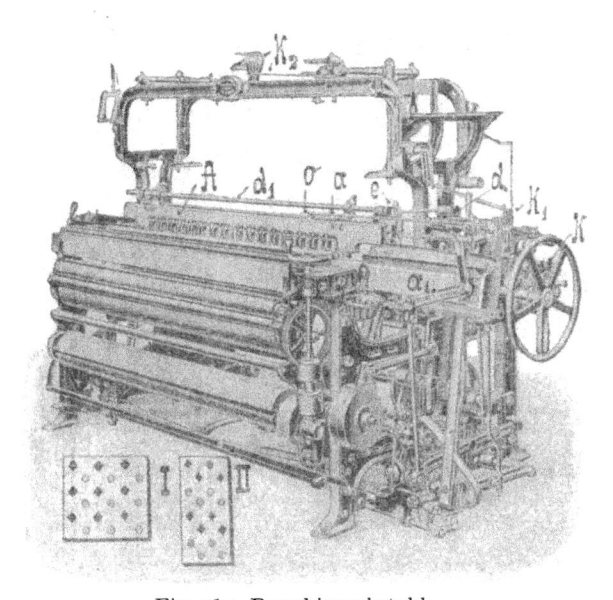

Fig. 365. Broschierwebstuhl.

An Hand von Fig. 366 läßt sich das Gesagte nochmals kurz wiederholen. Auf der Gewebestrecke a und c werden Grund- und Broschierschuß abwechselnd 1 : 1 mit Schneckenversatz eingetragen. Der mechanische Webstuhl arbeitet dabei selbständig, indem der Schützenschlag während der Broschierung aussetzt. Die zuverlässig arbeitenden Sicherheitsvorrichtungen bringen den Stuhl noch bei offenem Fach, also zurückstehender Lade, zum Stillstand, wenn die Broschierschützen nicht ihre richtige Stellung eingenommen haben oder die Broschierlade falsch steht. Auf den Strecken b webt nur der Grundschuß, so daß der Broschierschuß B länger flottiert. Ist diese Flottierung zu lang, so wird sie später abgeschnitten.

Es ist zu beachten, daß sich die linke Gewebeseite auf dem Webstuhl oben befindet.

Anstatt des einschützigen Webstuhles, wie in Fig. 365, läßt sich eine Lade mit Grundschützenwechsel (z. B. vierfachem) verwenden. Man nennt solche Stühle Broschier-Lancierwebstühle.

Die beschriebene Kreislade von Fig. 365 gestattet das Weben der Figuren bis zu 11 mm Breite, wobei die Rapportbreite der ganzen Muster oder die Entfernung von Figur zu Figur 29 mm beträgt.

Die Schiebeladen, Fig. 367, werden hauptsächlich für mehrfarbige Broschierungen angewendet, weil es leicht möglich ist, mehrere Schiebe-

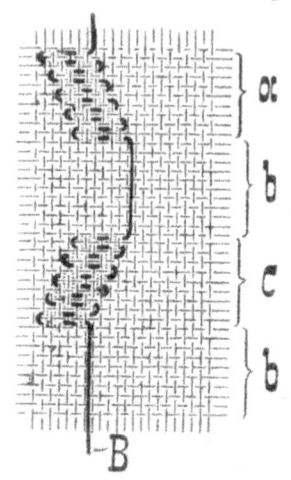

Fig. 366. Broschiertes Gewebe.

laden hintereinander anzuordnen und dann das vordere Schiffchen = I = b z. B. mit einem roten und das hintere = II mit einem blauen Figurschuß auszurüsten, siehe Schnittzeichnung. F, F ist die Fachbildung. Die beiden

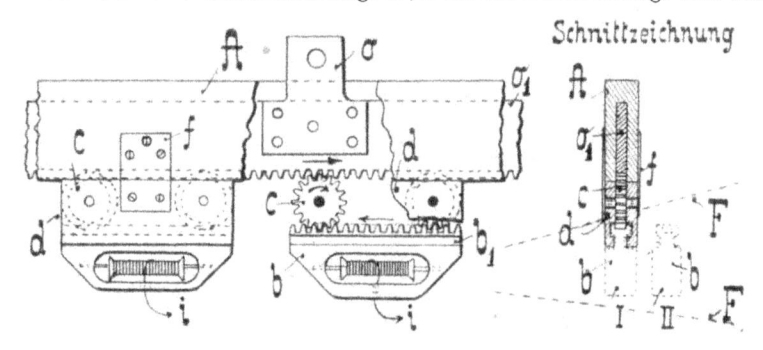

Fig. 367. Schiebelade (Ansicht und Schnitt).

Farben können dabei zugleich eingetragen werden, oder es kann jede für sich weben.

In Fig. 367 ist o_1 wieder die Zahnstange und c sind die Rädchen, die in die Verzahnung des Schiffchens b eingreifen. b_1 ist eine Nut zur Führung von b an d (siehe Schnittzeichnung). d ist durch f mit A verbunden. An den Schiebeladen muß, damit die Schiffchen seitlich wechseln können, ein

Häuschen d mehr sein, als Schiffchen b Anwendung finden. Der Abstand der Rädchen ist so genommen worden, daß b bei dem Wechsel von dem Rädchen c des nächsten Häuschens d sicher erfaßt werden kann, bevor es von dem vorherigen losgelassen wird.

Die größte Breite der Figuren in dem Muster ist bei Schiebladen im allgemeinen größer als bei Kreisladen. Der mittlere Abstand der Schiffchen ist z. B. 65 mm. Sonst gelten auch hier die an Hand von Fig. 365 gemachten Ausführungen.

C. Gewebebildung durch Eintragnadeln und Greiferschützen

Die Schlußfadenbewegungen dieser Art weichen von den vorher besprochenen wesentlich ab. Sie finden Anwendung:

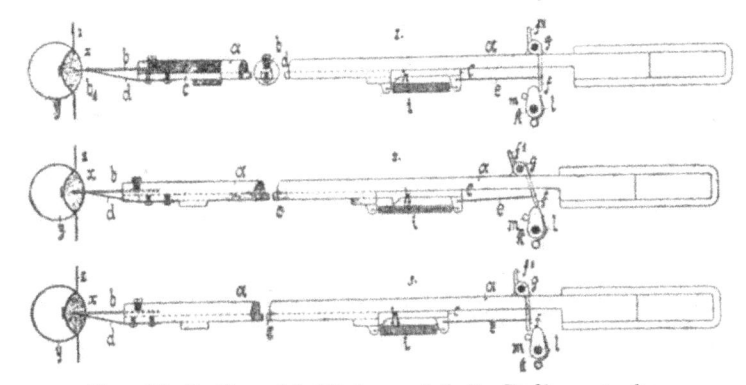

Fig. 368. Greifernadel (Eintragnadel) für Roßhaargewebe.

1. bei solchem Schußmaterial, das von Natur aus in abgepaßter Länge vorhanden ist, wie Roßhaare, oder das sich nicht auf Spulen, Bobinen oder Knäuel wickeln läßt und deshalb vorher in der abgepaßten Länge eingeteilt werden muß, und

2. an Webstühlen, bei denen die Schußspule nicht mit Hilfe von Schützen oder Schiffchen bewegt werden soll, wobei das Schußmaterial vielmehr von feststehenden Spulen abgewickelt und in das Fach eingetragen wird.

Die unter 1. genannten Gewebe bilden u. a. einen unter dem Namen Roßhaargewebe bekannten Handelsartikel. Als Kettmaterial verwendet man Baumwoll- oder Leinengarne und als Schußmaterial die Schweifhaare der Pferde, evtl. künstliches Roßhaar, das aber von Spulen verarbeitet werden kann.

Das Verständnis für die Schußbewegung dürfte am besten durch Besprechung des D. R. P. Nr. 200650 der Sächsischen Webstuhlfabrik vorm. Louis Schönherr in Chemnitz gefördert werden, Fig. 368. Es handelt sich hierbei um eine Nadel, die als Greiferkopf ausgebildet ist, durch das Fach hindurchgeschoben wird und alsdann von einem Roßhaarbündel ein Haar erfaßt. Dieses Haar wird bei der rückwärtsgehenden Bewegung des Greiferkopfes aus dem Bündel herausgezogen und in das Fach gelegt.

Die Patentschrift sagt folgendes (Fig. 368): 1 zeigt den Greiferkopf in geschlossener Stellung, 2 denselben in geöffneter Stellung, 3 in wieder geschlossener Stellung. In Fig. 369 ist die Anordnung der Greifernadel oder -stange a im Webstuhl in kleinerem Maßstab gezeichnet. y schwingt mit der Lade.

Am Kopfende der Eintragstange a ist eine mit dem Haken b_1 versehene Stahlnadel b befestigt, Fig. 368. Der Stab a ist mit einer Längsnut versehen, in welcher der Schieber c geführt wird. Am Ende des Schiebers c ist eine Blattfeder d festgeschraubt, deren Ende sich in den Haken b_1 der Nadel b einlegt und durch die Spiralfeder i in dieser Stellung gehalten wird. Am anderen Ende des Stabes ist der Schieber c durch den Zugdraht e mit einem in g gelagerten Abzugshebel f verbunden. Kurz vor Eintritt der Hakennadel b in das Haarbündel x streift der Abzugshebel f an den Daumen k

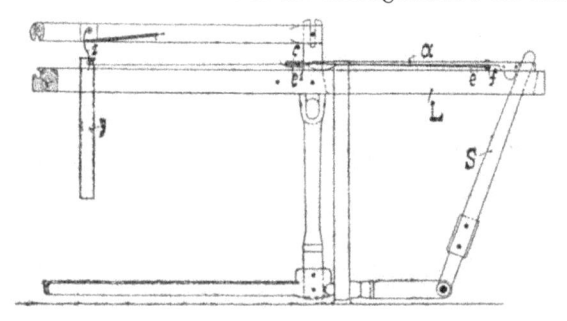

Fig. 369. Lade für Roßhaargewebe.

(Fig. 368, 1 und 2), dadurch wird der Schieber c mit der Klemmfeder d zurückgehalten, während der Haken b_1 zunächst allein in das Haarbündel eindringt (Fig. 368, 2). Sobald der Abzugshebel f über den Daumen k hinweggestrichen ist, wird durch die Spiralfeder i der Schieber c mit der Blattfeder d nachgeschoben (Fig. 368, 3), so daß das Haar durch die Feder d in dem Haken im Haarbündel festgeklemmt werden kann, ohne vorher die Greifervorrichtung an das Haarbündel anpressen zu müssen.

In Fig. 370 ist ein Roßhaarwebstuhl der Sächsischen Webstuhlfabrik abgebildet. Es ist ein Webstuhl mit zwei Wellen von gleicher Tourenzahl (siehe drittes Stuhlsystem). Der Antrieb erfolgt durch Fest- und Losscheibe. y ist die schon besprochene Kanne zur Aufnahme des Roßhaarbündels x (siehe Fig. 368, 1—3) und L die hier nach links zur Führung des Schlagarmes s und des Greiferarmes a verlängerte Lade (siehe auch Fig. 369). w ist der Warenbaum, der durch einen positiven Warenbaumregulator gedreh wird.

Weiterhin ist der Stuhl mit einer reduzierten Hattersleyschaftmaschine, die nur mit dem unteren Messer (das obere ist weggelassen) und deshalb als Geschlossenfachmaschine (Hochfach) arbeitet, ausgerüstet. Von dem Hebel v geht die Stange t an den erkennbaren Hebel der Schaftmaschine, und von hier aus wird der Schalthaken t_1 bei jedem Schuß bewegt und schaltet somit den Kartenzylinder p.

Um ein tadelloses Roßhaargewebe herzustellen, steht die Schaltvorrichtung v, t, t_1 mit dem in der Mitte der Lade angebrachten Nadelschußwächter, siehe Fig. 316, derart in Verbindung, daß der Kartenzylinder bei derjenigen Tour nicht gewendet oder geschaltet wird, wo der Greiferkopf (Fig. 368) ein Roßhaar nicht erfaßt oder nicht in das Fach gelegt hat. Demnach muß sich dieselbe Tour auf dem Webstuhl wiederholen. Auch die Schaltung des positiven Warenbaumregulators wird für die Tour des

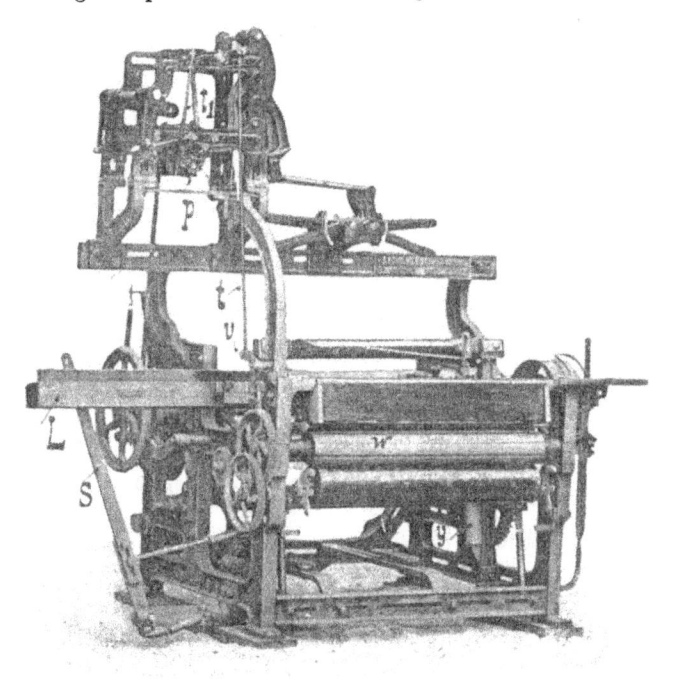

Fig. 370. Roßhaarwebstuhl.

leeren Schusses von v, Fig. 370, aus unterbrochen, weil es sonst im Gewebe eine lose Stelle geben würde.

Weil die Schußfäden in diesem Falle von abgepaßter Länge sind, sind die Kanten oder Leisten des Gewebes offen, siehe unter Schnitt- oder Mittelleistenapparate.

Die Gewebebildung der 2. Art, wobei der Schußfaden von feststehenden Spulen abgewickelt wird, ist in Fig. 371 nach dem System Seaton gezeigt. Die Vorrichtung besteht aus einem Greiferschützen S, der an beiden Enden eine Zange trägt. S_1 ist die hintere Wandung des Schützens und bildet mit v die Zange. Sie hat den Schußfaden a_1 gepackt und schleift ihn auf dem Fluge S in der Pfeilrichtung soweit durch das Fach, bis v mit der linken Gewebeseite gerade abschließt, wo sich die Zange öffnet und den Schußfaden freigibt. Die Spulen des Schußfadens a stehen auf der rechten und die von b auf der linken Stuhlseite. Wenn nun der Schützen auf der linken

Gewebeseite steht, so packt die linke Zange einen Schußfaden b und schleift ihn nach rechts bis an die Leiste. Unterdessen hat sich mit Hilfe eines beweglichen Armes ein weiteres Fadenstück b in der Länge der Gewebebreite von der Spule abgewickelt und bleibt solange in Vorrat, bis der Schützen von rechts wieder zurückgekommen ist (er hat auf diesem Wege Schußfaden a mitgenommen) und das Vorratende von b wieder mit der linken Zange packt und in das Fach schleift.

Demnach muß jedes Schlußfadenstück für die doppelte Breite des Gewebes abgemessen sein, wie es auch der Schlußfaden a, a_1 erkennen läßt. Das Ende a wurde zuerst von der rechten Zange eingeschleift und unter-

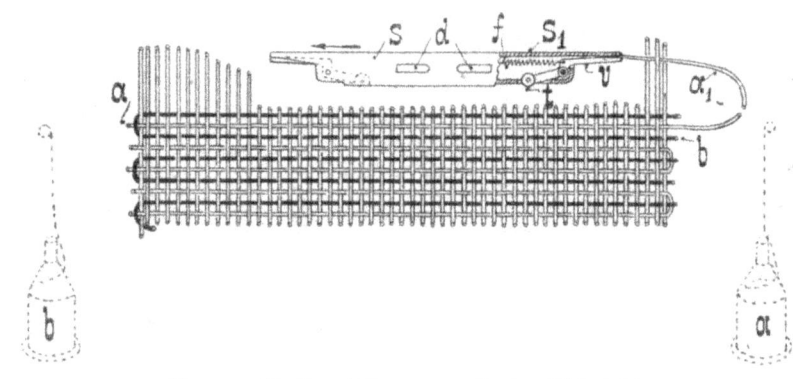

Fig. 371. Greiferschützen vom Seaton-Webstuhl.

dessen das Fadenstück a_1 abgemessen, das jetzt von v nach links mitgeschleift wird.

Man erkennt aus der Abbildung, daß die Kanten oder Leisten des Gewebes geschlossen sind, weil sie von den schleifenförmigen Schußfadenstücken abgebunden werden. In den meisten Fällen dürften diese Leisten widerstandsfähig genug sein.

Über den Schützen S, der nur eine Höhe von 1½ cm hat, ist noch folgendes zu bemerken: Der Zangenhebel v trägt links eine Rolle t, die beim Eintreffen in den Schützenkasten durch einen Widerstand nach innen gedrückt wird und die Zange öffnet. Hört der Widerstand auf, so schließt Feder f die Zange. Die obere Platte des Schützens enthält zwei geschlitzte Öffnungen d. In diese Öffnungen legen sich beim Eintreffen des Schützens in den Kasten Sperriegel zum Festhalten, damit der Schützen in seiner Stellung bleibt, weil er, wie schon oben bemerkt, mit dem Warenrand genau abschließen muß.

Seatons Probewebstühle wurden im Jahre 1898 in Deutschland von Amerika aus mit großer Reklame eingeführt und sollten dadurch einen Dauerbetrieb ermöglichen, daß das Schußgarn von sehr großen, feststehenden Spulen abgewickelt wurde, die während des Betriebes ergänzt werden konnten. Auch war ein Farbenwechsel vorgesehen, indem ein Fadenzubringer das Wechseln der farbigen Garne unter Anpassung an die schon beschriebene eigentümliche Schußeintragung zuließ. Die sehr feinen

Mechanismen, die eine dauernde Überwachung durch geschulte Mechaniker nötig machten, ließen eine praktische Verwertung nicht zu. Auch war eine Veränderung in der Breite des Gewebes, wenn überhaupt möglich, nur durch sehr umständliche Abänderungen ausführbar. Das Schußgarn mußte, wie man sich in Fachkreisen erzählte, durch vorheriges Schlichten versteift werden, damit es dem Greiferschützen besser zugeführt werden konnte.

Wenn der Seatonstuhl trotzdem an dieser Stelle erwähnt wurde, so geschah es aus dem Grunde, weil er ein historisches Interesse bietet und weil die Besprechung das Prinzip der Greiferschützen übersichtlich wiedergibt.

Otto Hallensleben in Hilden benutzt zum Eintragen des Schusses an Axminster-Teppichwebstühlen zwei gegeneinander geführte Zangen, die sich in der Mitte des Faches treffen, wovon die eine den Schußfaden zuführt und die andere durch Übergreifen über die erste Zange den Faden abnimmt und ihn auf der Rückwärtsbewegung vollständig durch das Fach zieht.

Der Gabler Webstuhl muß an dieser Stelle erwähnt werden. Er beruht auf dem Prinzip, das schon bei Otto Hallensleben besprochen wurde. Zwei Greifer, die von beiden Seiten gegeneinander arbeiten, treffen sich in der Mitte des Stuhles und nehmen den zugereichten Schußfaden von dem linken Greifer ab und führen das Schußfadenende nach rechts; auf dem 2. Schuß macht es ebenso der rechte Greifer, also stets abwechseln. Der Stuhl kommt auf diese Weise kaum zum Stillstand, weil das Schußfadenende von einer großen Schußspule abläuft, die bis zu 40000 m Garn faßt. Bei einer Geschwindigkeit von 165—185 Schuß in der Minute ergibt sich eine große Schonung der Kette, weil das Fach sehr niedrig gehalten werden kann. Auch ist eine Schonung des Blattes gegeben, weil der Schützen wegfällt.

Für die Abbindung der Leiste ist eine besondere Kreuzung mit den Kettfäden der Leiste vorgesehen.

Weiteres siehe unter Bandwebstühlen.

D. Die Bewegungen des Schusses an Rutenwebstühlen

Die Kettenflorteppiche, wie Brüsseler, Tapestry- und Tournay- oder Veloursteppiche, ferner Mokettestoffe und ähnliche Plüschgewebe, sofern letztere nicht auf Doppelplüschwebstühlen hergestellt werden können, werden durch das Einschieben sog. Eiserschüsse gebildet. Es sind dies Ruten aus Metall, die dann in das Fach geführt und mit verwebt werden, wenn die Poil- oder Florfäden gehoben sind, wogegen der Grundschuß zur Gewebebildung mit bekannten Schützen s eingetragen wird, Fig. 372. Man unterscheidet Zug- und Schnittruten. Die Zugruten a sind an den Enden glatt und lassen sich nach einer größeren Anzahl Eiserschüsse, z. B. 10 oder 14, durch d in der Pfeilrichtung so aus dem Gewebe herausziehen, daß die Florkettenfäden schleifenartig die Oberseite bedecken. Die Schnittruten a_1 (punktiert gezeichnet) tragen an den Enden Messer m; sie durchschneiden die Florfäden beim Herausziehen und bilden den Velours.

Die Zug- und Schnittruten werden auch 1 : 1 abwechselnd verwendet. Hiermit erhält man den zu einer Musterbildung vereinigten gezogenen (mit

Zugruten) und geschnittenen (mit Schnittruten) Plüsch, wie z. B. die Mokettestoffe.

Die Brüsseler und Tapestryteppiche werden mit Zugruten gewebt. Die Florkette der Brüsseler Teppiche ist mehrfarbig und wird von einem

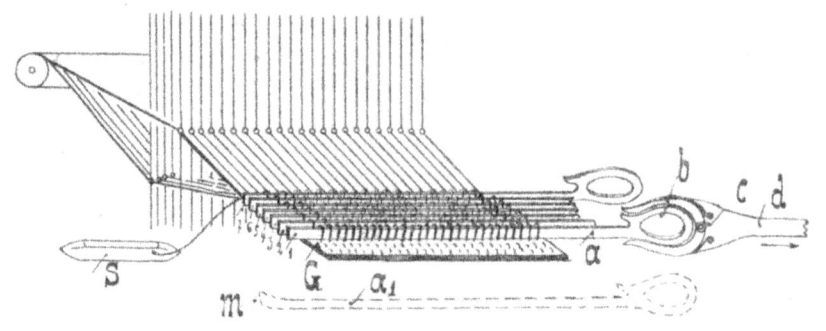

Fig. 372. Rutenweberei.

Kantergestell, Fig. 78 und Fig. 374, K, K, abgewickelt, wogegen für die Grund- und Füllkette je ein besonderer Kettenbaum nötig ist. Mit Rücksicht auf die Musterbildung muß die Florkette von einer Jacquardmaschine J ausgehoben, die Grund- und Füllkette dagegen von Schäften bewegt werden.

Fig. 373. Rutenwebstuhl.

Die Schäfte sind hinter dem Harnisch H angeordnet und stehen durch Hebel, Zugverbindungen z und Tritte mit einer Exzentertrommel in Verbindung.

Für das Weben von Tapestryteppichen genügt eine Schafteinrichtung, weil die Florkette, die von einem Kettbaume abgewickelt wird, mit einem Musterbilde bedeckt ist. Zur Verwendung kommen Zugruten.

Die Tournay-Veloursteppiche werden wie die Brüsseler Teppiche gewebt, nur treten an die Stelle der Zugruten die Schnittruten a_1, Fig. 372.

Die Veloursteppiche lassen sich mit derselben Einrichtung weben wie die Tapestryteppiche, nur finden Schnittruten Verwendung.

An Hand von Fig. 372 wurde gezeigt, daß der Grundschuß von s, die Ruten dagegen von d eingetragen werden. d trägt eine Klammer c zum Festhalten von b—a. a muß herausgezogen und hierauf nach hinten be-

Fig. 374.

wegt und von neuem in das Fach eingeschoben werden, so daß a eine zweifache Bewegung macht. Das Herausziehen in der Pfeilrichtung und Wiedereinführen in das Fach besorgt nach Fig. 373 der Nutenexzenter A, der den Hebelarm A und weiterhin d beeinflußt, Fig. 372. A wird in zwei Formen geliefert, nämlich für einen Rapport nach zwei oder nach drei Schüssen. Auf der Achse von A sitzt die Kurvenscheibe B, die den Hebel B bewegt. Von B aus wird d bzw. Rute a, Fig. 372, nach dem Herausziehen aus dem Gewebe so nach der Lade hin geführt, daß a gegen die Fachöffnung kommt. h ist der Schlagarm für die Schützenbewegung von s, und T sind die Tritthebel, Fig. 373. Die Jacquardmaschine ist in der Abbildung weggelassen. Der Webstuhl stammt von der Sächsischen Webstuhlfabrik, die auch andere Konstruktionen auf den Markt gebracht hat.

Die Grundschuß- und Rutenbewegungen werden entweder getrennt vorgenommen, indem der Schützenschlag während der Rutenbewegung unterbrochen wird, oder Grundschuß und Rute arbeiten zugleich.

Nach Fig. 373 erfolgt die Ruteneinlage nur von einer Seite, von rechts her, dagegen nach Fig. 374 von beiden Seiten. Dieser Webstuhl, der von Felix Tonnar in Dülken gebaut wird, läßt Grundschuß und Rute zugleich arbeiten.

E. Die Bewegungen des Schusses an Bandwebstühlen

Die Lade (Schläger) der Bandwebstühle wird einspulig (einschützig) oder mehrspulig (mehrschützig) ausgeführt, d. h. man benutzt zum Weben einfarbiger Bänder Laden mit einem, bei mehrfarbigen Bändern dagegen

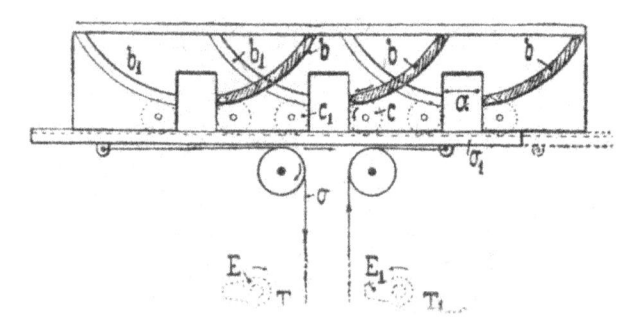

Fig. 375. Bogenschläger eines Bandwebstuhles.

Laden mit mehreren Schützen für jedes Band. Ferner unterscheidet man gewöhnliche (einstöckige) und Etagenschläger (doppelstöckig).

Die gewöhnlichen Schläger (Laden) wie auch die Etagenschläger gestatten das Weben einer großen Anzahl Bänder nebeneinander. Mit den Etagenschlägern lassen sich außerdem zwei Bänder übereinander oder dafür Doppelgewebe, z. B. Doppelplüsch usw., herstellen, wobei die Schützen für die Ober- und Unterseite zugleich durch die Fachöffnung bewegt werden. Eine solche Schützenbewegung oder -einrichtung bezeichnet man auch als Kreuzschußschläger, nämlich deshalb, weil die oberen Schützen oder Schiffchen abwechselnd z. B. von links nach rechts und die unteren von rechts nach links gehen.

An Bandwebstühlen unterscheidet man zwei Arten von Schiffchen oder Schützen: Bogenschläger und gerade Schläger.

Die Bogenschläger, Fig. 375, erinnern an die Kreisladen der Broschierwebstühle. b sind die Schiffchen und b_1 ihre Führungen; o_1 ist wieder die bei den Broschierladen kennengelernte Zahnstange und c, c_1 sind die Rädchen. Senkt sich o, so geht o_1 in der Pfeilrichtung nach rechts; c bewegt b, so daß b von c_1 erfaßt und weiter in die äußerste Stellung links gebracht wird. Diese Bewegung bezeichnet man als Schützenschlag. Der Schützenschlag ist positiv und erfolgt durch Einwirkung des Exzenters E auf den Tritt T. Auf dem nächsten Schuß arbeitet E_1 auf T_1, so daß b fortwährend nach links und rechts geht.

Die beiden Exzenter E und E_1 sind in Wirklichkeit vereinigt und sitzen dann z. B. auf der Schlagwelle B, Fig. 19 und 20. Die Schlagwelle müßte sich nach der Anordnung von E und E_1 nach je zwei Schüssen einmal drehen. Erfolgt eine vollständige Umdrehung von B, Fig. 20, erst nach vier Schüssen, so sind die Schlagexzenter in geeigneter doppelter Anordnung zu nehmen.

Die Schiffchen oder Schützen werden je nach ihrer Größe und dem zu verarbeitenden Schußgarn verschieden geformt. In Fig. 376 sind einige

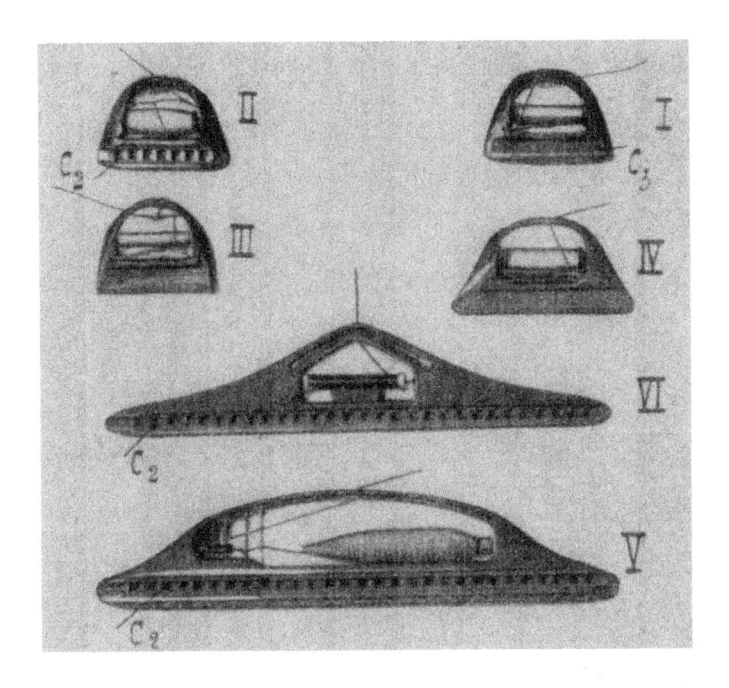

Fig. 376. Bandwebschützen.

Abbildungen wiedergegeben, wie sie an Bandstühlen verwendet werden. In Fig. 376, I und II ist ein Schützen in der Ansicht von oben und von unten abgebildet. c_2 ist die Verzahnung, in die das Rädchen c oder c_1 eingreift (siehe Fig. 375). c_3 ist die Nut zur Führung des Schützens. Die Spule wird dadurch gebremst, daß sich ein Hebel federnd gegen die Spule legt. Der Faden geht durch Ösen und elastisch gelagerte Führungsringe. Letztere halten den Schußfaden gleichmäßig gespannt. Die Fadenspannvorrichtung in Fig. 376. II ist als Schweizerzug bekannt. Fig. 376, III zeigt einen Schlitzbügelschützen, der eine gleichmäßige Fadenspannung bei verhältnismäßig großer Spule gestattet, und Fig. 376, IV einen Drahtbügel hinter der Spule. Der Drahtbügel erfüllt denselben Zweck wie der vorher genannte Schlitzbügel. In Fig. 376, V ist ein Copsschützen abgebildet, wie er für Bänder über 130 mm Breite Anwendung findet; die

Fadenspannvorrichtung ist aus der Abbildung erkennbar. Der Schützen in Fig. 376, VI ist mit einer patentierten Fadenrückzugvorrichtung für 20—25 cm Schußfadenlänge ausgerüstet. Damit lassen sich die feinsten Seidenschußgarne verarbeiten, und die Spannvorrichtung ist sowohl für den Stick- wie auch den Grundschuß verwendbar, wobei sich tadellose Bandkanten erzielen lassen.

Fig. 377. Bandwebstuhl mit vierschützigem geraden Schläger.

a, Fig. 375, ist die Ladenöffnung oder Sprungweite der Schläger.

Die angeführten Schützen sind, wenn sie gerade, also nicht mehr gebogen konstruiert sind, auch für gerade Schläger verwendbar. Die Führung und Bewegung gleicht dem der Bogenschläger und erinnert teilweise an die Schiebeladen der Broschierwebstühle. Man vergleiche den Querschnitt eines geraden, vierschützigen Schlägers (sch I bis IV) von Fig. 378. An geraden Schlägern benutzt J. Th. Cook in Leicester zur Bewegung der Schützen Nutenschnecken. Hierbei fällt die Verzahnung c_2 weg und wird durch zwei hinter den Schützen angebrachte Zapfen, welche in die Nutenschnecken greifen, ersetzt. Die Nutenschnecken bzw. -schrauben werden vor- und rückwärts gedreht und bewegen dadurch die Schützen.

Die mehrschützigen (mehrspuligen) Schläger, die hauptsächlich mit geraden Schützen ausgeführt werden, bestehen aus Wechselkasten, die sich heben und senken lassen. Die Wechselkasten haben ihre Führung an der Lade und machen deren Schwingungen mit. Das Heben und Senken der Kasten geschieht durch Einwirkung von Exzentern und Sperrhaken oder kann durch ähnliche Vorrichtungen geschehen, wie sie vorher bei Besprechung der Schützenkastenbewegung an Steigladen beschrieben wurden. Am besten gewinnt man eine Übersicht an Hand von Fig. 377. Es ist dies ein Bandwebstuhl mit einem vierschützigen geraden Schläger. Die Jacquard-

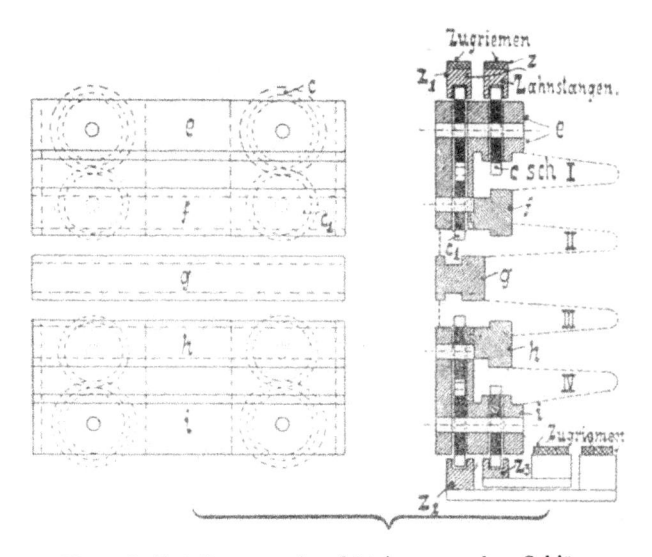

Fig. 378. Details zum vierschützigen geraden Schläger.

maschine J (an deren Stelle können Schafteinrichtungen treten) arbeitet mit Hoch- und Tieffach und verstellbarer Schrägfachbildung. Der Harnisch ist für vier Bänder, 1., 2., 3., 4., eingerichtet. L ist der Laden- oder Schlägerklotz und L_1 ein Ladenarm; es besteht somit eine Hängelade. W ist der Rahmen für die Schützenkasten S und ist somit ein mehrspuliger, gerader Schläger. Durch die Stange S_1 (die Stange der andern Seite ist nicht deutlich erkennbar) läßt sich W bzw. S heben und senken. S_1 steht mit der Querwelle S_2 in Verbindung. Das Heben und Senken von W bzw. S wird von der Jacquardmaschine aus gesteuert.

L_2 ist die Verlängerung der Lade nach oben, d. h. die Ergänzung des Rahmens W und trägt den Schußkasten. z_a sind Stangen, die durch den Riemen r miteinander durch Gegenzug in Verbindung stehen. Nach unten sind die beiden Stangen z durch Riemen o verlängert und gehen an Zahnstangen, die in dem unteren Teile des Rahmens W quer über den Stuhl gehen. Diese Zahnstangen werden von z_a, die abwechselnd hoch und tief gehen, nach rechts und links geführt, und bewegen dabei die Schützen in S hin und her. Für die Bewegung von z_a, d. h. für ihr Heben und Senken, dienen Messer, welche von der Schubstange t, die von der Kurbelwelle aus beeinflußt wird, in L_2 gehoben und gesenkt werden.

Bei der oben beschriebenen älteren Schützenbewegung, Fig. 377, werden sämtliche Schützen bewegt, also auch diejenigen, die an der Gewebebildung nicht teilnehmen. Fig. 378 zeigt eine verbesserte Schützenführung und -bewegung, wobei sich die vier übereinander angeordneten Schützen sch I bis IV, d. h. jede solche Querreihe (an jedem Bandstuhl befinden sich, weil viele Bänder nebeneinander gewebt werden, in jeder Querreihe I, II, III oder IV viele Schützen nebeneinander) für sich bewegen läßt. Zahnstange z

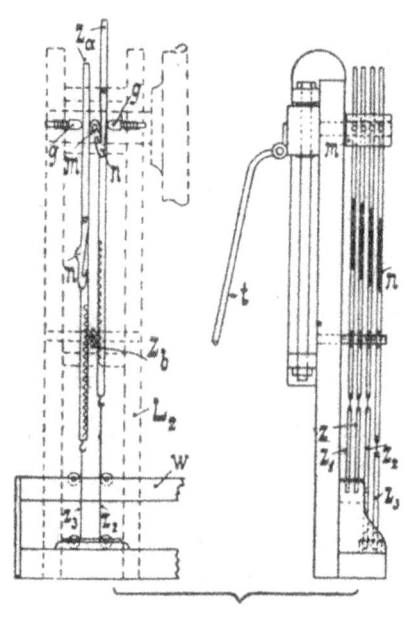

Fig. 378a. Schützenbewegung am Etagenschläger.

bewegt mit Hilfe des Rädchens c die Schützenreihe I, z_1 durch zwei übereinander stehende Rädchen c_1 die Schützenreihe II. Ebenso beeinflußt Zahnstange z_2 die Reihe III und z_3 Reihe IV. Die Zugriemen dieser verschiedenen Zahnstangen sind ähnlich wie in Fig. 377 mit dem Schußwagen, d. h. den Stangen z durch o verbunden; nur fällt die Verbindung durch den Gegenzugriemen r weg. Dafür sind z_a gezahnt und kämmen in ein Zahnrad z_b, Fig. 378a (Vorder- und Seitenansicht).

Man vergleiche die Buchstabenbezeichnung von Fig. 378 mit derjenigen von Fig. 378a und wird den Zusammenhang der Arbeitsorgane ohne weiteres finden. Stange t ist aus Fig. 377 bekannt.

In Fig. 378a links (Vorderansicht) sind n die an z_a befestigten Platinen, und m ist das Messer. Von b werden n gegen m gepreßt und b sind durch besondere Verbindungen von der Jacquardmaschine oder den Schafteinrichtungen aus steuerbar.

Schließlich sollen noch solche Bandgewebe erwähnt werden, bei denen der Schußfaden von feststehenden Spulen abläuft, sich dabei aber doppelfädig ins Fach legt, wie in Fig. 379. Der Schußfaden b, der mit den Kettfäden von hinten aus durch das Geschirr und Blatt geht, aber von einer besonderen Spule abläuft, wird von dem Faden a, der sich in starkgespannten Zustande von S abwickelt, durch das Fach geschleift. S wird bei jeder Fachöffnung nach rechts bewegt, b hierauf gehoben (wodurch b mit a eine Schleife bildet) und alsdann S zurück nach links geführt, und a in der gezeigten Weise mitgenommen.

An Stelle des Schiffchens benutzt man auch Eintragnadeln. Dabei wird b von der Nadel nach links geführt und in der äußersten Stellung von einem Faden a abgebunden, indem a von einem Schiffchen (das an die Schiffchen der Nähmaschinen erinnert) bewegt wird. Beim Rückgang der Eintragnadel bleibt a doppelfädig liegen, und das Blatt schlägt a an das Warenende.

Derartige Gewebe haben wegen des doppelten Schußfadens keine besondere Bedeutung erlangen können.

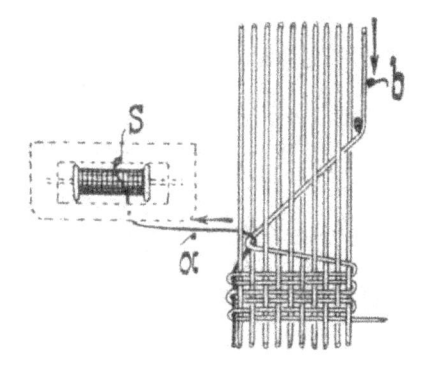

Fig. 379.

5. Teil

Allgemeines

1. Die Schnitt- oder Mittelleistenapparate und die hiermit verwandten Einrichtungen zur Herstellung besonderer Gewebe

Jedes Gewebe muß auf dem Webstuhl mit einer Leiste versehen werden als Schutz gegen das Ausfransen der Kettenfäden und gegen Beschädigungen der Seiten in den Vollendungsarbeiten. Man spricht von geschlossenen und offenen oder Schnittleisten und versteht unter den letzteren solche, die sich beim Aufschneiden eines Stückes in der Längsrichtung bilden. Die offenen oder Schnittleisten entstehen beim Weben von Stücken in doppelter oder mehrfacher Breite oder sind in der Fabrikation gewisser

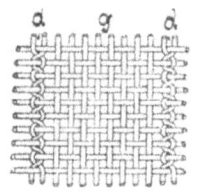

Fig. 380. Schnittfäden.

Stoffe, wie ferner bei den bekannten gewebten Wadenwicklern, nicht zu umgehen. Fig. 380 zeigt ein Gewebe mit Schnittleisten (Kanten); d sind die Dreherfäden und g ist das Grundgewebe. Um das Ausfransen zu beseitigen und die Kantenfäden der Kette mit dem Schuß möglichst fest zu verbinden, bedient man sich somit der Drehervorrichtungen, wie sie zum Weben der Drehergewebe benutzt werden, oder man verwendet besonders konstruierte Leistenbildungsapparate. Wo es sich um eine oder zwei Mittelleisten handelt, verdienen die Leistenapparate den Vorzug. Nur wenn das gewebte Stück in eine große Anzahl Streifen (z. B. 15 usw., wie bei den Wadenwicklern) zerlegt werden muß, wäre die Anschaffung so vieler Apparate etwas zu teuer; so daß man vorteilhaft die Drehervorrichtung anwendet.

Unter Benutzung einiger vom Verfasser herstammenden und im Handbuch der Weberei von Reiser & Spennrath veröffentlichten Zeichnungen, Fig. 381—384, soll die Drehervorrichtung zur Herstellung von Gaze oder Drehergeweben kurz besprochen werden. i und k sind die Streichbäume und h ist der Streichriegel für die Dreherfäden. Der Dreherfaden ist mit b und der Grundfaden oder Stehfaden mit a bezeichnet. a bleibt stets von der Litze c gesenkt. Nur b muß abwechselnd rechts und links von a gehoben werden. Es geschieht dies mit Hilfe des Dreherschaftes e, f. f ist eine in e eingehängte halbe Litze. In Fig. 381 wird gezeigt, daß der Dreherfaden b

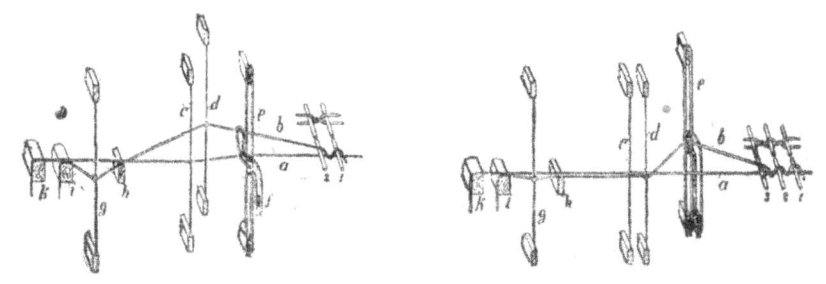

Fig. 381.   Drehergeschirr für Schnittleisten.   Fig. 382.

durch die Litze d und die halbe Litze f geführt ist, und daß d gehoben ist und damit durch den Faden b auch f links von a hebt. Auf dem nächsten oder 3. Schuß, Fig. 382, senkt sich d, und e mit f werden gehoben. Weil b rechts von a an d im Winkel gehoben ist, muß die Ausgleichlitze g zur Vermeidung einer zu großen Fadenspannung hochgehen. Auch muß b, weil der Faden mehr einwebt, von einer besonderen Spule abgewickelt werden. Anstatt der Litze g verwendet man an Dreherwebstühlen eine sogen. Dreherwelle, nämlich eine an Hebeln gelagerte Stange, die mit dem Streichbaum parallel läuft und von einem Exzenter so bewegt wird, daß die Arbeit der Litze g entbehrt werden kann.

Die Dreherfäden können auch mit rechtwinklig kreuzenden Fäden weben oder als Verzierung benutzt werden, wie in Fig. 383 und 384.

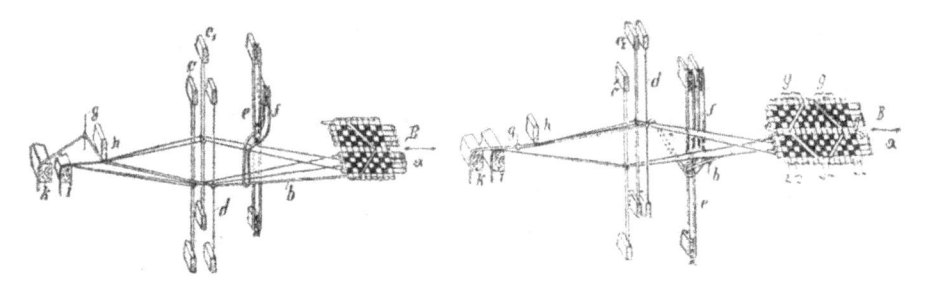

Fig. 383.   Verzierung durch Dreherfäden.   Fig. 384.

Beide Abbildungen ergänzen die vorhergehenden. Der Dreherschaft ist gestürzt, weil f nach oben gebracht worden ist, damit die rechte Seite auf dem Webstuhl oben sein kann. In den beiden Gewebeteilen A und B ist Rechts- und Linksdreher gezeichnet, und die Litzeneinrichtung e, f ist nur für den Gewebeteil A angegeben. Die vier Grundkettenfäden der Schäfte c und c_1 binden in Taft. Der Dreherfaden b schließt eine Gruppe von vier Fäden ein.

Die Schäfte c und c_1 werden abwechselnd gehoben und gesenkt, Schaft e wird nur gesenkt, um b, wie in Fig. 383, rechts von der Fadengruppe binden zu lassen. Der halbe Schaft f wird jedesmal gesenkt, wenn b binden soll, wie z. B. auf dem 1., 2., 7., 8., 13. und 14. Schuß. Auf den anderen Schußfäden g bleiben e, f gehoben.

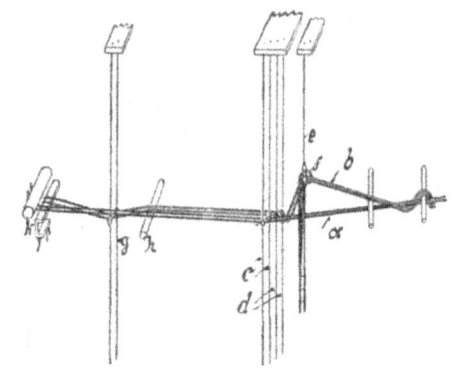

Fig. 385. Dreherharnisch.

Fig. 385 zeigt die Drehervorrichtung an einem Harnischwebstuhl. In der Dreherlitze, deren Auge aus Draht verfertigt ist, hängt die halbe Litze f, die unten mit Gewicht belastet ist. f wird, damit sie beim Heben von b widerstandsfähiger ist, aus Roßhaaren verfertigt. In der gezeichneten

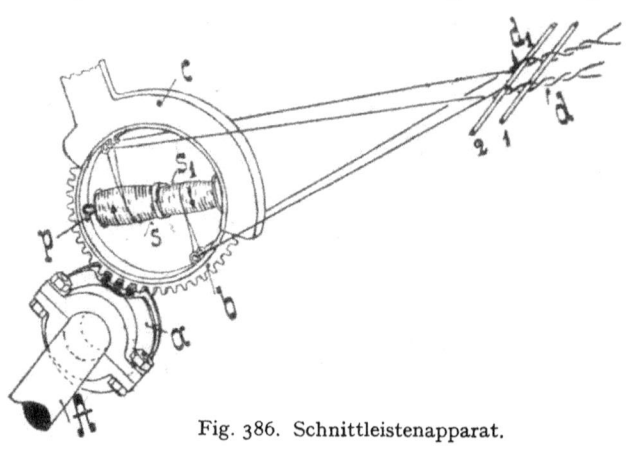

Fig. 386. Schnittleistenapparat.

Stellung links von a sind die Dreherfäden durch e gehoben; rechts von a werden b durch die Litzen d gehoben, wobei f ebenfalls mit hochgeht.

Außerordentlich zahlreich sind die Schnitt- oder Mittelleistenapparate, durch die ein Ersatz für die Dreherlitzen geschaffen ist.

Ein sehr bekannter Apparat ist in Fig. 386 abgebildet. Die Schnittleistenfäden d und d_1 erhalten hierbei, im Gegensatz zu den Dreherfäden, eine Umzwirnung, die sich noch besser erkennen ließe, wenn die beiden Schußfäden 1 und 2 herausgezogen würden. Der Apparat wird hinter dem Geschirr angebracht, so daß die Fäden d, d_1 durch die Geschirrlitzen und das Blatt hindurchgeführt werden und vor dem Warenende die Fachbildung mitmachen. A ist die Kurbelwelle und a ein teilweise im Schnitt gezeichnetes Kammrad, das den Kammradkranz (Felge) b im Verhältnis 1 : 2 dreht. In b ist eine Spindel p eingesetzt, die den beiden Spulen s und s_1 als Drehpunkt dient. Durch Abwickeln der Fäden d, d_1 drehen sich s und s_1 entgegengesetzt, so daß die Fäden gespannt werden. In der Regel sitzt auf p noch eine Feder zum Einklemmen dieser Spindel, wodurch es möglich ist, s und s_1 beliebig bremsen zu können.

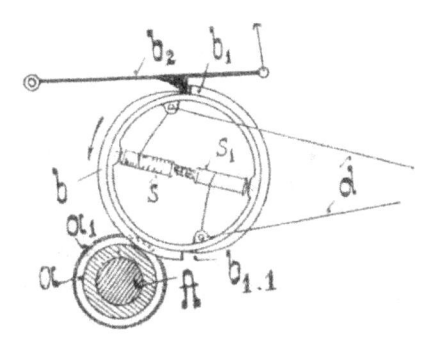

Fig. 387.

Zahnkranz b wird durch Sichel oder Lager c gehalten. c kann an einer Traverse des Stuhles oberhalb oder unterhalb der Kette angeschraubt werden.

Dieser Schnittleistenapparat hat den Nachteil, daß die Fäden d, d_1 in Tuch binden müssen, so daß er für andere Bindungen wie 2 zu 2, 3 zu 3 usw. nicht brauchbar ist.

Fig. 387 zeigt denselben Apparat verbessert. Die Verzahnung von b ist weggefallen und durch Einkerbungen b_1 ersetzt. b erhält die Drehbewegung durch Reibung an a_1. a_1 ist ein auf a gespannter Lederring. Gegen b_1 legt sich Hebel b_2. b_2 kann mit der Jacquardmaschine oder einem Schaft usw. so in Verbindung stehen, daß b_2 nach einem oder einer Anzahl Schüsse gehoben wird und die Drehbewegung von b freigibt. Nach jeder halben Umdrehung wird b von b_2 wieder gesperrt. Das Lager von Fig. 386 kann mit einem Ausschnitt für b_2 versehen sein, oder b_2 kann in geeigneter Weise von unten sperren, sich also gegen $b_{1.1}$ legen, so daß an c nichts geändert zu werden braucht.

Weiterhin hat man sog. Nadelstäbe, wie in Fig. 388, konstruiert. a ist der Grund- und Stehfaden und b der Dreherfaden. Die Stäbe oder Leisten A und B tragen Nadeln a_1 und b_1. Durch die Ösen dieser Nadeln sind die Fäden a und b geführt. A bleibt stehen, und B macht für die Herstellung eines Dreherfaches die durch Pfeil p angegebene Bewegung, wobei die Verflechtung der Fäden im Verhältnis 1 : 1, wie auf den Schußfäden 1 und 2, oder im Verhältnis 2 : 2, wie nach Fig. 388, I (Schußfäden 1 bis 4) vorgenommen werden kann. Übrigens sind noch andere Fadenkreuzungen möglich.

Es ist möglich, die Nadelleiste A mit a_1 ganz wegfallen zu lassen. Dann müssen die Grundfäden a von Litzen und dergleichen im Unterfach gehalten und b in der Stellung b unter den Stab c hindurch geführt werden. c hebt und senkt sich mit B, kann aber auch in der gezeichneten Stellung stehen bleiben.

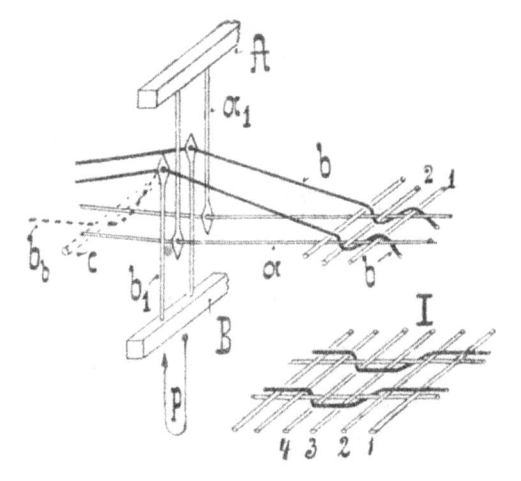

Fig. 388. Nadelstäbe für Schnittleisten.

Die Einrichtung von Fig. 388 erinnert ferner an die Webstühle mit Stickladen, die unter dem Namen Lappetstühle bekannt sind und auch zur Herstellung von Drehergeweben oder Kongreßstoffen, wozu man sonst Drehergeschirre oder -harnische nötig hat, oder sonstigen verzierten und als Gardinenstoff verwendbaren Musselin, die sich mit Drehereinrichtungen nicht weben lassen, gebraucht werden. Die Firmen Geo. Hattersley & Sons in Keighley, J. Galloway & Co. in Blackburn, John Brothers & Co. in London, Anderston Foundry & Co. in Glasgow, sämtlich in England, und A. Hohlbaum & Co. in Jägerndorf (Tschechoslowakei) bauen solche Webstühle.

Fig. 389 zeigt das Beispiel eines mit einem Stickfaden verzierten Musselingewebes; f ist der Stickfaden.

In Fig. 390 und 391 ist eine Nadelsticklade abgebildet, wie sie von Geo. Hattersley & Sons ausgeführt wird. Die Lade L mit dem Ladenklotz L_1 und dem Blatthalter L_2 trägt die aus Fig. 388 her bekannten Nadelleisten 1, 2 und 3, die zwischen L_1 und L_2 angeordnet sind. Nadelleiste 3, Fig. 390, dient nur zur Führung des Schützens s und wird, ebenso wie 1 und 2, beim Blattanschlag b gesenkt, Fig. 391. In Fig. 390 ist Nadelleiste 1 gehoben. so daß der Stickfaden f von dem Schußfaden s gebunden wird; die Spannung von f wird durch eine Dreherwelle d, wie sie ähnlich auch an den mechanischen Dreherwebstühlen Verwendung findet, reguliert. f wird von den Rollen (oder kleinen Kettbäumen) r_1 und r_2 abgewickelt, Fig. 391.

Die Nadelleisten 1 und 2 lassen sich, wie es die Figurenbildung in Fig. 389 erkennen läßt, nach Wunsch nicht nur heben (Fig. 391), sondern auch vor dem Heben seitlich verschieben. Diese seitliche Verschiebung kann ziem-

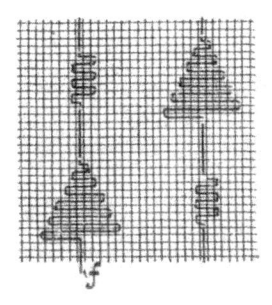

Fig. 389.

lich weit gehen, weil der Stickfaden f nicht durch das Blatt' b geht, wie die Kettenfäden für das Grundgewebe. Das Heben und Senken und die seitliche Verschiebung der Nadelleisten wird von besonderen Karten, ähnlich wie an Schaftmaschinen oder Schützenwechselvorrichtungen, besorgt.

Man baut Lappetwebstühle bis zu vier Nadelleisten oder geht noch weiter und läßt jede einzelne Sticknadel für sich beweglich und von

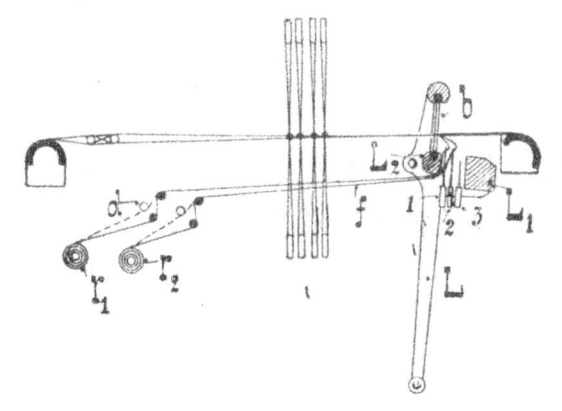

Fig. 390. Nadelsticklade.

einer kleinen Jacquardmaschine oder Schaftmaschine beeinflußbar arbeiten, so daß die Figurenbildung weit mannigfaltiger sein kann als in Fig. 389, zu deren Herstellung übrigens zwei Nadelleisten, Fig. 390 und 391, genügen.

Es werden weiterhin Stickladen gebaut, bei denen die Sticknadeln nicht von unten, sondern von oben arbeiten, wie die Nadelleiste A in Fig. 388.

Die Schnittleistenapparate hat man in den letzten Jahren wesentlich vervollkommnet, und die zahlreichen Patente weisen darauf hin, daß man den Mittelleisten besondere Aufmerksamkeit geschenkt hat und daß ein Bedürfnis nach tadellos arbeitenden Apparaten vorhanden ist.

Fig. 392 zeigt die Ansicht eines patentierten Schnittleistenapparates von W. Heinr. Lindgens in M.-Gladbach. d bedeuten die Dreherfäden mit

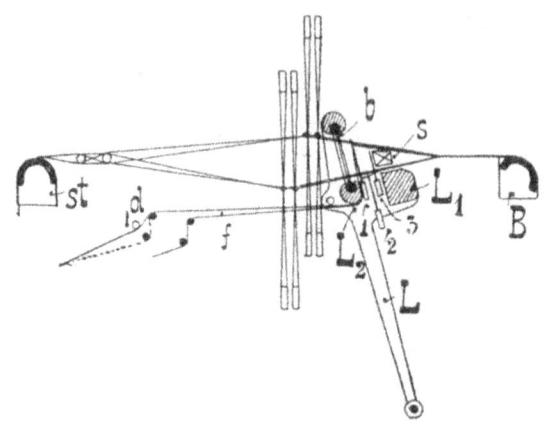

Fig. 391. Nadelsticklade.

Fachöffnung und eingetragenem Schußfaden in s. Die Dreherfäden müssen, weil sie mehr einweben als die Kette, von besonderen Spulen (Zettelspulen) abgewickelt werden.

Die Anbringung des Apparates an dem Stuhl geschieht folgendermaßen:

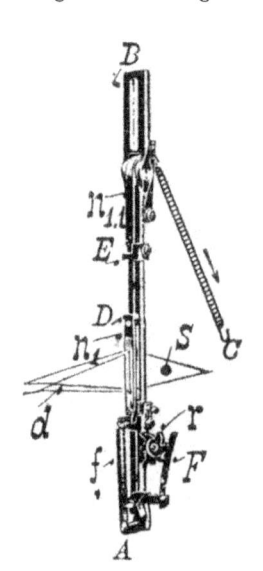

Fig. 392. Schnittleistenapparat. 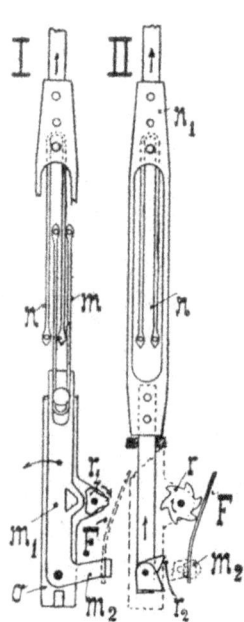 Fig. 393. Schnittleistenapparat.

Das untere Ende A wird durch die Kette (Zettel) hinter die Schäfte gesteckt und der obere Teil B an der Vorderseite der Stuhlkrone angeschraubt. Der Haken C wird mit einem Lederstück verbunden, das vorn am Ladendeckel angeschraubt wird. Um den Apparat einzurichten, zieht man die Lade nach vorwärts und befestigt die Schnur am Haken C derart, daß der Gummipuffer D den Block E gerade berührt. Die Feder f senkt D, n_1 und $n_1 \cdot _1$, wenn die Lade zurückgeht.

Die Details des Apparates sind in Fig. 393, I und II wiedergegeben. n und m sind die aus Fig. 388 bekannten Nadeln, durch deren Ösen die Kettenfäden d geführt werden. Auch die Arbeitsweise ist genau so, wie es

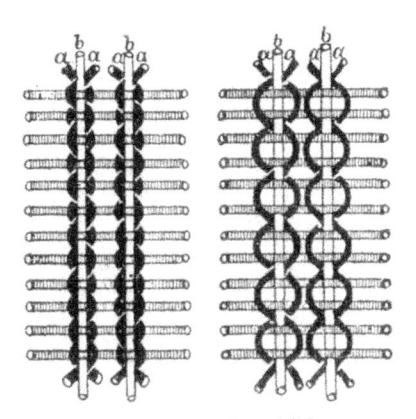

Fig. 394. Schnittleistenbildungen.

vorher beschrieben wurde. Neu ist die ganze Anordnung bzw. die Vorrichtung für die Nadelführung. Die Nadeln m, die an m_1 befestigt sind, nehmen an dem Heben und Senken für die Fachbildung nicht teil, sondern machen nur, weil m_1 an dem Teil o seinen Drehpunkt hat, eine seitliche, durch den Pfeil angegebene Bewegung. Diese Bewegung wird von jeder Erhöhung des Exzenters r_1 vorgenommen, wenn sich r_1 in der Pfeilrichtung dreht, und zurück nach rechts wird m_1 durch die starke Flachfeder F geführt.

r_1 ist mit dem Schaltrade r aus einem Stück gegossen, Fig. 393, II. Die schaltende Bewegung an r wird von der Knagge r_2 ausgeübt, weil r_2 mit dem Teil n_1 und den Nadeln n verbunden ist, und weil sich diese Teile nach der an Hand von Fig. 392 gegebenen Anleitung infolge der Verbindung mit C, $n_1 \cdot _1$ heben und senken. Dabei erfüllt F einen doppelten Zweck: einmal die Rechtsbewegung von m_1, wie schon vorher bemerkt, und das andere Mal das Sperren bzw. Festhalten des Schaltrades r in der gezeichneten Stellung.

Der Apparat arbeitet, weil die Nadeln m stehen bleiben und die durch ihre Ösen geführten Kettenfäden im Oberfach halten, mit Tieffach. Die Nadeln n bilden das Tieffach.

Es gibt ferner Mittel- oder Schnittleistenapparate, welche nur mit Hochfach oder mit Hoch- und Tieffach arbeiten. Unter anderen bauen Gebr.

Stäubli in Horgen drei verschiedene Apparate dieser Art. Von einer besonderen Beschreibung derselben soll abgesehen und an Hand von Fig. 394 nur noch die Möglichkeit einer sehr festen Schnittleistenbildung gezeigt werden. a sind die Dreherfäden und b ist der Stehfaden. Die Dreherfäden a können mit den Schußfäden 1:1 oder 2:2 kreuzen.

2. Die Tourenzahl und der Kraftverbrauch mechanischer Webstühle

In der Einleitung zu dem 1. Teil, Seite 5, ist darauf hingewiesen worden, daß die Tourenzahl der mechanischen Webstühle von der Breite der Ware, dem zu verarbeitenden Garne und der technischen Schwierigkeit, womit die Herstellung des Gewebes verbunden ist, abhängig sei.

Man hat bisher angenommen, daß der Kraftverbrauch mechanischer Webstühle proportional der Tourenzahl sei, daß also ein Webstuhl, der von 90 auf 100 Touren gesteigert werden soll und bei 90 Touren 0,6 Pferdestärken (PS) gebraucht, jetzt

$$\frac{100 \text{ (Touren)} \times 0{,}6 \text{ PS}}{90 \text{ Touren}} = 0{,}67 \text{ PS}$$

nötig habe.

Durch Untersuchungen mit Hilfe der Elektromotore hat man aber gefunden, daß der Mehrverbrauch an Kraft über das Doppelte der Tourenzahl, in Prozenten ausgedrückt, beträgt. Genauer ist dieser Mehrbedarf nach der Formel

$$\frac{(a^2 - b^2) \cdot 100\%}{b^2}$$

zu finden.

Setzt man für $a = 100$ Touren und für $b = 90$ Touren ein, so erhält man:

$$\frac{(100^2 - 90^2) \cdot 100}{90^2} = \frac{1900 \cdot 100}{8100} = 23{,}5\%,$$

so daß der Webstuhl

$$0{,}6 + \frac{0{,}6 \cdot 23{,}5}{100} = 0{,}74 \text{ PS}$$

nötig hat.

Aus diesem Umstande folgt weiterhin, daß die Webstuhlteile bei jeder Steigerung der Tourenzahl auf ihre Haltbarkeit ungleich stärker beansprucht werden, so daß aus dem erwarteten Vorteil einer Mehrleistung unter Umständen ein Nachteil entstehen kann. Dieser Nachteil zeigt sich nicht nur in den Brüchen, sondern muß naturgemäß in der Lebensdauer eines Webstuhles zum Ausdruck kommen. Auch die zu verarbeitenden Garne werden mehr leiden, es werden mehr Fadenbrüche eintreten, so daß die Produktion mit der gesteigerten Tourenzahl nicht gleichen Schritt hält, zum Teil sogar zurückgeht, wie es Versuche lehren.

Einschützige Webstühle können schneller laufen als Wechselstühle. Von großem Einfluß ist die Bauart. Es läßt sich behaupten, daß die Webstühle des ersten Stuhlsystems schneller laufen können als die der andern. Das Gewicht der Webschützen ist ebenfalls von großem Einfluß; leichte Schützen für Seidenwebstühle von 200 g oder von 300 g für Baumwollwebstühle gestatten eine viel größere Tourenzahl als schwere von 850 g, wie sie an Buckskin- oder Jutestühlen usw. Verwendung finden. Ferner können Webstühle mit Losblatteinrichtung (Blattflieger oder Blattstecher) schneller laufen als mit festem Blatt (Ladenstecher), weil die Lade nicht plötzlich gestoppt zu werden braucht; das Blatt weicht nach hinten aus und verhindert beim Klemmen der Schützen im Fach die Beschädigung von Ware oder Blatt. Auch die Art der Schaftbewegung ist nicht gleichgültig, wie es schon hervorgehoben worden ist: Trittexzenter gestatten größere Geschwindigkeiten als Schaftmaschinen und Offenfachmaschinen größere als Geschlossenfachmaschinen; ähnlich verhält es sich mit den Jacquardmaschinen.

Baumwollwebstühle können mit folgenden Tourenzahlen laufen, wobei für die höheren Geschwindigkeiten Losblatteinrichtung nötig ist.

Webbreite in cm (Blattbreite 12—16 cm mehr)	Tourenzahl	Webbreite in cm (Blattbreite 12—16 cm mehr)	Tourenzahl
50	220	122	175
60	215	132	170
70	210	142	165
78	205	152	160
85	200	162	155
92	195	170	150
98	190	180	145
104	185	188	140
114	180		

Über 220 Touren geht man äußerst selten hinaus. Der Webstuhl läßt wohl eine größere Geschwindigkeit zu, indessen leiden die Ketten- und Schußgarne zu stark, so daß die Produktion unvorteilhaft wird.

Die Leinen-, Segeltuch- und Jutewebstühle laufen etwa 25—40% langsamer als die Baumwollstühle.

Die Seidenwebstühle machen je nach Breite und Ware:
    bei gewöhnlicher einschütziger Ausführung 120—150 Touren,
    ,, sogenannter Schnelläuferkonstruktion 150—220 ,,
    ,, Wechselstühlen 90—110 ,,

Ferner kann man annehmen:
Plüschwebstühle mit . . . . 100—120 Touren,
einschützige Samtwebstühle von 70 cm Blattbreite mit   140 ,,
  ,,   ,,   ,, 150 ,,   ,,   ,,   110 ,,
zweischützige   ,,   ,, 70 ,,   ,,   ,,   120 ,,
,,   ,,   ,, 150 ,,   ,,   ,,   105 ,,

Die Buckskinstühle sächsischer Bauart schwanken in der Tourenzahl außerordentlich. Die älteren machten bei etwa 210 cm Blattbreite 60—70 Touren; durch die im Laufe der Jahre vorgenommenen Verbesserungen gelang eine Steigerung auf 100 Touren; bei Blattbreiten von 180—190 cm geht man in einzelnen Fällen schon auf 110—120. Indessen richtet sich die Tourenzahl nach der Ware. Sind bei sehr guten Kammgarnketten 120 Touren noch eben zulässig, so muß man bei Streichgarnketten meistens auf 70—85 zurückgehen.

Der Kraftverbrauch mechanischer Webstühle ist verschieden. Von großem Einfluß ist die Konstruktion, Antriebsart, Montierung und Wartung des Stuhles. Schon die Verwendung der allbekannten Friktions- oder Reibungskupplung von Fig. 12 oder 17 verursacht einen Kraftverbrauch, weil der seitliche, d. h. axiale Lagerdruck viel größer ist, als man bisher angenommen hat. Um über diesen Kraftverbrauch und den von vielen Fachleuten noch immer befürworteten Gruppenantrieb einwandfreie Aufklärung zu erhalten, hat der Verfasser im Jahre 1910 einige für eine Beurteilung grundlegende Versuche gemacht.

Zunächst handelt es sich um die Feststellung der Reibungsverluste bei der Friktionskupplung von Fig. 17. Der Vergleich kann hierbei nur mit Hilfe einer solchen Kupplung genommen werden, die jeden axialen Lagerdruck vermeidet. Zur Verfügung stand die Zentrifugal-Reibungskupplung von Fig. 31. Die Versuche wurden mit einem $^2/_3$-PS-Elektromotor an einem neueren Buckskinstuhl sächsischer Bauart von 220 cm Blattbreite und schwerem 18 schäftigen Drapéstoff vorgenommen. Gewebt wurde mit 3 Schützen. Bei der Kupplung von Fig. 17 machte der Stuhl 85 und bei der Zentrifugalkupplung von Fig. 31 dagegen 87 Touren. Es wurde mit der Zentrifugalkupplung eine Kraftersparnis von 10% festgestellt. Unter Berücksichtigung der größeren Tourenzahl wird die Ersparnis von 10% mit der Zentrifugalkupplung noch etwas größer sein als mit der Friktionskupplung. (Die Sächsische Webstuhlfabrik hat in neuerer Zeit, um den Reibungsverlust bei der Friktionskupplung von Fig. 17 zu vermindern, zwischen K_3 und S_1 einen Kugeldruckring eingeschoben und durch das D. R. G. M. 459876 schützen lassen; sie erreicht nach ihrer Angabe ebenfalls 10% Kraftersparnis.)

Der Antrieb von dem Motor auf den Webstuhl geschah durch Zahnräder, weil angenommen wurde, daß sich die Versuche mit Riemenantrieb nicht sicher genug machen ließen; jede ungleiche Riemenspannung hätte das Ergebnis nachteilig beeinflußt. Nach der festgestellten Kraftersparnis von 10% möchte der Verfasser annehmen, daß jeder Riemenantrieb gegenüber dem Zahnräderantrieb ebenfalls Kraftverluste aufweisen werde, und daß dieser Verlust an schweren Webstühlen wegen der nötigen stärkeren Riemenspannung und der damit verbundenen stärkeren Lagerreibung größer sein müsse als an leichten Stühlen. Der Antrieb mit Rohhautritzeln erweist sich nach den Erfahrungen des Verfassers in jeder Hinsicht bei richtiger Montage einwandfrei.

Aus den vorher besprochenen Versuchen kann man aber auch entnehmen, daß mit jeder schlechten Montage und Wartung des Stuhles und daher entstehenden Lagerreibung ein Kraftverlust verbunden sein muß, und daß die Verwendung von Kugellagern für die Hauptwellen nur vorteilhaft sein kann. Auf Seite 248 ist bereits darauf hingewiesen worden, daß auch beim Schützenschlag durch Entlastung des Schützens vom Bremsdruck Kraftersparnisse erzielt werden können. Auch an den Schaftmaschinen, dem Schützenwechsel u. dgl. ist eine richtige Montage und Wartung bzw. Ölung günstig für den Kraftverbrauch, wie es nicht ausgeschlossen ist, daß durch manche Konstruktionsänderung noch Ersparnisse erzielbar sein dürften.

Die Angaben über den Kraftverbrauch erweisen sich vielfach als zu niedrig. Beim Einzelantrieb darf der Elektromotor nicht zu schwach genommen werden, weil der Webstuhl beim Anlaufen bedeutend mehr Kraft nötig hat als während des Betriebes. Folgende Angaben für den Antrieb durch Elektromotore haben sich praktisch als zutreffend erwiesen:

1. Motore von $\frac{1}{3}$ PS. Alle Baumwoll- und Seidenwebstühle (auch Wechselstühle) bei nicht zu hoher Tourenzahl.

2. Motore von $\frac{1}{2}$ PS. Schnellaufende Seiden- und Baumwollwebstühle, nicht zu breite Plüschstühle, Samtwebstühle bis 150 cm Blattbreite, Frottierhandtuchwebstuhl, leichte Kammgarnstühle mit hoher Tourenzahl, leichte Jacquardstühle.

3. Motore von $\frac{2}{3}-\frac{3}{4}$ PS. Nicht zu schnellaufende Buckskinstühle. Plüsch- und Samtwebstühle, sehr schnellaufende Automatenstühle.

4. Motore von 1 PS. Besonders breite Plüschstühle, schwere und mit über 75 Touren laufende Buckskinstühle, mittelschwere evtl. schwere, nicht zu schnelllaufende Jacquardstühle.

5. Motore von $1\frac{1}{2}$ PS. Schwere und schnellaufende Jacquardstühle für Möbelstoffe u. dgl., auch schnellaufende Buckskinstühle mit sehr schwerer Ware.

6. Motore von 2 PS. Schwere Rutenwebstühle.

Nach den Untersuchungen von O. May (Dresden, Gerhard Kühtmann 1892), wovon einige nachstehend wiedergegeben sind, ist der Kraftverbrauch (ohne Transmission) im Arbeitsgang und Leergang, sowie nur mit Ladengang und Schützenschlag festgestellt worden, s. Seite 326.

3. Unfallverhütung

Die Vorschriften zur Verhütung von Unfällen erstrecken sich hauptsächlich auf Schutzvorrichtungen gegen Zahnräder, Riemen u. dgl. und gegen das Herausfliegen der Webschützen. Die Unglücksfälle, die durch das Herausfliegen der Webschützen aus der Ladenbahn entstehen, nehmen in der Unfallstatistik keinen hervorragenden Raum ein. Von besonders eingehenden Vorschriften zu ihrer Verhütung ist wieder abgesehen worden. Es ist Bestimmung, daß Webstühle über 65 Touren, zum Teil erst über 70 Touren, mit einem Schützenfänger versehen sein müssen, die an breiten Stühlen am Ladendeckel befestigt werden; sie sind so zu konstruieren, daß der Schützen am Herausfliegen tunlichst gehindert wird. Eine einfache Stange genügt in der Regel nicht. Man behilft sich vielfach mit zwei (oder drei) zu dem Ladendeckel parallel laufenden Stangen, die so nahe an den Schützenkasten gehen, daß der Schützen zwischen ihm und dem Fänger nicht entweichen kann. Diese Querstangen legt man fest, oder man ordnet sie beweglich an, so daß sie beim Ladenanschlag mechanisch oder mit der Hand aufklappbar sind und das leichte Einziehen der Kettenfäden gestatten. An schnellaufenden schmalen Baumwoll- und Seidenwebstühlen usw. sind solche Schutzvorrichtungen besonders hinderlich, weil sie dem Weber die Aussicht auf die Ware nehmen und ihn auch in der Arbeit stören. Es genügen Schutznetze im Rahmen von 0,5 zu 0,5 m an beiden Seiten des Stuhles.

Nr.	Beschreibung	Ware											

a) Baumwollwebstühle (erstes Stuhlsystem).

Nr.	Beschreibung	Ware											
1.	Losblatt, außenlieg. Trommel, Revolverwechsel, Oberschlag	Flanell	98	75	160	1820 Nr. 24	18 Nr. 10	25	0,12	0,074	0,027	0,037	Wechsel 0,036	—
2.	Innentritte, Steigwechsel, positiver Warenbaumregulator, Oberschlag	desgl.	100	75	144	1820 Nr. 24	18 Nr. 10	25	0,162	0,108	—	0,059	Wechsel 0,014	—
3.	Innentritte, positiv. Warenbaumregulator, Oberschlag	desgl.	102	75	180	2008 Nr. 24	20 Nr. 10	25	0,219	0,123	0,065	0,078	Geschirr 0,02	—
4.	desgl. Unterschlag	Domestic Sch. 300 g	107	88	168	2080 Nr. 12	64 Nr. 15	23	0,154	0,116	0,034	0,079	—	655
5.	4schäft. posit. Regulator, Unterschlag	Flanell Sch. 300 g	107	86	168	2250 Nr. 17	52 Nr. 9	23	0,099	0,086	0,031	0,051	Geschirr 0,014	655
6.	2schäft. Innentritte	Domestic	107	76	169	1800	64	23	0,217	0,126	0,034	0,091	—	—
7.	3schäft. Innentritt, positiver Regulator	Satinet Sch. 300 g	116	91	180	3040 Nr. 25	56 Nr. 12	23	0,189	0,088	0,036	0,044	Geschirr 0,022	580
8.	4schäft. Innentritt, positiver Regulator	Köperbarch. Sch. 320 g	135	102	154	3760 Nr. 17	68 Nr. 10	23	0,197	0,095	0,021	0,061	Geschirr 0,013	700
9.	3schäft. Innentritt, positiver Regulator, Oberschlag	Satinet Sch. 320 g	157	141	149	4680 Nr. 25	56 Nr. 25	23	0,267	0,112	0,065	0,059	Geschirr 0,021	890

b) Baumwollwebstühle mit Jacquardmaschinen (erstes Stuhlsystem).

Nr.	Beschreibung	Ware											
10.	400er Jacquardm., positiver Regulator, Oberschlag	Damast	107	90	150	—	—	21	0,206	0,221	0,05	0,08	Jacquardm. 0,108	Gewic der Ei 52 k
11.	desgl.	desgl.	107	90	150	—	—	21	0,283	0,264	0,043	0,1	desgl.	—
12.	600er Jacquardm., positiver Regulator, Oberschlag	desgl.	155	138	115	—	—	21	0,208	0,139	0,023	0,058	Jacquardm. 0,074	Gewic der Ei 78 k
13.	744er Jacquardm., positiver Regulator, Oberschlag	desgl.	200	137	110	—	—	21	0,359	0,284	0,09	0,154	Jacquardm. 0,175	Gewi der Ei 96 k
14.	desgl.	desgl.	230	137	100	—	—	21	0,431	0,388	—	—	Jacquardm. 0,021	desg

c) Jutewebstühle (erstes Stuhlsystem).

Nr.	Beschreibung	Ware											
15.	Sackingstuhl, posit. Regul., Oberschlag	Hessian 12½ Uz. Sch. 800 g	92	80	135	444 Nr. 6	6,2 Nr. 5½	25	0,344	0,311	0,157	0,134	Geschirr 0,039	1040
16.	desgl.	Hessian 11 Uz. Sch. 850 g	140	115	124	574 Nr. 6	5,8 Nr. 5½	25	0,481	0,427	0,200	0,297	—	1270
17.	desgl.	Tarpowling (Sackstoff)	140	115	124	1156 Nr. 6	6,2 Nr. 3	25	0,709	0,427	mit Geschirr 0,2	0,297	—	—
18.	Hessianstuhl, posit. Regul., Oberschlag	Hessian 11 Uz. Sch. 850 g	208	150	106	752 Nr. 6	5,8 Nr. 5½	25	0,700	0,314	mit Geschirr 0,043	0,128	Geschirr 0,033	1600

d) Kammgarn-Webstühle (erstes Stuhlsystem).

Nr.	Beschreibung	Ware											
19.	Außenliegende Trommeltrittbewegg., pos. Regul., Oberschlag	Weiße Kammgarnware 4schäftig	132	86	150	2200 Nr. 54	26 Nr. 86	33	0,225	0,122	0,047	0,062	—	—
20.	12schäft. Schaftmaschine mit Federzug, Oberschlag	desgl. 12schäftig	160	122	140	4160 Nr. 52	38 Nr. 78	33	0,269	0,186	0,117	0,5	—	—

e) Leinen- und Segeltuch-Webstühle (erstes Stuhlsystem)

Nr.	Beschreibung	Ware											
21.	10schäft. Schaftmaschine, posit. Regul. Unterschlag	Handtuch 8schäftig	80	42,5	130	1062 Tow 16	13 Tow 16	40	0,268	0,211	0,113	0,065	Schaftm. 0,085	80
22.	Innentritt, positiver Regul., Unterschlag	Glatt Leinen	105	94	135	1110 Tow 12	15 Tow 6	40	0,336	0,275	0,14	0,131	—	95
23.	Innentritt, posit. Regul., separater Garnbaumständ., autom. Differential-Kettenspannung, Oberschlag	Segeltuch 2schäftig	112	100	125	2020 7	8 Tow 8 2fach	30	1,039	0,717	0,384	0,315	—	180
24.	desgl.	desgl.	210	190	100	3980 Tow 12	7 Bd. 3	30	1,124	0,774	0,376	0,380	Geschirr 0,106	260
25.	Innentritt, positiver Regul., Unterschlag	Leinen 2schäftig	210	190	110	4000 Tow 12	6 Bd. 5	30	0,519	0,397	0,224	0,185	—	170

6. Teil.

Zusammenfassung

Am Schlusse dieses Buches soll eine kurze Zusammenfassung der wesentlichsten Teile des ersten und zweiten Webstuhlsystems vorgenommen werden. Eine solche Wiederholung hat sich im Unterricht sehr gut bewährt und dürfte auch dem Leser willkommen sein.

In der Wiederholung sind die Skizzen einfach und übersichtlich gegeben. Neben einer möglichst kurzen Besprechung dieser Skizzen wird auf die vorhergehenden Zeichnungen und deren eingehenden Erläuterungen im Text verwiesen und so eine Brücke zwischen diesem Anhang und dem Hauptteil dieses Buches hergestellt. Die Buchstabenbezeichnung der einzelnen Maschinenteile dieser Skizzen stimmen mit den vorhergehenden Bezeichnungen überein, so daß schon aus diesem Grunde von einer nochmaligen Besprechung abgesehen werden kann.

Erstes Webstuhlsystem
in einfacher Bauart

Das Merkmal dieses Systems ist die Verwendung der Kurbelwelle A und der Schlag- oder Triebwelle A_1, Fig. 395 (siehe Fig. 3, ferner Fig. 6) in einem Übersetzungsverhältnis 1 : 2.

a) Aufgabe der Kurbelwelle = A

Auf der rechten oder linken Seite der Kurbelwelle (daher Rechts- oder Linksantrieb) befindet sich der Antrieb durch Fest- und Losscheibe (Fig. 3, 4, 5) oder durch Friktionsantrieb (Fig. 12—12a) oder durch Elektromotoren-Einzelantrieb (Fig. 28—44).

In allen Fällen ist der Webstuhl mit einem Ausrücker versehen, damit der Weber den Webstuhl bei dem Fest- und Losscheibenantrieb durch die Riemengabel (Fig. 3, 9, 9a, 10) oder durch die Friktionskupplung (Fig. 12, 12a), oder bei dem elektrischen Einzelantrieb durch den Schalter abstellen kann.

Der Ausrücker wird dann durch den Webstuhl selbst in Tätigkeit gesetzt, wenn der Schützen seinen Kasten nicht erreicht (siehe L_1 in Fig. 9 oder o—o_1 in Fig. 288 und 287) oder wenn Kettenfadenwächter vorhanden sind (Fig. 268).

Von der Kurbelwelle aus wird die Lade in Bewegung gesetzt, Fig. 396 (Fig. 4, 279, 281, 288). Das Stoppen der Lade durch o, Fig. 288 oder L_1

in Fig. 9 und das dadurch verursachte plötzliche Stillstehen des Webstuhles in dem Falle, daß der Schützen den Kasten nicht erreicht, wird neuerdings durch Anordnung gelenkiger Schubstangen vermieden. Zu diesem Zwecke denke man sich Schubstange S in Fig. 396 zweiteilig, so daß S, wenn die Lade nicht anschlagen soll, einknickt, während der Stuhl weiterläuft.

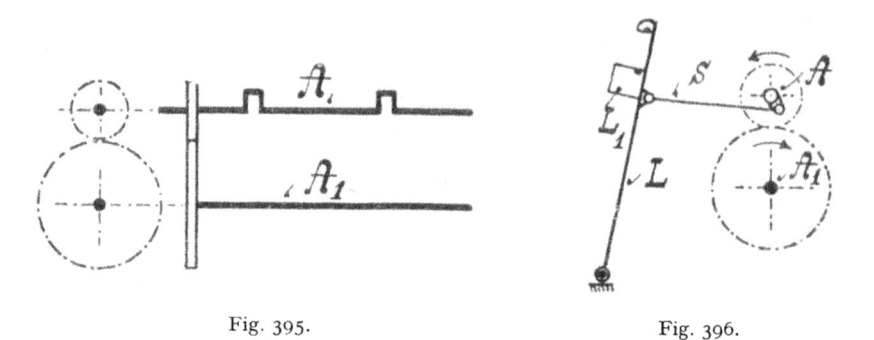

Fig. 395.   Fig. 396.

Diese Vorrichtung läßt sich auch an Stelle der Losblatteinrichtungen (Fig. 298) verwenden.

An den Buckskinstühlen sächsischer Bauart (Fig. 16, zweites Stuhlsystem), die in dieser Zusammenfassung noch berührt werden, ist eine solche Vorrichtung gelenkiger Schubstangen ungeeignet, aber auch unnötig, weil das Stoppen der Lade (siehe Fig. 280) vollkommen elastisch geschieht, Fig. 304, ferner Fig. 17. Die Bewegung weiterer Teile des Webstuhles von der Kurbelwelle aus ergibt sich aus den folgenden Abbildungen.

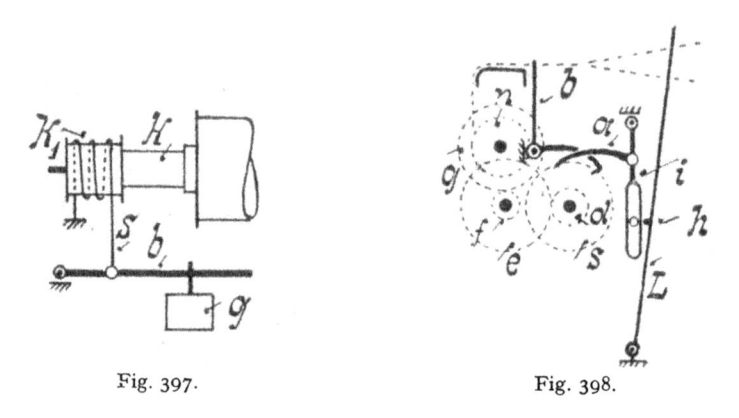

Fig. 397.   Fig. 398.

b) Aufgabe der Schlag- oder Triebwelle $= A_1$.

Ihre Arbeitsleistung besteht darin, den Schützenschlag in Tätigkeit zu setzen, Fig. 404 (Fig. 288) oder die Schaftmaschinen, Fig. 401 und 402, oder die Jacquardmaschinen, Fig. 403, zu bewegen und ferner die Trittexzenter bei Innentritten zu drehen, Fig. 399 (Fig. 161 und 162), oder denselben bei Außentritten, Fig. 400, ein Stützpunkt bzw. Drehzapfen zu sein (Fig. 183—185). Weiteres siehe nachfolgend.

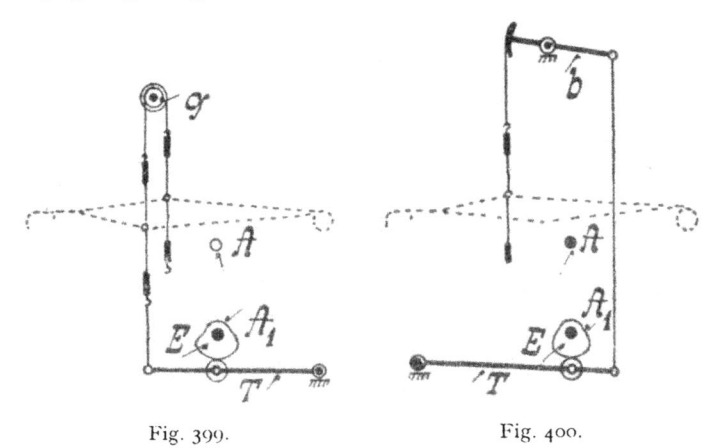

Fig. 399.   Fig. 400.

Die Bewegung der Kette in der Längsrichtung vom Kettbaum auf den Warenbaum

Der Kettbaum, der mit seinen Zapfen oder Wellenenden im Stuhlgestell drehbar gelagert ist, wird mit einer Seilbremse in Verbindung gebracht, Fig. 397 (Fig. 64). Die Verwendung der Seilbremse ist für Baumwollgewebe, Flanelle, Zanella, Damentuche und leichte Herrenstoffe usw. vorteilhaft. Für schwere Gewebe wird das Seil durch eine eiserne Kette

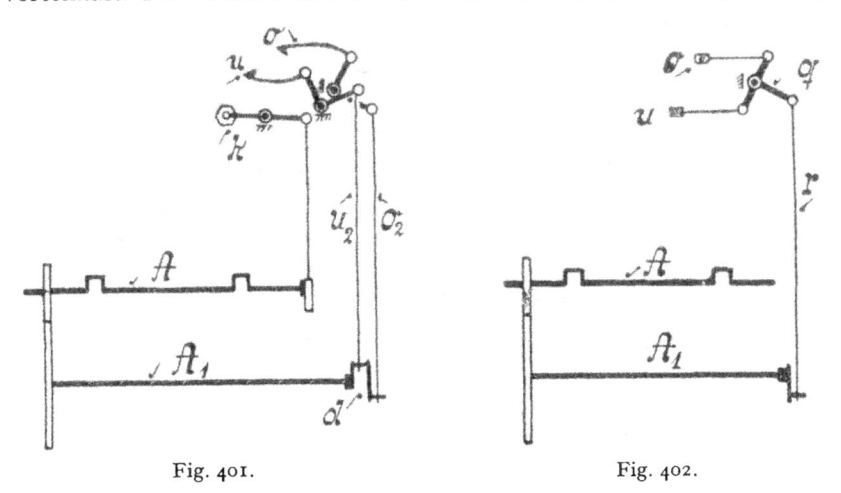

Fig. 401.   Fig. 402.

ersetzt, so daß aus der Seil- eine Kettenbremse wird (Fig. 69). Vielfach werden an Stelle der Bremsen negative Kettbaumregulatoren genommen (Fig. 87 u. dgl.).

Weiterhin geht die Kette über den Streichbaum, der vielfach nicht beweglich, also fest gelagert ist, weil in den meisten Fällen (von Leinwandbindung abgesehen) mit Offenfach gearbeitet wird.

Das hergestellte Gewebe geht über den Brustbaum und wird von dem Warenbaum aufgewickelt. In den meisten Fällen ist ein positiver Warenbaumregulator vorgesehen, weil auf diesen einfachen Stühlen gewöhnlich gleichmäßig gesponnenes Garn verwebt wird, Fig. 398 (Fig. 97). Angetrieben wird dieser Regulator durch die Ladenstelze. i ist der die Schaltklinke a bewegende Kulissenhebel. a schaltet an dem Schaltrade s. Die bekannte Expansionsklinke c (Fig. 97) ist in Fig. 398 weggelassen.

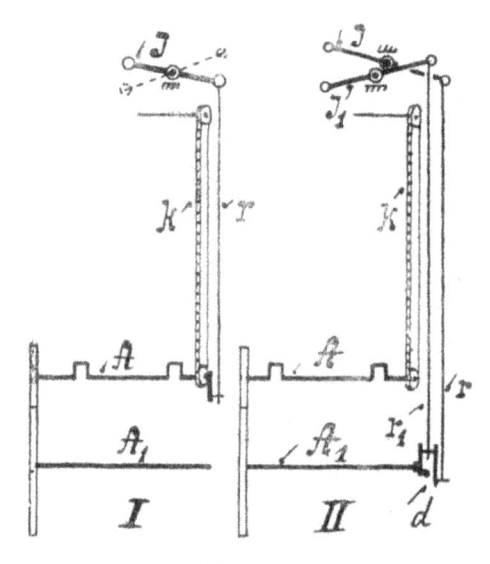

Fig. 403.

Die Bewegung für die Fachbildung

Soweit es sich um die Fachbildung durch Schäfte handelt, erfolgt die Bewegung der Schäfte durch Trittexzenter oder Schaftmaschinen.

Fig. 399 zeigt Innentritte (Fig. 161 und 162), die hauptsächlich in Baumwollwebereien Verwendung finden.

Für Damentuche, Zanella, Flanelle und leichte Herrenkammgarnstoffe usw. nimmt man Außentritte, Fig. 400 (Fig. 183—185). Die Trittexzenter haben ihren Drehpunkt auf der Trieb- oder Schlagwelle und werden durch geeignete Zahnradübersetzung von der Kurbelwelle aus gedreht, Fig. 183 und 184.

Zum Senken für Fig. 400 verwendet man bekanntlich statt der Feder vielfach Gegenzüge.

Sollen mehr als 8—12 Schäfte angewendet und soll mit der Bindung öfters gewechselt werden, so nimmt man Schaftmaschinen. Hierfür kommen hauptsächlich zwei Offenfachmaschinen in Anwendung, nämlich

Gegenzüge für Außentritte.

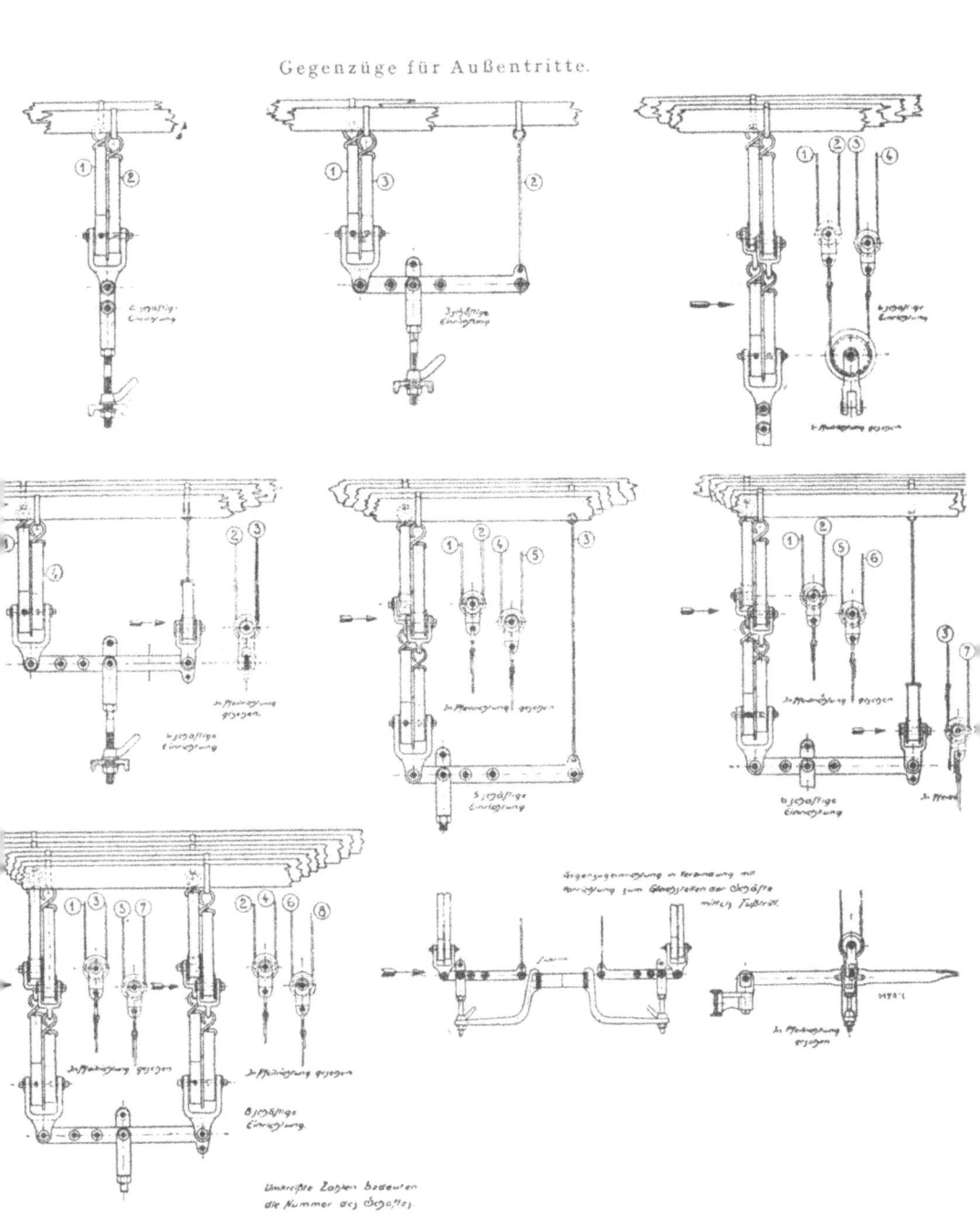

Zur Beachtung! Der 1. Schaft ist immer hinten anzunehmen. Die Riemenhaken werden direkt an den Schaftösen eingehängt und ist eine Verstellung des Faches nach unten nur durch die Schraubenspindel vorzunehmen. Das Einstellen der einzelnen Schäfte hat oben zu erfolgen. Die Riemenlänge braucht nicht geändert zu werden, bei 3-, 4-, 5- und 6-schäftig verwendet man Zwischendrähte. An der Stufenrolle B 753 läßt sich durch Versetzen der Stellschraube die freie Länge des Riemens je nach Bedarf einstellen.

a) die Schaufelschaftmaschine, Fig. 401 (Fig. 226), und
b) die Doppelhubmaschine, Fig. 402 (Fig. 235 und 236).

Die Messer oder Schaufeln der unten a genannten Maschine, Fig. 401 (Fig. 226), werden von der unteren Welle aus durch eine Doppelkurbel d und die Stangen o_2, u_2 bewegt. An Stelle dieser Doppelkurbel benutzt man auch doppelte Exzenter bzw. auch Trittexzenter, die dann so arbeiten, wie in Fig. 161 die Trittexzenter für die Schaftbewegung. Man vergleiche auch Fig. 231. Das Kartenprisma k wird nach Fig. 401 von der Kurbelwelle aus gehoben und gesenkt.

Die Doppelhubmaschine erhält ihre Messerbewegung von der unteren Welle A_1 und macht nach je zwei Schüssen eine volle Bewegung, Fig. 402 (Fig. 235, 236). Im allgemeinen erfolgt die Schaltung bzw. Wendung des Kartenprismas durch einen Wendehaken oder durch Klinken von der Schaftmaschine selbst, so daß ein besonderer Antrieb nicht nötig ist. Soll das Prisma aber zum Zwecke des Rückwebens mit dem Webstuhl, wenn dieser von Hand aus oder durch Antrieb rückwärts läuft, ebenfalls selbsttätig rückwärts laufen, so benutzt man einen Antrieb durch Kette d und Schnecke, Fig. 238.

Bei der Fachbildung durch Jacquardmaschinen hat man bekanntlich 1. Hochfach-, 2. Hoch- und Tieffach- und 3. Doppelhubmaschinen. Für Hochfachmaschinen ist der Messerkasten nach Fig. 403, I von der Kurbelwelle A aus zu bewegen. J ist der durch r heb- und senkbare Hebel des Messerkastens M, Fig. 261. Die Schaltung des Kartenprismas geschieht vielfach durch Wendehaken Fig. 261, I, w. Soll das Prisma jedoch mit dem Rücklauf des Webstuhles ebenfalls selbsttätig rückwärts laufen, so ist ein Antrieb durch die Kette k vorzunehmen, Fig. 403, I (Fig. 262 und 263).

Für die Hoch- und Tieffach-Jacquardmaschinen ist eine Doppelkurbel nötig, welche mit der Kurbelwelle A ebenso in Verbindung steht wie d in Fig. 403, II mit A_1. Dann muß die Stange r den Messerkasten und die andere den Platinenboden heben und senken, siehe auch Fig. 261 und 265.

Die Doppelhubmaschine (Halboffenfach) von Fig. 251 erfordert den Antrieb durch eine Doppelkurbel d von der unteren Welle A_1, Fig. 403, II. Die Stange r mit dem Hebel J ist für den Messerkasten a und die Stange r_1 mit dem Hebel J_1 für den Messerkasten b (Fig. 251) bestimmt. Von k wird das Kartenprisma bewegt.

An Stelle der Kurbeln und Stangen kann auch ein Kettenantrieb k von der Kurbel- oder Schlagwelle aus vorgenommen werden, siehe Fig. 262 und 263.

Die Bewegung des Schusses

Wie es schon bekannt ist, wird die Lade von der Kurbelwelle aus mittels langer Schubstangen S bewegt, Fig. 396 (Fig. 279). Die Welle wird bei Oberschlagstühlen in der angegebenen Richtung gedreht.

Hauptsächlich ist hier der Oberschlag in Anwendung, Fig. 404 (Fig. 288 bis 292). An einschützigen Webstühlen ist die Lade mit festen Schützenkasten versehen. p ist der Picker, b der Schläger oder Schlagarm, a die Schlagwelle, t die Schlagrolle und E der Schlagexzenter. Den Beginn des Schlages reguliert man durch das Vor- und Rückwärtsstellen des Schlagexzenters, die Schlagstärke aber durch die Nasenform des Exzenters E, die Länge des Schlagriemens b_1 und bis zu einem gewissen Grade durch die Stellung des Schlägers b.

Das Höher- oder Tieferstellen der Schlagrolle t an a hat einen Einfluß auf den Beginn des Schlages und die Schlagstärke.

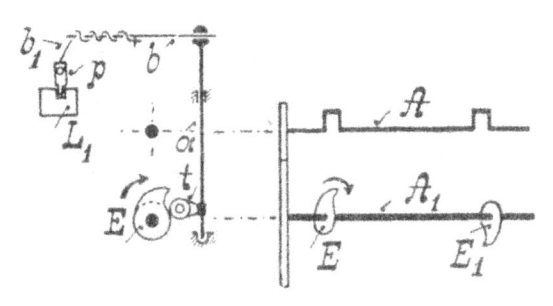

Fig. 404.

Auf der Pickerstange befindet sich noch der Fangriemen und das Prallleder oder der Puffer. Der Fangriemen sorgt neben der Kastenklappe für das elastische Auffangen des Schützens und das Pralleder für die Schonung des Pickers beim Anschlage; siehe i (Fangriemen) und h (Pralleder) in Fig. 296.

An mehrschützigen Oberschlagwebstühlen mit Steigkasten liegt die Pickerstange vor dem Schützenkasten Fig. 293. Ist dann ein beliebiger Schützenschlag vorhanden, so geschieht die Schlagsteuerung durch Karten, Fig. 295.

Der Oberschlag für Revolverstühle ist in Fig. 296 wiedergegeben.

Für Unterschlagwebstühle des ersten Stuhlsystems findet man vielfach die Einrichtung nach Fig. 299, 300 und 305.

Zweites Webstuhlsystem
Der Buckskinstuhl (Fig. 16)

Der Buckskinstuhl sächsischer Bauart ist mit seinen hauptsächlichsten Arbeitsorganen in Fig. 405 abgebildet. Die einzelnen Teile sind nach den Figuren bezeichnet, die im vorhergehenden Text eingehend beschrieben sind. Man vergleiche diese Beschreibungen.

Der Antrieb des Webstuhles geschieht durch Friktionsantrieb (Fig. 17). Von der Welle A wird die Lade L bewegt (Fig. 280).

Die Bewegung der Kettenfäden in der Längsrichtung

geht von dem Kettbaum k aus. Vorhanden ist eine Band- und Muldenbremse (Fig. 74). Der Streichbaum (Fig. 112—113) muß eine Bewegung von der Lade aus erhalten, weil der Webstuhl mit Geschlossenfach arbeitet.

Das Gewebe gleitet über den Brustbaum (Fig. 119) und wird durch den negativen oder schwebenden Warenbaumregulator aufgewickelt (Fig. 92—93).

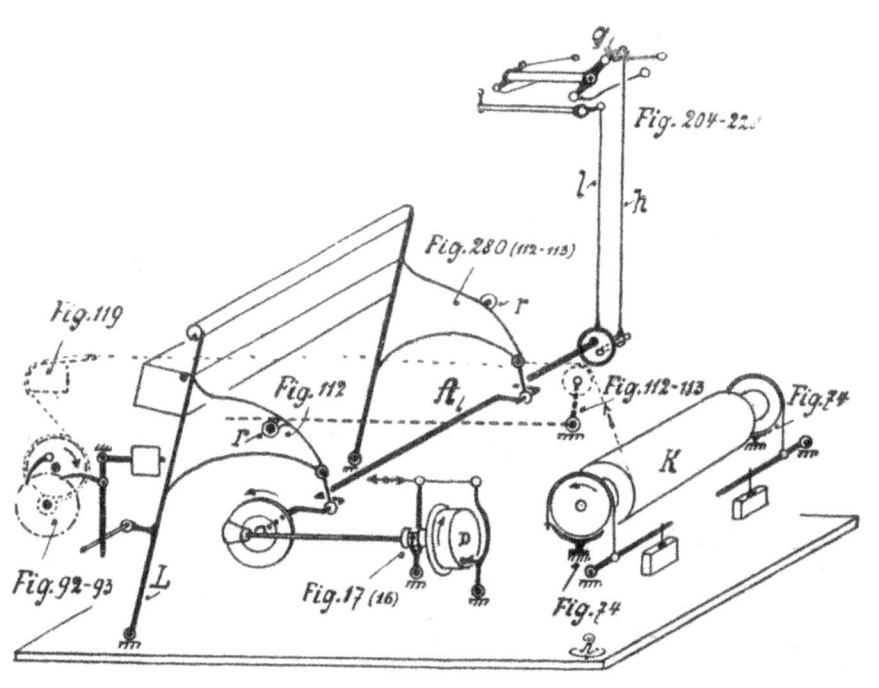

Fig. 405.

Die Bewegung der Kettfäden für die Fachbildung

geschieht durch die Schemelschaftmaschine (Fig. 204—220). h und l sind bekannte Stangen, die von der Kurbelwelle aus bewegt werden. Fig. 204 mit der Beschreibung im Text erklärt den Vorgang für die Schaftbewegung; siehe auch Fig. 205 und 206.

In einigen Fällen, wenn es sich nur um das Weben einfacher Bindungen handelt, wie in Tuchen, Flanellen usw., ersetzt man die Schaftmaschinen durch vertikale Tritte, Fig. 191.

Die Bewegungen für den Schuß

Gewöhnlich ist der Webstuhl mit Schützenwechseleinrichtung versehen, und es ist eine selbsttätige Schlagsteuerung vorhanden, wie es Fig. 406 zeigt (siehe Fig. 302—304). a ist der Hauptschlaghebel, der von dem Schlagexzenter E, der Kurbelwelle (Fig. 303) bewegt wird und seine Bewegung durch a_1, a_2, a_4, a_5 auf a_6 überträgt. a_3 und a_6 sind sogenannte Schlagsektoren, welche die Schlagfallen v, v_1 dann mitnehmen und die Schlagarme b—b in Tätigkeit setzen, wenn die Fühlhebel n oder m in Ruhestellung

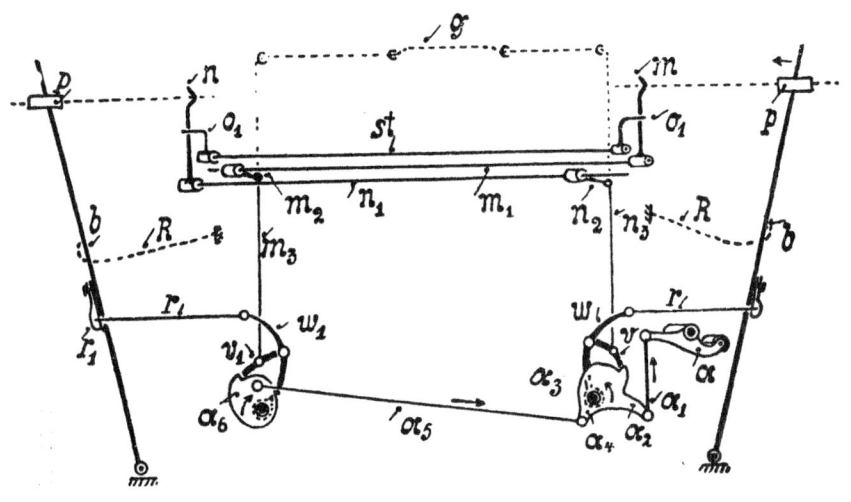

Fig. 406.

sich befinden, also nicht von einem Schützen im Kasten beeinflußt sind. Beim Zurückweben oder Schußsuchen zieht der Weber an dem Riemen g und hebt die Schlagfallen aus.

Über die Arbeit der Pufferwelle st gibt Fig. 303 Aufklärung.

Die Schlagstärke wird nach Fig. 406 erhöht durch das Verkürzen von r oder r_1 oder durch Tieferstellen von r, r_1 an b. Soll demnach die Schlagstärke vermindert werden, so muß man r, r_1 länger machen oder r, r_1 an b höher stellen. R ist der Fangriemen; seine Aufgabe besteht darin, den Schützen elastisch aufzufangen, siehe Fig. 302.

Die Karten für verschiedene Schaftmaschinen

Bekanntlich sind die Geschirreinzüge und die Kartzeichnungen an Hand der Fig. 141a bis 145a eingehend besprochen worden. Die Kartenzeichnung ist die Grundlage für die Anfertigung der Karten zu den verschiedenartigsten Schaftmaschinen. Man bezeichnet eine Schaftmaschine, die sich rechts auf dem Webstuhl befindet, als Rechtsmaschine und die Anordnung auf der linken Seite als Linksmaschine.

Die Geschirreinzüge und Kartzeichnungen werden aber ganz verschieden angefertigt. Der Verfasser hält es daher für zweckmäßig, vor der Besprechung der Karten einige Erklärungen vorauszuschicken.

Wie es Fig. 144 und 144a erkennen lassen, ist die Anfertigung des Geschirreinzuges oberhalb der Bindung das Natürlichste. Zwischen Bindung und Geschirreinzug muß der Blatteinzug stehen, Fig. 145 und 145a.

Sehr gebräuchlich ist die Anordnung des Geschirreinzuges unterhalb der Bindung. Dabei findet man zwei Ausführungsarten. Beide Arten voneinander zu unterscheiden, ist für den Textiltechniker von ganz besonderer Bedeutung.

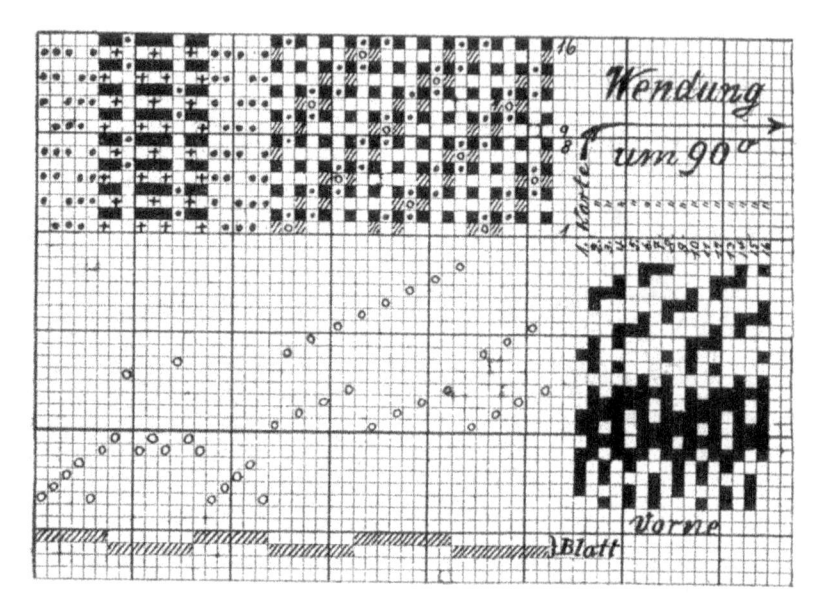

Fig. 407.

In Fig. 407 und 408 ist die Bindung für einen Kammgarnhosenstoff gewählt, und die beiden angegebenen Geschirreinzüge sind für die Besprechung von grundlegender Bedeutung. Der Blatteinzug ist stets nach vorne zu nehmen, rechts von dem Geschirreinzug steht die Kartenzeichnung.

Man beachte, daß die Kettfäden des Obergewebes stets nach vorne oder auf die ersten Schäfte kommen. Diese Anordnung ist nötig, weil die Kettfäden der vorderen Schäfte besser ausspringen und ein reineres Gewebe geben, siehe Fig. 136. Für das Untergewebe sind kleine Unebenheiten ohne Bedeutung.

Der Geschirreinzug von Fig. 407 kann auch ohne weiteres oberhalb der Bindung gesetzt werden (wie in Fig. 144a oder 145).

Nach dem Geschirreinzuge von Fig. 408 stehen die Vorderschäfte oben. Dazu gehört der Blatteinzug.

Eigentümlich gestaltet sich nach diesem Einzuge, den man vielfach in dem Aachener Textilbezirk findet, das Verhältnis zum Webstuhl. Zum besseren Verständnis beachte man dabei, daß der Kamm- oder Geschirrmacher nur den Geschirreinzug nebst Blatteinzug erhält. — Wird ein solches

Geschirr (Kamm) dem Weber übergeben, so sieht er nur nach dem Geschirr mit der Blattseite und hängt es dementsprechend ein. Dabei wird er ganz selbstverständlich das ganze Geschirr umdrehen, und der linke Kettfaden kommt nach rechts, wie umgekehrt der rechte Kettfaden, der vorher letzter war, jetzt erster wird. (Bekanntlich nennt man in der Bindung den linken Kettfaden »erster« und den rechten Kettfaden »letzter«. Der unterste Schußfaden ist ebenfalls der erste.)

Die weitere Folge des Geschirreinzuges von Fig. 408 ist, daß auch in der Vorbereitung der Weberei eine Änderung eintreten muß. Die Kette ist so aufzubäumen, daß der erste (linke) Kettfaden nach rechts kommt.

Der Leser kann sich den ganzen Vorgang noch besser erklären, wenn er Fig. 408 so umdreht, daß sie auf den Kopf zu stehen kommt. Dann ist es dasselbe Verhältnis wie in Fig. 144a oder 145, nämlich von oben nach unten Geschirr, Blatt, Bindung, soweit der Geschirreinzug oberhalb der Bindung steht. Eine so gedrehte Bindung ändert natürlich auch den Anfang in der Kett- und Schußfolge: der erste Kettfaden wird letzter und ebenso der erste Schußfaden. Auch in der Kartenzeichnung muß die Zahl umgeändert werden, also die erste Karte muß letzte werden.

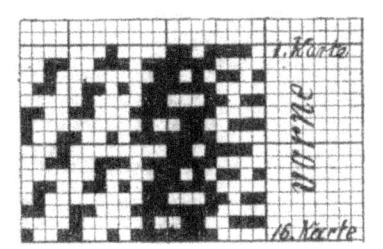

Fig. 407a.   Fig. 407b.

Einen solchen Einzug von Fig. 408 bezeichnet man deshalb treffend mit dem Ausdruck: der umzudrehende Einzug.

Die Bindung von Fig. 407 nebst Einzug und Kartenzeichnung soll nun bei Anfertigung der Karten für folgende Schaftmaschinen benutzt bzw. besprochen werden:

1. Schemelschaftmaschine (Fig. 203—220, siehe auch Fig. 405).
2. Schwingtrommelschaftmaschine (Fig. 221 und 221a).
3. Knowlesschaftmaschine (Fig. 225).
4. Schaufelschaftmaschine (Fig. 226—231, siehe auch Fig. 401).
5. Doppelhubmaschine (Fig. 235, siehe auch Fig. 402).

1. Die Schemelschaftmaschine

In Fig. 409 ist eine sog. Rechtsmaschine skizziert. Die Karten sind nach Fig. 407a angefertigt. Im oberen Teile sind Rollkarten vorgesehen, nämlich 16 Karten für 20 Schäfte.

Im unteren Teile von Fig. 409 sind 2 Pappkarten angegeben. Hier bedeutet jedes geschlagene Loch ein Heben des Schaftes.

Für eine Linksmaschine, wie in Fig. 410, kann man dieselben Karten benutzen wie für Fig. 409, nur ist es nötig, diese Karten zu drehen, d. h. die linke Seite nach oben zu nehmen.

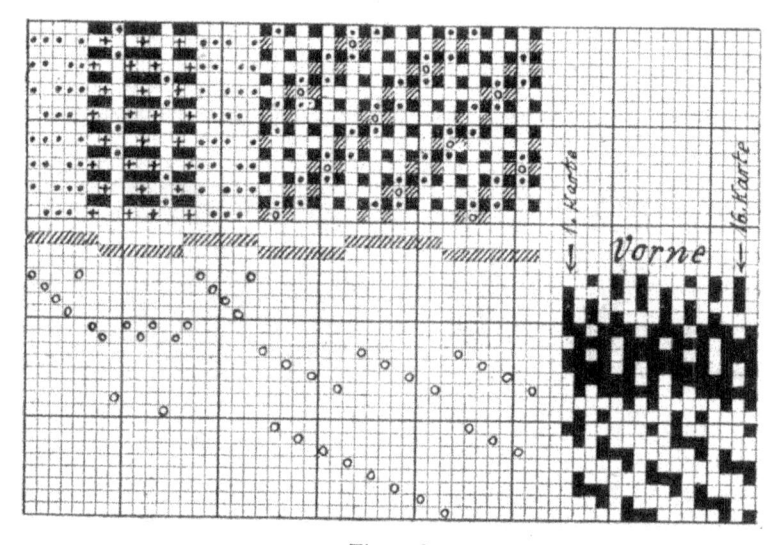

Fig. 408.

Auch für die Pappkarten gilt dasselbe. Damit man die linke Kartenseite nicht nach oben zu nehmen braucht, schnürt man die Pappkarten in anderer Reihenfolge. Wie dies zu machen ist, lehren die Vergleiche zwischen Fig. 409 und 410.

Für eine Linksmaschine kann man die Kartenzeichnung auch ändern, wie in Fig. 407b.

2. Schwingtrommelschaftmaschine

Bei der Anfertigung der Karten hat man sich nach den vorhandenen Anordnungen zu richten. Fig. 411 soll als Anleitung dienen. Man vergleiche damit Fig. 221a. Es ist zu beachten, daß die Kartenwalze a nach Fig. 411 alle ungeradzahligen Karten und a_1 alle geradzahligen aufnimmt; es hätte auch umgekehrt sein können.

Nach Fig. 221 in Verbindung mit Fig. 411 ist der vordere Teil der Karten der Stuhlwand zugedreht. Auch dies hätte man umgekehrt machen können, also den vorderen Teil nach außen nehmen.

Fig. 409.

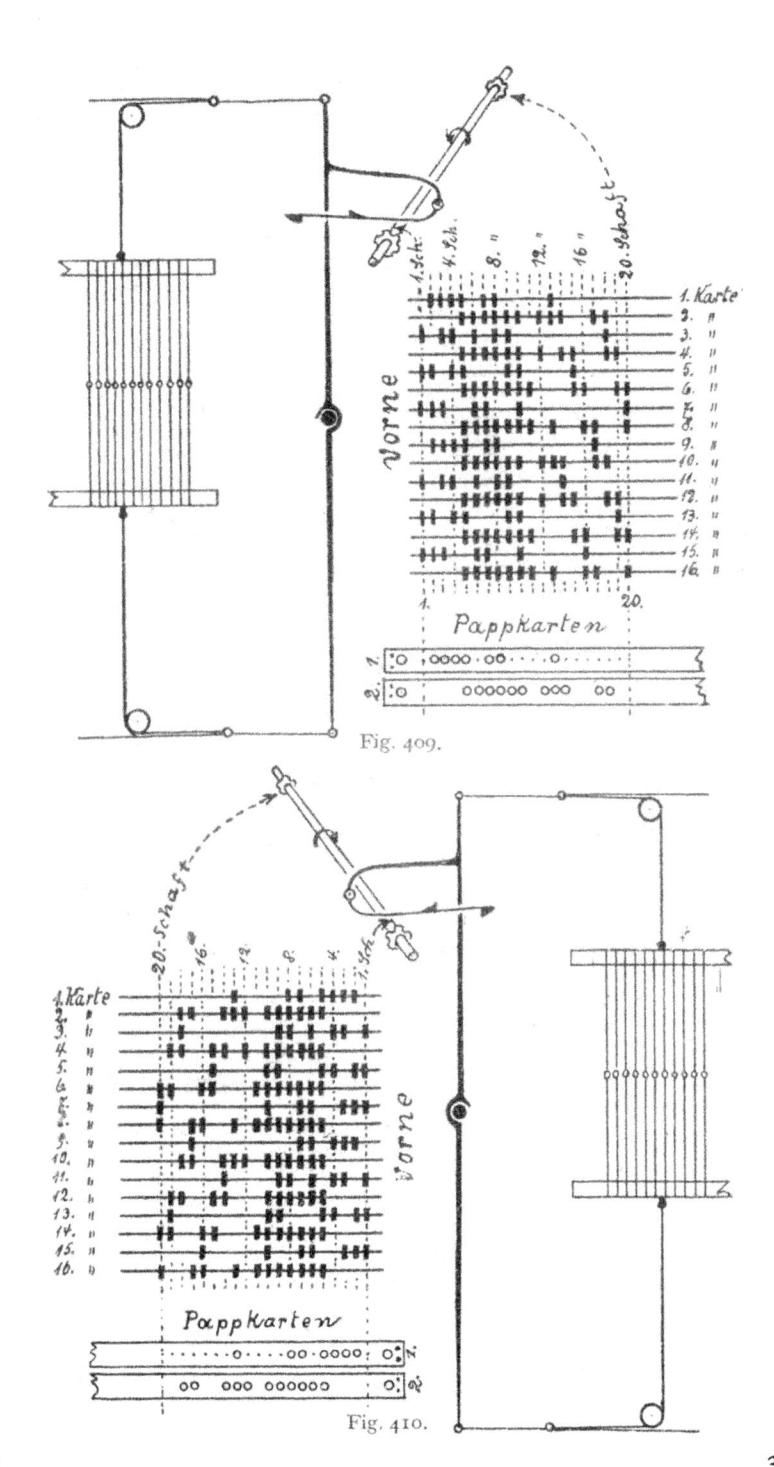

Fig. 410.

Auch die Drehrichtung von a, a_1 und b lassen sich ändern. Damit ist natürlich auch die Anordnung der Karten auf den Kartenwalzen abzuändern. Es dürfte dem Leser aber leicht sein, diese Veränderung zu verfolgen.

Die eisernen Rollkarten von Fig. 411 sind am verständlichsten durch einen Vergleich mit Fig. 410, nur daß sie in der Anwendung ungeradzahlig und geradzahlig zu trennen sind.

3. Die Knowlesschaftmaschine

In Fig. 225 ist eine Linksmaschine gegeben. Die eisernen Rollkarten sind dafür genau so anzufertigen, wie für die Schemelschaftmaschine, also wie in Fig. 410.

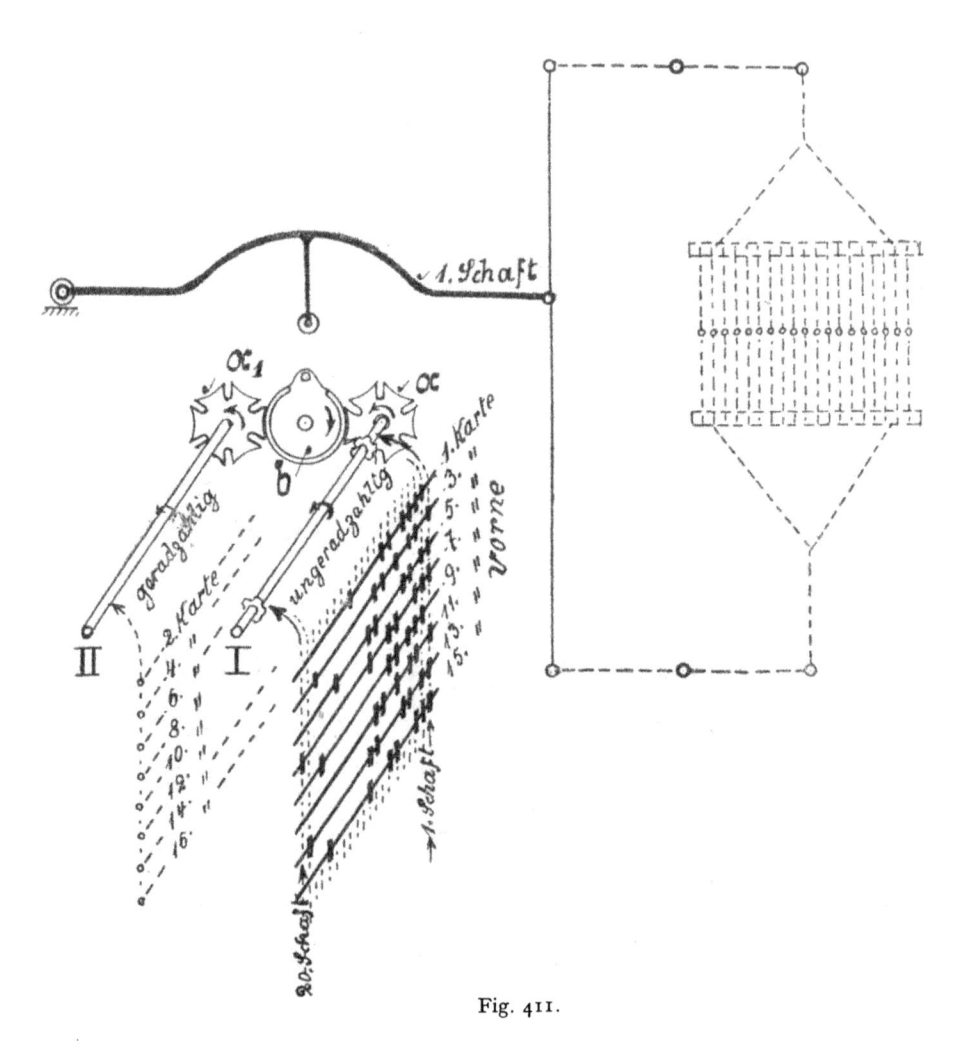

Fig. 411.

4. Die Schaufelschaftmaschine

Die Regel bei der Anfertigung der Karten mit Hilfe der Kartenzeichnung heißt bekanntlich:

Alle ungeradzahligen Karten arbeiten mit der oberen Schaufel und alle geradzahligen mit der unteren.

    a) Für die ungeradzahligen Karten: es wird geschlagen, was in der Kartenzeichnung leer ist;

    b) für alle geradzahligen Karten: es wird geschlagen, was wechselt.

Da nun in Fig. 412 eine Linksmaschine genommen ist, so wird man zweckmäßig die Kartenzeichnung von Fig. 407b benutzen.

Würde sich das Kartenprisma hierbei nach der entgegengesetzten Richtung drehen, so müßten die Karten anders geschnürt werden, nämlich wie für eine Rechtsmaschine.

Die Anleitung für diese Schnürung findet man wieder an Hand der Bemerkungen über die Pappkarten von Fig. 409 und 410.

5. Die Doppelhubmaschine

Der punktiert gezeichnete Teil von Fig. 413 zeigt eine Linksmaschine und die Drehrichtung des Kartenprismas. Nach jeder Wendung arbeiten die ersten oder ungeradzahligen Karten jeder Prismenseite mit dem unteren Messer u.

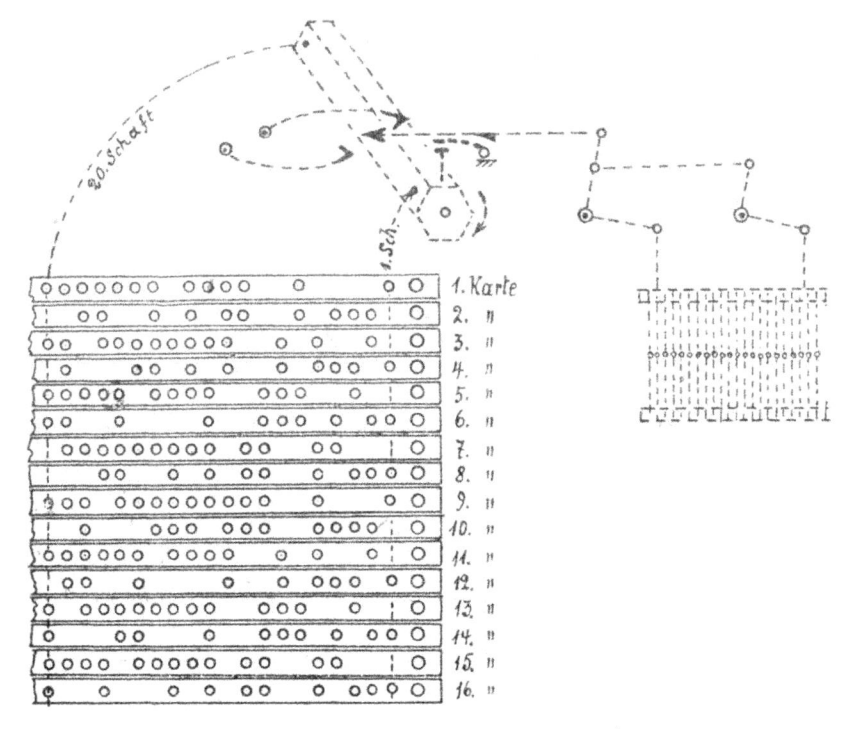

Fig. 412.

Fig. 413.

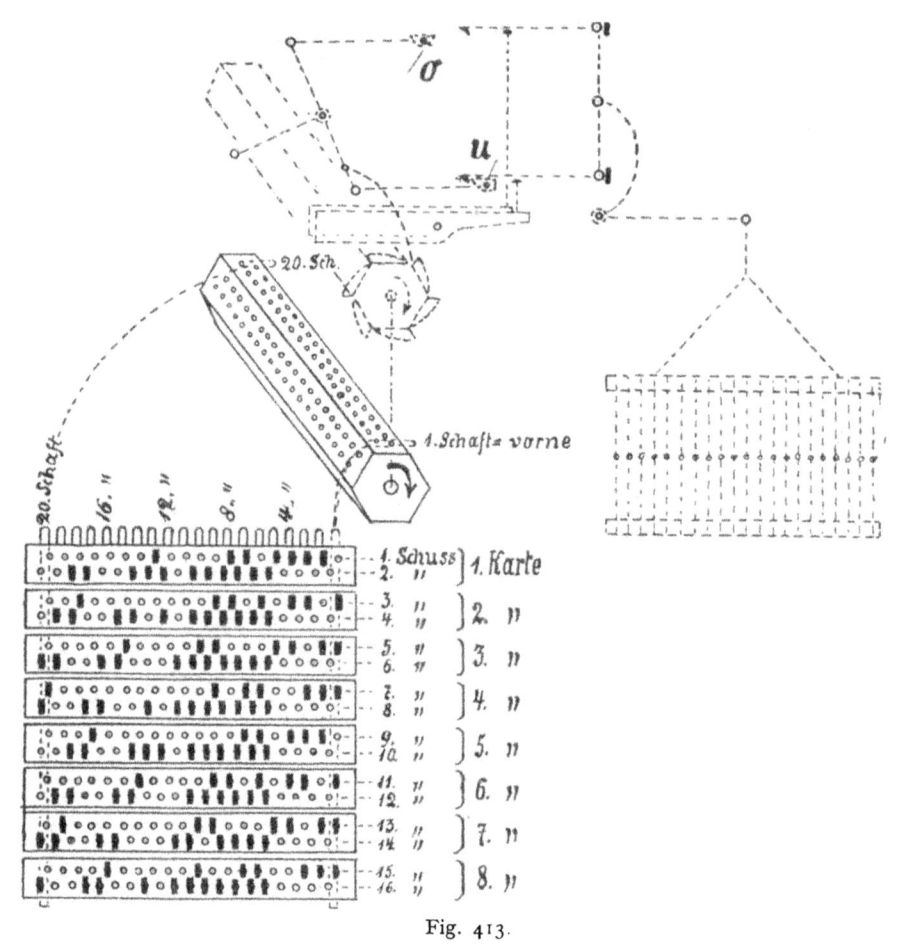

Alles andere ist aus der Zeichnung selbst zu entnehmen. Es erscheint überflüssig, über die allgemeine Anordnung noch Bemerkungen zu machen. Weil hier eine Linksmaschine gegeben ist, benutzt man zur Anfertigung der Karten am besten Fig. 407b.

Zwischen den Methoden zur Anfertigung der Kartenzeichnungen nach Fig. 145—145a und Fig. 407 (oder Fig. 408) besteht anscheinend ein Unterschied. Aber dieser Unterschied ist nur scheinbar. Nimmt man von Fig. 145 die Karte I und dreht sie nach rechts um 90°, so daß die Kartenzeichnung mit den Schaftlinien gleich steht, wie in Fig. 144 und 144a oder unterhalb der Bindung, wie in Fig. 407, so entsteht Fig. 414 für eine Rechtsmaschine und Fig. 415 für eine Linksmaschine. Die weitere Anordnung ist aus den Besprechungen von Fig. 407—413 zu entnehmen.

Aus dieser Darstellung folgt weiterhin, daß Karte I von Fig. 145 für eine Rechtsmaschine und II für eine Linksmaschine gilt. Es ist natürlich nicht nötig, diese Kartenzeichnungen erst so zu drehen, wie in Fig. 414 oder 415, weil sie für die Anfertigung der Karten ohne weiteres genügen und die hiernach angefertigten Karten nur richtig vorzulegen sind.

Nur noch eine Bemerkung muß über die Bindung von Fig. 407 gemacht werden. Sie ist für einen Kammgarnstoff bestimmt, also für eine ziemlich schwere Ware gedacht, und das Weben erfordert Vorsicht. Deshalb eignet sie sich auch nicht für jede Schaftmaschine. Am besten ist hierfür die Schemelschaftmaschine, dann die Schaukel- oder Schwingtrommelschaftmaschine und die Knowlesschaftmaschine. Nicht zu empfehlen ist die Schaufelschaftmaschine, weil sie für eine so schwere Ware ungeeignet ist. Auch die Doppelhubmaschine bietet selbst in kräftiger Bauart Schwierigkeiten.

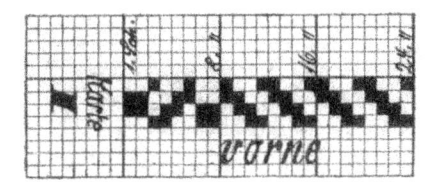

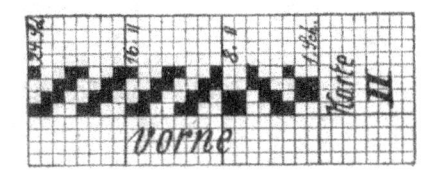

Fig. 414. Fig. 415.

Verbesserte elektrische Antriebsarten

Von den Antriebsarten mechanischer Webstühle kann man verlangen, daß der Weber beim Ein- und Ausrücken möglichst wenig Störungen hat. Die Störungen kommen hauptsächlich im Schützenschlag dadurch vor, daß der Schützen den Kasten nicht oder nur unvollkommen erreicht und der Webstuhl jeden Augenblick abstellt. In dieser Hinsicht arbeitete wohl der Federschlag, Fig. 312, am reibungslosesten. Natürlich hat er auch seine großen Nachteile. Insbesondere darf die Drehzahl des Stuhles eine bestimmte Höchstgrenze nicht überschreiten.

Der Weber kann den Webstuhl (viertes Stuhlsystem) nur in zwei Stellungen außer Betrieb setzen: a) bei zurückstehender Lade nach erfolgtem Schützenschlag oder b) dicht vor dem Ladenanschlag. Die Schlagstärke ändert sich nicht, und die Stuhlgeschwindigkeit kann innerhalb der Höchstgrenze ganz beliebig sein. Störungen in der Schlagstärke kommen dabei nicht vor.

In dieser Hinsicht kann man bei genügender Übung mit möglichst wenig Störung auch mit dem Friktionsantrieb, Fig. 17, arbeiten.

Alle anderen Antriebsarten ohne diesen Friktionsantrieb bergen große Störungsmöglichkeiten in sich. Schon beim Anlassen des Stuhles muß der Weber vielfach mit der Hand nachhelfen, damit der Stuhl schnell seine normale Höchstgeschwindigkeit erhält und deshalb vorher durch den Schützenschlag keine Unterbrechung eintritt. Ähnlich ist es beim Ausrücken von der Höchstgeschwindigkeit zum Stillstand, wenn der Schützen seine Bahn nicht vollendet.

Hier setzen nun die Verbesserungen des Oberingenieurs Nullau von den Bergmann-Electricitäts-Werken A.-G. in Berlin ein. Der Erfinder ist von dem Gedanken geleitet gewesen, die große Belastung des Motors beim Anlauf möglichst zu verringern, um mit kleineren Motoren arbeiten zu können.

Die Neuerungen, die unter der Bezeichnung »Bergmann-Nu« bekanntgegeben werden, vereinigen außerdem alle Vorzüge des Federschlages mit denen des Exzenter-, Kurbel- oder Daumen- usw. -schlages. Die Schlagstärke des Exzenter- usw. -schlages bleibt stets gleich, die Stuhlgeschwindigkeit kann dabei aber beliebig sein oder die Schlagstärke kann der jeweiligen Stuhlgeschwindigkeit angepaßt werden.

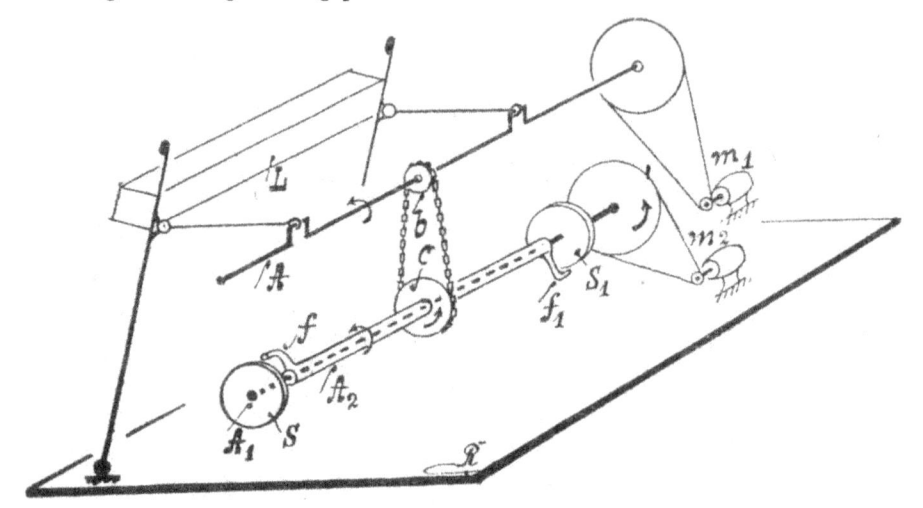

Fig. 416.

Die Erklärungen sollen an Hand von Fig. 416—419 vorgenommen werden.

Die schematische Darstellung von Fig. 416 zeigt das Prinzip der Neuerung. Die beiden aus dem ersten Stuhlsystem bekannten Wellen A und A_1 werden getrennt angetrieben. Die Elektromotoren m_1 und m_2 leisten eine getrennte Arbeit und können deshalb auch leichter als sonst sein, insbesondere auch, weil sie schneller laufen, z. B. mit 2000 bis 3000 Umdrehungen gewählt werden. Hierzu kommt noch der besondere Vorteil, daß der Motor m_2 ohne Unterbrechung seine volle Drehzahl behält und dadurch die schweren Anlaufmomente wegfallen, der Motor also schon aus diesem Grunde schwächer sein kann als früher. Die Kurbelwelle A kann ganz langsam anlaufen, so daß m_1 auch aus diesem Grunde kleiner gebaut sein kann.

Auf Welle A_1 befindet sich ein Rohr, die Überwelle A_2, die ihre Drehzahl von A aus erhält und mit den Fingern f, f_1 versehen ist. Es sind dies die Einleiter für den Schützenschlag.

Der Schützenschlag wird durch f und f_1 für einschützige Webstühle oder für einen einseitigen Schützenwechsel bei jeder beliebigen Drehzahl der Kurbelwelle eingeleitet. Fig. 417 erklärt diesen Arbeitsvorgang. Die

Scheiben S und S_1, Fig. 416 und 417, sind nämlich die eigentlichen, durch m_2 angetriebenen Schlagscheiben.

In Fig. 417 ist die Schlagrolle t an einem auf der Welle A_1 kulissenartig ausgebildeten Hebel u so gelagert, daß t mit der Schlagscheibe S nicht in Berührung steht. Erst durch den sich von der Kurbelwelle aus in der Pfeilrichtung drehenden Finger f wird t nach rechts bewegt und in die Stellung f_2, t_2 so gebracht, daß sich t (t_2) zwischen Schlagscheibe und Schlaghebel n klemmt und nunmehr von S so mitgenommen wird, daß der Schützenschlag durch v und a weitergeht.

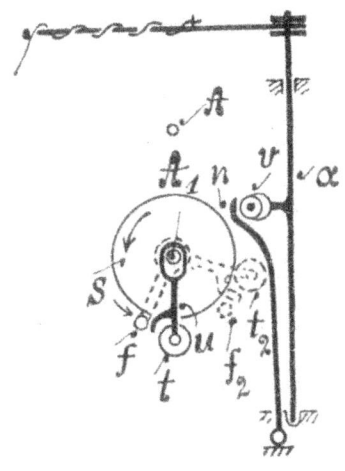

Fig. 417.

Demnach kuppelt t mit S an jeder beliebigen Stelle, wenn nur die Einleitung durch f erfolgt.

Es folgt aus dieser Darstellung, daß der Schützenschlag seine volle Stärke behält und ganz unabhängig von der Drehzahl der Kurbelwelle ist.

Ein weiterer Vorteil ist, daß die Motoren in der Drehzahl einstellbar sind, so daß die Kurbelwelle innerhalb bestimmter Grenzen leicht regelbar ist und die Stuhlgeschwindigkeit dem Kett- und Schußmaterial angepaßt werden kann. Dabei kann die Schlagstärke durch die Regelbarkeit des Motors jedesmal leicht mit der Drehzahl des Webstuhles in Einklang gebracht werden.

Fig. 418 zeigt das gleiche Prinzip von Fig. 416, nur mit der Abänderung für eine durch Karten beliebig regulierbare Schützenschlagsteuerung, wie es in anderer Form bereits in Fig. 295 und Fig. 301 besprochen worden ist. In Fig. 418 sind dieselben Organe wie in Fig. 416 vorhanden, nur mit der Abänderung, daß die Überwelle A_2 den doppelten Finger oder Schlageinleiter f oder f_1 trägt, wie dies für einen beliebigen Schützenschlag nach Fig. 295 (im Gegensatz zu den Schlagexzentern von Fig. 292) nötig ist. Wie in Fig. 295 die Schlagexzenter E und E_1, so ist auch in Fig. 418 die Verschiebung von f und f_1 durch die Platine P vorgesehen. Hier nehmen f oder f_1 die Schlagrollen t oder t_1 mit und leiten den Schlag beliebig ein.

Fig. 419 zeigt die Ausführung der Neuerung für den Antrieb durch einen Elektromotor. Von der Schlagwelle A_1 aus wird die Kurbelwelle A durch Friktionsscheiben o und p gedreht. o läßt sich in der Höhe verstellen, wie es die Pfeile angeben, und damit ist die Drehzahl der Kurbelwelle einstellbar.

Eine weitere Ausführungsform kann sich der Leser folgendermaßen denken. Bekannt ist das Stuhlsystem von Fig. 13 mit den Schlagscheiben S_2 und der hierzu gehörigen Schützenschlagvorrichtung von Fig. 306—308.

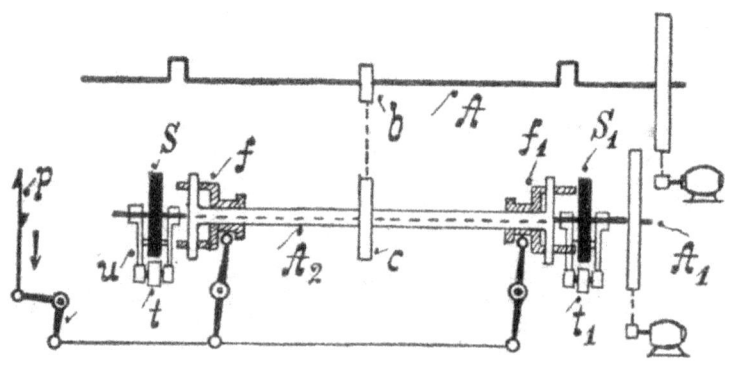

Fig. 418.

Man denke sich nun auf der Kurbelwelle A eine Überwelle A_2 und die Schlagscheiben S_2 innerhalb der Kröpfungen der Kurbelwelle auf dieser Überwelle befestigt und durch einen zweiten Motor für sich angetrieben, wie in Fig. 416 und 418. Ferner denke man sich auf den Schlagscheiben S_2 z. B. 16 Schlagdaumen d, Fig. 306, gleichmäßig verteilt. Die Kurbelwelle steht dann mit dem Schlaghebel c so in Verbindung, daß c im geeigneten Augenblicke bei sonst beliebiger Drehzahl der Kurbelwelle mit d in Verbindung tritt. Der Schützenschlag wird dann auch hier mit voller Stärke erfolgen, und die Kurbelwelle kann mit jeder beliebigen Drehzahl laufen.

Mit der Möglichkeit, die Kurbelwelle des Stuhles mit jeder beliebigen Drehzahl laufen lassen zu können, erhält der Ladenanschlag eine Änderung, und die Schußdichte zeigt dadurch leicht Fehler, weil der Schuß weniger fest angeschlagen wird. Dieser Übelstand wird durch eine exzentrische Lagerbüchse für die Kurbelwelle behoben. Da diese Büchse mit einem Hebel verbunden und drehbar gelagert ist, so läßt sich die Lade im Anschlag um ein wenig nach vorne verstellen, sobald die Drehzahl des Stuhles geringer wird. Zu diesem Zwecke steht der Hebel der exzentrischen Büchse mit dem Anrücker in Verbindung und wird dadurch automatisch gedreht.

Noch eine weitere sehr beachtenswerte Neuerung des Bergmann-Nu-Webstuhlantriebes besteht in einer Verbindung oder Kombination des Federschlages mit dem Exzenterschlag (oder Daumen-, Kurbel- usw. -schlag)

Beide Arten arbeiten so gegenseitig ergänzend zusammen, daß der Federschlag bei einer Stuhlgeschwindigkeit von ganz langsam bis zur halben Drehzahl oder etwas mehr in Tätigkeit ist, und von hier ab bis zur höchsten Drehzahl arbeitet der Exzenterschlag. Oder in Zahlen ausgedrückt kann man sagen, wenn der Webstuhl 240 Schuß in der Minute machen soll, von 0 bis 120 oder 140 Schuß = Federschlag und von 120 oder 140 Schuß ab = Exzenterschlag.

Einen solchen Webstuhl mit zusammengesetzter Schlagvorrichtung, also Feder-Exzenterschlag von Roscher in Neugersdorf, zeigt Fig. 420. Es ist ein Schnelläuferwebstuhl mit einem Gleichstrommotorantrieb.

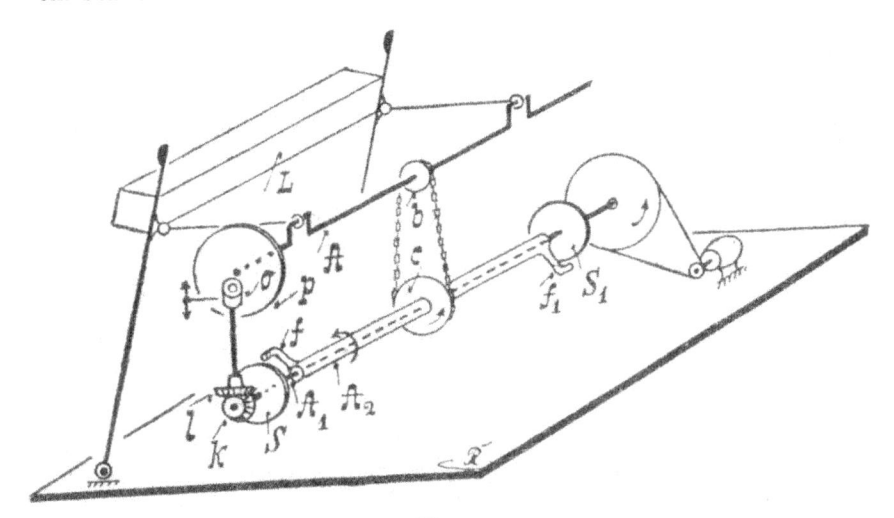

Fig. 419.

Bisher verwendete man zum Einzelantrieb den Drehstrom-Kurzschlußankermotor, welcher den Webstuhl schnell auf die vorgeschriebene Drehzahl bringt. Hier ist gezeigt, daß sogar ein Gleichstrommotor zum Antrieb verwendet werden kann, weil wegen des Feder-Exzenterschlages ein langsames Anlaufen des Motors bzw. Webstuhles möglich ist.

Die von den Bergmann-Elektricitäts-Werken A.-G. in Berlin hergestellten Sonder-Drehstrom-Kurzschlußankermotoren ändern den bisherigen sehr schnellen Antrieb auf die höchste Drehzahl ab und lassen den Webstuhl, wie von einem Gleichstrommotor angetrieben, langsamer auf die höchste Drehzahl bringen.

Dadurch kann der Antriebsmotor wieder kleiner bemessen werden, der Webstuhlantrieb wird dann im Betrieb wirtschaftlicher arbeiten.

In den Schlußbemerkungen soll das Schußsuchen durch Umsteuerung geeigneter Organe, welche von der Hand des Webers unabhängig sind, besprochen werden. Im vorhergehenden ist schon an verschiedenen Stellen darauf hingewiesen worden, daß man zu diesem Zwecke den Webstuhl rückwärts laufen lassen kann. Oder wenn z. B. am Buckskinstuhl der Schuß gesucht werden soll, so läßt man den Webstuhl vorwärts laufen, aber der

Weber muß dann den Wendehaken für die Kartenwalze oder das Kartenprisma umsteuern, damit es rückwärts schaltet, Fig. 204. Bei Rollkartenschaftmaschinen (Fig. 203—210) liegt der vorhergehende Schußfaden im Fach sofort offen, wenn der Stuhl nach dem Umsteuern, also nach dem Rückwärtsdrehen der Kartenwalze um 1. Teilung, eine Tour macht. Dagegen gestaltet sich das Schußsuchen bei Pappkarten umständlicher, weil der Weber den Stuhl nach dem Rückwärtssteuern der Schaltung immer einige Touren laufen lassen muß.

Diese Arbeiten hat man so gelöst, daß das Schußsuchen vollkommen automatisch vonstatten geht. Die Konstruktion in dieser Hinsicht liegen von der Sächsischen Maschinenfabrik (Schönherr) und der Großenhainer Webstuhl- und Maschinenfabrik vor. In Fig. 17a ist schon der Rücklauf zum Zwecke des Schußsuchen genannt, auch der hiermit zusammenarbeitende Schußwächter in Fig. 316 gezeigt. Von einer weiteren Besprechung der hiermit in Verbindung stehenden Einrichtung der Umsteuerung der Wendehaken für die Kartenwalze bzw. das Kartenprisma und von der Schützenschlagaushebung soll abgesehen werden.

Sehr günstig erscheint eine andere Konstruktionsverbesserung mit Hilfe des Schußwächters. Wenn bei einem Schußfadenbruch der Stuhl sofort, also bei noch zurückstehender Lade, ausrückt, daß also das Fach noch offen ist, so kann das Leerlaufen des Stuhles durch das Schußsuchen umgangen werden.

Fig. 420.

7. Teil

Wiederholung

In diesem Abschnitt sollen die Besprechungen, die im 6. Teil zusammengefaßt sind, an Hand von photographischen Bildern wiederholt werden. Diese Ergänzungen sind für manche Leser wertvoll, weil damit eine Übersicht über den Bau mechanischer Webstühle besser möglich ist. In den einzelnen Abbildungen wird durch die Figurenbezeichnungen kurz auf die vorhergehenden Besprechungen hingewiesen.

Die Einteilungen in den vier Stuhlsystemen sollen auch hier beibehalten werden.

Abb. I.

Das erste Webstuhlsystem

Abb. I gibt die Vorderansicht und Abb. II die Hinteransicht eines einschützigen Webstuhles wieder, wie er zur Herstellung von Baumwoll- und Leinengewebe gebraucht wird, siehe auch Fig. 395 bis 399. Bei genauester Ausführung des Webstuhles mit gefräßten oder geschliffenen Paßflächen, gefräßten Antriebrädern bzw. Sägeverzahnung, genau gebohrter Führung

Abb. II.

aller Lager und genauester Anfertigung der Kurbelwelle, wie auch der übrigen Teile eignet sich das Modell auch für Zellwollgewebe.

Abb. III und IV in Vorder- und Hinteransicht zeigen einen einschützigen Oberschlagstuhl für Baumwollgewebe, leichtere und halbschwere Kammgarnstoffe, für Flanellgewebe u. dgl.

Abb. V läßt einen Seiden- und Kunstseidenwebstuhl erkennen. Der Kettbaum ist hier in einem besonderen Bock gelagert, wie in Fig. 8, 67—68, 107—108. Die Schaftmaschine ist hier hoch gelagert (Hochbau).

Abb. VI. Neuerdings geht man vielfach dazu über, den Webstuhl ohne Oberbau, also als Tiefbau auszuführen, wie es schon an Hand von Fig. 224, 225a, 225b u. 353 beschrieben ist. Die Übersicht des Webers ist dadurch besser, die Lichtverhältnisse ungestört und ein Verschmutzen der Kette oder Ware durch abtropfendes Öl unmöglich.

Abb. III.

Abb. IV.

Abb. V.

Abb. VI.

Das zweite Webstuhlsystem

Abb. VII erinnert an Fig. 13. Es ist ein Webstuhl zur Herstellung von Geweben aus Kammgarn, Streichgarn, Baumwollgarn usw., wie sie zu Konfektionsstoffen, Bettdecken, Barchent u. dgl. Geweben verarbeitet werden und mit (Fig. 221—222) bis zu 16 Schäften herstellbar sind. Der Schützenwechsel ist einseitig. An Stelle der Schwingtrommel läßt sich

Abb. VII.

auch eine Mustertrommel (Fig. 193) verwenden. Der Webstuhl wird von S. Lentz in Viersen gebaut.

Abb. VIII, IX und X zeigen die bekannten Buckskinstühle sächsischer Bauart.

Obwohl die Figurenbezeichnung zu den einzelnen Abbildungen auf die Einrichtungen hinweisen, sei über Abb. VIII nur gesagt, daß in dieser Ansicht von vorne ein positiver Warenbaumregulator zu erkennen ist, während Abb. IX einen negativen zeigt. In Abb. X sind zwei Kettbäume zu erkennen. Es sind Strick- und Muldenbremsen.

Die automatischen Schußsucheinrichtungen, die schon im Text beschrieben wurden, sind hier nicht gezeigt.

Abb. VIII.

Abb. IX.

Abb. X.

Das dritte Webstuhlsystem

soll hier nicht besonders aufgeführt werden, weil es durch die Fig. 21, 225 und 301 hinlänglich charakterisiert ist.

Das vierte Webstuhlsystem

die bekannten Tuch- oder Federschlagstühle, ist durch die Abb. XI gezeigt. Es wird noch besonders auf Fig. 23—27 und Fig. 286 verwiesen.

Abb. XI.

Die Abb. X bis XV

sind Filztuchwebstühle der Sächsischen Webstuhlfabrik vorm. Louis Schönherr in Chemnitz. Es sind die Giganten mechanischer Webstühle.

Der Webstuhl nach den Schaubildern Abb. XII (Vorderansicht) und Abb. XIII (Hinteransicht) wiegt 30000 kg, ist 150/4 oder rund 21 m breit, macht in der Minute 13—14 Umdrehungen und arbeitet mit Rollschützen

Abb. XII.

(Fig. 278) von 830 mm Länge und 5,4 kg Schwere. Der Antrieb erinnert an Fig. 17, nur daß der Elektromotor, der auf dem erkennbaren Bock X zu stehen kommt und dessen Ritzel in das große Kammrad eingreift, hier nicht vorhanden ist. Die andere Abweichung von Fig. 17 beruht auf dem Umstand, daß die Lade während des Schützenschlages stillsteht, damit der Schützen Zeit hat, durch das Fach zu eilen. Es besteht zu diesem Zwecke eine automatische Ausrückung.

Der Kettbaum ist in 9 Sektoren eingeteilt und wird wiederholt gebremst, um die nötige Kettspannung zu erhalten (Abb. XIII). Aus diesem Grunde sind der Streichbaum und der Warenbaum wiederholt gestützt.

Es besteht eine Geschirrbewegung durch eine Schemelschaftmaschine mit Rollkarten (Abb. XII), wie sie in Fig. 204—211 schon gezeigt ist. Der Schützenwechsel ist nach Fig. 334 ausgeführt.

Die Abb. XIV (Vorderansicht) und XV (Hinteransicht) zeigen einen Filztuchwebstuhl, der nach dem Prinzip des bekannten Federschlagstuhles von Fig. 22—27 und Fig. 312—314 gebaut ist. Die Ladenbewegung ist in Fig. 286 skizziert. Auch hier ist eine Schemelschaftmaschine von Fig. 204—211 vorgesehen. Für den Schützenwechsel siehe Fig. 334.

Abb. XIII.

Dieser Stuhl wiegt 7140 kg, hat eine Webbreite von 45/4 = rund 6,5 m und macht 40 Touren. Die Rollschützen ist 570 mm lang und hat das Gewicht von 2,8 kg. Der Stuhl kann auch mit Gleitschützen weben. Der Kettbaum ist in 2 Sektoren geteilt.

Der Elektromotor, der auf dem erkennbaren Bock X zu stehen kommt, ist in den Abbildungen nicht eingebaut.

Man vergleiche auch Abb. VIII bis X und XI mit diesen Abb. XIV und XV.

Abb. XIV.

Abb. XV.

ZANGS

Hochleistungswebstuhl mit automatischem Schützenauswechsler für zwei Schützen

Wir liefern:

Mitglied der COMBITEX Vereinigung Deutscher Textilmaschinen Fabriken

Hochleistungs-Webstühle für Seide, Kunstseide, Zellwolle usw., mit und ohne automatischem Schützenauswechsler,

Schaftmaschinen jeder Bauart für Pappkarten, Holzkarten und endlose Papierkarten,

Jacquardmaschinen jeder Art und Teilung, für Pappkarten und endlose Papierkarten,

Schlag-, Kopier- und Bindemaschinen für Schaft- und Jacquardkarten jeder Art und Teilung,

Vorbereitungsmaschinen jeder Art für Kett- und Schußgarne, Windemaschinen, spindellose Windemaschinen, automatische Schußspulmaschinen.

Maschinenfabrik CARL ZANGS Aktiengesellschaft
KREFELD

ELMAG
ELSÄSSISCHE MASCHINENBAU A.G.
MÜLHAUSEN ELSASS

Spulenwechselautomat

Webereimaschinen

Vorbereitungsmaschinen

Webstühle, insb. Automatenstühle

für Spulen - u. Schützenwechsel

für Baumwolle, Leinen u. Mischgewebe

Sämtliche Maschinen für

Vorbereitung	
Kämmerei	BAUMWOLLE
Spinnerei	WOLLE - ZELLWOLLE
Veredelung	SEIDE - KUNSTSEIDE

Oskar Schleicher
Greiz i. Th.

Fernruf: 2480/2481   Telegramme: Schleicherwerk

Spezial-Jacquardmaschine für Frottierwaren

Ich liefere:

Schaftmaschinen
Jacquardmaschinen
Kartenschlag- und Bindemaschinen

HAMEL

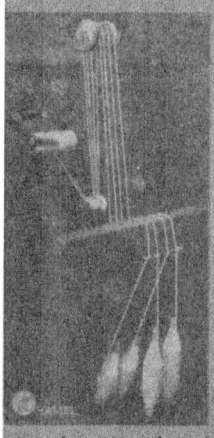

MASCHINEN ZUM

Spulen (Fachen)

Zwirnen

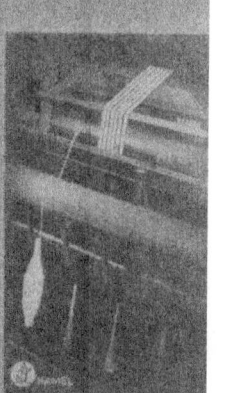

und Haspeln

aller Textilfasern

Carl Hamel Aktiengesellschaft
Siegmar-Schönau bei Chemnitz

Vielseitig

vom schmalen Baumwoll-Schnelläufer bis zum Mammut-Filzwebstuhl

Ausgereift

in hundertjähriger Erfahrung

Schönherr SÄCHSISCHE WEBSTUHLFABRIK (LOUIS SCHÖNHERR) **Chemnitz**

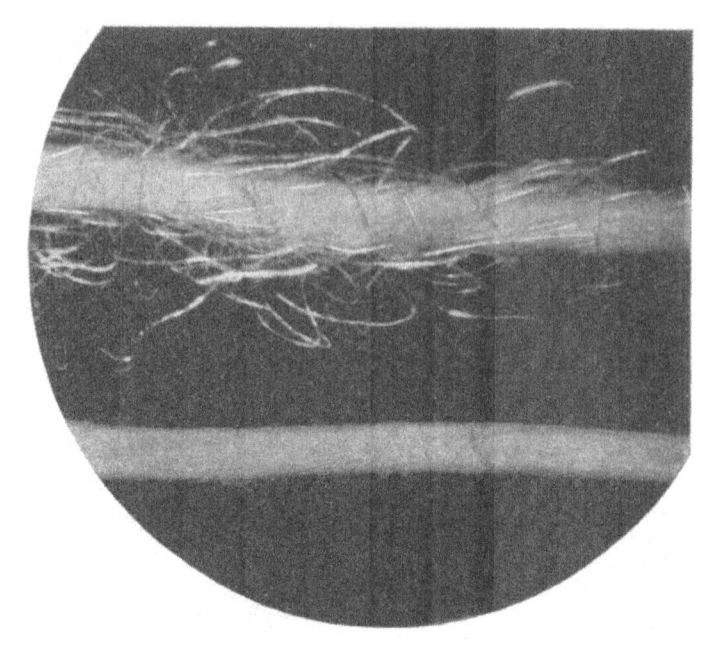

Wie verarbeiten Sie Zellwolle leichter?

Bei der Zellwolle-Verarbeitung haben Sie es noch einmal so leicht, wenn Sie für eine richtige Vorbereitung der Kette sorgen. Das stark flusige Rohgarn muß glatt, elastisch und widerstandsfähig gemacht werden, damit es die mechanische Beanspruchung im Webstuhl aushält. Das erreichen Sie nur mit einer Schlichte, die auf die Eigenarten der Zellwollfaser abgestellt ist. Diese Forderung erfüllt unsere Kombinationsschlichte Silkovan K Pulver und Kartoffelmehl sowie unsere neue Spezialschlichte Silkovan T Pulver. Sie sehen es hier im Bild. Die bei der Rohware abstehenden Fäserchen werden durch Silkovan zu einem glatten Faden geschlichtet. Infolgedessen gibt es keine Fadenbrüche. Die Leistung der Weberei steigt.

RÖHM & HAAS G.M.B.H. · CHEMISCHE FABRIK · DARMSTADT

DIE MODERNE VORBEREITUNG

Hochleistungs-KREUZKETTSPULMASCHINE

mit Schlitztrommeln aus Preßstoff und weiteren bahnbrechenden Neuerungen.
Fadengeschwindigkeit bis 800 m

Hochleistungs-ZETTELANLAGE

Aufwickelgeschwindigkeit bis 500 m/min

Tagesleistung bis 100000 m Zettelkette für weiche und feste Bäume

FRANZ MÜLLER
MASCHINENFABRIK M.GLADBACH (RHEINLAND)

SCHUSSSPUL-
EINZELSPINDEL-AUTOMAT
»AUTOCOPSER«
EIN GROSSER FORTSCHRITT IN
DER WEBEREIVORBEREITUNG

Schlafhorst

Güsken

WEBEREIMASCHINEN FÜR WOLLE, BAUMWOLLE, ZELLWOLLE, HOCHLEISTUNGS-SCHÄRMASCHINEN

JGD

Hochleistungs-Schäranlage, Modell 15

JEAN GÜSKEN
MASCHINENFABRIK · DÜLKEN RHEINLAND

Georg Schwabe

Webereimaschinen- und Elektromotorenfabrik, **Bielitz O.-S.**

liefert als Spezialität:

Schwabe-Universal-Bunt-Automaten · Universal-Webstühle mit Pappkartenschaftmaschine bis 6 Kasten · Universal-Webstühle mit Rollkartenschaftmaschine · Schnelläufer-Offenfachwebstühle für Kleiderstoffe Normale Exzenterwebstühle und Spezialtypen für techn. Gewebe Jacquardwebstühle und Jacquardmaschinen · Leisten-Jacquardmaschinen Konus-Kettenschär- und Umbäummaschinen · Kettenschlicht-Trocken- und Umbäummaschinen · Leviathan-Wollwaschmaschinen · Drehstrommotore von 0.5 bis 170 PS.

Wir bauen als Spezialität:

Schuss-Spulautomaten **„NON STOP"**

Spindellose Schuss-Spulmaschinen · Mehrfach Schuss-Spulmaschinen

Präzisions Kreuz-Spulmaschinen

mit **konstanter** Fadengeschwindigkeit · Spindellose Windemaschinen

Maschinenfabrik SCHÄRER
Erlenbach-Zürich-Schweiz

Hortol S 25
zum Schlichten von Zellwolle

Hortol S 25 ist ein wasserlösliches Cellulosederivat, das dem Faden ❶ einen guten Schluß erteilt ❷ ; er bleibt dabei elastisch und geschmeidig. Zum Entschlichten genügt eine Behandlung mit lauwarmem Wasser.

Bitte verlangen Sie Gebrauchsanweisung oder unverbindliche Vorführung.

BÖHME FETTCHEMIE G.M.B.H., CHEMNITZ

373/5d PEL.

GEBR. STÄUBLI & Co.
HORGEN-ZÜRICH
SCHWEIZ

Schaftmaschinen

für Holz- u. Papierkarten, ein- und zweizylindrig, auch für oberbaulose Stühle

Federzugregister

Schaftregler

Webschützen-Egalisier-Maschinen

Kartenschlag- u. Kopiermaschine

GROSSE

baut als Spezialität

Jacquard- u. Schaftmasch.
Kartenschlag-, Kopier- u.
Bindemaschinen

HERMANN GROSSE · GREIZ
Maschinenfabrik · Eisengießerei

Modernste Maschinen für

Ketten-Vorbereitung — Spulerei —
Weberei — Färberei — Material-
trocknung — Appretur u. Aufmachung

Einrichtung kompletter Fabrikationsanlagen

Fachmännische Beratung

COMBITEX
VEREINIGUNG DEUTSCHER TEXTILMASCHINENFABRIKEN
BERLIN SW 68, WILHELMSTRASSE 143

Esser · Gruschwitz · Güsken · Haas · Kleinewefers · Lentz · Rosswein
Rudjahr · Voigt · Zangs · Zell

Höhere Fachschule für Textilindustrie
AACHEN

Die Spezialschule für die Wollindustrie
mit vollständigem Tuchfabrikationsbetrieb.

Beginn der Semester: 1. April und 16. Oktober.

Lehrgänge für Textilingenieure, Tuchmacher, Färber, Textilkaufleute sowie für Techniker und Meister der Streichgarnspinnerei, Kammgarnspinnerei, Weberei, Dessinatur und Appretur.

Lehrgänge für Frauen: Laborantinnen, Textilchemikerinnen, Gewerbliches und geschmacklich-handwerkliches Handweben.

Fachschule für Textilindustrie
zu Langenbielau (Schl.)

Gründliche technische und chemische Ausbildung für Techniker, Meister, Betriebsleiter, Kaufleute und für alle, die mit Textilien und Chemikalien zu tun haben in der

Abteilung I Für Weberei und Warenkunde (auch für Kaufleute) Abteilung II Für Färberei und Chemie (auch Laborantinnenkursus)

Schulgeld 40.— RM im Tages—, 10.— RM im Abendkursus je Halbjahr.

Abschlußprüfung vor der staatlichen Prüfungskommission nach einjährigem Besuch einer Abteilung

---

ZWITTAU - Ostsudetengau

Staatliche Textilschule

2-jährige Berufsfachschule für Weberei

Abendlehrgemeinschaften

für textile Fach- und Fortbildung

Webmeister, Textiltechniker, Musterzeichner, Manipulanten, kaufmännische Fabriksangestellte, Betriebsleiter

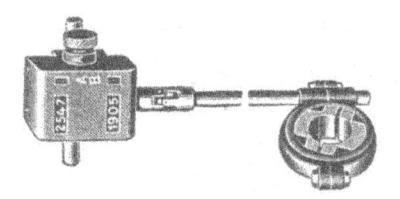

Schußzähler, Meterzähler, Hubzähler
Umlaufzähler für die Textilindustrie

J. HENGSTLER K.-G.
Zählerfabrik
Aldingen b. Spaichg./Wttbg.

Webereizubehörteile
in der bekannt erlesenen Qualität

Scherer & Co.
Rheydt Rhl.

HUTTER & SCHRANTZ AKTIENGESELLSCHAFT

Siebwaren- und Filztuch-Fabriken

WIEN 56/VI. WINDMÜHLGASSE 26

Ruf: B 29570 Drahtwort: Hutterschrantz

WERKE: Wien, Niederdonau, Steiermark, Kärnten, Sudetenland, Ungarn.

Spezialisiert in der Herstellung von technischen Tuchen für Spinnereien, Webereien, Druckereien etc.

BREITHALTER
in allen Ausführungen und
Bedarfsartikel
stellt her

Conrad Schaper
Bielefeld Fabrik f. Textilbedarf

Textilmaschinen
ihre Konstruktion und Berechnung
Handbuch für den Textilmaschinen-Techniker
Von Ing. PAUL BECKERS, Dozent

283 Seiten. Mit 282 Abbildungen im Text. 1927.
RM 13.50, geb. 15.50

M. KRAYN, TECHNISCHER VERLAG,
BERLIN W 35

Chemische Technologie der Gespinstfasern

Praktisches Hilfs- und Lehrbuch für Bleicher, Färber, Drucker und Ausrüster sowie zum Unterricht an Fach- und Hochschulen

Herausgegeben von Dr. Eugen Ristenpart

Professor an der staatlichen Akademie für Technik und Färbereischule zu Chemnitz
Vollständig in 6 Bänden. Jeder Band ist in sich abgeschlossen und einzeln zu beziehen.
Preis Band I—VI gebunden zusammen bezogen statt RM 69.50 RM 65.—

I. Teil: *Die chemischen Hilfsmittel zur Veredlung der Gespinstfasern*
Eigenschaften, Darstellung, Prüfung und praktische Anwendung. Völlig neubearbeitete und ergänzte Auflage. 379 Seiten. Mit 101 Abbildungen. 1937. RM 7.—, geb. 8.50

II. Teil: *Die Gespinstfasern*
Geschichte, Vorkommen, Gewinnung und wirtschaftliche Bedeutung, physikalisches und chemisches Verhalten und mechanische Verarbeitung in Spinnerei, Weberei und Wirkerei. Dritte, gänzlich neubearbeitete Auflage von Prof. Dr. E. Ristenpart. 286 Seiten. Mit 140 Abbildungen und einer Musterbeilage. 1928. RM 6.—, geb. 7.50

III. Teil: *Die Praxis der Färberei* unter Berücksichtigung der Ausrüstung
Neue ergänzte Ausgabe der dritten Auflage von „Das Färben und Bleichen Teil III". Gr.-Okt. VIII, 729 Seiten. Mit 224 Abbildungen und 15 Musterbeilagen. 1940. RM 18.50, geb. 20.—

IV. Teil: *Die Praxis der Bleicherei* unter Berücksichtigung der Appretur
Dritte, gänzlich neubearbeitete Auflage von Prof. Dr. E. Ristenpart. 299 Seiten. Mit 178 Abbildungen. 1928. RM 7.—, geb. 8.50

V. Teil: *Die Ausrüstung* (Appretur)
Allgemeine Ausrüstung, Merzerisation, Seidenbeschwerung, Wasserdicht- und Flammensichermachung, Appreturanalyse. Von Prof. Dr. E. Ristenpart 141 Seiten. Mit 99 Abbildungen. 1932. RM 8.50, geb. 10.—

VI. Teil: *Die Druckerei*
Zeugdruck, Garndruck, Kunstseidendruck, Wolldruck, Seidendruck.
Von Prof. Dr. E. Ristenpart. 210 Seiten. Mit 60 Abbildungen u. 61 Mustern auf 21 Tafeln. 1934. RM 13.—, geb. 15.—

Ein ausführlicher Prospekt wird auf Verlangen gern kostenlos geliefert

M. Krayn, Technischer Verlag, Berlin W 35

Verantwortlich für den Anzeigenteil: Kurt Dittrich, Berlin. Vom Werberat gen. Nr. 8377